高等学校“十三五”重点规划

材 料 力 学 系 列 丛 书

材料动态力学实验原理与方法

邹广平　唱忠良　著

哈尔滨工程大学出版社
Harbin Engineering University Press

内容简介

本书主要介绍材料力学实验、振动实验和实验力学课程中没有涉及的动态力学实验内容，主要包括阻尼材料振动力学与材料动态力学两部分的实验原理与方法，具体由金属丝网橡胶及其隔振器静动态力学特性、应力波基础理论、Hopkinson 杆动态测试技术、典型材料动态力学性能、断裂力学基础理论、基于 Hopkinson 杆的动态断裂实验、波形整形技术等组成，汇总了作者多年对材料动态力学性能方面研究工作的成果。

本书既可作为工程力学专业、材料科学与工程专业、机械工程专业及土木工程专业等相关振动测量、动态力学测试技术及材料动态力学性能等课程教材，也可作为相关专业师生及工程技术人员的参考书。

图书在版编目(CIP)数据

材料动态力学实验原理与方法/邹广平，唱忠良著.
—哈尔滨：哈尔滨工程大学出版社，2017.9
ISBN 978-7-5661-1648-2

Ⅰ.①材… Ⅱ.①邹… ②唱 Ⅲ.①材料力学-动力学-实验 Ⅳ.①TB301.2-33

中国版本图书馆 CIP 数据核字(2017)第 210548 号

选题策划 马佳佳
责任编辑 姜 珊
封面设计 博鑫设计

出版发行 哈尔滨工程大学出版社
社　　址 哈尔滨市南岗区南通大街 145 号
邮政编码 150001
发行电话 0451-82519328
传　　真 0451-82519699
经　　销 新华书店
印　　刷 北京中石油彩色印刷有限责任公司
开　　本 787 mm×1 092 mm 1/16
印　　张 18
字　　数 440 千字
版　　次 2017 年 9 月第 1 版
印　　次 2017 年 9 月第 1 次印刷
定　　价 48.50 元
http://www.hrbeupress.com
E-mail:heupress@hrbeu.edu.cn

前　　言

随着社会发展及科学研究水平的提高，工程领域需要面对的动态问题逐渐增多，研究人员对结构工程材料在动态载荷下的力学响应与测试问题，也越来越加以关注，但高等院校开设的带有提高性的动态力学测试课程并不多，动态力学实验原理与方法方面的教材及专著也较少。为了满足本科生及研究生对这方面教材的需求，本书从工程材料动态力学原理与方法入手，以作者多年来取得的材料与结构动态力学实验研究成果为主，参考国内外文献，根据《高等学校理工科工程力学专业规范》组织编写了这本教材。

全书共分 8 章，较为系统地对材料动态力学实验原理与方法进行了介绍。第 1 章绪论，主要包括概述、动态力学实验定义及简介、常用动态力学实验装置及学习方法与实验注意事项；第 2 章金属丝网橡胶及其隔振器静动态力学特性，主要包括金属丝网橡胶的本构关系、金属丝网橡胶压缩力学特性、金属丝网橡胶隔振器振动性能实验、预紧量和振动量级对金属丝网橡胶隔振器振动性能的影响、金属丝网橡胶隔振器随机振动有限元仿真及金属丝网橡胶隔振器的冲击响应；第 3 章应力波基础理论，主要包括基本概念与方程、细杆中纵波的传播、横向惯性引起的弥散效应、杆中的扭转波、杆的弯曲振动、分层介质中的波、端部与不同材料细杆连接、弹性波在截面间断面上的反射与透射及弹性波的相互作用；第 4 章 Hopkinson 杆动态测试技术，主要包括基本测试原理、SHPB 测试技术、SHPB 实验技术问题、冲击拉伸实验技术、双气室冲击拉伸实验装置及双气室冲击拉伸实验装置的验证；第 5 章典型材料动态力学性能，主要包括镁锂合金材料动态力学性能、低碳钢扭转冷作硬化后的静动态力学性能、形状记忆合金静动态力学性能、混凝土材料动态力学性能及泡沫铝材料动态力学性能；第 6 章断裂力学基础理论，主要包括概述、裂纹的分类、线弹性断裂力学及 J 积分与其数字图像相关法；第 7 章基于 Hopkinson 杆的动态断裂实验，主要包括概述、三点弯曲试样动态断裂数值分析与实验、基于 SHPB 装置的紧凑拉伸试样动态断裂韧性实验及基于 SHTB 装置的紧凑拉伸试样动态断裂韧性实验；第 8 章波形整形技术，主要包括概述、SHPB 波形整形技术及 SHTB 波形整形技术。

本书遵循“由原理到实践、由浅入深、重在实践”的原则，因此具有如下几方面特色。

（1）由于高等学校培养的人才要达到厚基础、宽口径、强能力、高素质，因此本书在内容上注重基础的巩固与专业的拓宽、创新能力的培养与前沿知识的传授。

（2）本书在结构上，既考虑内容的提升，又考虑与其他课程的衔接，即多学科知识的交叉与渗透。

(3)本书尽量反映新概念、新知识、新理论、新技术,突出内容的先进性。同时,遵循着“深度和广度,适中、够用”的原则。

(4)本书为作者多年研究成果的汇总,一方面可为学生提升自身知识储备提供素材;另一方面可尝试性地将科学研究应用于教学工作。

本书在形成过程中,有多名研究生参与此项工作,在此表示感谢。由于作者水平有限,加之时间仓促,书中难免存在疏漏和不妥之处,敬请指正。

本书的出版得到了哈尔滨工程大学的重点资助,在此表示感谢!

作 者

2017 年 8 月

目　　录

第1章　绪　　论

1.1　概　　述

动荷载是工程中常见的荷载，如地震荷载、各种机械产生的周期荷载、爆炸产生的冲击荷载，以及机动车产生的移动荷载等。动荷载在结构上的作用性质要比静荷载复杂得多。当处理工程实际问题时，以往常常采用静态力学原理与方法解决具体问题，但随着社会的发展，民用与国防领域越来越多地涉及动荷载作用下的力学问题，引起了科学工作者的重视。

应用振动力学原理与方法能够解决常规的振动问题，且相对较为成熟，但新型阻尼材料的出现也对其振动与冲击力学特性的测试引发了新的问题。特别是动态冲击问题，其测试方法虽非成熟，但越来越多地引起了科学工作者的重视。目前，国内动态力学测试技术研究范围较广，无论是材料动态力学性能测试，还是其扩展测试技术，都还处在发展阶段，部分动态力学测试还没有一个明确的实验检测技术标准。

在振动实验课程中，所涉及的主要是各种教学实验，属于基础实验，但在工程中所涉及的大都是减振器振动力学特性实验。因此，本书将重点介绍新型阻尼材料——金属丝网橡胶材料的动态力学测试原理与方法；在动态冲击方面将重点介绍基于霍普金森杆装置的动态力学性能测试及其扩展测试原理与方法。

1.2　动态力学实验定义及简介

1.2.1　静态、准静态和动态的概念

应变作为一个无量纲量是材料受力后变形大小的度量。而应变率（应变对时间的导数）则是变形快慢的度量。图1.1是按照应变率高低划分的静动态实验示意图，由图可以明确区分静态、准静态和动态实验的范围。

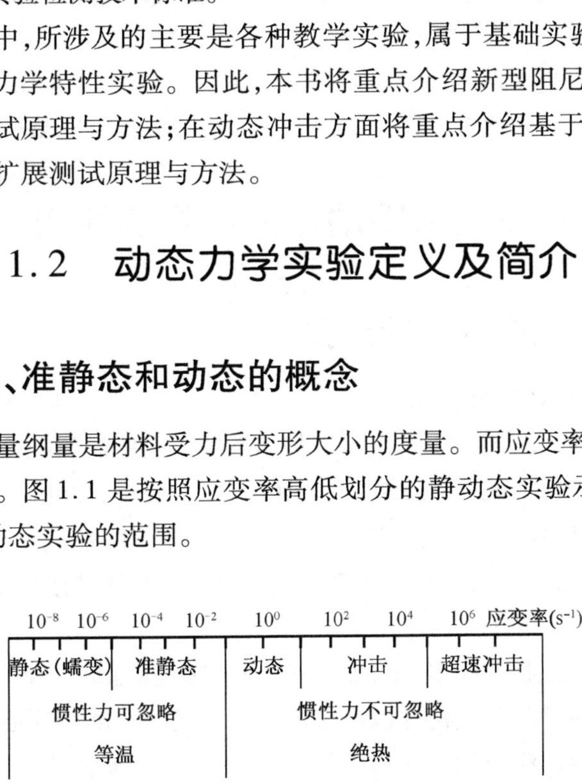

图1.1　按照应变率高低划分的静动态实验示意图

对于常规振动实验技术,其已形成比较成熟的研究体系,而对于冲击载荷下的动态力学问题,通常将理论、实验及数值仿真方法相结合进行研究。其中,理论研究的内容主要包括材料在高压、高温和高应变条件下的本构理论、冲击波理论、结构抗爆炸和抗冲击的机理及规律等。然而,要从基本理论原理来预估包括状态方程在内的材料本构方程是非常困难的,因此在大多数情况下,需要以实验与仿真相结合的方式来确定合适的公式与参数,尤其是非线性情况。同时,在结构抗爆炸和抗冲击研究方面,由于结构形式的复杂多样且所用材料较多,使得理论研究很难适应工程需求,因此材料和结构的动态测试技术就显得特别重要。

材料动态力学实验的类型包括低应变率实验、中应变率实验、高应变率实验、超高应变率实验和材料高压物理状态方程实验。其中,低应变率实验属于低速冲击载荷实验;中应变率实验、高应变率实验、超高应变率实验属于中速冲击载荷实验;材料高压物理状态方程实验属于高速冲击载荷实验。这些材料动态力学实验在实验方法、装置和操作手段上都存在着一定的差异。

1.2.2 低、中、高应变率实验

在低应变率实验中,惯性力可以忽略不计,其应变率范围为 $10^{-2} \sim 1\ s^{-1}$,实验特征时间大于1 s。蠕变和准静态就属于这类实验。该类实验的测试设备主要有电液伺服万能材料实验机。

中应变率实验的应变率范围为 $1 \sim 10^{2}\ s^{-1}$,实验特征时间为 $1 \sim 10^{-2}$ s。该类实验的测试设备主要有高速拉伸材料实验机、垂直冲击实验台、气动式和机械式中应变率材料实验机等。

高应变率实验的应变率范围为 $10^{2} \sim 10^{4}\ s^{-1}$,实验特征时间为 $10^{-2} \sim 10^{-4}$ s。该类实验的测试实验主要包括动态膨胀环实验、Taylor 圆柱冲击实验和 Hopkinson 杆实验等。

1.3 常用动态力学实验装置

1.3.1 低、中应变率实验装置

1. 电液伺服万能材料实验机

电液伺服万能材料实验机主要是由液压传动系统产生所需的载荷。它的主要优点是液压传动机构组成一个刚性系统,该系统在一定速度(中等速度)下可进行直接闭环回路控制,由载荷、应变或位移传感器得到反馈控制信号,其应变速率的范围是 $10^{-1} \sim 10\ s^{-1}$,对于这一应变速率范围的实验机,其机械和液压系统就要求具有足够的刚度来避免发生共振。

2. 振动实验台

振动实验既是现代工程技术领域中的一项基本实验,也是工业产品研发的重要手段。工业生产中的各种材料、零部件、构件以至整机或整个建筑物都需要通过振动实验来确定其力学性能。振动实验台广泛应用于国防、兵器、航空、航天、通信、电子、电器、交通等领域的振动特性实验中,其原理如图 1.2 所示。

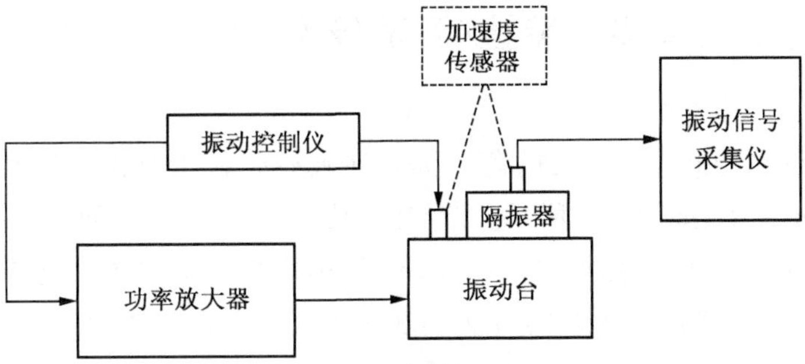

图 1.2 振动实验台原理图

3. 垂直冲击实验台

垂直冲击实验台,如图 1.3 所示。垂直冲击实验台原理图,如图 1.4 所示。该实验台主要由冲击台体、气源系统、测控系统、加速度传感器和隔振器五部分组成。在实验时,首先在计算机上的冲击测试软件中设置实验的相关参数,测控系统将信号传输给气源系统,通过气压驱动,冲击台体上升到设定高度,释放气压后冲击台体自由下落,与安装在底座上的波形发生器进行碰撞,产生一个冲击波形,通过波形发生器和冲击高度来调节冲击脉冲持续时间和冲击强度。在冲击台体和隔振器质量块上分别放置一个加速度传感器,用来测量输入冲击加速度和冲击加速度响应。

图 1.3 垂直冲击实验台

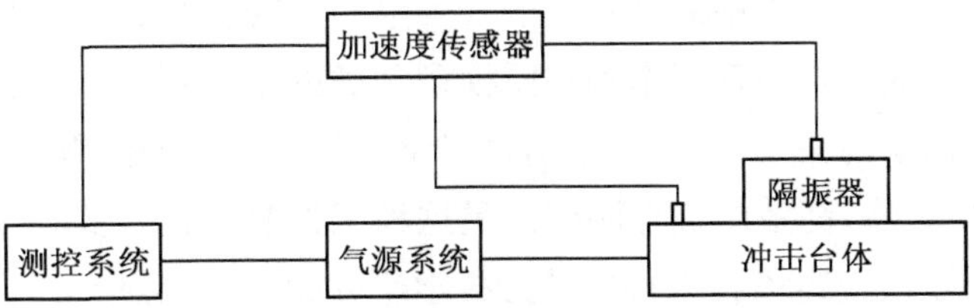

图 1.4 垂直冲击实验台原理图

垂直冲击实验台可以用来测试减振器及工程材料在中应变率范围内的动态响应。该类实验台的优点主要是易操作,且能对复杂缓冲系统进行实验;其缺点主要是不能获取材料的动应力应变曲线,但可以通过垂直冲击实验台进行一些中应变率载荷下的压缩实验,也可用来探索产品在脉冲冲击下的冲击响应,以此检查产品在此过程中是否受到损坏,以及预测产品的疲劳寿命等。

1.3.2 高应变率实验装置/测试技术

1. 动态膨胀环实验装置

动态膨胀环技术是由一个自由的薄壁圆筒环被径向脉冲加载而产生动态膨胀的测量法。动态膨胀环示意图,如图 1.5 所示。该实验装置的原理分为两种,一种是应用电磁感应原理,另一种是应用爆炸波传播原理。Niordsen 等采用电容组突然放电的电磁方法实现了该技术,Hoggatt 等采用炸药包爆炸的方法实现了该技术。该类实验装置结构比较简单,但测量精度比较低,同时在实验过程中很难对箍内的应力和圆环的应变进行实时监测和测量,因而未能得到广泛应用。

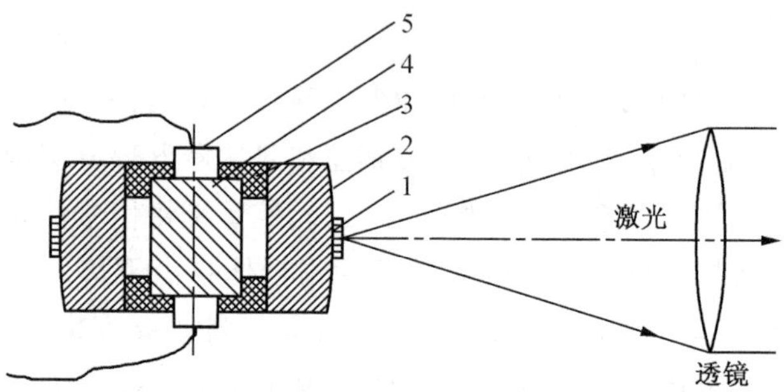

1—试样环;2—驱动器;3—端部泡沫塑料;4—同轴圆形装药;5—雷管。

图 1.5 动态膨胀环示意图

2. Taylor 圆柱冲击测试技术

Taylor 圆柱冲击测试技术是由 Taylor 于 20 世纪 30 年代研究的一种测量高应变率条件下材料动态屈服应力的方法,其原理如图 1.6 所示。该方法是用一个平头圆柱体正面碰撞刚性靶平面,通过测量回收的变形弹体外形尺寸,并运用理论公式求得被测材料的动态屈服应力。由于以前测试手段的种种限制,该技术未能得到广泛应用。

随着材料动态本构关系模型种类的不断增多且形式的日趋复杂化,如何简便确认这些动态本构关系,成为一个引发科学工作者思考的问题。Taylor 圆柱冲击测试技术以其实施简单、经济、高效的优点刚好满足这种工程要求,加之现代实验测试手段的出现(如高速摄像技术等),使得该技术再次成为科学研究的一个热点。

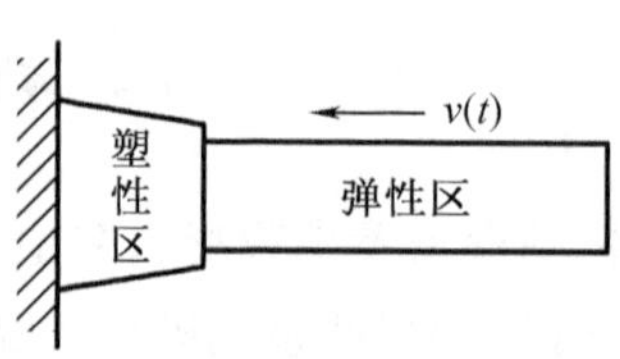

图 1.6 Taylor 圆柱冲击测试原理图

3. Hopkinson 杆实验装置

Hopkinson 杆实验技术最早是由 Hopkinson B 在 1914 年提出的,为达到测试炸药爆炸或子弹射击杆端时的压力-时间关系的目的，他设计出了一种主体为一根用线水平悬挂圆柱形弹性钢杆的装置，该装置也被称为 Hopkinson 压杆。Kolsky H 于 1949 年改进 Hopkinson 压杆，使其可以测试高应变率条件下材料的动态力学行为。他将 Hopkinson 压杆装置中的弹性钢杆一分为二，试件放在两杆之间，从而解决了材料动态测试过程中的应力波传播效应与应变率耦合效应，该装置被称为分离式 Hopkinson 压杆(split hopkinson pressure bar，SHPB)，有时亦被称为 Kolsky 杆实验系统。

SHPB 实验装置工作原理，如图 1.7 所示。该装置中有两根分离的弹性杆，分别为入射杆和透射杆，将试样夹在两杆之间，试样与两杆相接触的平面要求磨光且保持平行。加载脉冲由撞击杆(有时称为子弹)撞击入射杆端部产生。在气枪中，撞击杆由高压气体推动加速到撞击速度后，以此速度撞击入射杆端部产生压力脉冲。压力脉冲大小与撞击速度呈正比，该速度可由气枪压力来控制。当初始的压力脉冲经撞击杆的自由端反射成一个拉力脉冲并回到撞击面时，撞击杆就对入射杆卸载，因此在入射杆中产生了波长为撞击杆长度两倍的入射加载波。

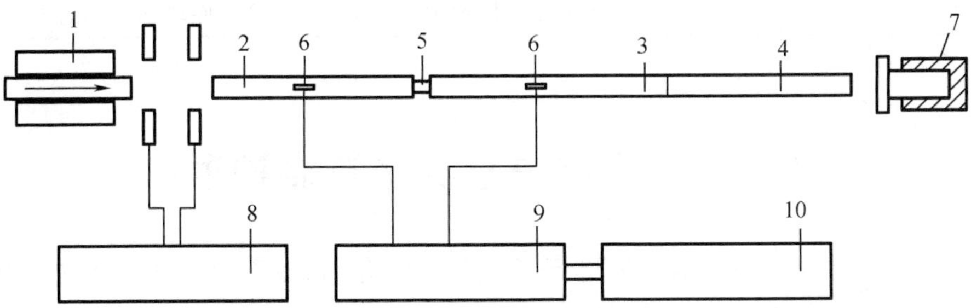

1—撞击杆；2—入射杆；3—透射杆；4—吸收杆；5—试样；6—应变计；
7—阻尼器；8—时间间隔仪；9—超动态电阻应变仪；10—瞬态波形存储器。

图 1.7　SHPB 实验装置工作原理图

当入射杆中的压力脉冲到达试样时，一部分脉冲被界面反射，而另一部分脉冲则穿过试样到达透射杆，反射脉冲和透射脉冲的大小取决于试样的物理性质。

在压力脉冲通过试样的过程中，试样内发生了多次波的反射，由于加载脉冲的作用时间要比试样中波的传播时间长得多，试样中的应力很快地趋向均匀化，因此可以忽略试样内部波的传播效应。通常试样变形到塑性阶段，入射杆和透射杆均保持弹性状态。利用粘贴在压杆上的应变片，通过超动态电阻应变仪能够记录下三个脉冲(入射脉冲、反射脉冲和透射脉冲)的连续应变-时间曲线，可以间接地推算出夹在这两根杆中试样的动态本构关系，解决了冲击作用下难以直接测量试件中应力和应变的问题。

Hopkinson 杆实验技术经过几十年的研究已经有了很大的发展，其发展历程见表 1.1。目前 Hopkinson 杆测试技术在材料的动态性能实验中已得到了广泛的应用。

表 1.1 Hopkinson 杆实验技术的发展历程

年份	主要进展
1914	Hopkinson 压杆装置
1949	SHPB 实验装置
1960	拉伸 Hopkinson 杆实验装置
1971	扭转 Hopkinson 杆实验装置
1973	扭转－压缩双轴 Hopkinson 杆实验装置
1980	小型 SHPB 实验装置
1985	用于混凝土材料动态力学性能测试的 SHPB 装置
1986	带加温装置的 SHPB 实验装置
1991	单脉冲(拉伸、压缩)加载 SHPB 实验装置
1992—1997	用于泡沫材料和树脂材料实验的聚合物 SHPB 实验装置
1998	用于软材料实验的镁质 SHPB 装置
1999	单脉冲扭转加载 Hopkinson 杆实验装置
2003	数字散斑测量技术用于 Hopkinson 杆试件动态变形的测量

1.4 学习方法与实验注意事项

本书主要对振动和动态冲击问题进行了概况性的介绍,着重讲解了动态力学问题实验测试的原理与方法。由于内容的广泛性及深入性,这里只就某些具体问题进行分析并介绍其原理,同时将作者的科研成果以示例的形式给出,以便读者参考,起到抛砖引玉的作用。在学习本书的同时,读者还需查阅相关的资料,使这部分知识掌握得更加扎实、全面,这样在开展实验过程中才能达到既掌握了原理与方法又能灵活应用的目的。

在学习和实验过程中应注意掌握动态实验的特点,在充分复习且对原理与操作完全掌握的情况下才能进行动态冲击实验。由于动态冲击实验具有一定的危险性,操作者在进行实验时一定要遵守实验室的规章制度,按照设备管理者的要求进行实验,避免出现安全问题。

第 2 章　金属丝网橡胶及其隔振器静动态力学特性

金属橡胶(metal rubber,MR)是一种新型阻尼材料,其以金属丝为原料,按照一定规则将金属丝进行编织,通过冲压制成的弹性多孔材料。其内部金属丝之间相互挤压、勾连,在受到振动载荷时,金属丝之间相对滑移产生干摩擦力,耗散大量的振动能量,从而起到减振的作用。金属丝网橡胶材料不仅具有普通橡胶材料的减振耗能特性,还拥有更大的承载能力。同时,由于其本质是金属材料,对温度有较宽的适应范围,耐腐蚀性强,从而弥补了橡胶材料的不足,特别适合作为制备高低温、大温差及腐蚀介质等环境恶劣工况下的减振及密封构件,在航空、航天、船舶等领域具有广阔的应用前景。

金属丝网橡胶是金属橡胶的一种,其先将金属丝按规则编织成金属丝网,再对金属丝网进行相关纹路压制处理,最后通过模具冲压成型得到的一种材料。经实验研究发现,运用这种工艺制备的金属丝网橡胶材料,其减振性能更加优越,材料力学性能更加稳定,制备过程机械化程度高,生产效率高,易于实现批量化生产。

2.1　金属丝网橡胶的本构关系

自金属丝网橡胶材料面世以来,许多国内外学者对其本构关系进行了大量的实验及理论研究,取得了丰硕的研究成果。其中,俄罗斯萨马拉国立航空航天大学的学者们对金属丝网橡胶材料的刚度特性做了系统性研究,并根据实验结果建立了金属橡胶材料的非线性本构方程;国内北京航空航天大学的陈艳秋等人以小曲梁模型为基础,建立了金属橡胶材料的非线性本构方程;李宇燕等人根据多孔材料模型,建立了金属橡胶材料的非线性刚度方程;彭威等人通过弹簧微元模型,建立了金属橡胶材料的非线性本构方程。

金属丝网橡胶材料与传统金属橡胶材料的加工工艺存在一定差异,加工工艺的差异导致其理论模型的适用性不同。因此,以往学者提出的传统金属橡胶材料的非线性本构关系不能适用于金属丝网橡胶材料,并且影响金属丝网橡胶材料力学特性的相关参数也与传统金属橡胶材料不完全相同,例如网格的大小、网格的宽窄,以及网格的密度等参数。所以,需要根据金属丝网橡胶材料的特点重新建立其本构关系方程。

本节将以圆环嵌套模型为基础,通过对圆环形金属丝网橡胶成型制造过程的分析,结合干摩擦理论及小曲梁模型,建立金属丝网橡胶材料的非线性本构关系,并通过实验数据对所建立的本构关系方程进行数据拟合,得到该材料的非线性本构关系式,并将理论结果与实验结果进行对比分析。

2.1.1 金属丝网橡胶本构关系的建立

1. 圆环嵌套模型

金属丝网橡胶在制作过程中,要经过毛坯铺设和卷绕成型两道工序,先将金属丝编织成金属丝网,制成二维毛坯,再将金属丝网进行相关纹路压制,处理后卷绕成三维毛坯。金属丝网橡胶的卷绕过程,如图 2.1 所示。

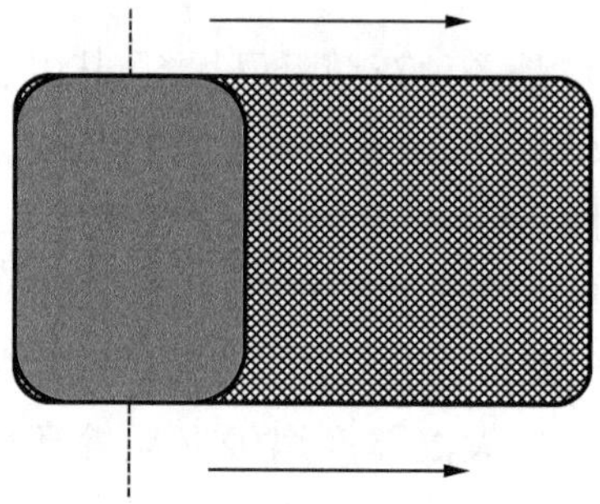

图 2.1 金属丝网橡胶的卷绕过程

此时,金属丝网橡胶可以近似看作由多个同心圆组合成的嵌套结构,因此圆环嵌套模型适合用来进行金属丝网橡胶材料的本构关系研究。同时,金属丝网橡胶材料是一种阻尼耗能材料,具有高度的非线性,在本构关系的研究中,其非线性是不可忽略的。为了达到简化分析过程的目的,运用数学工具对所研究的金属丝网橡胶做出以下几个基本假设:

(1)金属丝网橡胶在径向上是匀质的,即网格在径向上是均匀分布的;

(2)网格的形状是大小相等的正方形;

(3)忽略材料在静态加载时金属丝的轴向变形和扭转变形;

(4)金属丝网橡胶在单轴压缩方向的变形是连续可叠加的,即金属丝网橡胶材料的压缩量是由该方向上网格单元压缩变形叠加而成的。

在以上四个假设的基础上形成的圆环嵌套的结构模型,如图 2.2 所示。

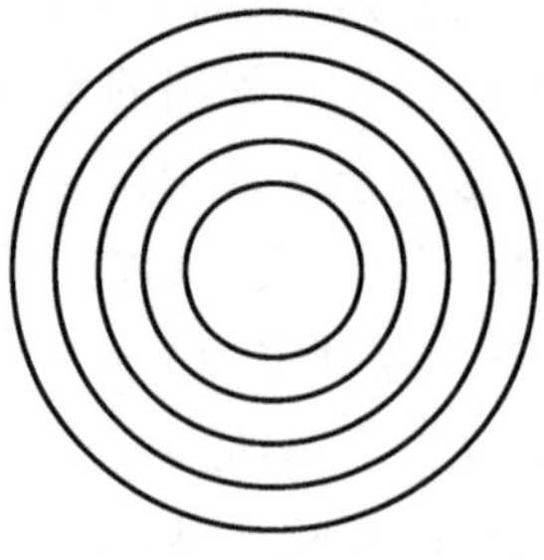

图 2.2 圆环嵌套的结构模型

假设在卷绕方向上,单位长度上有 b_0 个网格,则网格的长度为 $1/b_0$,毛坯高度方向上有 a_0 个网格。将金属丝网橡胶均匀地分开,每个单元等于一个网格加上其周围所占的空隙,其单元示意图,如图 2.3 所示。

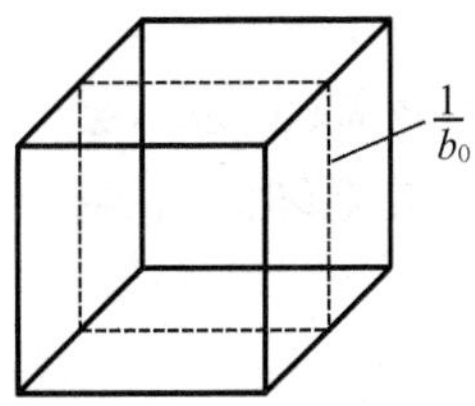

图 2.3　单元示意图

由此,得到金属丝网橡胶毛坯的相对密度为

$$\bar{\rho}_m = \frac{4 \times \frac{\pi d_s^2}{4} \times \frac{1}{b_0}}{\left(\frac{1}{b_0}\right)^3} = \pi d_s^2 b_0^2 \tag{2.1}$$

式中,d_s 为金属丝的直径;$\bar{\rho}_m$ 为金属丝网橡胶毛坯的相对密度。

假设有一扇形单元,其尺寸如图 2.4 所示,其体积为矩形单元的体积,其面积为 $r_1 d\theta_1 dr_1 + \frac{d\theta_1 (dr_1)^2}{2}$,忽略高阶项,则扇形单元的面积为 $r_1 d\theta_1 dr_1$,那么毛坯的相对密度为

$$\bar{\rho}_m = \frac{4 \times \frac{\pi d_s^2}{4} \times \frac{1}{b_0}}{r_1 d\theta_1 dr_1 \times \frac{1}{b_0}} = \frac{\pi d_s^2}{r_1 d\theta_1 dr_1} \tag{2.2}$$

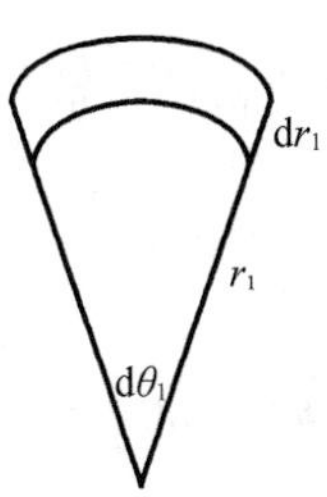

图 2.4　扇形单元尺寸

假设网格的载荷与变形量之间为线性关系,即

$$P_1 = k_1 \Delta_1 \tag{2.3}$$

式中,P_1 为单个网格所受的载荷;k_1 为单个网格的刚度;Δ_1 为单个网格的变形量。

将式(2.2)代入式(2.3)中,得到单个网格的载荷为

$$P_1 = \frac{\bar{\rho}_m k_1 \Delta_1}{\pi d_s^2} r_1 \mathrm{d}\theta_1 \mathrm{d}r_1 \tag{2.4}$$

则单层金属丝网橡胶形成的圆环所受的载荷为

$$P' = \frac{\bar{\rho}_m k_1 \Delta_1}{\pi d_s^2} \int_{r_2}^{R_2} \int_0^{2\pi} r_1 \mathrm{d}\theta_1 \mathrm{d}r_1 = \frac{\bar{\rho}_m}{d_s^2} \cdot (R_2^2 - r_2^2) k_1 \Delta' \tag{2.5}$$

式中，P'为单层金属丝网橡胶所受的载荷；Δ'为单层金属丝网橡胶的变形量；R_2 为金属丝网橡胶毛坯的外半径；r_2 为金属丝网橡胶毛坯的内半径。那么 a_0 层圆环金属丝网橡胶串联得到毛坯的本构关系为

$$P'' = \frac{\bar{\rho}_m}{d_s^2 a_0} \cdot (R_2^2 - r_2^2) k_1 \Delta'' \tag{2.6}$$

式中，P''为 a_0 层金属丝网橡胶所受的载荷；Δ''为 a_0 层金属丝网橡胶的变形量。

对于三向成型的材料，若三个方向的压缩比均相同，则毛坯的性能基本能反应成型后材料的性能。但是在金属丝网橡胶毛坯的压缩过程中，径向的压缩变形量很小，可以忽略不计，计算时仅考虑高度方向上的压缩变形量，轴向压缩比为$\frac{h_0}{l_0}$，则压缩成型后，金属丝网橡胶的力－位移关系为

$$F_0 = \frac{\frac{\bar{\rho}_m}{d_s^2 a_0} \cdot (R_2^2 - r_2^2) k_1 \delta_0}{\left(\frac{h_0}{l_0}\right)^2} = \left(\frac{l_0}{h_0}\right)^2 \frac{\bar{\rho}_m}{d_s^2 a_0} \cdot (R_2^2 - r_2^2) k_1 \delta_0 \tag{2.7}$$

式中，F_0 为金属丝网橡胶成型后所受的载荷；δ_0为金属丝网橡胶成型后的压缩位移变形量；h_0 为金属丝网橡胶成型后的高度；l_0 为金属丝网橡胶毛坯的高度。

由于金属丝网橡胶毛坯的质量等于成型后的材料质量，因此可得

$$\bar{\rho}_m \cdot l_0 \cdot (R_2^2 - r_2^2) = \bar{\rho} \cdot h_0 \cdot (R_3^2 - r_3^2) \tag{2.8}$$

即

$$\bar{\rho}_m \cdot (R_2^2 - r_2^2) = \frac{\bar{\rho} \cdot h_0 \cdot (R_3^2 - r_3^2)}{l_0} \tag{2.9}$$

式中，$\bar{\rho}$ 为金属丝网橡胶受压成型的相对密度；R_3 为金属丝网橡胶成型的外半径；r_3 为金属丝网橡胶成型的内半径。

将式(2.9)代入式(2.7)中，得到金属丝网橡胶成型后所受的载荷为

$$F_0 = \left(\frac{l_0}{h_0}\right)^2 \frac{k_1 \delta_0}{d_s^2 a_0} \cdot \frac{\bar{\rho} \cdot h_0 \cdot (R_3^2 - r_3^2)}{l_0} = \frac{l_0}{h_0} \cdot \frac{\bar{\rho}(R_3^2 - r_3^2)}{d_s^2 a_0} k_1 \delta_0 = \frac{l_0}{h_0} \cdot \frac{\bar{\rho}(D_1^2 - d_1^2)}{4 d_s^2 a_0} k_1 \delta_0 \tag{2.10}$$

式中，D_1 为金属丝网橡胶成型后的外直径；d_1 为金属丝网橡胶成型后的内直径。

2. 网格刚度计算

现以弹性梁元为研究对象，将一个网格等效成一段弹性小曲梁，其模型如图 2.5 所示，取其中一段进行分析。在载荷作用下，网格丝线发生弯曲变形、剪切变形和扭转变形。

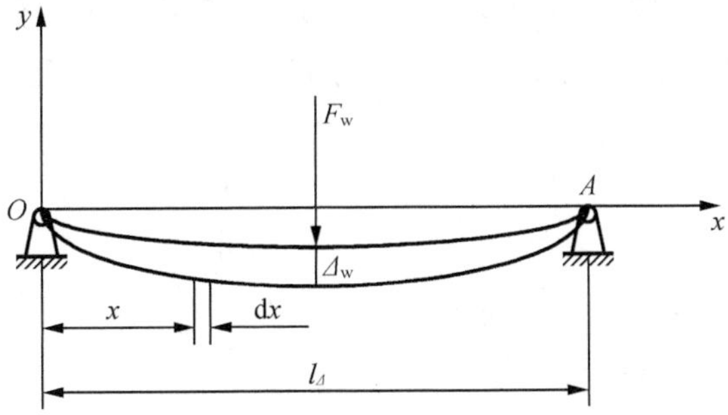

图2.5　小曲梁模型

根据压缩载荷的特点,可以忽略扭转变形的影响。同时,由于金属丝细长,剪切变形能要比弯曲变形能小得多,也可以忽略其影响。因此,在计算小曲梁的变形能时,主要考虑小曲梁的弯曲变形能。

根据虚功原理可以推出,小曲梁的变形能 U_0 等于外力对它所做的功 U_1,即

$$U_0 = U_1 \tag{2.11}$$

$$U_1 = \frac{1}{2}F_w\Delta_w \tag{2.12}$$

$$U_0 = \int_0^{l_\Delta}\frac{M_s^2(x)}{2E_sI_s}dx = \frac{1}{2E_sI_s}\int_0^{l_\Delta}M_s^2(x)\,dx = \frac{F_w^2l_\Delta^3}{64E_sI_s} \tag{2.13}$$

式中,M_s 为小曲梁弯矩的大小;E_s 为金属丝的弹性模量大小;F_w 为外力大小;Δ_w 为外力作用下的变形量;l_Δ 为小曲梁梁长;I_s 为金属丝惯性矩大小。其中,金属丝惯性矩大小为

$$I_s = \frac{\pi d_s^4}{64} \tag{2.14}$$

将式(2.14)代入式(2.13),并与式(2.11)、式(2.12)联立,可得

$$F_w = \frac{\pi d_s^4E_s}{2l_\Delta^3}\cdot\Delta_w \tag{2.15}$$

当 $l_\Delta = \dfrac{1}{b_0}$时,则小曲梁刚度为

$$k_1 = \frac{F_w}{\Delta_w} = \frac{\pi E_sd_s^4}{2l_\Delta^3} = \frac{\pi E_sd_s^4b_0^3}{2} \tag{2.16}$$

3. 考虑非线性因素

金属丝网橡胶的刚度呈非线性,且对金属丝网橡胶使用性能影响较大的是五次幂非线性。在实验过程中,金属丝网橡胶构件的刚度是变化的。当进行压缩实验时,随着压缩量的不断增加,构件的实时高度不断减小,随之构件的相对密度逐渐增大,构件的刚度也逐渐增大。在压缩过程中,试件压缩面积的变化相对压缩量来说很小,因此假设压缩过程中试件压缩面积 A_s 不变,即在初始时刻为

$$\bar{\rho}_0 = \frac{\rho_m}{\rho_c} = \frac{m_0}{\rho_cA_sh_1} \tag{2.17}$$

式中，$\bar{\rho}_0$ 为金属丝网橡胶试件初始的相对密度；ρ_m 为实验前金属丝网橡胶试件的初始密度；ρ_c 为制作金属丝网橡胶的丝材密度；m_0 为金属丝网橡胶试件毛坯的质量；A_s 为金属丝网橡胶试件的压缩面积。

在压缩过程中有

$$\bar{\rho}=\frac{m_0}{\rho_c A_s(h_0-\delta_0)}=\frac{\bar{\rho}_0 h_0}{h_0-\delta_0} \tag{2.18}$$

将式(2.18)代入式(2.10)中，可得

$$F_0=\bar{\rho}_0\frac{l_0(D_1^2-d_1^2)}{4h_0 d_s^2 a_0}k_1\delta_0=\frac{h_0}{h_0-\delta_0}\cdot\frac{\bar{\rho}_0 l_0(D_1^2-d_1^2)}{4h_0 d_s^2 a_0}k_1\delta_0 \tag{2.19}$$

应用泰勒展开式，取前五项，可得

$$\begin{aligned}F_0&=\bar{\rho}_0\frac{l_0(D_1^2-d_1^2)}{4h_0 d_s^2 a_0}k_1\delta_0\\&=\frac{\bar{\rho}_0 l_0(D_1^2-d_1^2)}{4h_0 d_s^2 a_0}k_1\delta_0\left[1+\frac{\delta_0}{h_0}+\left(\frac{\delta_0}{h_0}\right)^2+\left(\frac{\delta_0}{h_0}\right)^3+\left(\frac{\delta_0}{h_0}\right)^4\right]\\&=\frac{\bar{\rho}_0 l_0(D_1^2-d_1^2)k_1}{4h_0 d_s^2 a_0}\left[\delta_0+\frac{1}{h_0}\delta_0^2+\frac{1}{h_0^2}\delta_0^3+\frac{1}{h_0^3}\delta_0^4+\frac{1}{h_0^4}\delta_0^5\right]\end{aligned} \tag{2.20}$$

加入修正系数，可以得到加载过程中金属丝网橡胶的非线性本构方程为

$$F_0=\frac{\bar{\rho}_0 l_0(D_1^2-d_1^2)k_1}{4h_0 d_s^2 a_0}\left[A_1\delta_0+A_2\frac{1}{h_0}\delta_0^2+A_3\frac{1}{h_0^2}\delta_0^3+A_4\frac{1}{h_0^3}\delta_0^4+A_5\frac{1}{h_0^4}\delta_0^5\right] \tag{2.21}$$

同理，可以得到卸载过程中金属丝网橡胶的非线性本构方程为

$$F_0=\frac{\bar{\rho}_0 l_0(D_1^2-d_1^2)k_1}{4h_0 d_s^2 a_0}\left[B_1\delta_0+B_2\frac{1}{h_0}\delta_0^2+B_3\frac{1}{h_0^2}\delta_0^3+B_4\frac{1}{h_0^3}\delta_0^4+B_5\frac{1}{h_0^4}\delta_0^5\right] \tag{2.22}$$

将式(2.16)代入式(2.21)，即可以得到金属丝网橡胶在加载过程中非线性力－位移关系式为

$$F_0=\frac{\pi E_s\bar{\rho}_0 d_s^2 b_0^3 l_0(D_1^2-d_1^2)}{8h_0 a_0}\left[A_1\delta_0+A_2\frac{1}{h_0}\delta_0^2+A_3\frac{1}{h_0^2}\delta_0^3+A_4\frac{1}{h_0^3}\delta_0^4+A_5\frac{1}{h_0^4}\delta_0^5\right] \tag{2.23}$$

同理，金属丝网橡胶在卸载过程中非线性力－位移关系式为

$$F_0=\frac{\pi E_s\bar{\rho}_0 d_s^2 b_0^3 l_0(D_1^2-d_1^2)}{8h_0 a_0}\left[B_1\delta_0+B_2\frac{1}{h_0}\delta_0^2+B_3\frac{1}{h_0^2}\delta_0^3+B_4\frac{1}{h_0^3}\delta_0^4+B_5\frac{1}{h_0^4}\delta_0^5\right] \tag{2.24}$$

在压缩过程中，金属丝网橡胶的承载面积 A_S 基本不变，则应力为

$$\sigma=\frac{F_0}{A_s} \tag{2.25}$$

应变为

$$\varepsilon=\frac{\delta_0}{h_0} \tag{2.26}$$

将式(2.25)和式(2.26)代入式(2.23)和式(2.24)中，得到金属丝网橡胶的本构关系式如下。

（1）在加载情况下，本构关系式为

$$\sigma = \frac{E_s \bar{\rho}_0 d_s^2 b_0^3 l_0}{2a_0}[A_1\varepsilon + A_2\varepsilon^2 + A_3\varepsilon^3 + A_4\varepsilon^4 + A_5\varepsilon^5] \tag{2.27}$$

（2）在卸载情况下，本构关系式为

$$\sigma = \frac{E_s \bar{\rho}_0 d_s^2 b_0^3 l_0}{2a_0}[B_1\varepsilon + B_2\varepsilon^2 + B_3\varepsilon^3 + B_4\varepsilon^4 + B_5\varepsilon^5] \tag{2.28}$$

2.1.2　计算结果与实验结果比较

由金属丝网橡胶非线性本构关系得到金属丝网橡胶承载能力涉及多个方面，包括金属丝网橡胶的相对密度、材质、丝径、网格的编织方法和制造方法、毛坯的高度及相关系数。本书实验所用的金属丝网橡胶采用统一的编织方法和制造方法，即 a_0、b_0 和 l_0 为定值，将它们与非线性项的系数相结合，得到如下新的关系式。

（1）在加载情况下，本构关系式为

$$\sigma = \frac{E_s \bar{\rho}_0 d_s^2}{2}[A_1\varepsilon + A_2\varepsilon^2 + A_3\varepsilon^3 + A_4\varepsilon^4 + A_5\varepsilon^5] \tag{2.29}$$

（2）在卸载情况下，本构关系式为

$$\sigma = \frac{E_s \bar{\rho}_0 d_s^2}{2}[B_1\varepsilon + B_2\varepsilon^2 + B_3\varepsilon^3 + B_4\varepsilon^4 + B_5\varepsilon^5] \tag{2.30}$$

在制造工艺一致的情况下，金属丝网橡胶的非线性本构关系中的各项系数可以通过金属丝网橡胶试件的实验来确定。

对相对密度为 0.15，0.18，0.20 和 0.25 的圆环形金属丝网橡胶试件进行静态压缩实验，压缩量为 20%。圆环形金属丝网橡胶试件实物，如图 2.6 所示。该实验可以通过实验数据来确定静态压缩本构方程的系数。其中，试件的外径 D_1 为 40 mm，内径 d_1 为 11.8 mm，高度 h_0 为 20 mm，丝径 d_s 为 0.2 mm，金属丝弹性模量 E_s 为 198 GPa，运用最小二乘法对实验数据进行多项式拟合，每个试样进行 3 次加卸载，确定金属丝网橡胶本构方程中的各项系数。

图 2.6　圆环形金属丝网橡胶试件实物

表 2.1 和表 2.2 分别为不同相对密度圆环形金属丝网橡胶试件非线性本构关系加载各项系数和卸载各项系数的平均值。

表 2.1 加载各项系数的平均值

相对密度	A_1	A_2	A_3	A_4	A_5
0.15	1.027×10^{-3}	-7.550×10^{-3}	0.256	−2.096	8.077
0.18	0.367×10^{-3}	2.525×10^{-2}	0.100	−3.676	25.698
0.20	7.706×10^{-3}	−0.276	5.111	−38.012	1.143×10^{2}
0.25	-5.368×10^{-2}	2.143	−29.572	1.614×10^{2}	-2.377×10^{2}

表 2.2 卸载各项系数的平均值

相对密度	B_1	B_2	B_3	B_4	B_5
0.15	2.940×10^{-3}	−0.118	2.012	−13.821	34.663
0.18	2.021×10^{-2}	−0.838	13.375	−88.811	2.133×10^{2}
0.20	5.133×10^{-2}	−2.139	33.347	-2.152×10^{2}	4.969×10^{2}
0.25	0.139	−5.887	93.824	-6.253×10^{2}	1.488×10^{3}

图 2.7 为不同相对密度圆环形金属丝网橡胶试件应力－应变实验曲线和理论拟合曲线图。由图可以看出，实验曲线与理论拟合曲线具有很好的重合性，所构建的本构关系式能够很好地描述金属丝网橡胶在单向受压状态下的非线性力学特性和迟滞特性。在相对密度较低时，实验曲线与理论拟合曲线具有极好的重合性，随着相对密度的增加，实验曲线出现轻微波动，重合性降低，这是因为相对密度增加，金属丝网橡胶的非线性特性逐渐增强所导致的。同时，通过比较表 2.1 和表 2.2 中的加载和卸载各项系数，可以看出，随着应变次方的增加，其相应的系数呈指数增长，这是因为应变本身为小于 1 的数，随着次方增加其值呈指数降低；卸载各项系数的绝对值均大于所对应的加载各项系数的绝对值，这是因为金属丝网橡胶材料具有滞后特性。加载时由于干摩擦力损耗能量而导致金属丝网橡胶弹性势能降低，从而导致卸载曲线滞后于加载曲线，其中滞回曲线所围成的面积即是干摩擦力损耗的能量。

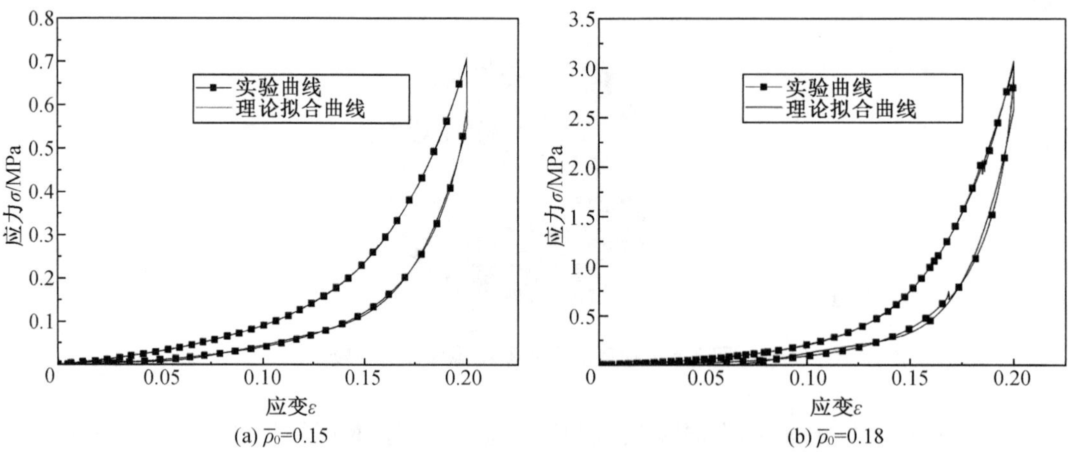

(a) $\bar{\rho}_0$=0.15 (b) $\bar{\rho}_0$=0.18

图 2.7 应力－应变实验曲线和理论拟合曲线图

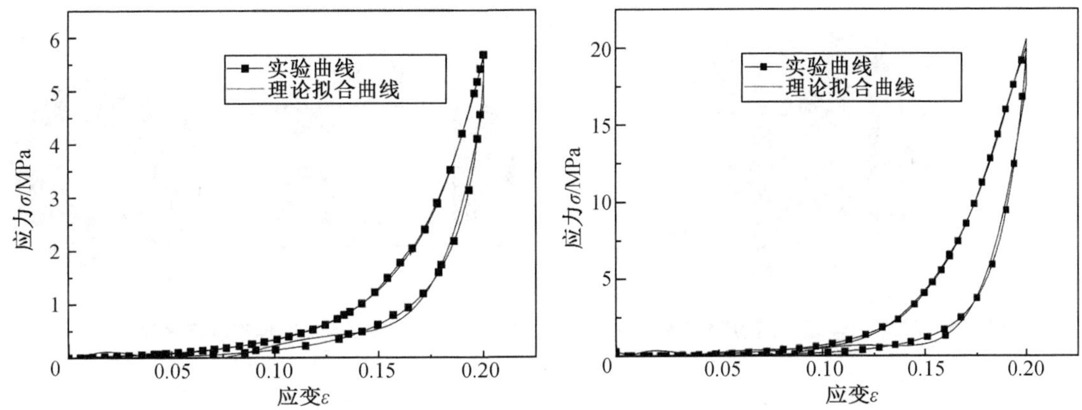

(c) $\overline{\rho}_0$=0.20　　(d) $\overline{\rho}_0$=0.25

图 2.7(续)

本节以圆环嵌套模型为基础,以干摩擦非线性理论为依据,结合小曲梁模型构建了金属丝网橡胶材料的非线性本构关系式,并利用实验数据对所构建的金属丝网橡胶本构方程进行数据拟合,确定了各项拟合系数,得到了实验曲线和理论拟合曲线具有较好的重合性。所构建的本构关系式能够很好地描述金属丝网橡胶的非线性力学特性,此外该关系式还能很好地反映出金属丝网橡胶材料的相对密度、金属丝材质、网格大小及网格宽度等各项参数对其非线性力学特性的影响,从而实现了对材料结构刚度的预估,为材料的设计和制作提供了理论依据。

2.2　金属丝网橡胶压缩力学特性

本节利用金属丝网橡胶试件进行准静态压缩实验来研究压缩量对金属丝网橡胶非线性力学特性的影响,并采用控制变量法对金属丝网橡胶的相对密度、材质、丝径,以及承压面积对其非线性压缩力学特性的影响进行研究。通过处理实验数据,得到不同压缩量和不同相对密度下金属丝网橡胶的平均刚度和能量耗散系数,并分析了压缩量和相对密度对金属丝网橡胶承压能力和减振耗能能力的影响。

2.2.1　实验材料和方法

实验所使用的圆环形金属丝网橡胶试件实物如图 2.8 所示,试件全部为空心圆柱形。试件形状示意图,如图 2.9 所示。其中,D_2 为试件外径,d_2 为试件内径,H_2 为试件高度。金属丝网橡胶的工作应变一般小于 0.15,因此在压缩实验中,金属丝网橡胶的最大应变量为 0.2。由于金属丝网橡胶材料在成型后会产生一定量的残余变形,为减小材料内部的残余变形对测量曲线重复性的影响,在对每个试件进行静态压缩实验前须先进行 3 ~ 5 次的最大变形量预压,再测定其准静态载荷 - 位移曲线。

图 2.8 圆环形金属丝网橡胶试件实物

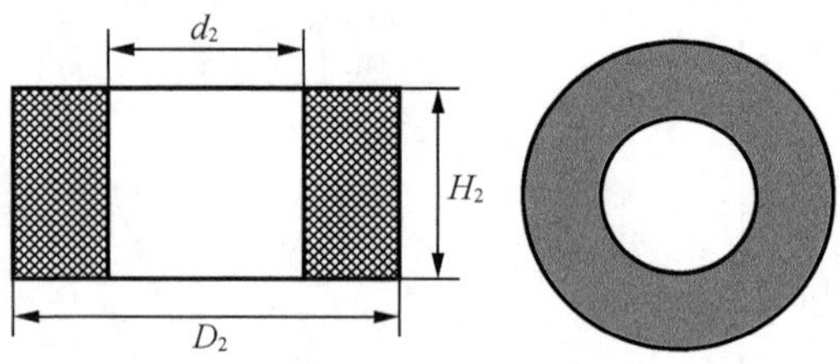

图 2.9 试件形状示意图

2.2.2 实验结果及分析

1. 不同压缩变形量的影响

图 2.10 是相对密度为 0.18、丝径为 0.2 mm 的金属丝网橡胶试件在压缩变形量为 5%，10%，15% 的应力 - 应变曲线，其中试件的外径为 40 mm，内径为 11.8 mm，高为 20 mm，材质为 321 钢丝。

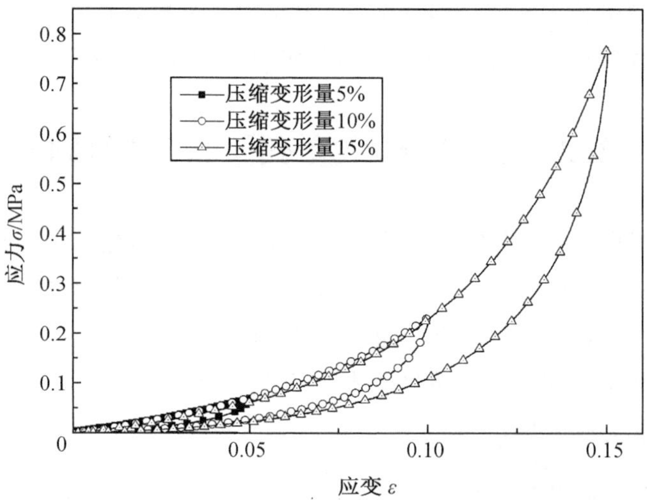

图 2.10 不同压缩量的金属丝网橡胶试件应力 - 应变曲线

由图可以看出，试件的应力 - 应变关系可以分为三个阶段。

（1）第一阶段为小变形阶段，即在变形量为 5% 时，其应力 - 应变关系基本呈线性，且滞回曲线的包围面积很小，也就是说金属丝网橡胶试件在压缩量为 5% 的往复运动中，能量耗散很小。

（2）第二阶段，随着变形量的增大，非线性特性逐渐增强，材料刚度增大，能量耗散增大。

（3）第三阶段，在这个阶段，刚度增加速度变快，在很小的应变变化范围内，应力变化幅度很大，并且随着应变的增加，应力的增加速度不断加快。

这是因为金属丝网橡胶试件是弹性多孔材料，在载荷施加初始阶段，试件纹路之间的空隙逐渐减小,金属丝之间的滑移摩擦非常小,刚度基本保持不变,力与位移呈线性关系,阻尼很小;当施加的载荷增大时,金属丝之间相互接触,并产生了挤压,刚度增加,在此过程中,金属丝间相互挤压摩擦,耗散能量,阻尼增加;当施加的载荷继续增大时,金属丝之间的挤压更加严重,刚度持续增加,且增加幅度加快,此时的力与位移呈现硬特性。

对于其他不同参数的金属丝网橡胶试件分别沿成型方向进行变形量为 5%、10%、15% 的压缩实验,其应力 - 应变关系趋势与图 2.10 基本相同。由此可以说明,不同压缩量对金属丝网橡胶材料的初始刚度并无影响。

2. 不同相对密度的影响

为研究金属丝网橡胶试件的相对密度对其非线性刚度的影响,在保持其他参数不变的情况下,分别对相对密度为 0.15,0.18,0.20 和 0.25 的金属丝网橡胶试件进行静态压缩实验,其具体参数见表 2.3。

表 2.3　不同相对密度金属丝网橡胶试件具体参数表

相对密度	丝径/mm	丝材	外形尺寸 $D_2 \times d_2 \times H_2$/mm
0.15	0.2	321	40×11.8×20
0.18	0.2	321	40×11.8×20
0.20	0.2	321	40×11.8×20
0.25	0.2	321	40×11.8×20

图 2.11 为不同相对密度的金属丝网橡胶试件应力 - 应变曲线。由图可以看出,随着相对密度的增加,金属丝网橡胶材料的非线性刚度逐渐增大。在相同应变条件下,阻尼特性更加明显,硬特性明显增强。

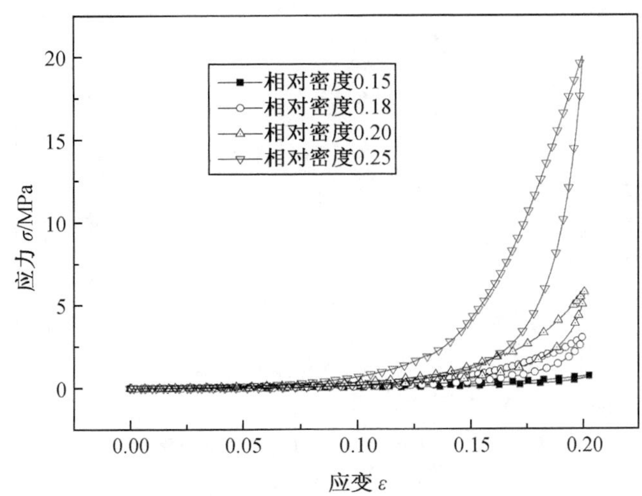

图 2.11　不同相对密度的金属丝网橡胶试件应力 - 应变曲线

这是因为相同外形尺寸条件下，相对密度越大，试件中金属丝排列越密集，相互之间挤压越强，硬特性效果就越显著；并且随着试件相对密度的逐渐增大，试件的负载范围也不断增大，其有效承压能力明显增强。

3. 不同金属丝材质的影响

金属丝网橡胶本质上是由金属丝缠绕压制而成的，所以金属丝的性能在很大程度上决定了金属丝网橡胶材料的特性。由于321钢丝对于高低温、腐蚀性等恶劣环境的承受能力强，因此本实验主要采用321钢丝制作金属丝网橡胶。除此之外，本实验还选用了304钢丝作为对比，304钢丝在强度、硬度等各个方面都与321钢丝有一定差异。两种金属丝制成的金属丝网橡胶试件具体参数见表2.4。

表2.4　不同材质的金属丝网橡胶试件具体参数表

材质	丝径/mm	相对密度	外形尺寸 $D_2 \times d_2 \times H_2$/mm
304	0.2	0.18	40×11.8×20
321	0.2	0.18	40×11.8×20

图2.12为不同材质的金属丝网橡胶试件的应力－应变曲线。由图可以看出，321钢丝制作的金属丝网橡胶试件在总体性能上明显优于304钢丝制作的金属丝网橡胶试件，这是由于321钢丝相比于304钢丝材质更硬，这使得最终成型的金属丝网橡胶的刚度更大。由图还可以看出，在应变较小时，即处于线弹性阶段时，两种金属丝网橡胶的刚度区别不大，当应变超过0.1以后，即处于非线性阶段时，两者差距较大。因此，不同材质主要影响金属丝网橡胶非线性阶段的刚度，材质越硬，所制成的金属丝网橡胶的刚度越大。

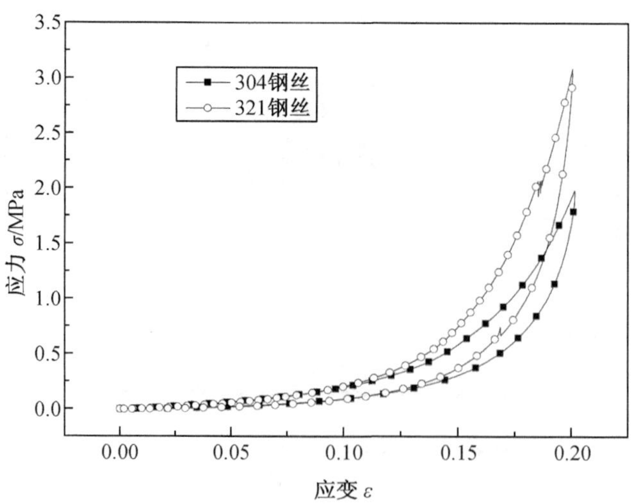

图2.12　不同材质的金属丝网橡胶试件应力－应变曲线

4. 不同丝径的影响

选用丝径分别为 0.15 mm 和 0.20 mm 的由 321 钢丝制成的金属丝网橡胶试件进行比较实验，以此研究不同丝径对其刚度特性的影响，其具体参数见表 2.5。

表 2.5　不同丝径的金属丝网橡胶试件具体参数表

相对密度	丝径/mm	材质	外形尺寸 $D_2 \times d_2 \times H_2$/mm
0.18	0.15	321	40×11.8×20
0.18	0.20	321	40×11.8×20

图 2.13 为不同丝径的金属丝网橡胶试件应力 – 应变曲线。由图可以看出，在应变较小的线性阶段，两种金属丝网橡胶试件的刚度区别不大；当应变超过 0.1 以后，在相同应变状态下，金属丝网橡胶试件的丝径越大，其对应的应力越大，并且随着应变的增加，应力的差别也越来越大，硬特性明显增强。这是因为钢丝的丝径越大，其本身的刚度越大，从而增强了金属丝网橡胶试件的非线性刚度，但对线性阶段刚度几乎不产生影响。因此在工程应用中，当金属丝网橡胶的应变处于非线性阶段时，可以通过增大丝径来提高其承压能力。

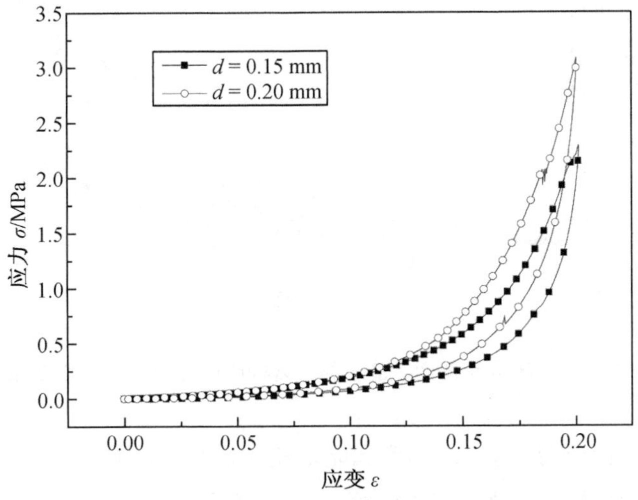

图 2.13　不同丝径的金属丝网橡胶试件应力 – 应变曲线

5. 不同承压面积的影响

对大、中、小三种承压面积的金属丝网橡胶试件进行比较实验，研究金属丝网橡胶试件承压面积对其承压力学特性的影响，其具体参数见表 2.6。

表 2.6 不同承压面积的金属丝网橡胶试件具体参数表

相对密度	丝径/mm	材质	外形尺寸 $D\times d\times H$/mm	承压面积/mm^2	单位体积损耗能量 /($J\cdot m^{-3}$)
0.18	0.2	321	53.6×19.8×20	1 948.5	15 294.3
0.18	0.2	321	40.0×11.8×20	1 147.3	12 282.2
0.18	0.2	321	34.5×9.7×20	860.9	6 103.0

图 2.14 为不同承压面积的金属丝网橡胶试件应力－应变曲线。由图可以看出，大尺寸金属丝网橡胶试件的承压能力最佳，中尺寸次之，小尺寸最差，并且大尺寸单位体积损耗的能量最多，中尺寸次之，小尺寸最少。因此，在其他参数相同的情况下，增大承压面积可以提高金属丝网橡胶的承压能力和减振耗能特性。

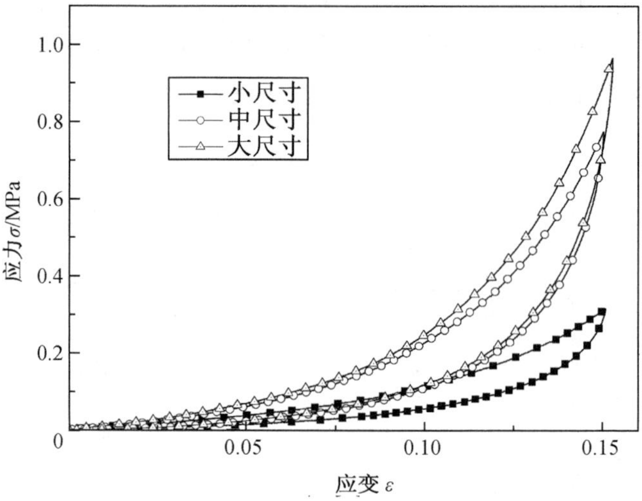

图 2.14 不同承压面积的金属丝网橡胶试件应力－应变曲线

6. 不同压缩量和相对密度对平均刚度和能量耗散系数的影响

在准静态压缩实验中，金属丝网橡胶的刚度与压缩量呈非线性变化，以力－位移曲线的起点与终点连线的直线斜率作为金属丝网橡胶刚度的近似值，用最大载荷与变形量的比值作为金属丝网橡胶的平均刚度，其计算公式如下

$$K_1=\frac{P_1}{\delta_1} \tag{2.31}$$

式中，P_1 为变形最大处的载荷；δ_1 为试件的最大变形量。

金属丝网橡胶属于干摩擦阻尼材料，在循环加载的情况下，可以通过金属丝之间的干摩擦来消耗能量，从而达到减震的目的。当最大变形量为 δ_1 时，迟滞回线围成的面积就是干摩擦阻尼损耗的能量。能量耗散系数是衡量金属丝网橡胶减振性能的重要参数，能量耗散系数越大，

金属丝网橡胶的减振性能越好,反之越差。能量耗散系数等于一个循环耗散的能量与最大变形势能的比值,其计算公式如下

$$\psi_0 = \frac{\Delta U_2}{U_2} \tag{2.32}$$

式中,ΔU_2 是循环耗散的能量;U_2 是最大变形势能,即加载曲线与横轴所围成的面积。

(1)不同压缩量对平均刚度和能量耗散系数的影响

图 2.15 为平均刚度 - 压缩量关系曲线。由图可以看出,随着压缩量的增加,金属丝网橡胶的平均刚度呈非线性增加,且增加速度随着压缩量的增加逐渐加快;图 2.16 为能量耗散系数 - 压缩量关系曲线,由图可以看出,随着压缩量的增加,金属丝网橡胶能量耗散系数呈非线性减小,减振性能下降。

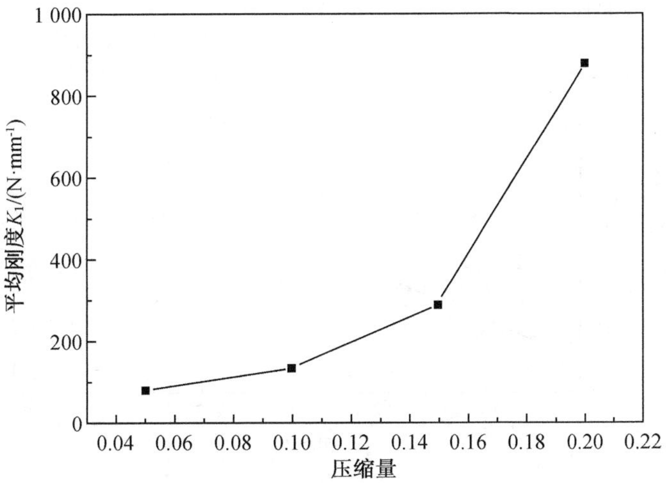

图 2.15　平均刚度 - 压缩量关系曲线

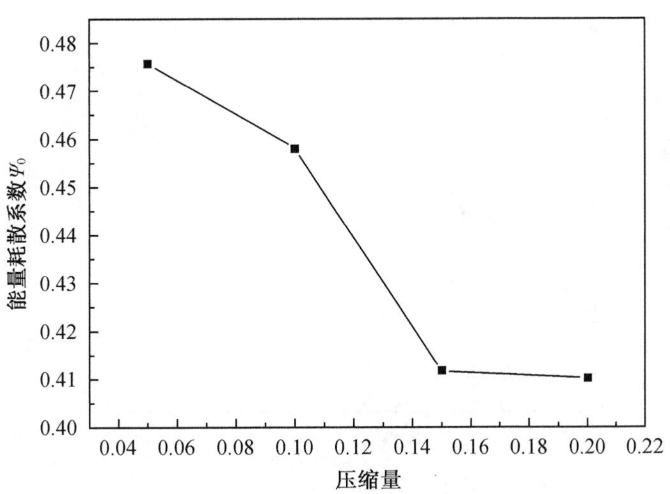

图 2.16　能量耗散系数 - 压缩量关系曲线

这是因为随着压缩量的增加，金属丝网橡胶的平均刚度增大，硬特性逐渐增强。因此，为使金属丝网橡胶具有较好的减振性能，在刚度满足承压需求的前提下，应尽量减小金属丝网橡胶的压缩量。

（2）不同相对密度对平均刚度和能量耗散系数的影响

图 2.17 为平均刚度－相对密度关系曲线。由图可以看出，随着相对密度的增加，金属丝网橡胶的平均刚度逐渐增大，在相同压缩量下，承压能力明显增强。图 2.18 为能量耗散系数－相对密度关系曲线。由图可以看出，随着相对密度的增加，金属丝网橡胶的能量耗散系数逐渐增大，且减振性能增强。因此，可以通过增大金属丝网橡胶的相对密度来提高其承压能力和减振性能。

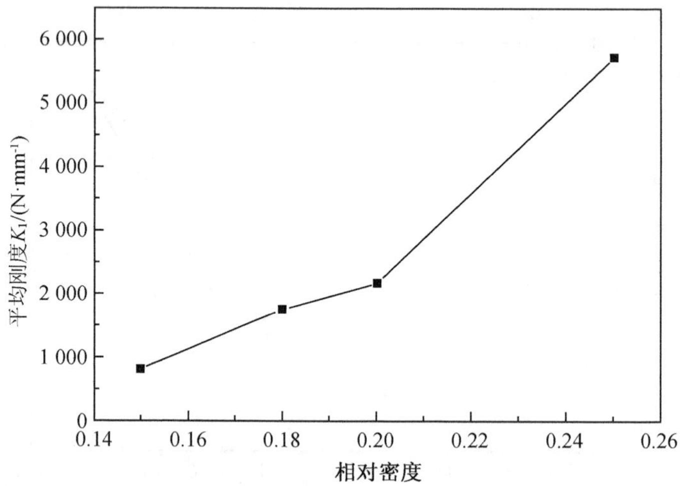

图 2.17　平均刚度－相对密度关系曲线

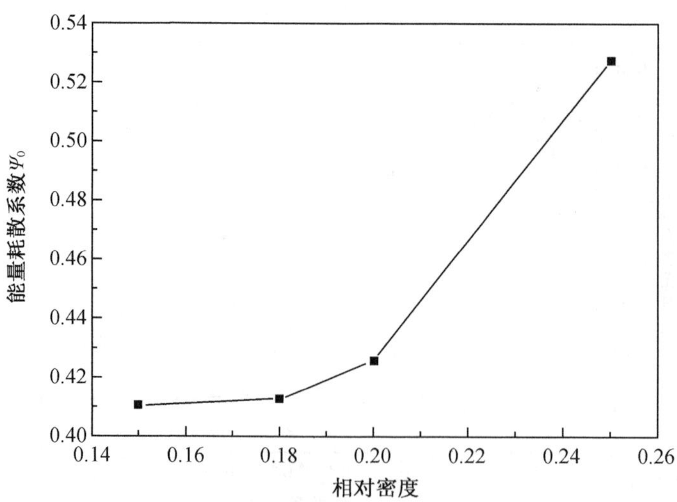

图 2.18　能量耗散系数－相对密度关系曲线

本节通过金属丝网橡胶静态压缩实验,研究了压缩量、相对密度、材质、丝径及承压面积等参数对金属丝网橡胶压缩力学特性的影响,研究结果如下。

①随着压缩量的增加,金属丝网橡胶的压缩过程可以分为三个阶段,即小变形线性阶段、非线性增强阶段和硬特性阶段,且不同压缩量对金属丝网橡胶材料的初始刚度并无影响。

②随着相对密度的增加,金属丝网橡胶的非线性弹性模量逐渐增大,阻尼特性和硬特性更加明显,负载范围不断增大,有效承压能力明显增强。

③材质和丝径主要影响金属丝网橡胶的非线性阶段的刚度,对线性阶段刚度几乎不产生影响。试件本身材质越硬,丝径越大,金属丝网橡胶刚度也就越大,承压能力就越强。

④在其他参数相同的情况下,金属丝网橡胶的承压面积越大,其承压能力和减振性能越强。

⑤随着压缩量的增加,金属丝网橡胶硬特性逐渐增强,平均刚度呈非线性增大,承压能力增强,能量耗散系数减小,减振性能降低。

⑥随着相对密度的增加,金属丝网橡胶的平均刚度呈线性增大,承压能力增强,能量耗散系数增大,减振性能增强。

2.3　金属丝网橡胶隔振器振动性能实验

本节对金属丝网橡胶隔振器进行了正弦扫频实验和随机振动实验研究,利用控制变量法研究金属丝网橡胶成型的纹路斜度、相对密度及丝径对隔振器的传递率、固有频率和均方根加速度响应的影响,并分析研究振动量级对金属丝网橡胶隔振器固有频率和均方根加速度响应的影响。

2.3.1　实验材料及振动实验

1. 实验材料

本实验所用的金属丝网橡胶试件形状示意图,如图2.19所示,L_1 为试件的边长,D_3 为试件的较大内径,d_3 为试件的较小内径,H_1 为试件的高度,H_3 为试件较大内径的高度,具体尺寸参数见表2.7。

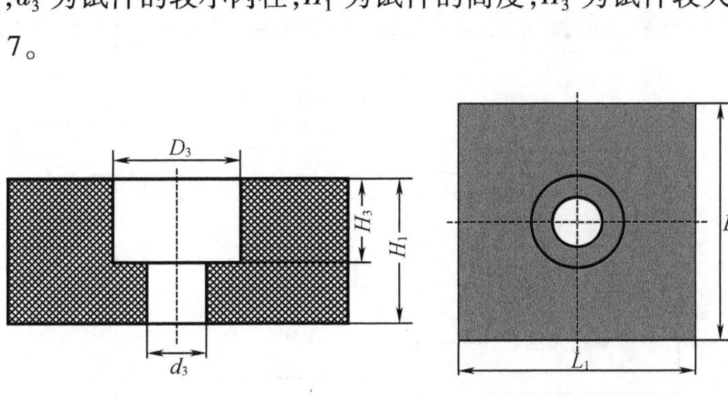

图2.19　金属丝网橡胶试件形状示意图

表 2.7 金属丝网橡胶试件尺寸参数表 （单位：mm）

L_1	D_3	d_3	H_1	H_3
29.2	11.0	9.0	19.0	8.5

图 2.20 为纹路斜度试件示意图，该实验所用的金属丝网橡胶试件纹路斜度为 0°和 15°两种，纹路斜度试件实物，如图 2.21 所示。

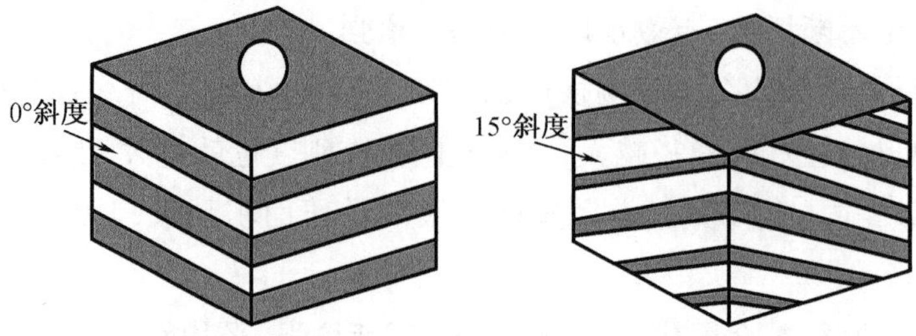

(a)0°纹路斜度试件 (b)15°纹路斜度试件

图 2.20 纹路斜度试件示意图

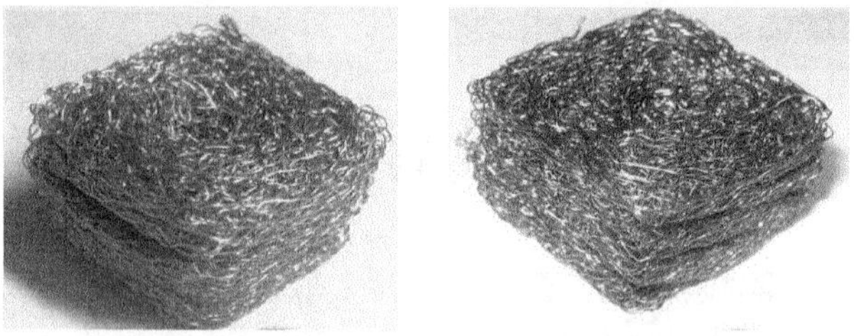
(a)0°纹路斜度试件 (b)15°纹路斜度试件

图 2.21 纹路斜度试件实物

2. 振动实验

图 2.22 为振动实验原理示意图。在实验时，需要在振动测试软件中设置实验的相关参数。振动控制仪将信号传送给功率放大器，信号经过功率放大器放大后传输给振动台，使台面振动向隔振器提供稳定的振动载荷。在隔振器和振动台面上分别放置一个压电式加速度传感器，用来测量隔振前后的加速度响应。在测试时，把传感器分别连接到振动信号采集仪和振动控制仪上，振动信号采集仪和振动控制仪与计算机相连，通过计算机显示并储存实验数据。

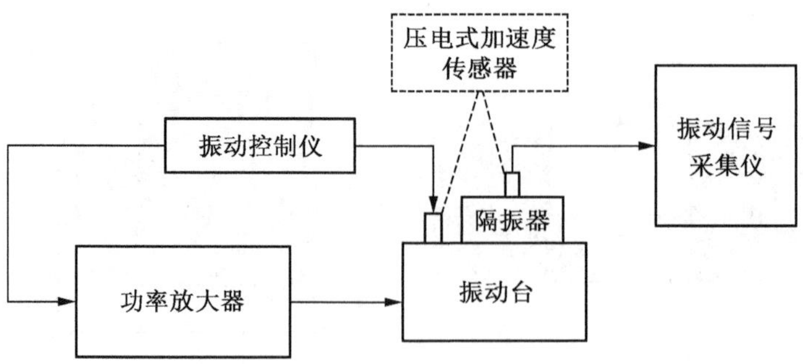

图 2.22 振动实验原理示意图

2.3.2 隔振器正弦扫频实验结果及分析

在隔振器正弦扫频实验中，用加速度的传递率作为隔振器的传递特性表征，用加速度输出与输入的比值作为隔振器的传递率，其表示如下

$$\eta_0 = \frac{a_o}{a_i} \tag{2.33}$$

式中，a_o是输出加速度；a_i是输入加速度。

实验扫频范围为 5 ~400 Hz，振动台激振控制方式主要由加速度控制。当输入加速度为定值时，前期加速度增加阶段由位移控制。当输入加速度达到设定值后，振动台激振控制方式改由加速度控制。实验分别在输入加速度为 1 ~5g 的不同振动量级下，对不同纹路斜度、相对密度及丝径的金属丝网橡胶隔振器进行正弦扫频实验，研究上述金属丝网橡胶参数对隔振器传递率和固有频率的影响。

1. 不同纹路斜度对隔振器传递率和固有频率的影响

实验所用不同纹路斜度的金属丝网橡胶试件的参数见表 2.8。

表 2.8　不同纹路斜度的金属丝网橡胶试件参数表

纹路斜度	相对密度	丝径/mm
0°	0.20	0.20
15°	0.20	0.20

图 2.23 为实验量级（输入加速度）为 2 g 时不同纹路斜度的金属丝网橡胶隔振器传递率 - 频率关系曲线。由图可以看出，纹路斜度为 0°的隔振系统传递率曲线相对纹路斜度为 15°隔振系统的传递率曲线向左偏移，且传递率峰值减小，隔振性能增强。图 2.24 为不同纹路斜度的金属丝网橡胶隔振器固有频率 - 振动量级关系曲线。由图可以看出，随着振动量级的增加，隔振器固有频率的变化幅度不大，纹路斜度为 0°的隔振器固有频率在各振动量级下均明显低于纹路斜度为 15°的隔振器固有频率。这是由于纹路斜度的增加导致金属丝网橡胶刚度增大，从而固有频率增大，因此可以通过增大纹路斜度来增大金属丝网橡胶隔振器的刚度和固有频率。

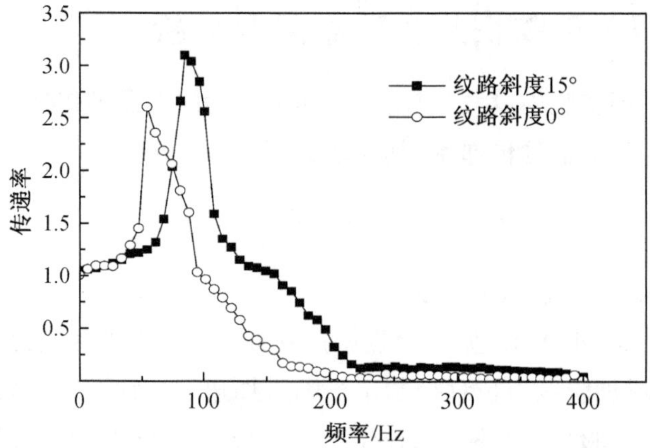

图 2.23 不同纹路斜度的金属丝网橡胶隔振器传递率 - 频率关系曲线

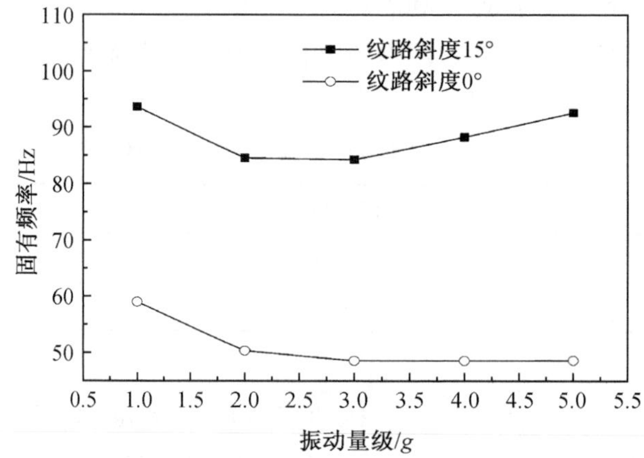

图 2.24 不同纹路斜度的金属丝网橡胶隔振器固有频率 - 振动量级关系曲线

2. 不同相对密度对隔振器传递率和固有频率的影响

实验所用的不同相对密度的金属丝网橡胶试件参数见表 2.9。

表 2.9 不同相对密度的金属丝网橡胶试件参数表

相对密度	纹路斜度	丝径/mm
0.18	15°	0.20
0.20	15°	0.20
0.25	15°	0.20

图 2.25 为不同相对密度的金属丝网橡胶隔振器传递率 - 频率关系曲线。由图可以看出，在相对密度为 0.18 时，相对密度较小，金属丝网橡胶处于软特性阶段，传递率峰值较小。随着相对密度的增大，金属丝网橡胶硬特性增强，传递率曲线向右侧移动，传递率峰值逐渐

增大,隔振性能降低。

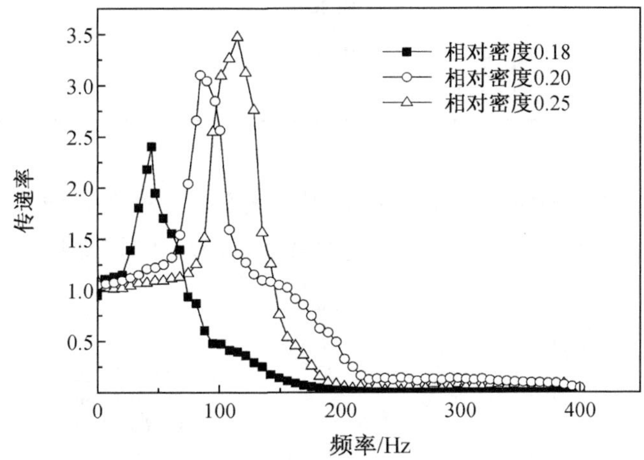

图 2.25　不同相对密度的金属丝网橡胶隔振传递率 - 频率关系曲线

图 2.26 为不同相对密度的金属丝网橡胶隔振器固有频率 - 振动量级关系曲线。由图可以看出,金属丝网橡胶隔振器的固有频率随相对密度增加而逐渐增大。这是由于金属丝网橡胶刚度随相对密度增加而逐渐增大造成的,而随着振动量级增加,隔振器固有频率基本保持不变。

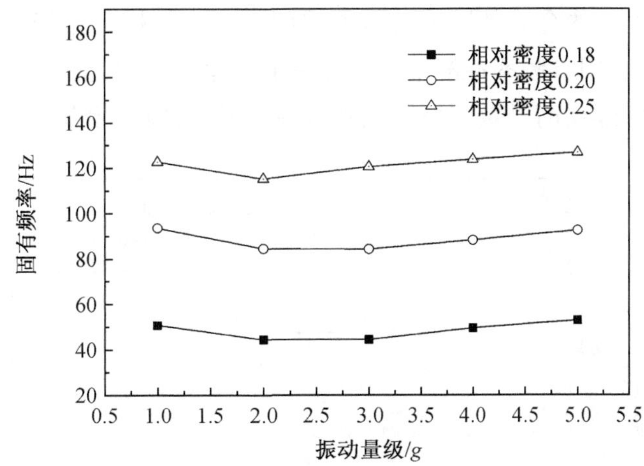

图 2.26　不同相对密度的金属丝网橡胶隔振器固有频率 - 振动量级关系曲线

3. 不同丝径对隔振器传递率和固有频率的影响

实验所用的不同丝径的金属丝网橡胶试件参数见表 2.10。

表 2.10 不同丝径的金属丝网橡胶试件参数表

丝径/mm	相对密度	纹路斜度
0.10	0.20	15°
0.15	0.20	15°
0.20	0.20	15°

图 2.27 为不同丝径的金属丝网橡胶隔振器传递率 - 频率关系曲线。由图可以看出，随着丝径的增大，传递率曲线向右侧移动，传递率峰值逐渐增大，隔振性能降低。

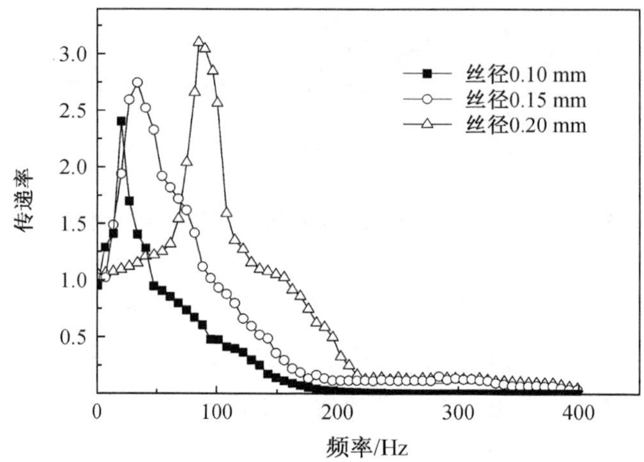

图 2.27 不同丝径的金属丝网橡胶隔振器的传递率 - 频率关系曲线

图 2.28 为不同丝径的金属丝网橡胶隔振器固有频率 - 振动量级关系曲线。由图可以看出，随着丝径的增大，固有频率逐渐增大。这是由于丝径增大，金属丝的抗弯刚度增强，金属丝网橡胶刚度也增强，从而导致隔振系统固有频率增大，固有频率随振动量级变化不大。

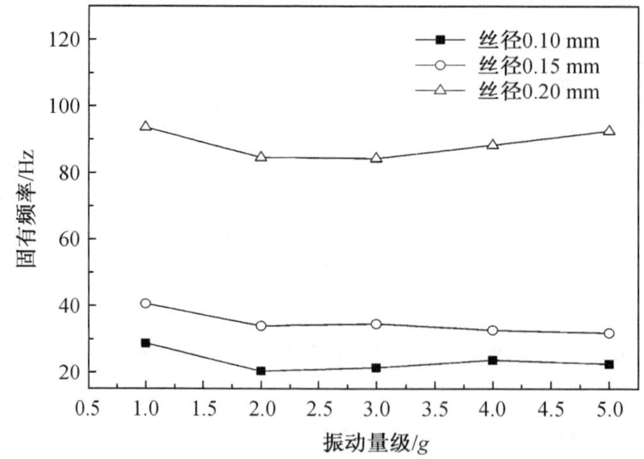

图 2.28 不同丝径的金属丝网橡胶隔振器固有频率 - 振动量级关系曲线

2.3.3　隔振器随机振动实验

隔振器随机振动实验采用平均控制方式，控制与监测通道各为一个，随机振动实验控制谱如图 2.29 所示，输入加速度功率谱密度分为三个阶段，上升斜率为 +6 dB/oct，下降斜率为 -6 dB/oct，随机振动频率范围在 10 ~ 2 000 Hz，初始功率谱密度 S_0、平谱阶段功率谱密度 S_1 和振动量级 g（输入均方根加速度响应）的参数见表 2.11。

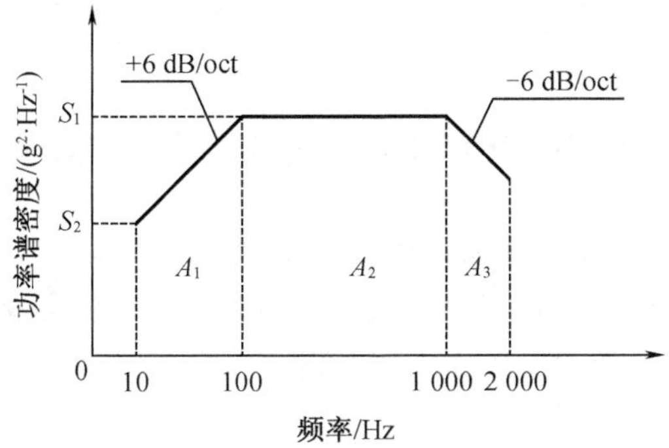

图 2.29　随机振动实验控制谱

表 2.11　S_0、S_1 和实验量级参数表

S_0/($g^2 \cdot Hz^{-1}$)	S_1/($g^2 \cdot Hz^{-1}$)	振动量级/g
0.017 43	0.44	5
0.044 61	1.12	8
0.069 71	1.74	10
0.100 4	2.51	12

1. 不同纹路斜度对隔振器均方根加速度响应的影响

图 2.30 为不同纹路斜度对隔振器均方根加速度响应 - 振动量级关系曲线。由图可以看出，随着纹路斜度的增加，均方根加速度响应增大，隔振性能降低，且均方根加速度响应随振动量级呈近似线性增加。

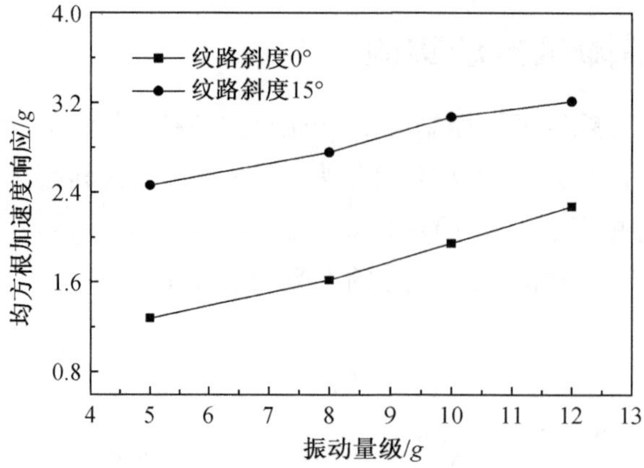

图 2.30　不同纹路斜度对隔振器均方根加速度响应－振动量级关系曲线

2. 不同相对密度对隔振器均方根加速度响应的影响

图 2.31 为不同相对密度对隔振器均方根加速度响应－振动量级关系曲线。由图可以看出，随着相对密度的增加，均方根加速度响应增大，隔振性能降低，且均方根加速度响应随实验量级呈近似线性增加。

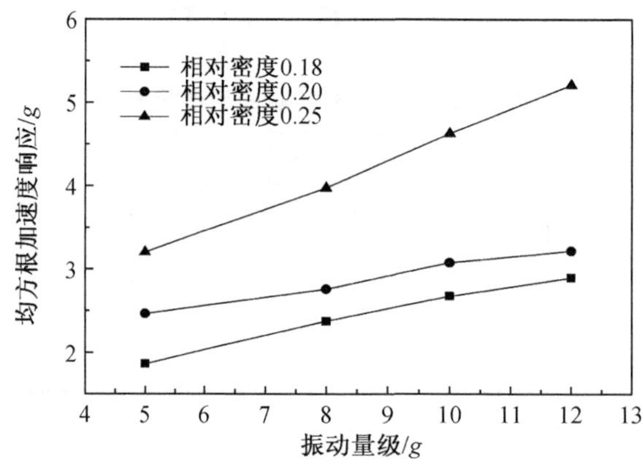

图 2.31　不同相对密度对隔振器均方根加速度响应－振动量级关系曲线

3. 不同丝径对隔振器均方根加速度响应的影响

图 2.32 为不同丝径对隔振器均方根加速度响应－振动量级关系曲线。由图可以看出，随着丝径的增加，均方根加速度响应增大，隔振性能急剧降低，且均方根加速度响应随振动量级呈近似线性增加。

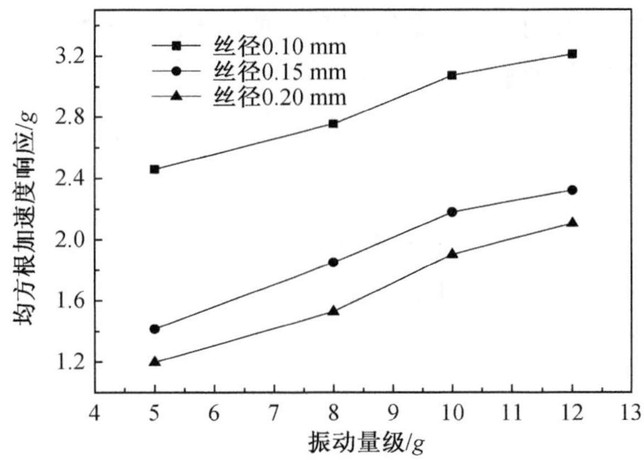

图 2.32 不同丝径对隔振器均方根加速度响应 - 振动量级关系曲线

本节通过对金属丝网橡胶隔振器进行的正弦扫频实验和随机振动实验,分析了金属丝网橡胶成型的纹路斜度、相对密度和丝径对金属丝网橡胶隔振系统振动特性的影响,研究结果总结如下。

①纹路斜度为 0°的隔振系统传递率曲线相对纹路斜度为 15°的隔振系统传递率曲线向左偏移,传递率峰值减小,隔振器的隔振性能增强,且随着振动量级的增加,隔振器固有频率的变化不大。随着纹路斜度的增加,均方根加速度响应增大,隔振性能降低,且均方根加速度响应随振动量级呈近似线性增加。

②随着相对密度的增大,金属丝网橡胶硬特性增强,传递率曲线向右移动,传递率峰值逐渐增大,隔振性能降低,且随着振动量级的增加,隔振器固有频率基本保持不变。随着相对密度的增加,均方根加速度响应增大,隔振性能降低,且均方根加速度响应随振动量级呈近似线性增加。

③随着丝径的增大,金属丝的抗弯刚度增强,金属丝网橡胶刚度也增强,隔振系统的传递率曲线向右移动,传递率峰值逐渐增大,隔振性能降低,且隔振器固有频率随振动量级变化不大。隔振系统的均方根加速度响应随丝径的增大而增大,隔振系统的隔振性能急剧降低,且隔振器均方根加速度响应随振动量级呈近似线性增加。

2.4 预紧量和振动量级对金属丝网橡胶隔振器振动性能的影响

本节对金属丝网橡胶隔振器进行了正弦扫频实验和随机振动实验,研究预紧量和振动量级对金属丝网橡胶隔振器振动性能的影响,并根据线性系统随机振动理论,结合金属丝网橡胶自身非线性特性,推导出金属丝网橡胶系统随机振动均方根加速度响应的近似求解公式,并用实验进行验证,确定公式的适用范围。

2.4.1 随机振动均方根加速度响应

图 2.33 为黏性阻尼线性系统动力学模型示意图。图中 m 为系统的负载质量;k 为系统

的刚度;c 为系统的阻尼系数。此系统受到随机激励力 $F(t)$ 作用,假设 $F(t)$ 是均值为零、功率谱密度为 S_0 的理想白噪声激励。

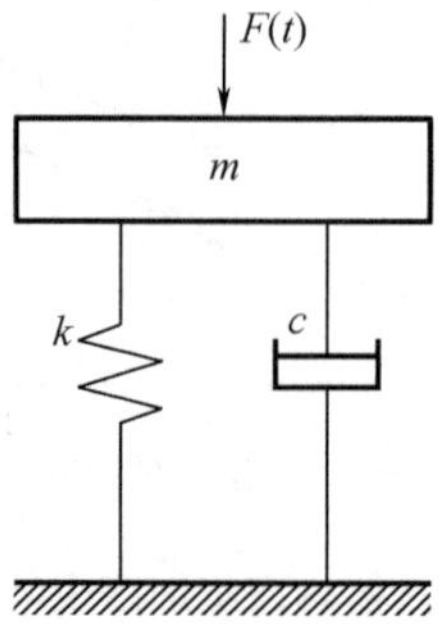

图 2.33 黏性阻尼线性系统动力学模型示意图

由随机振动理论可知响应的自相关函数 $R_x(\tau)$ 为

$$R_x(\tau) = \int_{-\infty}^{\infty}\int_{-\infty}^{\infty} h(u)h(v)S_0\delta(\tau + u - v)\,\mathrm{d}u\mathrm{d}v \tag{2.34}$$

式中,$h(u)$ 和 $h(v)$ 为系统的脉冲响应函数;$\delta(\tau + u - v)$ 为单位脉冲函数。

理想白噪声的自相关函数 $R_x(\tau)$ 与功率谱密度 S_0 的关系为

$$R_x(\tau) = S_0\delta(\tau) \tag{2.35}$$

则自相关函数 $R_x(\tau)$ 为

$$R_x(\tau) = S_0\int_{-\infty}^{\infty} h(\tau + u)h(u)\,\mathrm{d}u \tag{2.36}$$

积分得到位移响应的相关函数 $R_x(\tau)$ 为

$$R_x(\tau) = \frac{S_0}{4m^2\xi\omega_0^3}\mathrm{e}^{-\xi\omega_0\tau}\left(\cos\omega_\mathrm{d}\tau + \frac{\xi\omega_0}{\omega_\mathrm{d}}\sin\omega_\mathrm{d}\tau\right) \tag{2.37}$$

由自相关函数的偶函数性质,在 $\tau<0$ 的情况下,可将式(2.37)中的 τ 代以 $|\tau|$,写作

$$R_x(\tau) = \frac{S_0}{4m^2\xi\omega_0^3}\mathrm{e}^{-\xi\omega_0|\tau|}\left[\cos(\omega_\mathrm{d}\tau) + \frac{\xi\omega_0}{\omega_\mathrm{d}}\sin(\omega_\mathrm{d}|\tau|)\right] \tag{2.38}$$

式中,ξ 为阻尼比,其值为$\frac{c}{2m\omega_0}$;ω_0 为固有圆频率,其值为$\sqrt{\frac{k}{m}}$;ω_d 为有阻尼固有圆频率,其值为 $\omega_0\sqrt{1-\xi^2}$。

在平稳随机过程中,加速度响应的相关函数为

$$R_{\ddot{x}}(\tau) = \frac{\mathrm{d}^4}{\mathrm{d}\tau^4}[R_x(\tau)] = \frac{S_0\omega_0}{4m^2\xi}\mathrm{e}^{-\xi\omega_0|\tau|}\cdot\left[(1-4\xi^2)\cos(\omega_\mathrm{d}\tau) + (4\xi^2-3)\frac{\xi\omega_0}{\omega_\mathrm{d}}\sin(\omega_\mathrm{d}|\tau|)\right] \tag{2.39}$$

则平稳随机过程均方根加速度响应可以表示为

$$a_\mathrm{rms} = R_{\ddot{x}}(0) = \frac{S_0\omega_0}{4m^2}\left(\frac{1}{\xi} - 4\xi\right) \tag{2.40}$$

金属丝网橡胶属于干摩擦阻尼材料，与黏性阻尼系统不同，其能量耗散系数和刚度都取决于振幅。能量耗散系数等于一个循环耗散的能量与最大变形势能的比值，计算公式如下

$$\psi_0 = \frac{\Delta U_2}{U_2} \tag{2.41}$$

式中，ψ_0 为能量耗散系数；ΔU_2 为一个循环耗散的能量；U_2 为最大变形势能。

为简化数学分析过程，金属丝网橡胶材料的非线性能量耗散系数可以近似看作线性系统来计算。对于线性系统有

$$\Delta U_2 = c\pi\omega x^2 \tag{2.42}$$

$$U_2 = \frac{1}{2}kx^2 \tag{2.43}$$

将式(2.42)和式(2.43)代入式(2.41)，则能量耗散系数 ψ_0 为

$$\psi_0 = \frac{2c\pi\omega}{k} \tag{2.44}$$

在系统共振点处的能量耗散系数 ψ_1 为

$$\psi_1 = \frac{2c\pi\omega_0}{k} \tag{2.45}$$

则系统阻尼比 ξ 为

$$\xi = \frac{c}{2m\omega_0} = \frac{k\psi_1}{4\pi m\omega_0^2} = \frac{\psi_1}{4\pi} \tag{2.46}$$

加速度传递率 η_0 与能量耗散系数 ψ_0 的关系为

$$\eta_0 = \frac{2\pi}{\psi_0} \tag{2.47}$$

将共振点处能量耗散系数 $\psi_1 = \frac{2\pi}{\eta_1}$ 代入式(2.46)有

$$\xi = \frac{1}{2\eta_1} \tag{2.48}$$

将式(2.48)代入式(2.40)，得到均方根加速度响应的近似解为

$$a_{\text{rms}} = \frac{S_0\omega_0}{2m^2}\left(\eta_1 - \frac{1}{\eta_1}\right) \tag{2.49}$$

式中，η_1 为共振点处的传递率。ω_0 和 η_1 由加速度激励大小与随机振动输入均方根加速度相同的正弦扫频实验来确定。

2.4.2　金属丝网橡胶隔振器正弦扫频实验

1. 实验材料和实验设备

图 2.34 为金属丝网橡胶隔振器结构示意图。由图可以看出，金属丝网橡胶隔振器由底座、支架、紧固螺母、上端盖、下端盖、质量块、支撑杆和两个金属丝网橡胶减振垫组成。在振动过程中，通过上下端盖和支撑杆，可以将振动过程中产生的上下拉压受力转化成金属丝网橡胶减振垫所能承受的压力，且可以通过调节紧固螺母来控制预紧量。其中，金属丝网橡胶减振垫的外形结构为圆环形，相对密度为 0.16，外径为 50 mm，内径为 12.3 mm，高度为 20 mm。

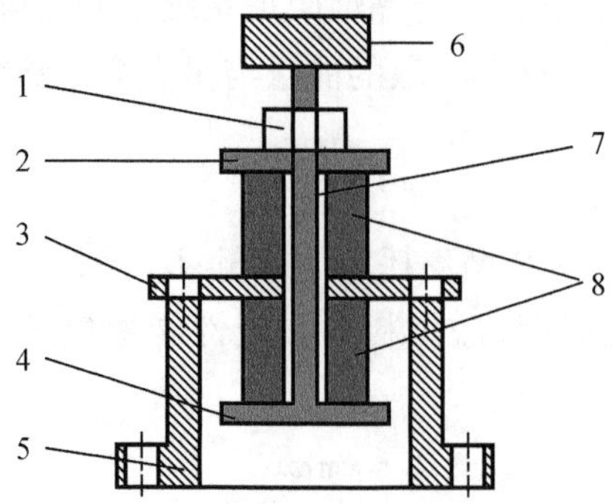

1—紧固螺母;2—上端盖;3—支架;4—下端盖;5—底座;
6—质量块;7—支撑杆;8—两个金属丝网橡胶减振垫。

图 2.34 金属丝网橡胶隔振器结构示意图

实验过程中所使用的振动实验装置是江苏东菱振动 ES－050－120/LT0202 型号的振动实验机,其原理如图 2.35 所示,其振动控制仪和功率放大器实物如图 2.36 所示,振动发生机和金属丝网橡胶隔振器实物如图 2.37 所示。在实验过程中,首先在振动测试软件中设置实验的相关参数,振动控制仪将信号传送给功率放大器,信号经过功率放大器放大后传送给振动发生机,使台面发生振动并给予隔振器稳定的振动载荷。在隔振器和振动发生机上分别放置一个压电式加速度传感器,用来测量减振前后的加速度响应。在测试时,把压电式加速度传感器连接到振动控制仪上,振动控制仪与计算机相连,通过计算机显示并储存实验数据。

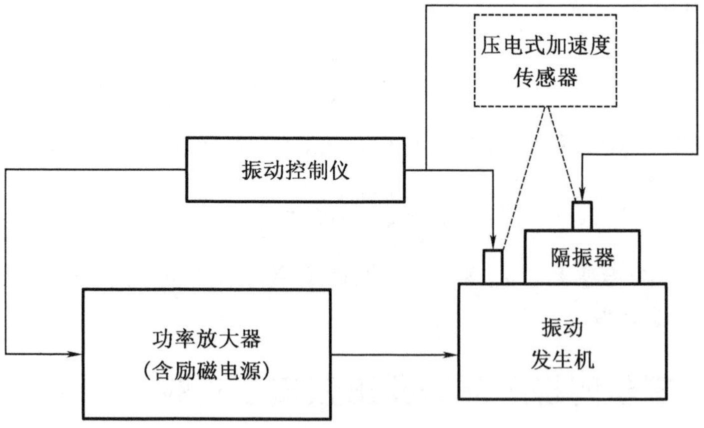

图 2.35 振动实验装置原理图

图 2.36　振动控制仪和功率放大器实物图

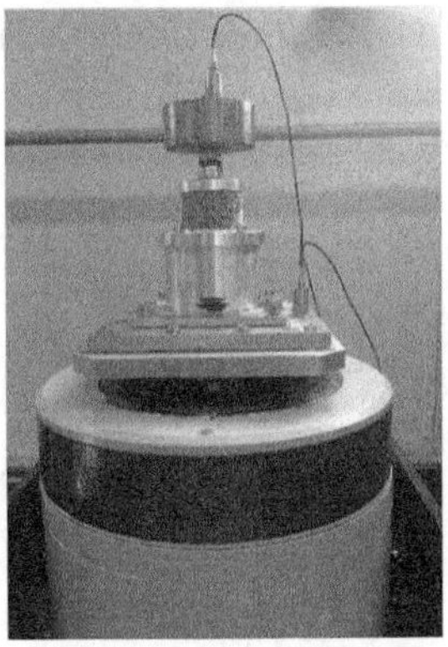

图 2.37　振动发生机和金属丝网橡胶隔振器的实物图

2. 正弦扫频实验结果及分析

振动发生机的激振控制方式主要由加速度控制，即输入加速度为定值。前期加速度增加阶段由位移控制，当输入加速度达到设定值后改为加速度控制，实验频率范围为 5～900 Hz。在不同振动量级的输入加速度下，对预紧量为 4 mm 的金属丝网橡胶隔振器进行输入加速度为 1～7g 的正弦扫频实验，研究振动量级对其振动特性的影响。同时对预紧量为 2～6 mm 的金属丝网橡胶隔振器进行输入加速度为 4.5g 的正弦扫频实验，研究预紧量对其振动特性的影响。

图 2.38 为不同振动量级的金属丝网橡胶隔振器的传递率曲线。由图可以看出，传递率曲线随着振动量级的增加不断向左下方移动，传递率峰值逐渐减小，减振性能增强，且当振动量级达到一定值后，传递率曲线几乎不再发生变化。

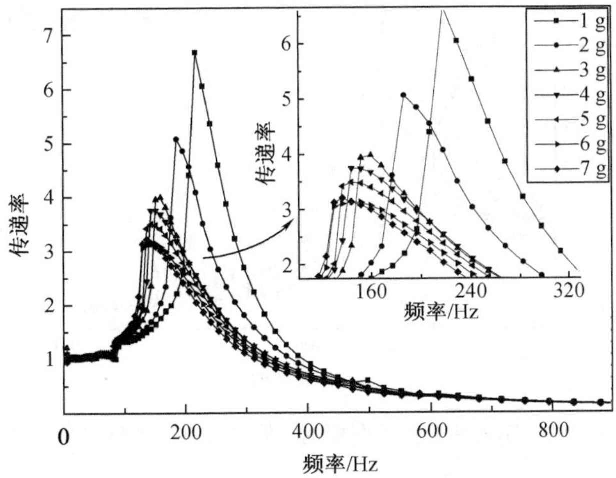

图 2.38　不同振动量级的金属丝网橡胶隔振器的传递率曲线

图 2.39 为金属丝网橡胶固有频率－振动量级关系曲线。由图可以看出，随着振动量级

的增加，金属丝网橡胶隔振器的固有频率逐渐减小，当激励加速度达到 6*g* 后，固有频率几乎不再发生变化。

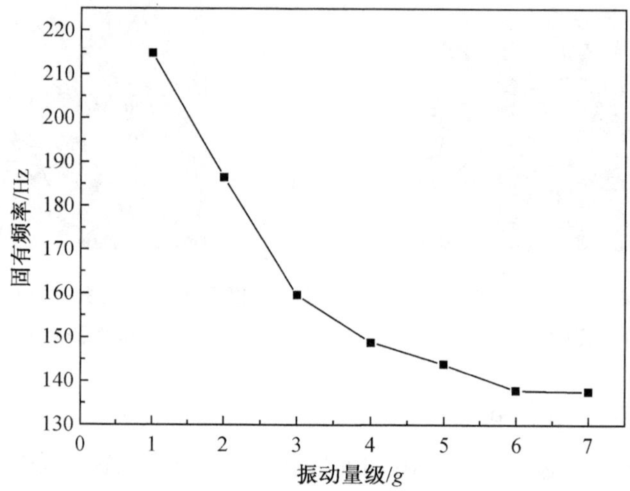

图 2.39　金属丝网橡胶隔振器固有频率－振动量级关系曲线

图 2.40 为不同预紧量的金属丝网橡胶隔振器的传递率曲线。由图可以看出，随着预紧量的增加，传递率曲线向右方移动，传递率峰值先减小后增大，且变化速度不断加快。图 2.41 为金属丝网橡胶隔振器固有频率－预紧量关系曲线。由图可以看出，随着预紧量的增加，金属丝网橡胶隔振器的固有频率大致呈线性增加，这是由于刚度随预紧量增加而增大造成的。

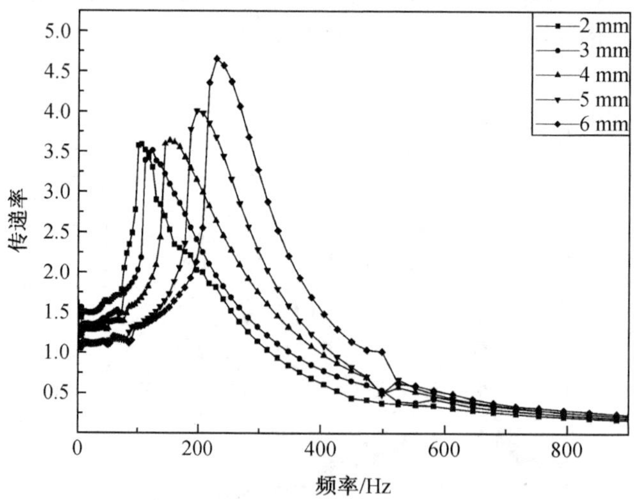

图 2.40　不同预紧量的金属丝网橡胶隔振器的传递率曲线

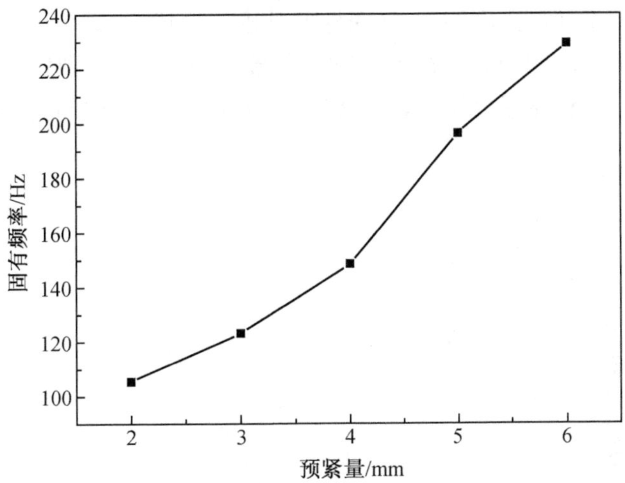

图 2.41　金属丝网橡胶隔振器固有频率 - 预紧量关系曲线

2.4.3　金属丝网橡胶隔振器随机振动实验

金属丝网橡胶隔振器随机振动实验采用平均控制方式,控制与监测通道各为一个,输入加速度功率谱密度分为三个阶段,上升斜率为 +6 dB/oct,下降斜率为 -6 dB/oct,随机振动频率范围为 10 ~2 000 Hz,如图 2.42 所示。在输入加速度功率谱密度为 0.02 ~0.05 $g^2 \cdot Hz^{-1}$的不同随机振动量级下,对预紧量为 4 mm 的金属丝网橡胶隔振器进行随机振动实验,研究随机振动量级对其均方根加速度响应的影响。同时对输入加速度功率谱密度为0.02 $g^2 \cdot Hz^{-1}$,预紧量为 2 ~6 mm 的金属丝网橡胶隔振器进行随机振动实验,研究预紧量对金属丝网橡胶隔振器振动特性的影响。

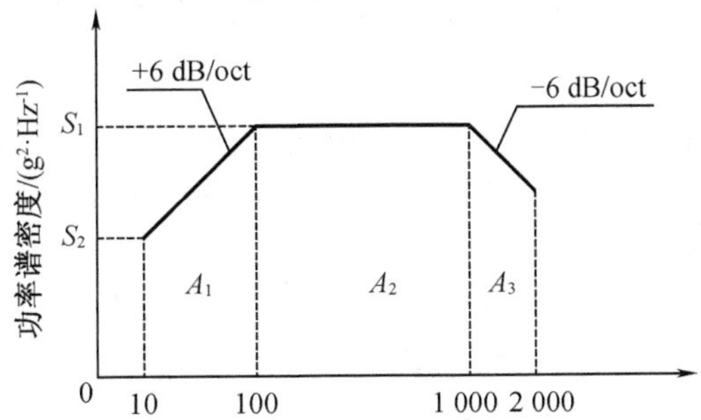

图 2.42　随机振动实验控制谱

图 2.43 为金属丝网橡胶均方根加速度响应 - 预紧量关系曲线。由图可以看出,均方根加速度响应先随预紧量的增加而减小,后随预紧量的增加而急剧增大。这是因为金属丝网橡胶材料为干摩擦阻尼材料,其刚度和阻尼均随预紧量呈非线性特性。当预紧量较小时,随着预紧量的增加,其刚度增加较小,呈现软特性,其阻尼增强,减振性能增强;当预紧量达到一定值

后，其刚度随预紧量的增加而急剧增大，从而导致其硬特性增强，其阻尼减弱，减振性能急剧下降。因此，要想提高金属丝网橡胶隔振器的减振性能，要有一定的预紧量，并且在承载刚度可以满足工作需求的前提下，尽量控制预紧量，使其处于减振性能较好的软特性阶段。

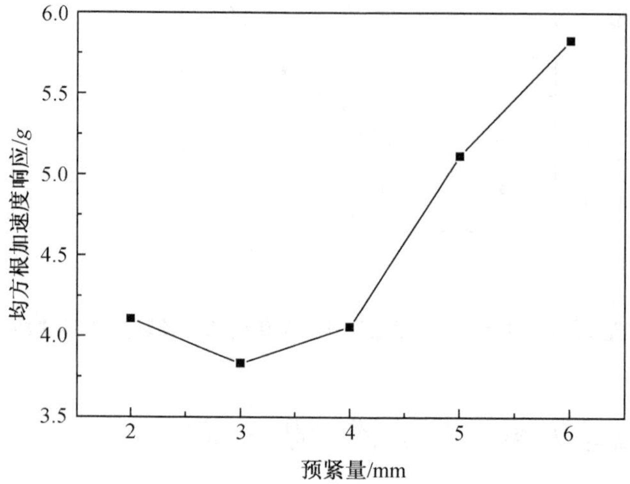

图 2.43　金属丝网橡胶均方根加速度响应 – 预紧量关系曲线

图 2.44 为金属丝网橡胶均方根加速度响应 – 随机振动量级关系曲线。由图可以看出，变化关系曲线可以分为两个阶段：第一阶段，随着随机振动量级的增加，均方根加速度响应线性增加；第二阶段，当随机振动量级达到一定值后，均方根加速度响应基本不再发生变化。因此，在较低随机振动量级条件下，金属丝网橡胶隔振器振动时的幅值相对较小，呈现软特性，阻尼性能随随机振动量级的增加而增强，减振性能增强；当随机振动量级过大时，振动幅值相对较大，金属丝网橡胶呈现硬特性，阻尼性能急剧下降，当下降到一定程度后，不再下降，在此时金属丝网橡胶隔振器的减振性能将达到最佳，且不再随随机振动量级的变化而变化。

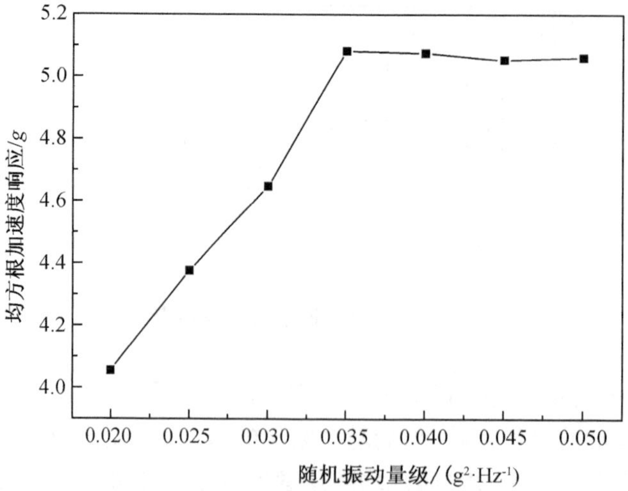

图 2.44　金属丝网橡胶均方根加速度响应 – 随机振动量级关系曲线

2.4.4　实验结果与理论计算结果对比分析

通过式(2.49),对随机振动的均方根加速度响应进行理论计算,并与实验结果进行对比分析。振动系统的总质量为 1.2 kg,其中包括重物负载质量(1 kg)、上下端挡板质量、紧固螺丝质量及支撑杆质量;随机振动不同预紧量下的固有频率和传递率峰值由对应的扫频实验确定;随机振动不同随机振动量级下的固有频率和传递率峰值如表 2.12 所示。

表 2.12　不同振动量级下的固有频率和传递率峰值

随机振动量级/($g^2 \cdot Hz^{-1}$)	均方根加速度/g	固有频率/Hz	传递率峰值/η_0
0.02	4.47	146.43	3.63
0.025	4.98	143.94	3.50
0.03	5.44	141.26	3.34
0.035	5.69	139.60	3.25
0.04	5.79	139.13	3.22
0.045	5.84	138.82	3.20
0.05	6.01	137.85	3.14

表 2.13 为不同预紧量的均方根加速度响应理论值和实验值。从表中可以看出,当预紧量较小时,误差较大;随着预紧量的增加,误差逐渐减小,但当预紧量增大到一定值后,误差开始增大。

表 2.13　不同随机预紧量的均方根加速度响应理论值和实验值

预紧量/mm	理论值/g	实验值/g	误差
2	2.53	4.11	38.4%
3	2.76	3.83	27.9%
4	3.69	4.06	16.0%
5	5.13	5.12	0.2%
6	7.06	5.83	21.1%

表 2.14 为不同随机振动量级下的均方根加速度响应理论值和实验值。从表中可以看出,随着随机振动量级的增加,理论值误差先减小,当振动量级达到 0.04 $g^2 \cdot Hz^{-1}$后,误差逐渐增大。

表 2.14　不同振动量级下的均方根加速度响应理论值和实验值

随机振动量级/($g^2 \cdot Hz^{-1}$)	理论值/g	实验值/g	误差
0.02	3.41	4.06	16.0%
0.025	4.01	4.38	8.3%

表 2.14(续)

随机振动量级/($g^2 \cdot Hz^{-1}$)	理论值/g	实验值/g	误差
0.03	4.48	4.65	3.7%
0.035	4.99	5.07	1.6%
0.04	5.62	5.06	11.1%
0.045	6.26	5.06	23.8%
0.05	6.76	5.05	33.8%

金属丝网橡胶为干摩擦阻尼材料,其刚度和阻尼均取决于其变形幅值。当预紧量较小时,金属丝网橡胶材料的刚度较小,系统固有频率较低,金属丝网橡胶材料处于软特性阶段,耗能阻尼相对较大,相应的传递率峰值较小。由式(2.49)可知,理论计算得到的均方根加速度响应值相对偏小,误差较大;随着预紧量的增加,金属丝网橡胶材料的刚度增大,系统固有频率增大,金属丝网橡胶材料在软特性阶段的耗能阻尼变化幅度不大,理论计算得到的均方根加速度响应值增大,误差却逐渐减小;当预紧量过大时,金属丝网橡胶材料处于硬特性阶段,耗能阻尼急剧下降,传递率峰值高于其等价线性系统的传递率峰值,理论计算得到的均方根加速度响应值偏大,误差也逐渐增大。

在随机振动量级较小时,金属丝网橡胶振动时的变形幅值较小,由式(2.49)计算的均方根加速度响应小于实验值,误差较大;随着随机振动量级的增加,金属丝网橡胶振动时的变形幅值增大。由表2.12可知,系统固有频率和传递率峰值逐渐减小,理论计算得到的均方根加速度响应缓慢增加,误差不断减小;当随机振动量级达到一定值后,由图2.44可以看出,均方根加速度响应达到最佳,且不再随随机振动量级的变化而变化,理论计算结果随随机振动量级的增加而增大,误差增大。因此,预紧量为4 mm(试件高度的20%)和5 mm(试件高度的25%)时,随机振动量级不超过0.04 $g^2 \cdot Hz^{-1}$时,均方根加速度响应近似求解方程的计算结果较为准确,误差在20%以内。

本节通过对金属丝网橡胶材料减振机理的分析,在线性黏性系统随机振动理论基础上,结合金属丝网橡胶材料的非线性特性,推导出了金属丝网橡胶隔振器随机振动均方根加速度响应的近似求解方程。

通过对金属丝网橡胶隔振器进行正弦扫频实验,得到了在不同随机振动量级和不同预紧量下,金属丝网橡胶隔振器的传递率曲线和固有频率变化曲线,分析研究了振动量级和预紧量对金属丝网橡胶隔振器传递率和固有频率的影响。

通过对金属丝网橡胶隔振器进行随机振动实验,分析了随机振动量级和预紧量对金属丝网橡胶隔振器均方根加速度响应的影响,得到了相关变化规律。将均方根加速度响应理论计算得到的结果与实验结果进行比较,分析了产生误差的原因,并确定了方程的适用范围。

2.5　金属丝网橡胶隔振器随机振动有限元仿真

本节在金属丝网橡胶隔振器正弦扫频实验的基础上,提出一种金属丝网橡胶隔振器随机振动有限元仿真方法，采用正交各向异性阻尼材料来模拟金属丝网橡胶材料，再通过金属丝网橡胶隔振器正弦扫频实验以确定金属丝网橡胶材料的仿真参数，建立金属丝网橡胶隔振器仿真模型，利用 ANSYS Workbench 有限元仿真软件对隔振器模型进行随机振动仿真分析，并将仿真结果与实验结果进行对比分析，以验证仿真方法的可行性。

2.5.1　金属丝网橡胶材料仿真参数识别

仿真实验采用正交各向异性阻尼材料来模拟金属丝网橡胶材料，需要输入的材料参数包括密度、各方向弹性模量、剪切模量、泊松比和阻尼比。由于金属丝网橡胶隔振器的振动为单轴方向上的运动，为了提高计算精度，除振动方向的 Z 方向弹性模量以外，其他方向弹性模量和剪切模量均设置为 1×10^{10} Pa，泊松比均设置为 0，材料的阻尼比和 Z 方向弹性模量由正弦扫频实验确定。

随机振动实验中，不同随机振动量级下的固有频率和传递率峰值如表 2.15 所示。其中，固有频率和传递率峰值由加速度激励大小与输入均方根加速确定。由于金属丝网橡胶隔振器正弦扫频实验的激励加速度为 1 ~ 7g，因此采用线性插值方法，计算各随机振动量级所对应的固有频率和传递率峰值。

表 2.15　不同随机振动量级下的固有频率和传递率峰值

随机振动量级/($g^2\cdot Hz^{-1}$)	输入均方根加速度/g	固有频率/Hz	传递率峰值
0.010	3.18	159.60	3.99
0.015	3.89	152.22	3.78
0.020	4.47	146.43	3.63
0.025	4.98	143.94	3.50
0.030	5.44	141.26	3.34

1. 金属丝网橡胶材料 Z 方向弹性模量

在仿真中，金属丝网橡胶材料既可以承受压力也可以承受拉力，对于图 2.34 所示的金属丝网橡胶隔振器，可以等价为两个金属丝网橡胶减振垫并联。

根据胡克定律，单个金属丝网橡胶减振垫刚度为

$$k_2=\frac{A_sE_z}{h_0}\tag{2.50}$$

式中，k_2 为金属丝网橡胶减振垫刚度；E_z 为 Z 方向弹性模量的大小 A_s 为金属丝网橡胶试件承载面积；h_0 为金属丝网橡胶试件高度。

在振动系统中，如果两个金属丝网橡胶减振垫并联，其刚度为原来的 2 倍。根据振动理论，金属丝网橡胶隔振器的固有频率 f_0 为

$$f_0=\frac{1}{2\pi}\sqrt{\frac{2k_2}{m}}=\frac{1}{2\pi}\sqrt{\frac{2A_sE_z}{h_0m}}\tag{2.51}$$

式中，f_0 为固有频率；m 为振动系统负载总质量。

则 Z 方向弹性模量为

$$E_z = \frac{2\pi^2 f_0^2 h_0 m}{A_s} \tag{2.52}$$

2. 金属丝网橡胶材料阻尼比

如果将隔振器的振动过程看作简谐激励下的单自由度受迫振动系统，由振动理论可知，在稳态强迫振动过程中，振动系统的传递率 η_0 为

$$\eta_0 = \frac{1}{\sqrt{(1-\beta^2)^2 + (2\xi\beta)^2}} \tag{2.53}$$

式中，β 为频率比，$\beta = \frac{\omega}{\omega_0}$，$\omega$ 为频率，ω_0 为系统固有圆频率；ξ 为阻尼比。

对式(2.53)求极值，$\frac{\partial \eta}{\partial \beta} = 0$，得到 $\eta_{0\max}$ 处对应的频率比 β 为

$$\beta = \frac{\omega}{\omega_0} = \sqrt{1-2\xi^2} \tag{2.54}$$

将式(2.54)代入(2.53)，得到传递率的最大值 $\eta_{0\max}$ 为

$$\eta_{0\max} = \frac{1}{2\xi\sqrt{1-\xi^2}} \tag{2.55}$$

当 ξ 较小时，式(2.55)可以简化为

$$\eta_{0\max} = \frac{1}{2\xi} \tag{2.56}$$

则阻尼比 ξ 为

$$\xi = \frac{1}{2\eta_{0\max}} \tag{2.57}$$

2.5.2 金属丝网橡胶隔振器随机振动仿真

1. 金属丝网橡胶隔振器仿真模型及材料参数

图 2.45 为金属丝网橡胶隔振器有限元仿真模型。该模型与实验所用的隔振器完全一致，隔振器主体外壳为铝合金材料，其质量块、支撑杆和上下端部盖为钢材料。隔振器及质量块具体材料参数表 2.16。

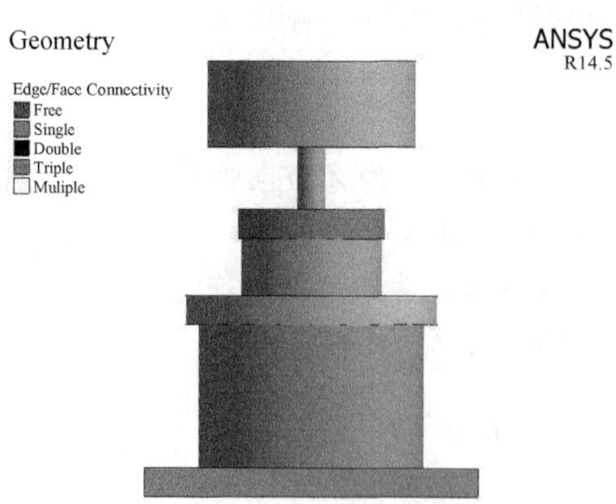

图 2.45 金属丝网橡胶隔振器有限元仿真模型

表 2.16　隔振器及质量块具体材料参数

材料	密度/($kg \cdot m^{-3}$)	弹性模量/Pa	泊松比
钢	7 850	2.1×10^{11}	0.30
铝合金	2 770	7.1×10^{10}	0.33

利用式(2.52)和式(2.57)对表 2.16 中的数据进行计算,得到随机振动过程中,各随机振动量级下金属丝网橡胶材料的弹性模量和阻尼比,计算结果见表 2.17。

表 2.17　各随机振动量级下金属丝网橡胶材料的弹性模量和阻尼比

随机振动量级/($g^2 \cdot Hz^{-1}$)	弹性模量/MPa	阻尼比
0.010	6.48	0.125
0.015	5.90	0.132
0.020	5.46	0.138
0.025	5.28	0.143
0.030	5.08	0.150

2. 部件接触定义和约束设置

金属丝网橡胶隔振器相互连接部件间的接触关系均为约束关系,非连接部件间的接触关系均为自由关系。约束设置模型如图 2.46 所示,对隔振器底面施加固定约束。由于金属丝网橡胶隔振器沿单轴方向做上下往复振动,为保证模拟的准确性,对其他零部件的侧面施加 X 方向和 Y 方向的位移约束,使隔振器沿 Z 轴方向振动。

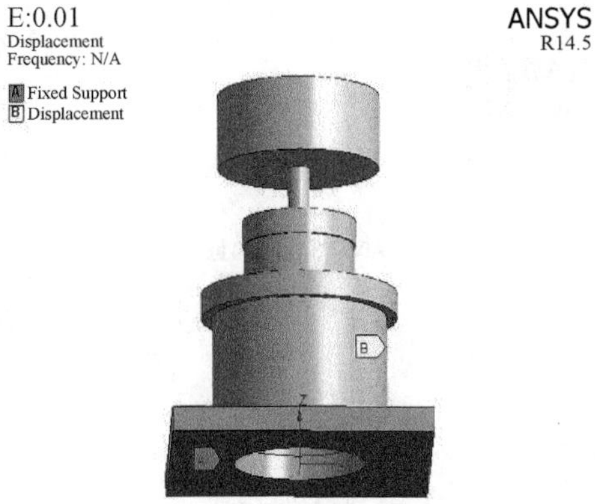

图 2.46　约束设置模型图

3. 模态分析

采用自由网格划分方法对金属丝网橡胶隔振器模型整体进行网格划分,利用 ANSYS Workbench 的模态分析模块,对金属丝网橡胶隔振器模型进行模态分析,各随机振动量级所对应的金属丝网橡胶隔振器仿真固有频率(系统一阶固有频率)见表 2.18。

表 2.18 各随机振动量级所对应的金属丝网橡胶隔振器仿真固有频率

随机振动量级/($g^2 \cdot Hz^{-1}$)	仿真固有频率/Hz
0.010	147.54
0.015	140.74
0.020	135.39
0.025	133.10
0.030	130.62

4. 随机振动仿真过程及结果分析

本随机振动实验与仿真实验采用相同的加速度谱，在隔振器底部施加 Z 向随机激励，对金属丝网橡胶隔振器模型进行随机振动分析，仿真结果如图 2.47 所示。其中，隔振器底部为输入均方根加速度，质量块顶部为系统的均方根加速度响应。表 2.19 为仿真结果与实验结果误差分析，从表中可以看出，输入均方根加速度的误差均在 5% 以内，均方根加速度响应的误差均在 10% 以内，仿真误差较小。由此可见，本节所提出的仿真方法对金属丝网橡胶隔振器随机振动具有很好的仿真效果。

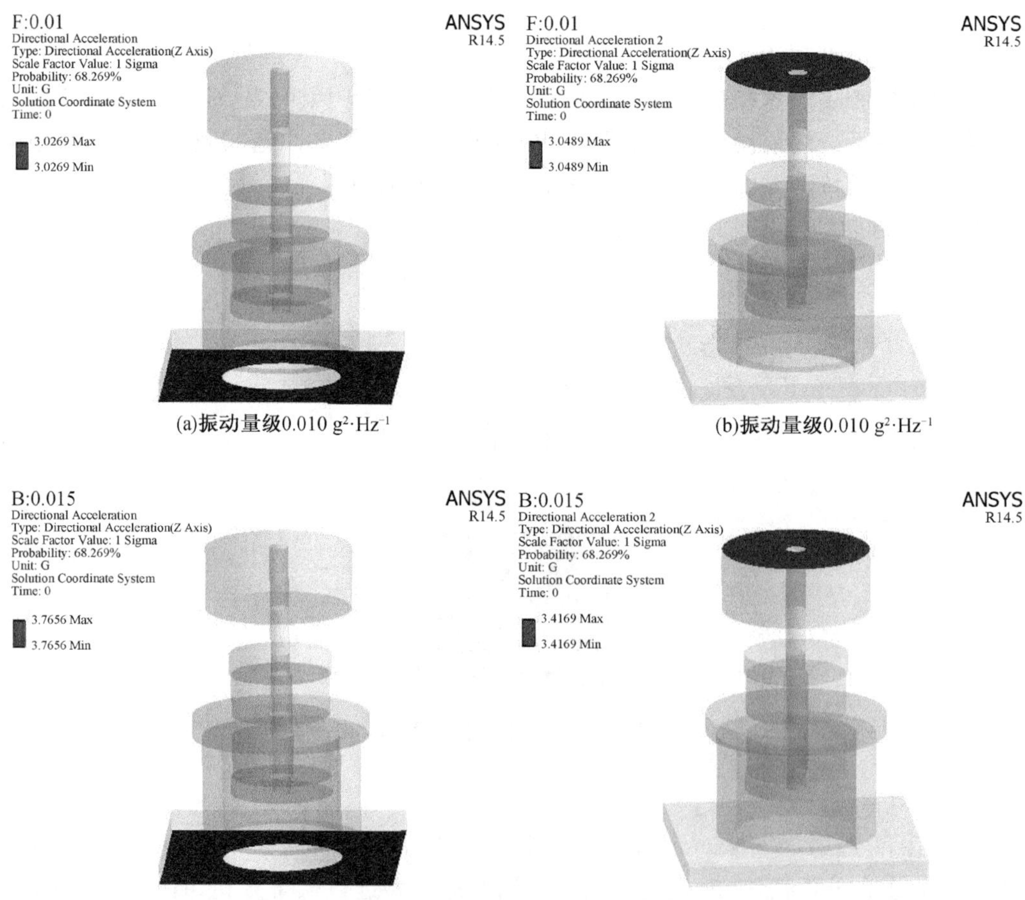

(a)振动量级0.010 $g^2 \cdot Hz^{-1}$

(b)振动量级0.010 $g^2 \cdot Hz^{-1}$

(c)振动量级0.015 $g^2 \cdot Hz^{-1}$

(d)振动量级0.015 $g^2 \cdot Hz^{-1}$

图 2.47 金属丝网橡胶隔振器随机振动仿真结果

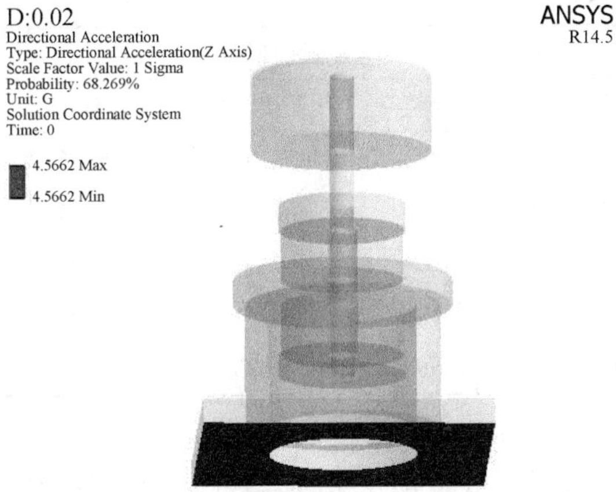

(e)振动量级0.020 $g^2 \cdot Hz^{-1}$

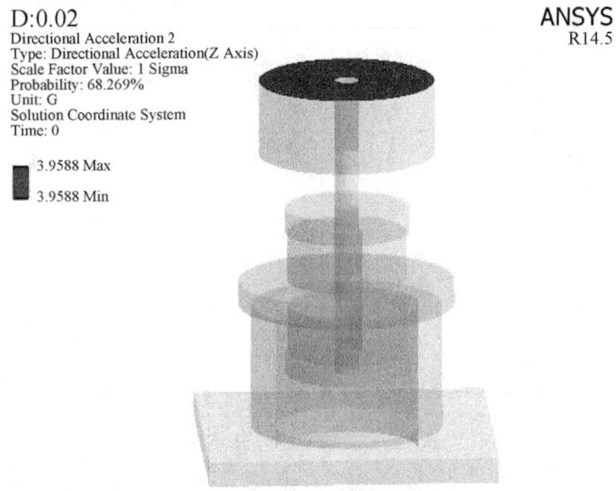

(f)振动量级0.020 $g^2 \cdot Hz^{-1}$

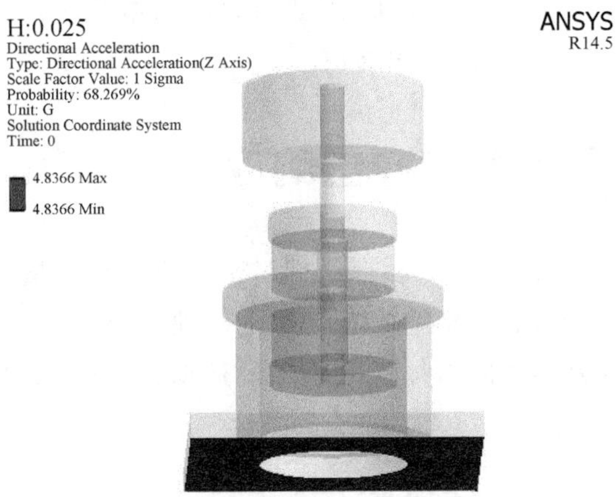

(g)振动量级0.025 $g^2 \cdot Hz^{-1}$

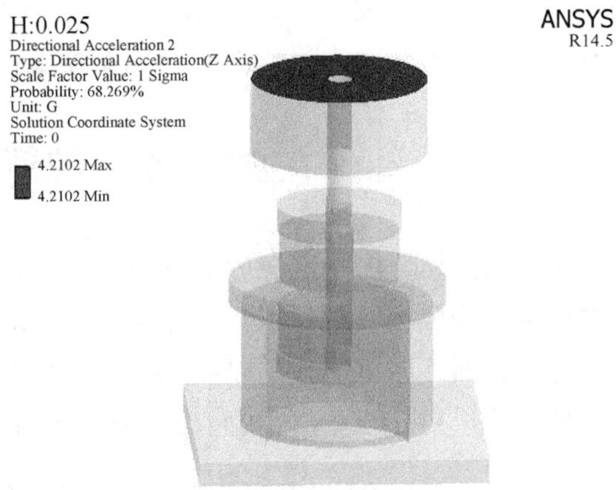

(h)振动量级0.025 $g^2 \cdot Hz^{-1}$

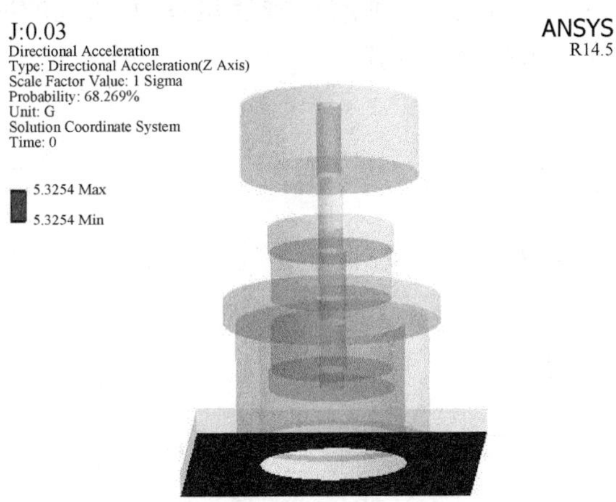

(i)振动量级0.030 $g^2 \cdot Hz^{-1}$

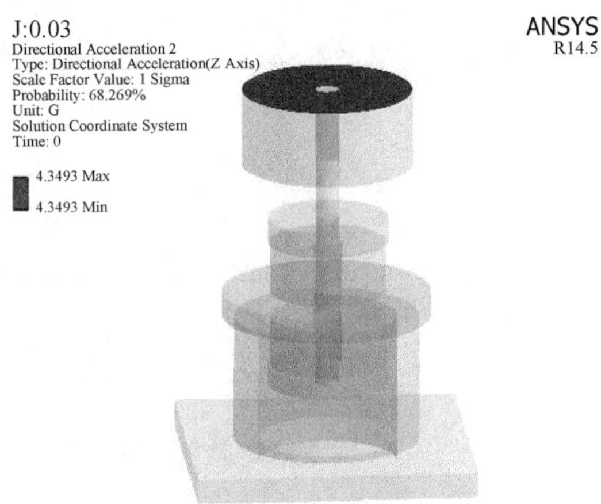

(j)振动量级0.030 $g^2 \cdot Hz^{-1}$

图 2.47(续)

表 2.19 仿真结果与实验结果误差分析

随机振动量级 /($g^2 \cdot Hz^{-1}$)	输入均方根加速度/g			均方根加速度响应/g		
	实验值	仿真值	误差	实验值	仿真值	误差
0.010	3.18	3.03	4.7%	3.22	3.05	5.3%
0.015	3.89	3.77	3.1%	3.69	3.42	7.4%
0.020	4.47	4.57	2.2%	4.06	3.96	2.5%
0.025	4.98	4.84	2.9%	4.38	4.21	3.9%
0.030	5.44	5.33	2.0%	4.65	4.35	6.5%

以上结果表明,采用正交各向异性阻尼材料可以很好地模拟金属丝网橡胶材料的动力学性能。其中,材料的仿真参数由金属丝网橡胶隔振器的正弦扫频实验确定。输入均方根加速度的误差不超过5%,均方根加速度响应的误差不超过10%,因此可以看出本节所提出的有限元仿真方法对金属丝网橡胶隔振器随机振动的仿真效果较好。

2.6 金属丝网橡胶隔振器的冲击响应

本节通过对金属丝网橡胶隔振器进行冲击实验,研究冲击载荷、相对密度及负载质量对金属丝网橡胶隔振器抗冲击力学性能的影响。在线性系统冲击响应理论基础上,结合金属丝网橡胶材料干摩擦特性,推导出金属丝网橡胶隔振器冲击加速度响应的近似计算公式,并与实验结果进行比较分析,从而确定公式的适用范围。

2.6.1 金属丝网橡胶隔振器的冲击加速度响应

图 2.48 为黏性阻尼线性系统动力学模型。其中,m 为系统的负载质量;k 为系统的刚度;c 为系统的阻尼系数;$a(t)$ 为系统受到加速度冲击的载荷作用。

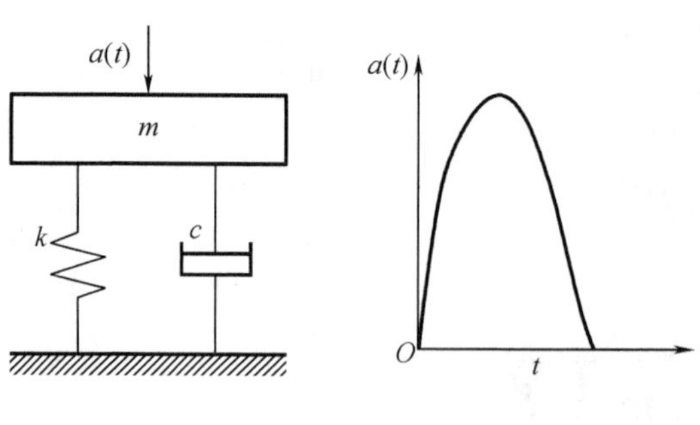

图 2.48 黏性阻尼线性系统动力学模型

根据振动理论,可以推出线性系统受到冲击载荷时的运动方程为

$$m\ddot{x}+c\dot{x}+kx=0 \tag{2.58}$$

当初始位移为 $x_0=0$ 时,由初速度 v_0 所引起的振动为

$$x(t)=\frac{v_0}{\omega_d}e^{-\xi\omega_0 t}\sin\omega_d t \tag{2.59}$$

式中，ξ 为阻尼比，$\xi=\frac{c}{2m\omega_0}$；ω_0 为固有圆频率，$\omega_0=\sqrt{\frac{k}{m}}$；$\omega_d$ 为含阻尼固有圆频率，$\omega_d=\omega_0\sqrt{1-\xi^2}$。

对式(2.59)求二阶导，可得系统加速度响应 $a_{sr}(t)$ 为

$$a_{sr}(t)=\ddot{x}(t)=\frac{v_0\omega_0}{\sqrt{1-\xi^2}}e^{-\xi\omega_0 t}\sin\left(\omega_d t-2\arctan\frac{\sqrt{1-\xi^2}}{\xi}\right) \tag{2.60}$$

在冲击实验中，以响应发生时刻作为时间零点，开始记录实验数据，略去相位，则式(2.60)可简化为

$$a_{sr}(t)=\frac{v_0\omega_0}{\sqrt{1-\xi^2}}e^{-\xi\omega_0 t}\sin\omega_d t \tag{2.61}$$

金属丝网橡胶材料属于干摩擦阻尼材料，与黏性阻尼系统相比，其阻尼和刚度均取决于金属丝网橡胶的位移变形量，即金属丝网橡胶隔振器的预紧量。当预紧量较大时，阻尼比可以由能量耗散系数近似代替，能量耗散系数等于一个循环耗散的能量与最大变形势能的比值，则阻尼比 ξ 为

$$\xi\approx\psi_0=\frac{\Delta U_2}{U_2} \tag{2.62}$$

式中，ψ_0 为能量耗散系数；ΔU_2 为一个循环耗散的能量；U_2 为最大变形势能。将式(2.62)代入式(2.61)中，隔振系统的加速度响应 $a_{sr}(t)$ 为

$$a_{sr}(t)=\frac{v_0\omega_0 U_2}{\sqrt{U_2^2-\Delta U_2^2}}e^{-\frac{\Delta U_2}{U_2}\omega_0 t}\sin\left(\omega_0\sqrt{1-\left(\frac{\Delta U_2}{U_2}\right)^2}\cdot t\right) \tag{2.63}$$

考虑金属丝网橡胶材料的刚度非线性，其刚度为金属丝网橡胶的位移变形量的函数为

$$k_2=k_2(\delta_0) \tag{2.64}$$

式中，δ_0 为金属丝网橡胶位移变形量；$k_2(\delta_0)$ 为金属丝网橡胶非线性刚度函数。则隔振系统固有圆频率 ω_0 为

$$\omega_0=\sqrt{\frac{k_2}{m}}=\sqrt{\frac{k_2(\delta_0)}{m}} \tag{2.65}$$

将式(2.64)和式(2.65)代入式(2.63)中，得到金属丝网橡胶隔振器冲击加速度响应 a_{sr}(t)为

$$a_{sr}(t)=\frac{k_2(\delta_2)v_0}{mp}\cdot e^{-\frac{\Delta U_2}{U_2}\sqrt{\frac{k_2(\delta_0)}{m}}\cdot t}\sin p_0 t \tag{2.66}$$

其中，$p_0=\sqrt{\frac{k_2(\delta_0)(U_2^2-\Delta U_2^2)}{mU_2^2}}$，由金属丝网橡胶位移变形量和预紧量相同的静态压缩实验来确定。

式(2.66)为金属丝网橡胶隔振器受到速度冲击载荷时的冲击加速度响应，当受图 2.48 所示的加速度冲击载荷时，初速度 v_0 为

$$v_0 = \int_0^t a(t)\,\mathrm{d}t \tag{2.67}$$

将式(2.67)代入式(2.66)中,得到加速度冲击载荷作用下的系统冲击加速度响应 $a_{sr}(t)$ 为

$$a_{sr}(t) = \frac{k_2(\delta_0)\int_0^t a(t)\,\mathrm{d}t}{mp_0} \cdot \mathrm{e}^{-\frac{\Delta U_2}{U_2}\sqrt{\frac{k_2(\delta_0)}{m}}\cdot t}\sin p_0 t \tag{2.68}$$

2.6.2 金属丝网橡胶隔振器冲击实验

1. 实验材料和实验设备

图2.49为金属丝网橡胶试件实物图。该试件外形结构为圆环形,相对密度分别为0.16、0.20和0.25,金属丝丝径为0.2 mm,外径为40 mm,内径为11.6 mm,试件高度为20 mm。图2.50为金属丝网橡胶隔振器结构示意图。金属丝网橡胶隔振器由底座、支架、紧固螺母、上端盖、下端盖、支撑杆、质量块和两个金属丝网橡胶试件组成。在振动过程中,通过上下端盖和支撑杆,可以将振动过程中产生的上下拉压受力转化成金属丝网橡胶试件所能承受的压力,且可以通过调节紧固螺母来控制预紧量。

图2.49 金属丝网橡胶试件实物

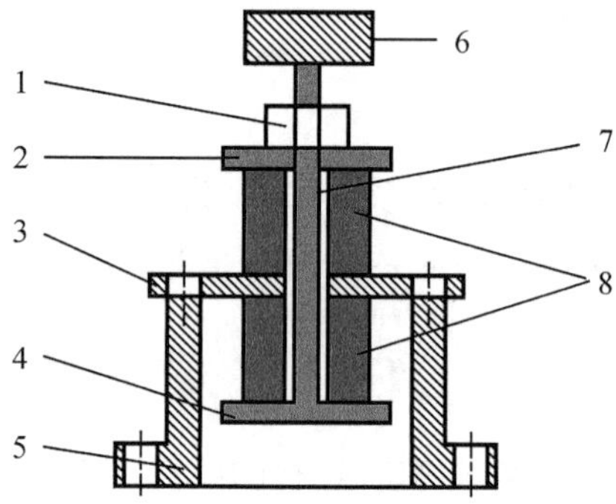

1—紧固螺母;2—上端盖;3—支架;4—下端盖;5—底座;
6—质量块;7—支撑杆;8—两个金属丝网橡胶试件。

图2.50 金属丝网橡胶隔振器结构示意图

实验中使用的冲击实验装置为江苏东菱振动SY11-600型垂直冲击实验机。该装置由冲击台体、气源系统、测控系统等部分组成,其原理如图2.51所示。冲击实验装置实物图,如图2.52所示。实验时,先在冲击测试软件中设置实验的相关参数,测控系统将信号传输给气源系统,通过气压驱动,冲击台面上升到设定高度,释放气压,台面自由下落,与安装在底座上的波形发生器发生碰撞,产生一个冲击波形。通过波形发生器和冲击高度来调节冲击脉冲持续时间和冲击强度,在冲击台面上和隔振器质量块上各放置一个加速度传感器,用来测量输入冲击加速度和冲击加速度响应。

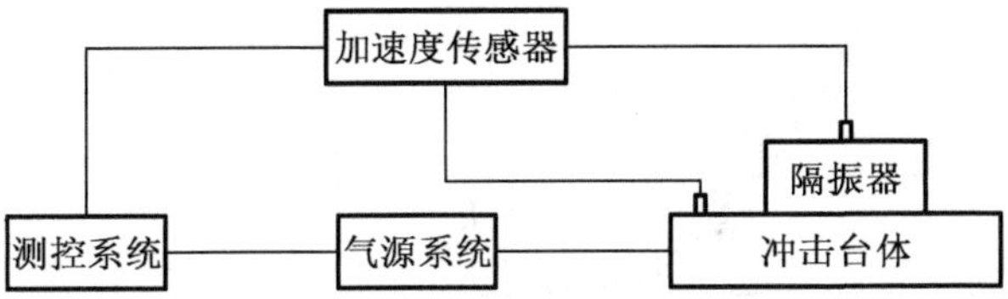

图 2.51　冲击实验装置原理图

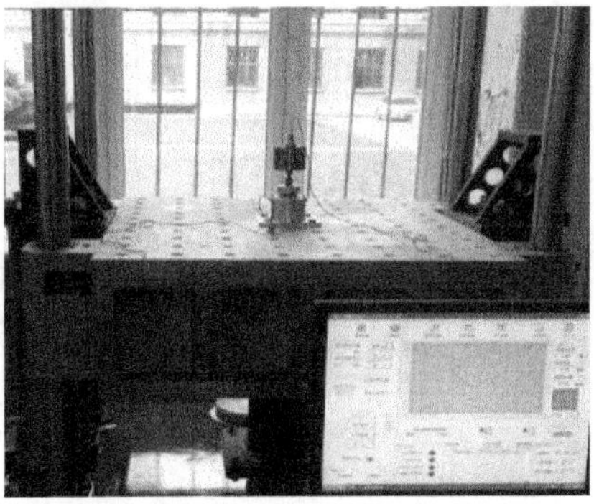

图 2.52　冲击实验装置实物图

2. 实验结果及分析

对相对密度为 0.16,0.20,0.25 的金属丝网橡胶试件组成的隔振器进行不同高度冲击实验,其中预紧量为 4 mm(试件高度 20%),质量为 1.2 kg 和 2.2 kg。冲击高度为(冲击台面上升高度)150～250 mm 产生的冲击加速度脉冲,如图 2.53 所示。其脉冲波形为半正弦波,脉冲持续时间大约为 10 ms。图 2.54 为金属丝网橡胶隔振器冲击实验结果。由图可以看出,在冲击加速度脉冲载荷作用下,金属丝网橡胶隔振器冲击加速度响应为一系列近似正弦脉冲波,且随着时间推移,冲击加速度响应脉冲波幅值和脉冲波持续时间不断减少。这是因为金属丝网橡胶材料属于干摩擦阻尼材料,在隔振器受冲击载荷自由振动时,内部金属丝之间的摩擦耗散了大量振动中的能量,导致系统动能迅速减小。随着冲击加速度脉冲载荷的增大,第一个冲击加速度响应脉冲波的持续时间不断减少。这是因为金属丝网橡胶材料的刚度取决于自身的位移变形量;随着冲击加速度脉冲载荷的增加,金属丝网橡胶的自由振动幅值增大,其刚度随之增大,从而导致隔振器固有频率增大,振动周期变短。在相对密度为 0.16 时,随着质量的增加,系统惯性增大,固有频率减小,受冲击后的振动幅值增大,金属丝网橡胶的刚度增大,其硬特性增强,阻尼减小,冲击加速度响应的衰减速度降低,第一个冲击加速度响应脉冲波的持续时间增加,冲击加速度响应曲线向右移动;当负载质量固定,随着试件相对密度由 0.16 增加至 0.20 时,隔振器刚度增强,固有频率增大,冲击加速度响应曲线向左移动;当相对密度为0.25 时,由于相对密度过大,系统刚度过大,在冲击加速度脉冲载荷较小时,第一个冲击加速度响应脉冲波的持续时间变长,与冲击加速度脉冲接近,当载荷足够大时,恢复上述变化规律。

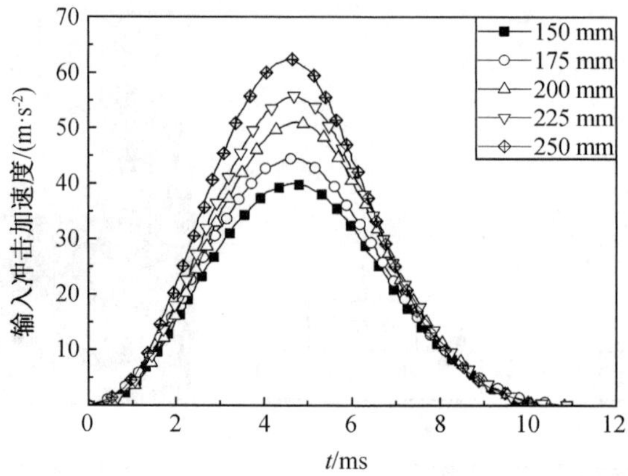

图 2.53　冲击加速度脉冲

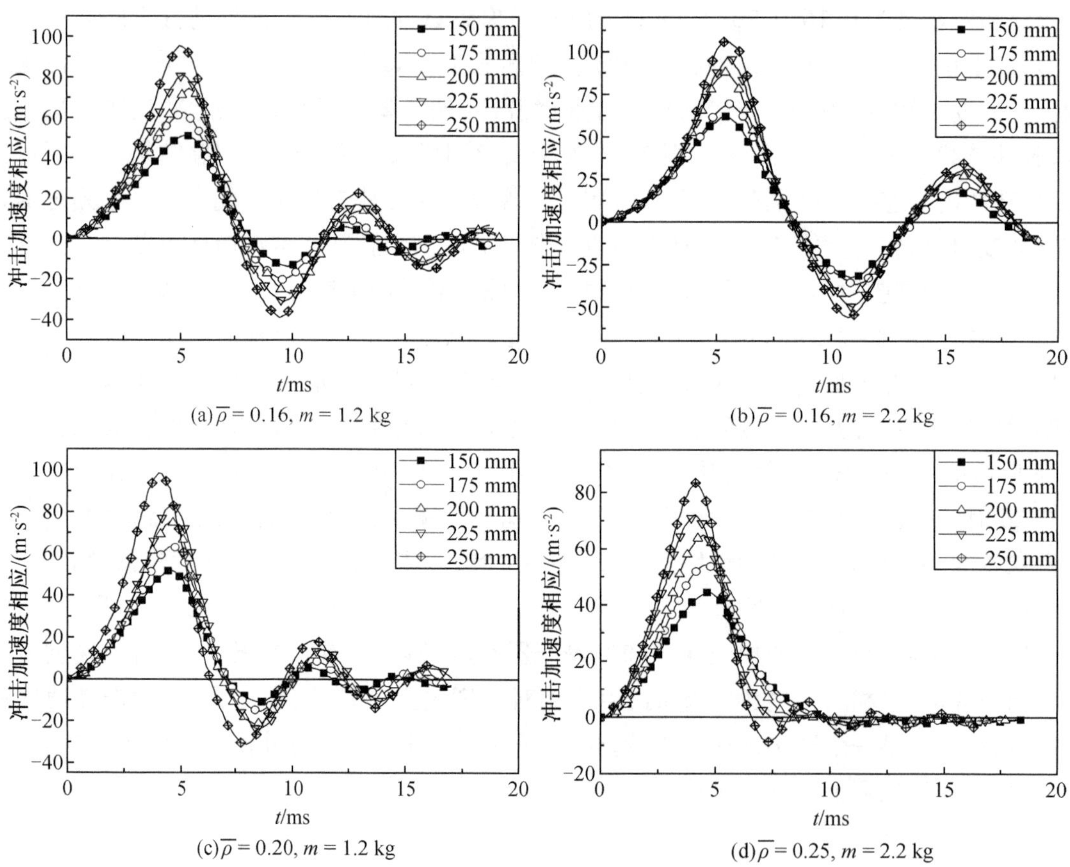

图 2.54　金属丝网橡胶隔振器冲击实验结果

冲击实验采用冲击隔离系数来表示隔振器的抗冲击特性。冲击隔离系数 η_1 定义为

$$\eta_1 = \frac{a_{sr}(t)_{max}}{a(t)_{max}} \tag{2.69}$$

式中，$a(t)_{max}$ 为冲击加速度载荷的最大幅值；$a_{sr}(t)_{max}$ 为冲击加速度响应的最大幅值。

图 2.55 为不同相对密度的冲击加速度响应最大幅值 - 冲击高度关系曲线。由图可以看出，相同冲击高度下，随着试件相对密度的增加，冲击响应最大幅值逐渐减小。图 2.56 为不同相对密度的冲击隔离系数 - 冲击高度关系曲线。由图可以看出，冲击隔离系数随着相对密度的增加而降低，上述变化规律是由金属丝网橡胶材料的刚度非线性特性造成的。当 $\bar{\rho}_0 = 0.16$，$m = 2.2$ kg 时，相对于负载质量所产生的惯性载荷、隔振器刚度较小，响应幅值和冲击隔离系数较大。当 $\bar{\rho}_0$ 增至 0.20 时，系统刚度增大，此时系统刚度可以承受负载质量所产生的惯性载荷，系统响应幅值和冲击隔离系数均减小。当 $\bar{\rho}_0$ 增至 0.25 时，系统刚度过大，系统响应与输入接近，此时负载质量相对系统刚度过小，此规律同样可由图 2.57 不同负载质量的冲击加速度响应 - 冲击高度关系曲线和图 2.58 不同负载质量的冲击隔离系数 - 冲击高度关系曲线来进一步确定。

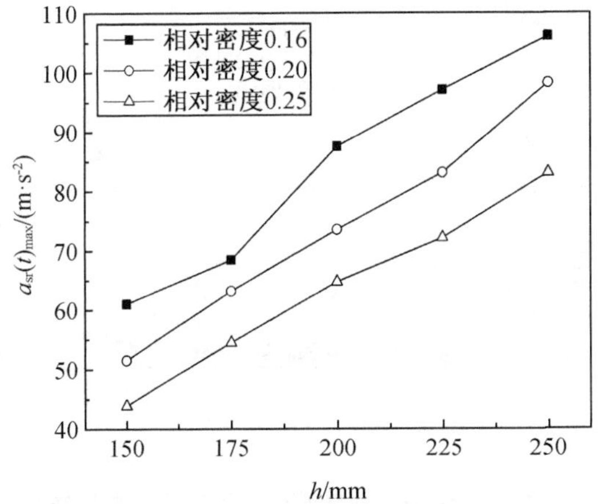

图 2.55　不同相对密度的冲击加速度响应最大幅值 - 冲击高度关系曲线

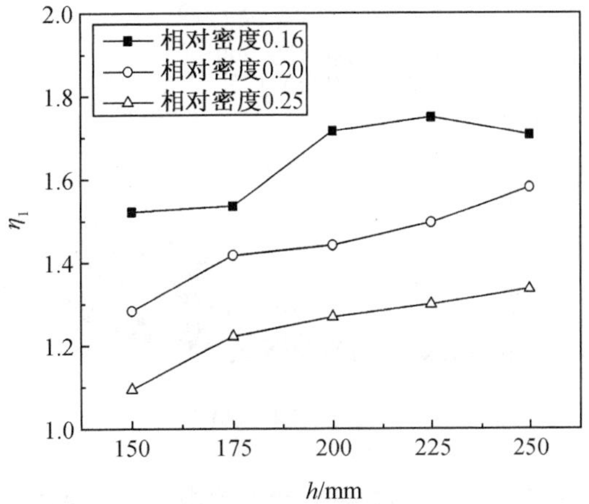

图 2.56　不同相对密度的冲击隔离系数 - 冲击高度关系曲线

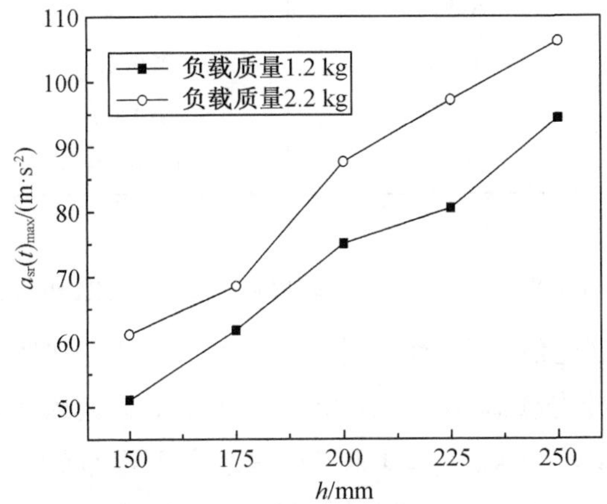

图 2.57　不同负载质量的冲击加速度响应 - 冲击高度关系曲线

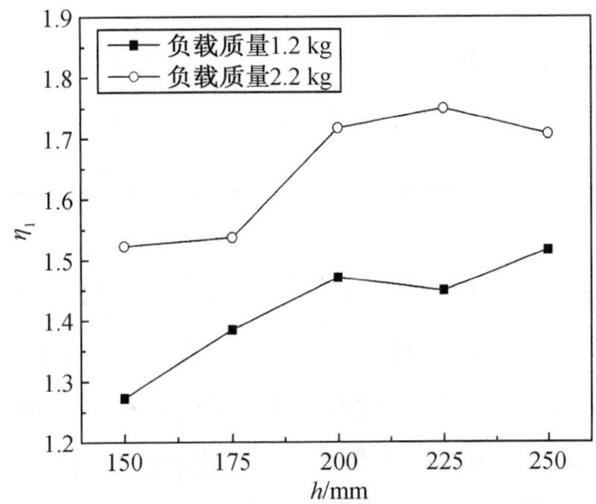

图 2.58　不同负载质量的冲击隔离系数 - 冲击高度关系曲线

2.6.3 实验结果与计算结果对比分析

图 2.59 为位移变形量与预紧量相同的金属丝网橡胶材料静态力 - 位移曲线；图 2.60 为金属丝网橡胶材料的非线性刚度曲线；表 2.20 为理论计算参数。通过式(2.68)对金属丝网橡胶隔振器冲击加速度响应进行理论计算，并与实验结果进行比较分析，由前面隔振器冲击实验结果分析可知，系统刚度和负载质量产生的惯性载荷对金属丝网橡胶隔振器抗冲击力学性能具有重要影响，因此定义惯性载荷与系统刚度的比值 λ_1 为

$$\lambda_1 = \frac{ma(t)_{\max}}{k_2(\delta_0) \cdot i_1} \tag{2.70}$$

式中，i_1 为单位 1 mm；λ_1 为无量纲比值。

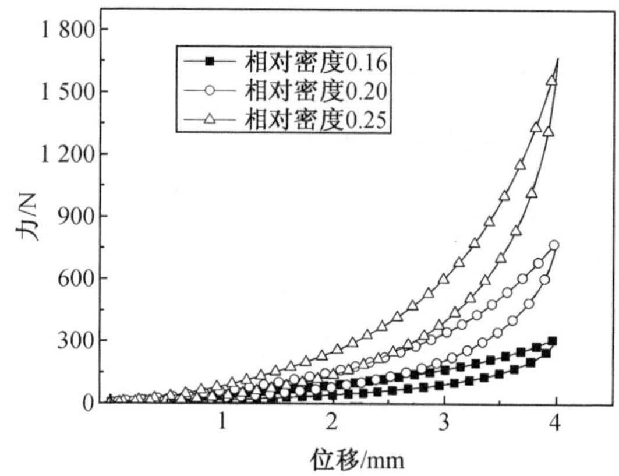

图 2.59 金属丝网橡胶材料的静态力 - 位移曲线

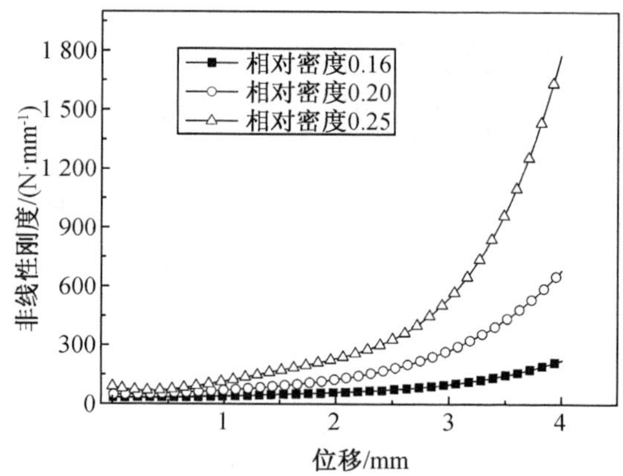

图 2.60 金属丝网橡胶材料的非线性刚度曲线

表 2.20 理论计算参数

$\bar{\rho}_0$	U_2/J	ΔU_2/J	k_2/(N · mm^{-1})
0.16	0.44	0.17	226.12
0.20	0.89	0.31	680.03
0.25	1.62	0.50	1 775.21

图 2.61 为冲击高度 h 分别为 150 mm，200 mm，250 mm 的冲击加速度响应的理论值和实验值。由图可以看出，当 $\bar{\rho}_0 = 0.16$，$m = 1.2$ kg 时，理论值与实验值比较接近，第一个冲击加速度响应脉冲波的持续时间相差不大；在 $\lambda_1 = 0.21$，冲击载荷较小时，冲击加速度响应最大幅值误差较小，随着冲击载荷增大，误差逐渐增大。当 $m = 2.2$ kg，$\lambda_1 \geqslant 0.39$ 时，理论计算误差增大，此时系统刚度相对负载质量所产生的惯性载荷过小，金属丝网橡胶材料在缓冲过程中的位移变形较大。由位移变形量和预紧量相同的迟滞回线近似计算得到的刚度明显小于系统实际刚度，计算得到的能量耗散系数大于系统实际能量耗散系数，误差较大。当 $\bar{\rho}_0$ 增至 0.20，λ_1 在

0.13 ~ 0.20 范围时，系统刚度增强，振动幅值减小，误差较小。当 $\overline{\rho_0}=0.25$，$\lambda_1<0.1$ 时，此时系统刚度过大，近似计算得到的黏性阻尼系统与实际金属丝网橡胶干摩擦阻尼系统相差过大，误差急剧增大。表 2.21 为冲击加速度响应最大幅值的理论值和实验值，由表可以看出，在 $\lambda_1=0.20$ 时，误差最小。当 $0.13<\lambda_1<0.33$ 时，误差在 30% 以内。

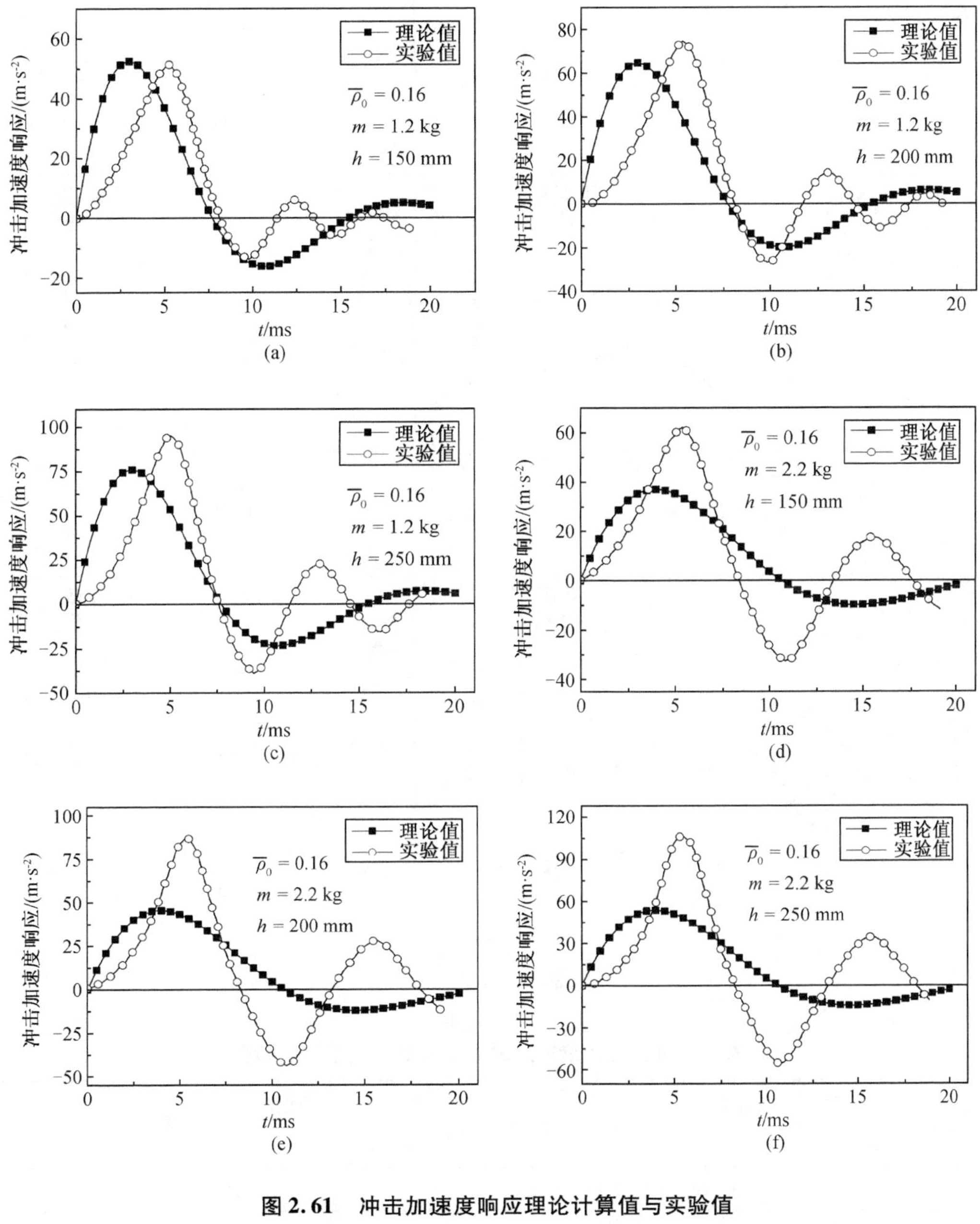

图 2.61　冲击加速度响应理论计算值与实验值

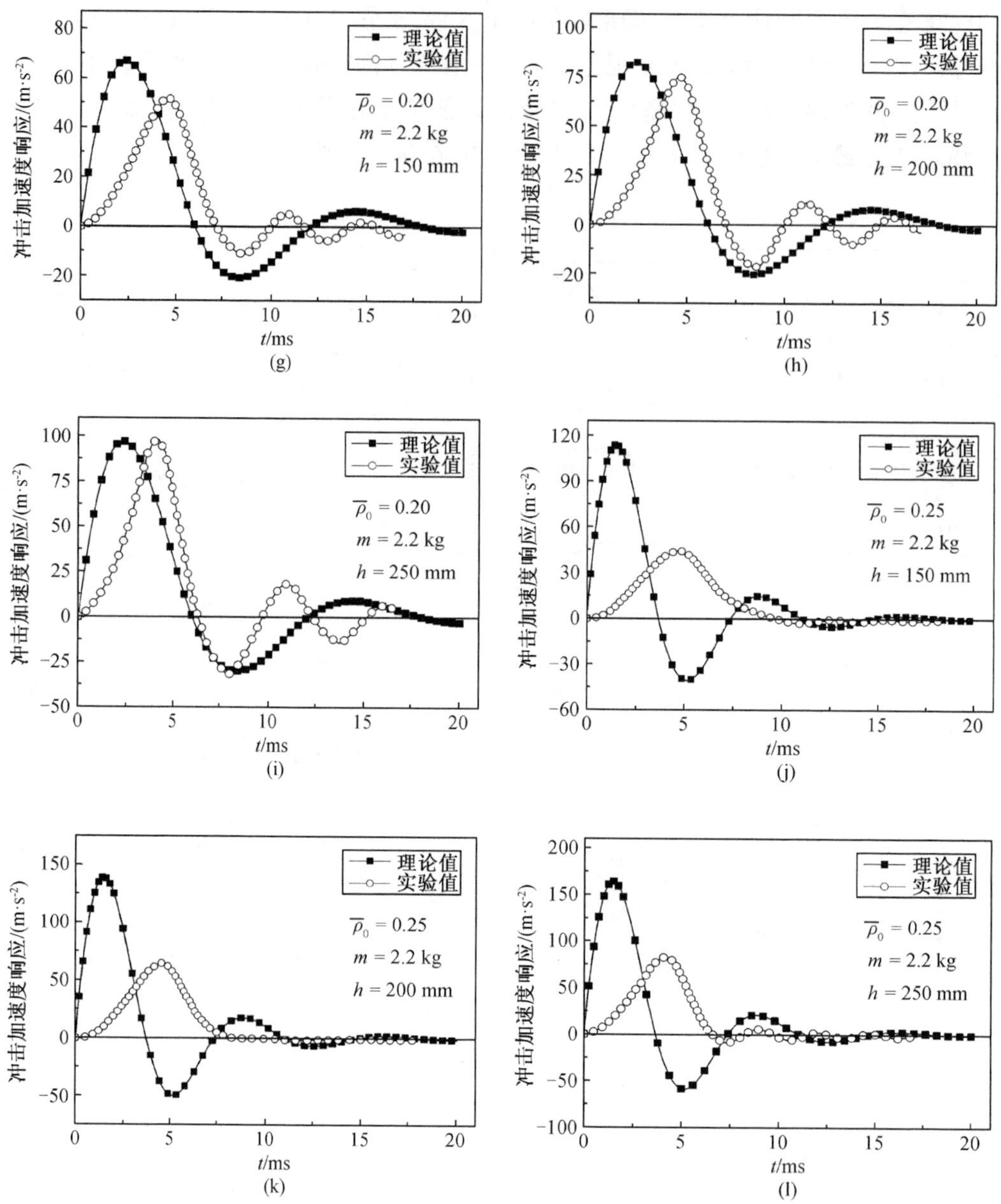

图 2.61(续)

表 2.21 冲击加速度响应最大幅值的理论值和实验值

冲击高度/mm	实验值/m·s^{-2}	理论值/m·s^{-2}	误差	λ_1	实验值/m·s^{-2}	理论值/m·s^{-2}	误差	λ_1
	$\overline{\rho}_0 = 0.16, m = 1.2$ kg				$\overline{\rho}_0 = 0.16, m = 2.2$ kg			
150	51.00	50.23	1.51%	0.21	61.04	37.27	38.95%	0.39
175	61.69	56.32	8.70%	0.24	68.46	41.59	39.25%	0.43
200	75.01	62.84	16.21%	0.27	87.56	45.57	47.96%	0.50

表 2.21(续)

冲击高度/mm	实验值 /m·s^{-2}	理论值 /m·s^{-2}	误差	λ_1	实验值 /m·s^{-2}	理论值 /m·s^{-2}	误差	λ_1
	$\bar{\rho}_0=0.16, m=1.2$ kg				$\bar{\rho}_0=0.16, m=2.2$ kg			
225	80.43	67.98	15.49%	0.30	97.11	49.17	49.37%	0.54
250	94.27	74.12	21.38%	0.33	106.10	53.78	49.32%	0.61
冲击高度/mm	$\bar{\rho}_0=0.20, m=2.2$ kg				$\bar{\rho}_0=0.25, m=2.2$ kg			
150	51.50	67.02	30.13%	0.13	43.94	113.81	159.02%	0.050
175	63.21	75.14	18.88%	0.14	54.50	127.02	133.07%	0.055
200	73.57	82.31	11.88%	0.17	64.77	139.16	114.85%	0.063
225	83.12	88.82	6.89%	0.18	72.14	150.16	108.16%	0.069
250	98.25	97.14	1.13%	0.20	83.08	164.23	97.68%	0.077

本节通过对冲击载荷下金属丝网橡胶隔振器耗能缓冲机理的分析,在线性系统冲击响应理论的基础上,结合金属丝网橡胶材料的非线性力学特性,推导出金属丝网橡胶隔振器冲击加速度响应的近似计算方程。通过对金属丝网橡胶隔振器进行不同高度冲击实验,得到了不同相对密度和不同负载质量下金属丝网橡胶隔振器的冲击加速度响应曲线,并分析了相对密度、负载质量及冲击载荷对冲击加速度响应的影响。通过实验数据的处理,分析了相对密度和负载质量对冲击加速度响应最大幅值和冲击隔离系数的影响,进而得到了相关变化规律曲线。通过冲击加速度响应的理论计算值与实验值的比较,分析了误差产生的原因。结果表明,在系统负载质量所产生惯性载荷与系统刚度比值 $\lambda_1=0.20$ 时,误差最小,第一个冲击加速度响应脉冲波持续时间的理论计算值和实验值相差较小,冲击加速度响应最大幅值误差小于 2%;当 $0.13<\lambda_1<0.33$ 时,理论计算值与实验值比较接近,冲击加速度响应最大幅值误差在 30% 以内。

第 3 章　应力波基础理论

3.1　基本概念与方程

3.1.1　应力波

由于固体物质具有可变形性和惯性，因此能够形成应力波。当可变形固体的部分表面受到外载荷作用时，最初只有直接受到外载荷作用的表面上的介质质点离开了初始平衡位置，这是因为这些介质质点与相邻介质质点之间发生了相对运动（发生变形），相邻介质质点将给予这些介质质点作用力（应力），这些相邻介质质点会受到反作用力，从而导致这些介质质点离开初始平衡位置并运动起来。因为介质质点的运动具有惯性，相邻介质质点的运动相对表面介质质点的运动会产生滞后。依此类推，可变形固体的部分表面，在介质中受到外载荷作用所引起的扰动由近及远传播出去，从而形成应力波。

应力波是指在固体中传播波或扰动的一种形式。在介质中，通常称已受扰动区域与未受扰动区域的分界面为波阵面，扰动信号的传播速度或波阵面的推进速度为波速，介质质点的运动速度为介质质点速度。

考虑应力波作用的两个条件如下。

（1）载荷作用于固体表面的时间比应力波通过物体特征尺寸的时间更小或在同一数量级。

（2）研究材料瞬态或局部被破坏的过程及其机理。

锻造、挤压、轧制、机械加工等情况，不用考虑波动行为；高速碰撞、爆炸等情况，须考虑波动行为。

按介质连续性要求分类，应力波可以分为冲击波和加速度波。冲击波又称激波或强间断波。在递增硬化材料中的塑性波，因低幅值扰动的传播速度小于高幅值扰动的传播速度，从而形成强间断波，即冲击波。强间断波对应的波阵面称为间断波波阵面，该波阵面上的物理量受到了介质波动前后状态参量差值的影响，产生了间断或突变。间断波形成图如图 3.1 所示。若位移 u 的一阶导数发生间断，在数学上称其为一阶奇异面或强间断。

σ 表示应力，X 表示空间位置坐标，C 表示波速。

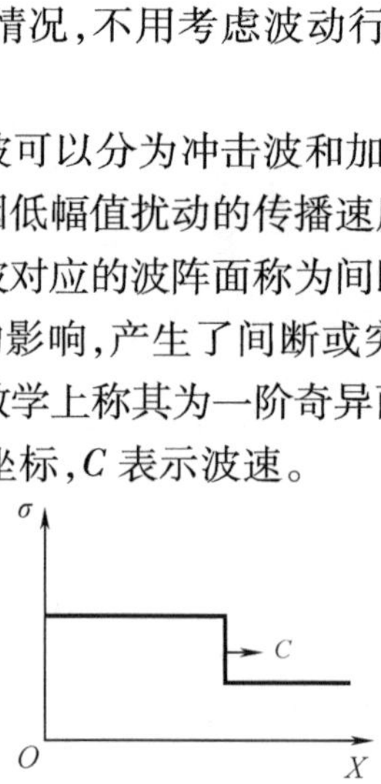

图 3.1　间断波形成图

若位移及其一阶导数都连续,但其二阶导数(如加速度)间断,则称之为二阶奇异面,这类应力波称为加速度波。依此类推,还可以有更高阶的奇异面,它们都是连续波。连续波形图,如图 3.2 所示。连续波又称加速度波,对应波阵面称为连续波波阵面,由于该波阵面前后的状态参量间差值无限小,因此可以忽略不计,波剖面被视为连续的。此时,在数学上称其为二阶或高阶奇异面,统称为弱间断。

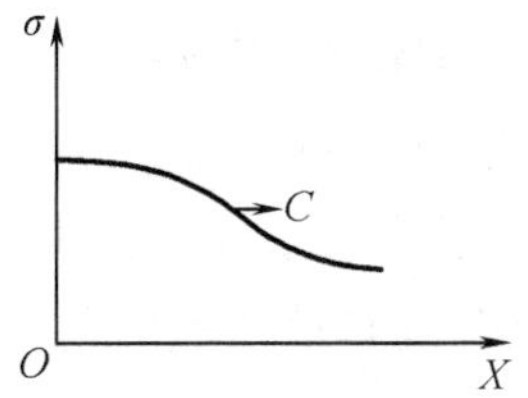

图 3.2　连续波形图

虽然间断波和连续波从表现形式上看是两种完全不同的波,但是只要满足一定条件,在应力波传播的过程中,间断波和连续波之间又可以相互联系、相互转化。

按传播方向分类,应力波可以分为纵波和横波。纵波又叫作无旋波、膨胀波或 P 波(primary wave 或 pressure wave),是指传播方向与位移方向平行的波,声波即是一种纵波。在固体材料中,纵波的传播速度为

$$C_{\mathrm{L}}=\left(\frac{\lambda+2G}{\rho}\right)^{\frac{1}{2}} \tag{3.1}$$

式中,λ 为拉梅系数,$\lambda=\frac{\mu E}{(1+\mu)(1-2\mu)}$, μ 为泊松比,E 为拉压弹性模量;G 为剪切弹性模量; ρ 为介质密度。

纵波可分为压缩波和拉伸波。在纵波传播过程中,扰动引起的介质质点运动方向与波的传播方向一致的波称为压缩波,而拉伸波则是指介质质点运动方向与波传播方向相反的波。

横波又叫作旋转波、剪切波或 S 波(shear wave 或 secondary wave),是指传播方向与位移方向互相垂直的波,水波通常被认为是一种横波。在固体材料中,横波的传播速度为

$$C_{\mathrm{T}}=\left(\frac{G}{\rho}\right)^{\frac{1}{2}} \tag{3.2}$$

对于横波,若传播方向 P 和质点位移 u 的方向同在 xy 平面内,通常情况下,称其为垂直极化的横波,简称 SV 波或 TV 波。若传播方向 P 在 xy 平面,质点位移 u 的方向是沿 z 方向的,通常情况下,称其为水平极化的横波,简称 SH 波或 TH 波。

按加载的性质分类,应力波可以分为加载波和卸载波。加载波是指能使介质的状态参量值增大的波,如图 3.3(a)所示;相反,卸载波是指能使介质的状态参量值减小的波,如图 3.3(b)所示。

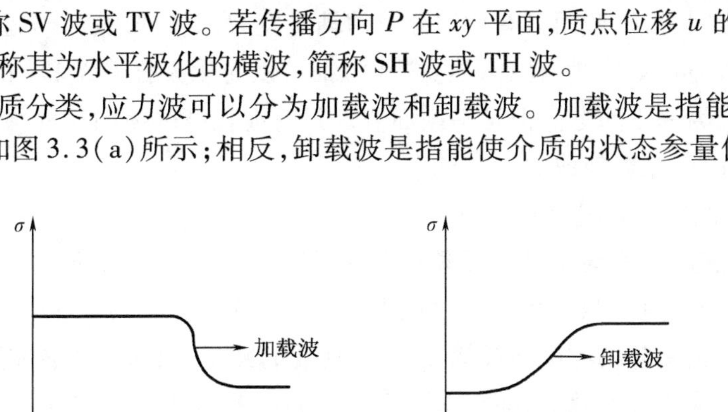

图 3.3　加载波与卸载波示意图

3.1.2 物质坐标和空间坐标

连续介质力学的基本出发点之一是不从微观上考虑物体的真实物质结构,而仅在宏观上把物体看作是由连续不断的质点所组成的,即是把物体看成是质点的连续集合。在空间中,每个质点占有一定的空间位置,不同的质点在不同的时间占有的空间位置也不相同。为了区别和描述不同的质点所占据的空间位置,需要一个用作参考的空间坐标系。在连续介质力学中,通常采用 Lagrange 描述方法或 Euler 描述方法来研究介质的运动。

通过介质中固定的质点活动来观察物质的运动,实验研究在给定的质点上各物理量随时间的变化,以及这些量由一个质点转到其他质点时的变化,这种描述介质运动的方法称为 Lagrange 描述方法。

在固定的空间点上观察物质的运动,实验研究在给定的空间点上以不同时间到达该点的不同质点的各物理量随时间的变化,以及这些物理量从一个空间点转移到另一空间点时的变化,这种描述介质运动的方法称为 Euler 描述方法。

同理,在对杆的运动进行研究时,也要先选定坐标系统。对应的两种坐标系,即 Lagrange 坐标和 Euler 坐标。

Lagrange 坐标又被称为物质坐标或随体坐标,以一组数(a,b,c)作为标记来识别运动中物体的一个质点,不同的数(a,b,c)表示不同的质点,而这组数(a,b,c)被称为 Lagrange 坐标,随着介质流动分析介质的运动。

Euler 坐标又被称为空间坐标,以一组固定于空间的坐标来对应表示物体质点在不同时刻运动到空间的一个位置,这组坐标被称为 Euler 坐标,通过固定空间位置来分析介质的运动。

3.1.3 物质坐标描述的杆中纵波的控制方程

1. 基本假定

基于下列三个基本假定,下面提出了应力纵波作用于细长杆的控制方程。

(1)平截面假定

假定杆在变形时,沿横截面只有均匀分布的轴向应力,此时横截面仍为平面。根据这一假定,杆中各运动参量(如应力、位移、质点速度)都可以简化为有关 X 和 t 的函数,应力波传播的问题就可以归为一维问题。但是平截面假定只有在长杆的横向尺寸与应力波的波长相比很小的这一条件下,才近似成立。

(2)忽略横向惯性效应假定

事实上,这一假定与平截面假定紧密相连,只有忽略杆中质点横向运动的惯性效应或忽略杆中质点横向膨胀与收缩对动能产生的影响,杆截面才能保持为平面。

质点横向运动会引起动能横向耗散,X 方向动能的减小,引起 X 方向应力波阵面发生弯曲。假如忽略质点横向惯性效应,那么正应力 σ_Y 和 σ_Z 都等于零,这时波阵面只承受单向应力,不产生横向能量耗散,因而应力波阵面不会发生弯曲,保持平面状态。

(3)应力只是应变的单值函数假定

基于应变率无关理论,材料的本构关系为

$$\sigma = \sigma(\varepsilon) \tag{3.3}$$

这一假定一般情况下只适用于在弹性变形范围内(低应变率)或对应变率不敏感的弹塑性材料上,但是如果考虑冲击载荷下的应变率比准静态载荷下的应变率要高很多量级,可以近似地认为,在某一应变率范围内,材料存在唯一的动态应力 - 应变关系。虽然从形式上看材料的本构关系与应变率无关,但是由于它在一定意义上考虑了应变率的影响,故其仍与静态应力 - 应变关系不同。

2. 弹性波控制方程

(1)位移连续方程

考察一维等截面均匀杆中微元体的纵向运动,忽略横向惯性的杆微元体变形图如图 3.4 所示,以杆中心轴为 X 轴,将杆变形前(时)的质点所处的空间位置记为物质坐标,取任一微元 dX 作为研究对象。

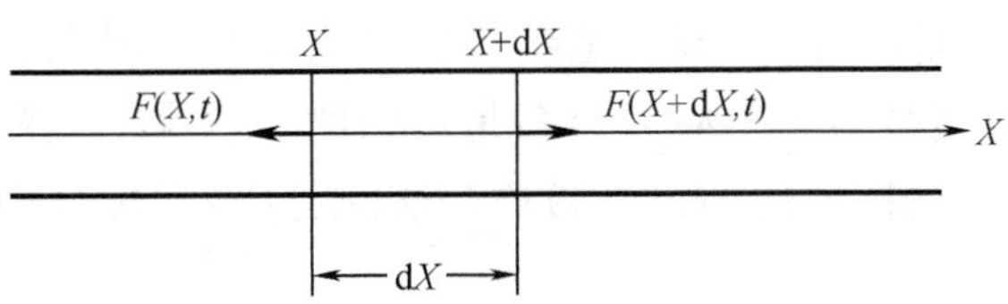

图 3.4　忽略横向惯性的杆微元体变形图

杆的初始密度为 ρ_0 时,微元的两截面对应移动到 x 和 dx 的空间位置,X 截面产生的位移 $u = x - X$。其中,X 为拉格朗日坐标,x 为欧拉坐标。

参考位移连续条件可知,$u = u(X,t)$ 为连续函数,故可得

$$\varepsilon = \frac{\partial u}{\partial X}, v = \frac{\partial u}{\partial t} \tag{3.4}$$

$$\frac{\partial \varepsilon}{\partial t} = \frac{\partial\left(\frac{\partial u}{\partial X}\right)}{\partial t} = \frac{\partial^2 u}{\partial X \partial t},\quad \frac{\partial v}{\partial X} = \frac{\partial\left(\frac{\partial u}{\partial t}\right)}{\partial X} = \frac{\partial^2 u}{\partial X \partial t} \tag{3.5}$$

由上述方程式相等可得,位移连续方程(ε 和 v 相容方程)为

$$\frac{\partial \varepsilon}{\partial t} = \frac{\partial v}{\partial X} \tag{3.6}$$

(2)动量守恒方程

结合图 3.4 与牛顿第二定律可知,理论上杆微元体两截面上所受的作用力之差等于微元体质量与加速度的乘积,即

$$[F(X + \mathrm{d}X,t) - F(X,t)] = \left[F(X,t) + \frac{\partial F(X,t)}{\partial X}\mathrm{d}X\right] - F(X,t) = \rho_0 A_0 \mathrm{d}X \frac{\partial v}{\partial t} \tag{3.7}$$

将工程应力 $\sigma = \frac{F(X,t)}{A_0}$ 代入式(3.7),整理可得动量守恒方程(σ 和 v 相容方程)为

$$\rho_0 \frac{\partial v}{\partial t} = \frac{\partial \sigma}{\partial X} \tag{3.8}$$

(3)能量守恒方程或材料本构关系(物理方程)

应力波通过微元体时,由于应力波传播速度很快,微元体与邻近的微元体及周围介质没有进行热量交换,故可视为绝热过程,该过程遵守能量守恒定律。实际上,式(3.3)所给出材料的本构关系式是在绝热过程中得到的,因此能量守恒方程无须再给。关于变量 σ、ε 和 v 的封闭控制方程组,则由式(3.3)、式(3.6)和式(3.8)组成,得

$$\begin{cases} \sigma = \sigma(\varepsilon) \\ \dfrac{\partial \varepsilon}{\partial t} = \dfrac{\partial v}{\partial X} \\ \rho_0 \dfrac{\partial v}{\partial t} = \dfrac{\partial \sigma}{\partial X} \end{cases} \tag{3.9}$$

3.2 细杆中纵波的传播

对于细杆中纵波的传播问题,一般要基于平截面假设展开研究,即波传播过程中,杆的各个横截面仍为平面,且横截面上的应力分布是均匀的。但这一假定只适用于波长比杆的直径大很多的情况。若忽略杆的横向惯性效应的影响,纵波在细杆中传播的问题就可以简化成一维波动问题。

取横截面均匀的一根细杆,以杆中心轴为 X 方向,波的运动方程则变为

$$\frac{\partial \sigma}{\partial X} = \rho_0 \frac{\partial^2 u}{\partial t^2} \tag{3.10}$$

式中,σ 为杆横截面上的正应力;u 为杆沿轴向的位移。

在单向应力状态下

$$\sigma = E\varepsilon = E \frac{\partial u}{\partial X} \tag{3.11}$$

将式(3.11)代入式(3.10)中,得

$$\begin{cases} \dfrac{\partial^2 u}{\partial X^2} = \dfrac{1}{C_0^2} \dfrac{\partial^2 u}{\partial t^2} = \dfrac{1}{\dfrac{E}{\rho_0}} \dfrac{\partial^2 u}{\partial t^2} \\ \dfrac{\partial^2 u}{\partial t^2} - C_0^2 \dfrac{\partial^2 u}{\partial X^2} = 0 \end{cases} \tag{3.12}$$

式(3.12)即为纵波在细杆中传播的波动方程。其中,$C_0 = \sqrt{\dfrac{E}{\rho_0}}$ 为纵波在细杆中的波速。

一维波动方程的解可写成

$$u = f(C_0 t - X) + g(C_0 t + X) \tag{3.13}$$

式中,f 和 g 函数是由初始条件确定的。f 表示波沿 X 正方向传播,g 表示波沿 X 负方向传播。

假设 $f(C_0 t - X) = \text{const}$,随着时间 t 的增大,要保证 $f(C_0 t - X) = \text{const}$,则相应的位移 X

也要增大。

研究波仅沿 X 正方向传播，一维波动方程可简化为

$$u=f(C_0t-X) \tag{3.14}$$

分别对式(3.14)中 X 和 t 求微分，可得

$$\begin{cases}\dfrac{\partial u}{\partial t}=C_0f'(C_0t-X)\\ \dfrac{\partial u}{\partial X}=-f'(C_0t-X)\end{cases} \tag{3.15}$$

于是有

$$\frac{\partial u}{\partial t}=-C_0\frac{\partial u}{\partial X} \tag{3.16}$$

将 $\dfrac{\partial u}{\partial X}=\varepsilon=\dfrac{\sigma}{E}$，$C_0=\sqrt{\dfrac{E}{\rho_0}}$ 代入式(3.16)，可得

$$\sigma=-\frac{E}{C_0}\frac{\partial u}{\partial t}=-\rho_0C_0v \tag{3.17}$$

由式(3.17)可知，任意点的应力与该点的质点速度成正比。同理，可得到波沿 X 轴负方向传播时，点的应力与该质点速度的关系式。另外，杆受到冲击压缩时，波传播方向与质点速度方向相同，杆横截面上的正应力为压应力；反之，杆受冲击拉伸时，杆横截面上的正应力为拉应力。

3.3　横向惯性引起的弥散效应

一维波动的理论没有考虑杆中质点在横向运动时的惯性作用，即忽略了横向惯性（包括收缩和膨胀）对动能的影响。

本节研究在弹性波范围内，横向惯性对质点运动的影响，进而探究应力波初等理论的适用条件及其局限性。

3.3.1　弹性杆横向运动的动能

在轴向应力作用下，杆除了有轴向应变之外，因泊松效应影响，杆还存在横向应变（变形），此时纵向应变为

$$\varepsilon_X=\frac{\partial u_X}{\partial X}=\frac{\sigma_X(X,t)}{E} \tag{3.18}$$

横向应变为

$$\begin{cases}\varepsilon_Y=\dfrac{\partial u_Y}{\partial Y}=-\mu\varepsilon_X(X,t)\\ \varepsilon_Z=\dfrac{\partial u_Z}{\partial Z}=-\mu\varepsilon_X(X,t)\end{cases} \tag{3.19}$$

对式(3.19)进行积分，得到横向位移为

$$
\begin{cases}
u_Y = -\mu Y \varepsilon_X = -\mu Y \dfrac{\partial u_X(X,t)}{\partial X} \\
u_Z = -\mu Z \varepsilon_X = -\mu Z \dfrac{\partial u_X(X,t)}{\partial X}
\end{cases}
\tag{3.20}
$$

横向坐标 Y 和 Z 的原点取在杆横截面的中心位置，式(3.20)对 t 求导，可得横向运动的质点速度和加速度，分别表示为

$$
\begin{cases}
v_Y = \dfrac{\partial u_Y}{\partial t} = -\mu Y \dfrac{\partial \varepsilon_X}{\partial t} = -\mu Y \dfrac{\partial v_X}{\partial X} \\
v_Z = \dfrac{\partial u_Z}{\partial t} = -\mu Z \dfrac{\partial \varepsilon_X}{\partial t} = -\mu Z \dfrac{\partial v_X}{\partial X}
\end{cases}
\tag{3.21}
$$

$$
\begin{cases}
a_Y = \dfrac{\partial v_Y}{\partial t} = -\mu Y \dfrac{\partial^2 \varepsilon_X}{\partial t^2} = -\mu Y \dfrac{\partial^2 v_X}{\partial X \partial t} = -\mu Y \dfrac{\partial a_X}{\partial X} \\
a_Z = \dfrac{\partial v_Z}{\partial t} = -\mu Z \dfrac{\partial^2 \varepsilon_X}{\partial t^2} = -\mu Z \dfrac{\partial^2 v_X}{\partial X \partial t} = -\mu Z \dfrac{\partial a_X}{\partial X}
\end{cases}
\tag{3.22}
$$

以上各式表明，只要杆的横截面产生了横向质点位移，横向速度和横向加速度就会存在，杆的横截面由于变形也不再保持平横截面，长杆的应力状态将由一维问题转换为二维或者三维问题。

从能量角度考察，忽略横向惯性就是不再考虑横向运动产生的动能。由式(3.21)可导出单位体积内的平均横向动能为

$$
\frac{1}{A_0 \mathrm{d}X}\int_{A_0} \frac{1}{2}\rho_0 (v_Y^2 + v_Z^2)\,\mathrm{d}X\mathrm{d}Y\mathrm{d}Z = \frac{1}{2}\rho_0 \mu^2 r_g^2 \left(\frac{\partial \varepsilon_X}{\partial t}\right)^2
\tag{3.23}
$$

式中，r_g 为横截面对 X 轴的回转半径。

$$
r_g^2 = \frac{1}{A_0}\int_{A_0} (Y^2 + Z^2)\,\mathrm{d}Y\mathrm{d}Z
\tag{3.24}
$$

3.3.2 横向动能对弹性应力 - 应变关系的影响

横向惯性的杆微元体变形图，如图 3.5 所示。

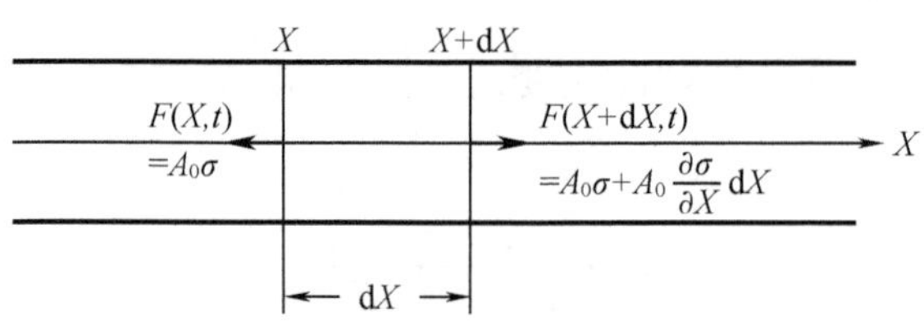

图 3.5 横向惯性的杆微元体变形图

由图 3.5 可得公式如下

$$
F(X,t) = A_0 \sigma
\tag{3.25}
$$

$$
F(X+\mathrm{d}X,t) = F(X,t) + \frac{\partial F}{\partial X}\mathrm{d}X = A_0\sigma + A_0 \frac{\partial \sigma}{\partial X}\mathrm{d}X
\tag{3.26}
$$

由图 3.5 可知，将微元体两侧的力分解为静力平衡力 $A_0\sigma$ 和非静力平衡力 $A_0\dfrac{\partial\sigma}{\partial X}\mathrm{d}X$，非静力平衡力与微元体纵向惯性具有相关性。其中，在单位时间内，非静力平衡力对微元体所做的功与纵向动能的增加率相等，即

$$A_0\frac{\partial\sigma}{\partial X}\mathrm{d}X\cdot v=\frac{\partial}{\partial t}\left(\frac{1}{2}\rho_0 A_0\mathrm{d}Xv^2\right)\tag{3.27}$$

整理式(3.27)可知，该式即为一维应力纵波的运动方程，即

$$\rho_0\frac{\partial v}{\partial t}=\frac{\partial\sigma}{\partial X}\tag{3.28}$$

由于初等理论不考虑横向惯性效应，故静力平衡力对微元体所做的功，全部转化为微元体的内能。若考虑横向惯性效应，静力平衡力所做的功则分为两部分，其中一部分增加了微元体应变能，另一部分近似转变成横向动能。那么在单位时间、单位体积内，静力平衡力所做的功为

$$\sigma\frac{\partial\varepsilon}{\partial t}=\frac{\partial}{\partial t}\left(\frac{1}{2}E\varepsilon^2\right)+\frac{\partial}{\partial t}\left[\frac{1}{2}\rho_0\mu^2r_{\mathrm{g}}^2\left(\frac{\partial\varepsilon}{\partial t}\right)^2\right]\tag{3.29}$$

整理式(3.29)，可得

$$\sigma=E\varepsilon+\rho_0\mu^2r_{\mathrm{g}}^2\frac{\partial^2\varepsilon}{\partial t^2}\tag{3.30}$$

式(3.30)为杆在弹性阶段，考虑横向惯性效应影响时得到的应力－应变关系，其中惯性效应修正项为式(3.30)中第二项，若忽略该修正项，一维应力下的本构关系可由杆的本构关系简化得到 $\sigma=E\varepsilon$。

当外加载荷随时间没有明显变化时，式(3.30)中的惯性修正项可以忽略，即可忽略横向惯性效应的影响，因为惯性修正项与$\dfrac{\partial^2\varepsilon}{\partial t^2}$呈正比。只有当外加载荷随时间变化十分显著时，修正项才有必要考虑。

3.3.3　横向惯性效应对波动方程的影响

考虑横向惯性效应的本构方程，即将式(3.30)与运动方程联立可得

$$\rho_0\frac{\partial v}{\partial t}=\frac{\partial}{\partial X}\left(E\varepsilon+\rho_0\mu^2r_{\mathrm{g}}^2\frac{\partial^2\varepsilon}{\partial t^2}\right)\tag{3.31}$$

将 $\varepsilon=\dfrac{\partial u}{\partial X},v=\dfrac{\partial u}{\partial t}$代入式(3.31)中，可得

$$\frac{\partial^2u}{\partial t^2}-\mu^2r_{\mathrm{g}}^2\frac{\partial^4u}{\partial X^2\partial t^2}=\frac{E}{\rho_0}\frac{\partial^2u}{\partial X^2}=C_0^2\frac{\partial^2u}{\partial X^2}\tag{3.32}$$

(1)考虑横向惯性的影响，式(3.32)即弹性波的波动方程，对比一维纵波的波动方程，该方程添加了反映惯性效应的第二项。

(2)由于横向惯性效应的存在，杆中的弹性波传播将不再以恒速 C_0 进行，不同频率(或波长)的谐波对应于不同波速(相速)的传播。

考虑横向惯性效应下的波速表达式的求解，利用谐波解，有

$$u(X,t)=u_0\exp[i(\omega_0 t-kX)] \tag{3.33}$$

将式(3.33)代入式(3.31)中,可得

$$\omega_0^2+\mu^2 r_g^2\omega_0^2 k^2=k^2 C_0^2 \tag{3.34}$$

式中,u 为位移;ω_0 为固有圆频率;f_0 为固有频率;$f_0=\dfrac{\omega_0}{2\pi}$;$k$ 为波数,$k=\dfrac{2\pi}{\lambda}$,λ 为波长。

在固有圆频率为 ω_0 的谐波中,任一相位的相速度为 $C=\dfrac{\omega_0}{k}=\lambda f_0$。则式(3.34)可变为

$$C^2=\frac{C_0^2}{1+\mu^2 r_g^2 k^2} \tag{3.35}$$

当 $\mu^2 r_g^2 k^2<1$ 时,式(3.35)可近似变为

$$\frac{C}{C_0}=\sqrt{\frac{1}{1+\mu^2 r_g^2 k^2}}\approx 1-\frac{1}{2}(\mu r_g k)^2=1-2\pi^2\mu^2\left(\frac{r_g}{\lambda}\right)^2 \tag{3.36}$$

式中,$k=\dfrac{2\pi}{\lambda}$。

当圆柱杆的半径为 R 时,$r_g=\dfrac{R}{\sqrt{2}}$,则

$$\frac{C}{C_0}\approx 1-\pi^2\mu^2\left(\frac{R}{\lambda}\right)^2 \tag{3.37}$$

此解考虑了横向惯性修正的近似解,称为 Rayleigh 近似解。

(1)当考察一般介质时,$\mu\approx\dfrac{1}{3}$,则$\dfrac{C}{C_0}\approx 1-\left(\dfrac{R}{\lambda}\right)^2$。当杆的半径(直径)与波长相比很小时,即可忽略横向惯性效应产生的影响,此时$\dfrac{C}{C_0}\approx 1$。

(2)研究指出,只有$\dfrac{R}{\lambda}\leqslant 0.7$ 时,Rayleigh 近似解给出的结果比较好,但当该相对波长缩短时,结果就不够精确了。

(3)对于高频波(短波),由于其频率高,则波长短,进而$\dfrac{R}{\lambda}$的值大,相速相对较低;反之,低频波(长波),相速相对较高。波的频率不同,各自的相速也就不同,传播形式也就不同,故在传播过程中应力波波形将会产生变化。

就弹性波来讲,根据频谱分析方法可知,任意波形的波是由不同频率的谐波分量叠加构成的,但现在不同频率的谐波分量将会依自己的波速传播,故而波形将会在传播过程中散开,发生变形,即产生所谓波的弥散现象。

(4)波的弥散现象是指在传播过程中,应力波的波形发生散开的现象,它可分为几何弥散、非线性本构弥散和黏性弥散等几类。本节讨论的弥散是由几何形状引起的,故称为几何弥散。前面对不同材料中波的传播特点进行讨论时,弥散现象是由应力 - 应变本构关系的非线性引起的,故称为非线性本构弥散。若弥散是由材料的黏性效应引起的,则称为黏性弥散。

(5)由初等理论可知,在弹性范围内,当两杆相撞时(如在 Hopkinson 撞击实验中),产生

的波形为矩形。但由于波形的弥散现象,如图 3.6 所示,可以观察得知,实验测量所得的波形表现出了一定的几何弥散现象。这是因为杆受到横向惯性的影响,导致波形的拉平、变长及局部振荡的发生等,尤其在杆中传播时,即使具有高频分量的强间断波,一般也不能维持其前沿陡峭,因而也呈现出弥散现象。

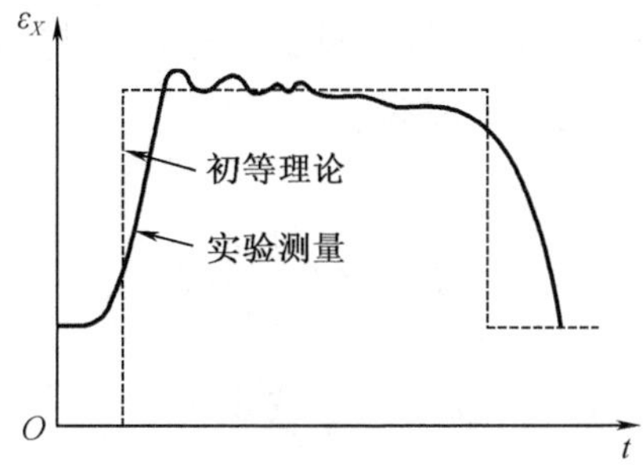

图 3.6　波形的弥散现象

(6)圆杆中的横向惯性效应影响,具体体现在以下几个方面:

①杆横截面上应力分布不均匀;

②波形振荡;

③应力脉冲前沿上升时增大;

④应力脉冲峰值随传播距离发生衰减。

3.4　杆中的扭转波

取横截面均匀的圆柱杆(或薄壁管)为研究对象,忽略横向惯性效应,对圆柱杆进行纯扭转加载,建立坐标系的圆柱杆,如图 3.7 所示。

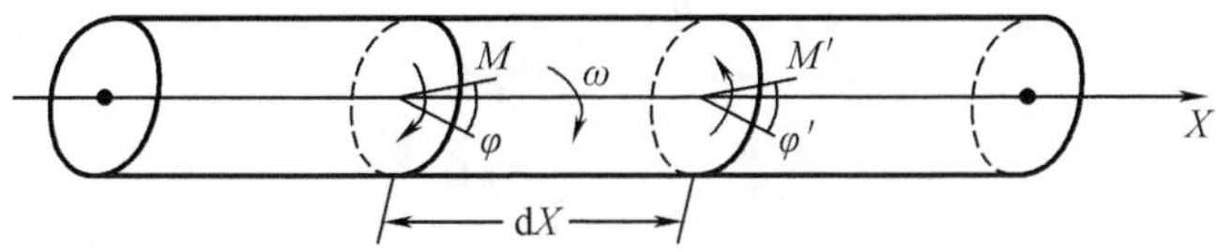

图 3.7　坐标系下的圆柱杆示意图

根据力学知识可得

$$\begin{cases} \omega = \dfrac{\partial \varphi}{\partial t} \\ \theta = \dfrac{\partial \varphi}{\partial X} \end{cases} \tag{3.38}$$

$$\begin{cases} I = \int r^2 \mathrm{d}m \\ \tau = G\gamma = Gr\theta = \dfrac{\rho_0 M r}{I} \end{cases} \tag{3.39}$$

式中，M 为扭矩；φ 为扭转角；ω 为角速度；θ 为单位扭转角；τ 为剪应力；γ 为剪应变；I 为单位长度杆微元对扭转轴 X 的转动惯量；r 为杆横截面上任一点与扭转轴的距离；m 为线密度，单位长度圆杆的质量 $\mathrm{d}m=\rho_0\mathrm{d}A$；$G$ 为剪切模量。

由图 3.7 可得

$$\begin{cases} M' = M + \dfrac{\partial M}{\partial X}\mathrm{d}X \\ \varphi' = \varphi + \dfrac{\partial \varphi}{\partial X}\mathrm{d}X \end{cases} \tag{3.40}$$

对连续方程 $\omega=\dfrac{\partial\varphi}{\partial t}$，$\theta=\dfrac{\partial\varphi}{\partial X}$中的 ω、θ 求 X、t 的偏导，可得

$$\frac{\partial\omega}{\partial X}=\frac{\partial\theta}{\partial t} \tag{3.41}$$

联立角动量守恒条件 $M'-M=I\dfrac{\partial\omega}{\partial t}\mathrm{d}X$，有

$$I\frac{\partial\omega}{\partial t}=\frac{\partial M}{\partial X} \tag{3.42}$$

整理得

$$\frac{\partial\omega}{\partial t}=\frac{G}{\rho_0}\frac{\partial\theta}{\partial X}=C_{\mathrm{T}}^2\frac{\partial\theta}{\partial X} \tag{3.43}$$

式中，C_{T} 是弹性扭转波的波速，$C_{\mathrm{T}}=\sqrt{\dfrac{G}{\rho_0}}$。故控制方程为

$$\begin{cases} \dfrac{\partial\omega}{\partial X}=\dfrac{\partial\theta}{\partial t} \\ \dfrac{\partial\omega}{\partial t}=C_{\mathrm{T}}^2\dfrac{\partial\theta}{\partial X} \end{cases} \tag{3.44}$$

$$\frac{\partial^2\varphi}{\partial t^2}-C_{\mathrm{T}}^2\frac{\partial^2\varphi}{\partial X^2}=0 \tag{3.45}$$

由于泊松比一般介于 0 ~ 0.5 之间，故在剪切模量 $G=\dfrac{E}{2(1+\mu)}$中，$G<E$，进而 $C_{\mathrm{T}}<C_0$，二者之比为$\dfrac{C_0}{C_{\mathrm{T}}}=\sqrt{2(1+\mu)}$，其值介于$\sqrt{2}$ ~ $\sqrt{3}$之间。部分材料的剪切模量和扭转波速如表 3.1 所示。

表 3.1 部分材料的剪切模量和扭转波速

物理量 \ 材料	钢	铜	铝	玻璃	橡胶
G/GPa	81	45	26	28	7.0×10^{-4}
$C_{\mathrm{T}}/(\mathrm{m\cdot s^{-1}})$	3 220	2 250	3 100	3 350	27

3.5　杆的弯曲振动

弹性变形在弯曲振动时比较复杂，根据弯曲振动理论，假设横截面杆的每一个单元仅做垂直于杆轴的横向运动。弯曲杆单元示意图如图 3.8 所示，取 XZ 平面内弯曲杆长度为 $\mathrm{d}X$ 的一个小单元进行分析，Z 轴方向的运动方程为

$$\rho_0 A_0 \frac{\partial^2 w}{\partial t^2} = \frac{\partial Q}{\partial X} \tag{3.46}$$

式中，A_0 为杆的横截面积；w 为 Z 方向的位移；Q 为 Z 方向的剪力。

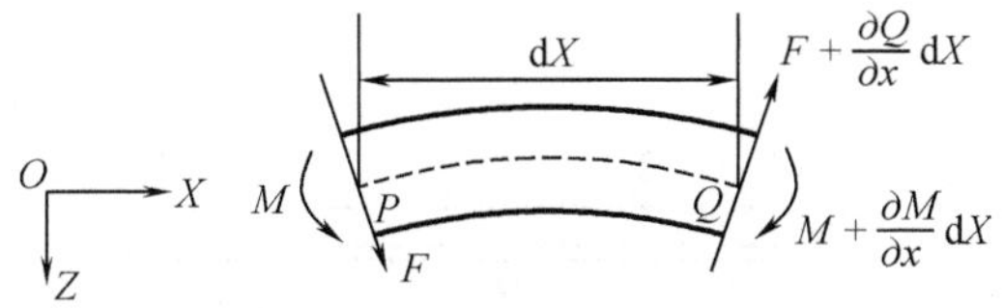

图 3.8　弯曲杆单元示意图

沿 Y 方向的轴单元中心取力矩，得

$$\frac{\partial M}{\partial X}\mathrm{d}X - \left(2Q + \frac{\partial Q}{\partial X}\mathrm{d}X\right)\frac{\mathrm{d}X}{2} = 0 \tag{3.47}$$

令 $\mathrm{d}X$ 趋于无穷小，式(3.47)可以简化为

$$Q = \frac{\partial M}{\partial X} \tag{3.48}$$

若中性面的曲率半径是 R，横截面对转轴的转动惯量是 I。对于小变形，则有

$$M = \frac{EI}{R} = -EI\frac{\partial^2 w}{\partial X^2} \tag{3.49}$$

将式(3.49)代入式(3.48)中，得

$$Q = -EI\frac{\partial^3 w}{\partial X^3} \tag{3.50}$$

将式(3.50)代入式(3.46)中，得

$$\rho_0 A_0 \frac{\partial^2 w}{\partial t^2} = -EI\frac{\partial^4 w}{\partial X^4} \text{ 或 } \frac{\partial^2 w}{\partial t^2} = -C_0^2 K^2 \frac{\partial^4 w}{\partial X^4} \tag{3.51}$$

式中，r 为中性面内且垂直于杆轴的回转半径，$r = \sqrt{\frac{I}{A_0}}$；C_0 为纵向弹性波波速，$C_0 = \sqrt{\frac{E}{\rho_0}}$。

假设一正弦弯曲波以速度 C 沿杆传播，那么

$$w = D_4\cos(\omega_0 t - kX) \tag{3.52}$$

式中，D_4 为振幅；λ 为波长；k 为波束，$k = \frac{2\pi}{\lambda}$；C 为波速（相速）；ω_0 为固有圆频率。

将式(3.52)代入式(3.51)中，得

$$C=\frac{2\pi C_0 r}{\lambda} \tag{3.53}$$

由式(3.53)可以看出，弯曲波的波速与波长有关，传播过程中这种波会产生弥散。若波长无穷小，则传播的速度将无穷大。上述理论只有在波长远大于回转半径 r 的条件下才适用。

3.6 分层介质中的波

图3.9为有限细杆示意图，其中杆长为 l，一个应力脉冲 $\sigma(t)$ 作用于杆左端，从而该段细杆产生了纵波，且沿杆轴向传播开来。本节将介绍当纵波到达杆的端部时，由于端部的不同边界条件而出现的几种情况。

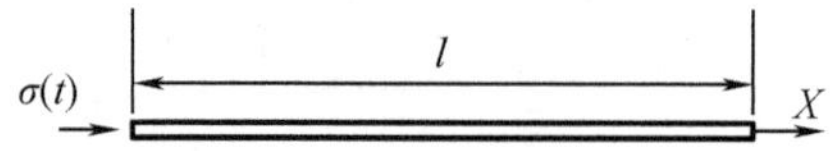

图3.9 有限细杆示意图

3.6.1 杆端为自由端

此时端面上应力为零，利用该边界条件考察反射波的性质。假定入射波位移为

$$u_{\mathrm{i}}=f(C_0t-X) \tag{3.54}$$

反射波位移为

$$u_{\mathrm{r}}=g(C_0t+X) \tag{3.55}$$

入射波与反射波两个波所产生的应力则分别为

$$\begin{cases}\sigma_{\mathrm{i}}=E\dfrac{\partial u_{\mathrm{i}}}{\partial X}=-Ef'(C_0t-X)\\[2ex] \sigma_{\mathrm{r}}=E\dfrac{\partial u_{\mathrm{r}}}{\partial X}=Eg'(C_0t+X)\end{cases} \tag{3.56}$$

根据自由端的边界条件 $\sigma(l,t)=0$，可得

$$-f'(C_0t-l)+g'(C_0t+l)=0 \tag{3.57}$$

由此发现，反射应力脉冲与入射应力脉冲虽然形状相同，但符号是相反的。如果入射的是拉伸波，反射后在自由端变成相同的压缩波，反之如果入射的是压缩波，反射后则变成相同的拉伸波。同时可以推出，杆的自由端的反射波与入射波质点的速度和位移均相等，故杆自由端质点的速度与位移值都加倍。

3.6.2 杆端为固定端

根据边界条件可知，杆端质点速度和位移均需要为零，即

$$u_i + u_r = f(C_0t - l) + g(C_0t + l) = 0 \tag{3.58}$$

式(3.58)表明,虽然反射波的位移与入射波的位移大小相等,但方向却是相反的。两波产生的质点速度和应力分别为

$$\begin{cases} v_i = C_0 f'(C_0t - X) \\ v_r = C_0 g'(C_0t + X) \end{cases}, \quad \begin{cases} \sigma_i = -Ef'(C_0t - X) = -\rho C_0 v_i \\ \sigma_r = Eg'(C_0t + X) = \rho C_0 v_r \end{cases} \tag{3.59}$$

在固定端处,$v_i + v_r = 0$,故 $f'(C_0t - l) + g'(C_0t + l) = 0$。
那么

$$\sigma(l,t) = \sigma_i(l,t) + \sigma_r(l,t) = 2\sigma_i(l,t) \tag{3.60}$$

由此表明,纵波在固定端进行反射时,杆端质点位移和波传播方向都会发生改变,但应力波的形状和符号不变,仅有应力波的幅值加倍。

3.7　端部与不同材料细杆连接

将横截面几何形状、尺寸完全相同,材料性质不同的两细杆杆端相连,在入射波到达杆端时,两细杆同时存在反射波和透射波。波在细杆中传播的示意图,如图 3.10 所示。

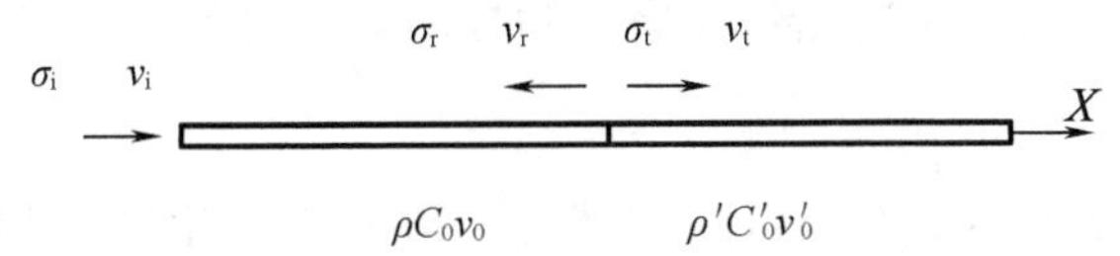

图 3.10　波在细杆中的传播示意图

假设入射波、反射波和透射波产生的质点位移与速度分别为

$$\begin{cases} u_i = f(C_0t - X) \\ v_i = C_0 f'(C_0t - X) \end{cases} \tag{3.61}$$

$$\begin{cases} u_r = g(C_0t + X) \\ v_r = C_0 g'(C_0t + X) \end{cases} \tag{3.62}$$

$$\begin{cases} u_t = h(C'_0t - X) \\ v_t = C'_0 h'(C'_0t - X) \end{cases} \tag{3.63}$$

由 $x = l$ 处的边界条件可知,应力 σ、质点位移 u 和速度 v 均连续,即

$$v_i + v_r = v_t \Rightarrow \frac{\sigma_i}{\rho_0 C_0} - \frac{\sigma_r}{\rho_0 C_0} = \frac{\sigma_t}{\rho'_0 C'_0} \tag{3.64}$$

$$\sigma_i + \sigma_r = \sigma_t \tag{3.65}$$

联立可得

$$\begin{cases} \dfrac{\sigma_r}{\sigma_i} = \dfrac{1 - \dfrac{\rho_0 C_0}{\rho_0' C_0'}}{1 + \dfrac{\rho_0 C_0}{\rho_0' C_0'}} \\ \dfrac{\sigma_t}{\sigma_i} = \dfrac{2}{1 + \dfrac{\rho_0 C_0}{\rho_0' C_0'}} \end{cases} \tag{3.66}$$

定义反射系数为 $F=\dfrac{\sigma_r}{\sigma_i}$,透射系数为 $T=\dfrac{\sigma_t}{\sigma_i}$,材料的波阻为 $\rho_0 C_0$,波阻比 $n=\dfrac{\rho_0 C_0}{\rho_0' C_0'}$,将其代入式(3.66)中,得

$$\begin{cases} F = \dfrac{\sigma_r}{\sigma_i} = \dfrac{1 - \dfrac{\rho_0 C_0}{\rho_0' C_0'}}{1 + \dfrac{\rho_0 C_0}{\rho_0' C_0'}} = \dfrac{1-n}{1+n} \\ T = \dfrac{\sigma_t}{\sigma_i} = \dfrac{2}{1 + \dfrac{\rho_0 C_0}{\rho_0' C_0'}} = \dfrac{2}{1+n} \end{cases} \tag{3.67}$$

通过式(3.67)可以看出:

(1)当材料的波阻 $\rho_0' C_0' > \rho_0 C_0$ 时,入射波与反射波符号相同,也就是说同为拉应力或同为压应力,此时 $|\sigma_t| > |\sigma_i|$;

(2)当材料的波阻 $\rho_0' C_0' < \rho_0 C_0$ 时,入射波与反射波符号相反,相对为拉应力和压应力,此时 $|\sigma_t| < |\sigma_i|$;

(3)无论何种情况,透射系数 T 都大于零,所以反射波和透射波的应力符号相同,同为拉应力或压应力。

3.8 弹性波在截面间断面上的反射与透射

弹性波通过杆的间断面时产生的反射和透射问题,会引起新的扰动。弹性波在杆间断面的传播示意图,如图 3.11 所示。

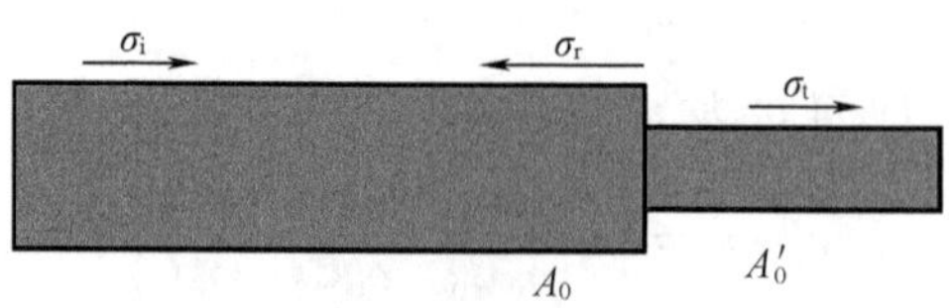

图 3.11 弹性波在杆间断面的传播示意图

假定 σ_i 是入射波的强度,σ_r 是反射波的强度,σ_t 是透射波的强度。虽然界面两侧的应力不等,但是总作用力却相等,因此有

$$A_0\sigma_i + A_0\sigma_r = A_0'\sigma_t \tag{3.68}$$

假设

$$\sigma_i = -\rho C_0 v_i \tag{3.69}$$

$$\sigma_r = \rho C_0 v_r \tag{3.70}$$

$$\sigma_t = -\rho' C_0' v_t \tag{3.71}$$

由 $x=l$ 处的边界条件可知,应力 σ、质点位移 u 和速度 v 均连续,即

$$v_i + v_r = v_t \Rightarrow \frac{\sigma_i}{\rho_0 C_0} - \frac{\sigma_r}{\rho_0 C_0} = \frac{\sigma_t}{\rho_0' C_0'} \tag{3.72}$$

应力连续条件为

$$A_0\sigma_i + A_0\sigma_r = A_0'\sigma_t \tag{3.73}$$

联立式(3.72)和式(3.73)求解得

$$\begin{cases} \dfrac{\sigma_r}{\sigma_i} = \dfrac{1 - \dfrac{\rho_0 C_0 A_0}{\rho_0' C_0' A_0'}}{1 + \dfrac{\rho_0 C_0 A_0}{\rho_0' C_0' A_0'}} \\ \dfrac{\sigma_t}{\sigma_i} = \dfrac{2}{1 + \dfrac{\rho_0 C_0 A_0}{\rho' C_0' A'}} \dfrac{A_0}{A_0'} \end{cases} \tag{3.74}$$

定义广义波阻为 $\rho_0 C_0 A_0$,广义波阻比 $n = \dfrac{\rho_0 C_0 A_0}{\rho_0' C_0' A_0'}$,反射系数为 $F = \dfrac{1-n}{1+n}$,透射系数为 $T = \dfrac{2}{1+n}$,将其代入式(3.74)有

$$\frac{\sigma_r}{\sigma_i} = \frac{1 - \dfrac{\rho_0 C_0 A_0}{\rho_0' C_0' A_0'}}{1 + \dfrac{\rho_0 C_0 A_0}{\rho_0' C_0' A_0'}} = \frac{1-n}{1+n} = F \Rightarrow \sigma_r = F\sigma_i \tag{3.75}$$

$$\frac{\sigma_t}{\sigma_i} = \frac{2}{1 + \dfrac{\rho_0 C_0 A_0}{\rho_0' C_0' A_0}} \frac{A_0}{A_0'} = \frac{2}{1+n}\frac{A_0}{A_0'} = T\frac{A_0}{A_0'} \Rightarrow \sigma_t = T\sigma_i \frac{A_0}{A_0'} \tag{3.76}$$

3.9　弹性波的相互作用

3.9.1　两弹性波的相互作用

以自然状态下静止的弹性杆为研究对象,杆两端施加载荷,如图3.12所示。杆两端施加载荷分别为 v_1 和 v_2。此时,杆的左端将会产生右行拉伸波,杆的右端将会产生左行拉伸波,此时波传播示意图,如图3.13所示。

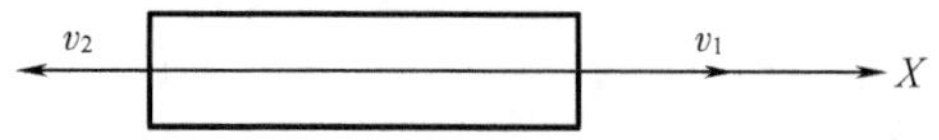

图 3.12 杆两端施加载荷示意图

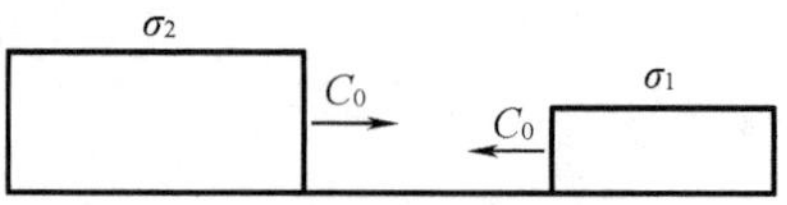

图 3.13 波传播示意图

1. 一次波分析

强间断弹性波公式为

$$\begin{cases}\sigma_1 - 0 = \rho_0 C_0 (v_1 - 0) \\ v_1 - 0 = C_0 (\varepsilon_1 - 0)\end{cases} \tag{3.83}$$

可得左行波为

$$\begin{cases}\sigma_1 = \rho_0 C_0 v_1 \\ \varepsilon_1 = \dfrac{v_1}{C_0} = \dfrac{\sigma_1}{E}\end{cases} \tag{3.84}$$

右行波为

$$\begin{cases}\sigma_2 = -\rho_0 C_0 v_2 \\ \varepsilon_2 = -\dfrac{v_2}{C_0} = \dfrac{\sigma_2}{E}\end{cases} \tag{3.85}$$

当两波相遇时,右端杆速度为 v_1,左端杆速度为 v_2,两波相遇与两弹性杆共轴撞击的情况一致,故也称为内撞击。

2. 二次波分析

二次波是指从一次波相遇的位置,分别向杆的两端传播反射波的现象。相遇波示意图,如图 3.14 所示。二次波传播示意图,如图 3.15 所示。

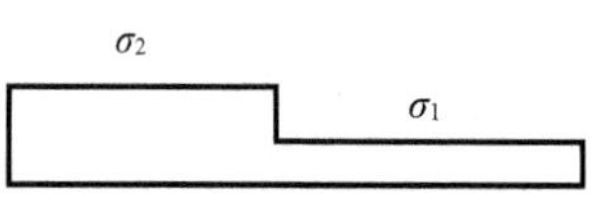

图 3.14 相遇波示意图

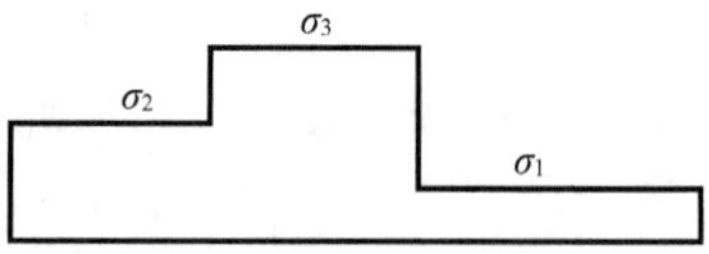

图 3.15 二次波传播示意图

根据强间断弹性波公式(3.83)可得右行波为

$$\sigma_3 - \sigma_1 = -\rho_0 C_0 (v_3 - v_1) \tag{3.86}$$

左行波为

$$\sigma_3 - \sigma_2 = \rho_0 C_0 (v_3 - v_2) \tag{3.87}$$

杆中的质点速度和应力受两弹性波的相互作用后变为

$$\begin{cases}\sigma_3 = \sigma_1 + \sigma_2 \\ v_3 = v_1 + v_2\end{cases} \tag{3.88}$$

叠加原理是指弹性波相互作用时，其代数值可由两种作用波在单独传播时的代数值叠加组成。因弹性波的控制方程是线性的，故叠加原理成立。

3.9.2　有限长杆的共轴撞击

前面讨论的问题均未考虑波在端面处的反射，仅对应力波在无限长杆中的传播情况进行了分析。对此，本节将讨论应力波在有限长杆中的传播情况。

对于弹性波相互作用的研究是以弹性杆的纵向共轴撞击为基础的，因此为了更好地对弹性波进行了解，首先应该研究弹性杆的共轴碰撞。根据杆长及横截面等因素可以将两杆的共轴碰撞分为半无限长杆共轴碰撞、有限长杆共轴碰撞、不同阻抗杆共轴碰撞，以及不同横截面杆的共轴碰撞等情况。

在以上各种情况中，由于相同横截面半无限长杆共轴碰撞后产生的应力波不存在反射问题，因此它是最简单的一种情况。假设有两个横截面尺寸相同，阻抗分别为 $(\rho_0 C_0)_1$ 和 $(\rho_0 C_0)_2$ 的弹性杆 B_1 和弹性杆 B_2，弹性杆 B_1 以速度 v_1 向右运动，弹性杆 B_2 以速度 v_2 向右运动，且 $v_1 < v_2$，两半无限长杆共轴碰撞示意图，如图 3.16(a)所示。在两杆发生碰撞前，杆中应力均为零，两杆的初始状态在 (σ, v) 平面中对应于点 1 和点 2，如图 3.16(d)所示。两杆发生共轴撞击后，在弹性杆 B_1 中会产生向右传播的强间断弹性压缩波，在弹性杆 B_2 中会产生向左传播的强间断弹性压缩波，如图 3.16(b)和图 3.16(c)所示。在两杆的碰撞界面处，由界面连续条件可知，两杆的质点速度相同，由作用力与反作用力互等条件可知，碰撞界面处两杆的应力相同。根据碰撞界面动量守恒条件可得

$$\sigma = -(\rho_0 C_0)_1 (v - v_1) = (\rho_0 C_0)_2 (v - v_2) \tag{3.89}$$

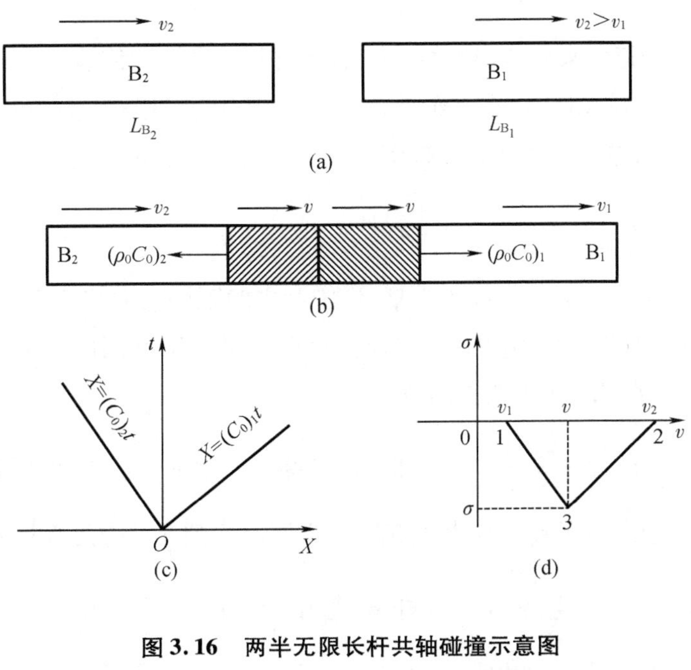

图 3.16　两半无限长杆共轴碰撞示意图

由此，可得碰撞后杆中质点速度 v 及应力 σ 为

$$\begin{cases} v = \dfrac{(\rho_0 C_0)_1 v_1 + (\rho_0 C_0)_2 v_2}{(\rho_0 C_0)_1 + (\rho_0 C_0)_2} \\ \sigma = -\dfrac{v_2 - v_1}{\dfrac{1}{(\rho_0 C_0)_1} + \dfrac{1}{(\rho_0 C_0)_2}} \end{cases} \tag{3.90}$$

在(σ,v)平面上，式(3.90)对应于图3.16(d)中的点3，即过点1斜率为$-(\rho_0 C_0)_1$的左行特征线和过点2斜率为$(\rho_0 C_0)_2$的右行特征线的交点。对于阻抗相同的两根杆进行碰撞，$(\rho_0 C_0)_1 = (\rho_0 C_0)_2 = \rho_0 C_0$，则 $v = 0.5(v_1 + v_2)$，而 $\sigma = -\dfrac{1}{2}\rho_0 C_0 (v_2 - v_1)$。如果碰撞后 $v_1 = -v_2$，则 $v = 0$，$\sigma = -\rho_0 C_0 v_2$，这种情况相当于弹性杆 B_2 以速度 v_2 撞击刚性壁的情形，这种结果与假设$(\rho_0 C_0)_1 \to \infty$，$v_1 = 0$ 的边界条件情况所得的结果相同；如果假设$(\rho_0 C_0)_2 \to \infty$，则$v \to v_2$，$\sigma \to -(\rho_0 C_0)_1 (v_2 - v_1)$，这种情况相当于刚性杆 B_2 对弹性杆 B_1 的撞击。

假设弹性杆 B_1 杆长为 L_{B_1}，速度为 $v_1 = 0$；弹性杆 B_2杆长为 L_{B_2}，速度为 v_2，且 $L_{B_2} < L_{B_1}$。两杆均无初始应力和应变，下面讨论短杆撞击长杆的情况。

由式(3.67)可知，当$(\rho_0 C_0)_1 = (\rho_0 C_0)_2$ 时，在杆端自由面反射的右行卸载波将会出现与同一杆中传播的相似现象，可以无反射地撞击接触面，但是两杆可产生不同的波速。

(1)当 $t = \dfrac{L_{B_2}}{(C_0)_2}$时，弹性杆 B_2 中的左行加载波传播到自由面，进而在弹性杆 B_2 中传播的将会是反射的卸载波，直至杆中达到 $v = 0$，$\sigma = 0$ 的卸载状态。

(2)当 $t = \dfrac{2L_{B_2}}{(C_0)_2}$时，该卸载波将会到达两杆的接触面，直到碰撞面处的应力和速度出现 $v = 0$，$\sigma = 0$ 的情况，碰撞才会停止，卸载波将在弹性杆 B_1 中继续传播。

据上述分析可知，弹性杆 B_1 在卸载波后，其应力和质点速度均为零。在长杆中出现一应力脉冲，由加载波和卸载波强间断波阵面组成。应力脉冲的宽度为

$$\lambda = 2(C_0)_1 \frac{L_{B_2}}{(C_0)_2} \tag{3.91}$$

若$(C_0)_1 = (C_0)_2$，$\lambda = 2L_{B_2}$，即在弹性杆 B_1 中产生的矩形应力脉冲长度将会是弹性杆 B_2 长度的2倍。此时再对弹性杆 B_2 的长度进行改变，就可获得不同的长度应力脉冲，所得的应力脉冲长度相当于在 SHPB 中测得的波长。

假定在特殊情况下，即$\dfrac{L_{B_2}}{(C_0)_2} = \dfrac{L_{B_1}}{(C_0)_1}$时，两杆撞击产生的一次弹性波将会同时到达两杆各自的自由端，进而反射后的弹性卸载波又将产生同时回到撞击接触面处的现象。

当 $t = \dfrac{2L_{B_2}}{(C_0)_2}$时，撞击停止，整个弹性杆 B_2 静止，此时杆上质点的应力与速度均为零，而整个弹性杆 B_1 上的质点应力也为零，速度却以 v 运动。

由上述分析可知，两杆发生撞击前，弹性杆 B_1 静止，弹性杆 B_2 以速度 v_2 运动；相反，撞击后，弹性杆 B_2 处于静止状态，而弹性杆 B_1 以质点速度 v_2 运动。通过撞击，弹性杆 B_2 的动量和能量与弹性杆 B_1 进行了完全转移。但需注意的是，在 $L_{B_2} < L_{B_1}$ 的条件下，虽然弹性杆 B_2 在撞击结束后静止，但整个弹性杆 B_1 并不是以共同的质点速度做刚体运动的，而是处于一种以应力波来回传播的状态。

第 4 章　Hopkinson 杆动态测试技术

4.1　基本测试原理

1914 年,B Hopkinson 完成了霍普金森压杆的实验设计,并将该设计用于测定和研究炸药爆炸或子弹射击杆端时的压力 - 时间关系中。Hopkinson 观察到,如果用来复枪发射一颗子弹撞击一个圆柱形钢杆的端部,则在撞击期间,有一确定的压力作用在杆的端部,形成一个压力脉冲。这个撞击引起的压力脉冲沿着杆传播,在自由端发生反射,产生一个拉伸脉冲。他还提出如何用一根与霍普金森压杆(主杆)材料相同、直径相同的短杆捕捉入射波的动量。Hopkinson 在测定和研究炸药爆炸或子弹射击杆端时的压力 - 时间关系时,所采用的测试系统称为霍普金森压杆(hopkinson pressure bar,HPB)。

在第二次世界大战之后,英国剑桥大学的 Kolsky 对 HPB 压杆技术进行了改进和发展,建立了分离式霍普金森压杆(split hopkinson pressure bar,SHPB)实验方法。此后,随着技术的发展,Hopkinson 拉伸、剪切和扭转测试技术也逐渐发展起来。本章重点对 HPB、SHPB 及分离式霍普金森拉杆(split hopkinson tension bar,SHTB)测试技术进行介绍。

4.1.1　HPB 测试装置

图 4.1 为早期的 HPB 示意图。图中压杆是圆柱形弹性钢杆,测时器(飞片)为钢质圆薄片,加载方式是用炸药爆炸或子弹射击杆端产生的瞬变压力,黄油用来连接压杆与飞片,它不影响应力波的传播,但也使得界面只能承受压力,不能承受拉力。

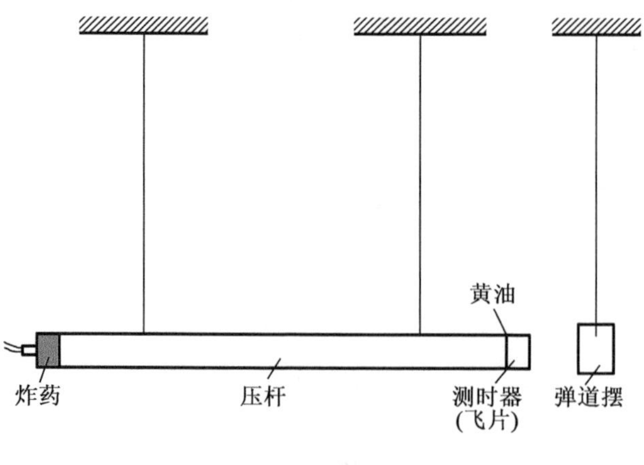

图 4.1　早期的 HPB 示意图

1. 当炸药爆炸或子弹射击压杆时，产生的右传压缩波向压杆中传播，并通过压杆无损地传入飞片中。右传压缩波波头到达飞片右端的自由端面时开始发生反射，反射波为拉伸波，压缩波和拉伸波在飞片中发生叠加。当反射波的波头到达压杆与飞片的衔接面时，如果两波叠加的结果表现为净拉应力时，飞片将脱离装置，向右飞出，撞击弹道摆，飞片的动量和留在杆中的动量可以通过弹道摆的摆幅和杆的摆幅确定。

2. 设压力脉冲长为 λ，飞片长为 l_1，则压力脉冲头部传入飞片引起的反射到达衔接处的时间 $T=2l_1/C_0$，而脉冲传过一个脉冲波长为 λ 所需的时间 $T'=\lambda/C_0$，压力脉冲传播示意图，如图 4.2 所示。

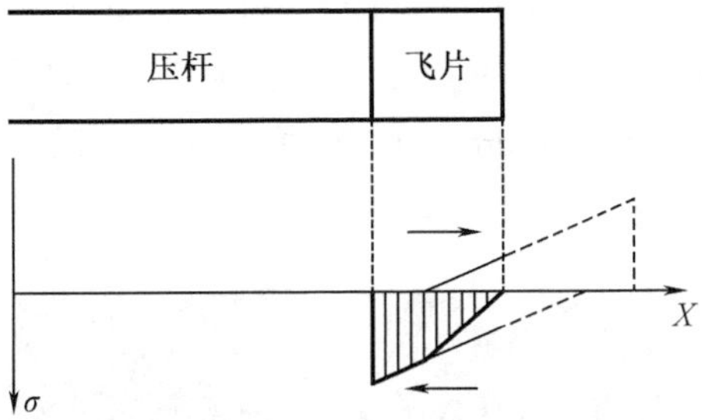

图 4.2　压力脉冲传播示意图

分情况讨论如下。

(1) 当 $T=T'$ 时，即 $l_1=\lambda/2$，压力脉冲波尾刚刚传到飞片左侧，与此同时，反射波波头也刚好传到此处，衔接面表现为净拉伸应力。在这种情况下，压杆动量正好全部传入飞片中，处于静止状态的飞片带着全部动量撞击弹道摆。

(2) 当 $T>T'$ 时，即 $l_1>\lambda/2$，反射波波头到达飞片左侧，衔接面表现为净拉伸应力，与此同时，入射的压力脉冲波尾早已传入飞片中。在这种情况下，压杆动量仍然全部传入飞片中，处于静止状态的飞片将带着全部动量撞击弹道摆。

(3) 当 $T<T'$ 时，即 $l_1<\lambda/2$，反射波波头到达飞片左侧，衔接面表现为净拉伸应力，与此同时，入射的压力脉冲波尾尚未通过衔接面传入飞片中。在这种情况下，只有部分压杆动量传入飞片中，压杆中保留部分动量，飞片将带着部分动量撞击弹道摆。

(4) 飞片飞离的动量可由弹道摆测得，留在杆内的动量则由杆的摆振幅来确定。

(5) 动量 m 对应于压力历时曲线下的面积，也可以说其与压力脉冲应力 $\sigma(t)$ 的关系为

$$p_m = A\int_0^T \sigma(t)\,\mathrm{d}t \tag{4.1}$$

式中，A 为飞片和压杆横截面积；T 为应力波通过飞片来回的时间，$T=2l_0/C_0$。

改变飞片长度 l_1，可以求得一系列 p_m，对应于一系列的 $\sigma(t)$，可近似求得 $\sigma(t)$ 的波形，即 $\sigma(t)$—t 曲线。

4.1.2 基本限制条件

(1)多次测量求得的脉冲不如用现代电测技术直接测量脉冲;

(2)压力脉冲峰值不能超过材料的屈服强度;

(3)脉冲长度需要远大于压杆直径,才能忽略横向惯性效应,保证一维应力波;

(4)压杆与飞片衔接处的黏接力对实验结果有一定的影响。

4.2 SHPB 测试技术

1949 年,Kolsky 提出将 HPB 装置中的压杆分成两截,试件置于两杆中间,从而使这一装置可用于测量材料在冲击载荷作用下的应力 - 应变关系,分离后的压杆测试装置称为分离式霍普金森压杆(split hopkinson pressure bar)装置,简称 SHPB 装置。图 4.3 所示是 SHPB 装置实物图。

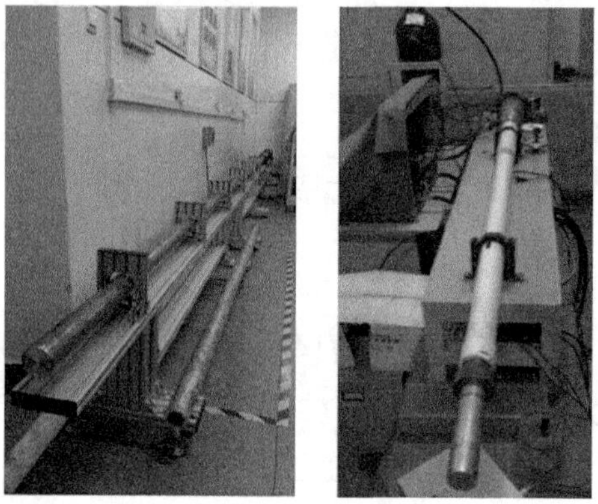

图 4.3 SHPB 装置实物图

SHPB 装置示意图,如图 4.4 所示,SHPB 装置中有两段分离的弹性杆,分别为入射杆和透射杆,将试件夹在两杆之间。当压气枪发射一段撞击杆(子弹),以一定的速度撞击入射杆时,将产生一个弹性应力脉冲 - 入射波。随着入射波在试件中传播并通过,试件将发生高速塑性变形,并相应地在透射杆中传播一个弹性波 - 透射波,而在入射杆中则反射一个反射弹性波。透射波又由吸收杆"捕获",最后由阻尼装置吸收掉。在入射杆中,初始应力脉冲的幅值与子弹撞击速度呈正比,撞击速度的大小可用压气枪的气压调节。在应力脉冲通过试件的过程中,可以按照均匀化假定来计算应力、应变、应变率与时间之间的关系。

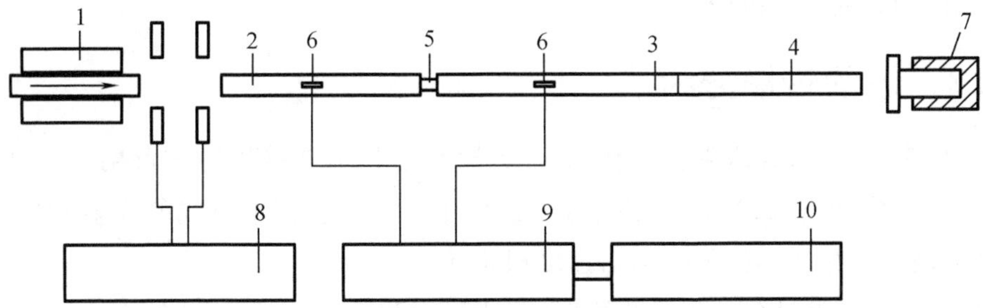

1—撞击杆;2—入射杆;3—透射杆;4—吸收杆;5—试样;6—应变计;
7—阻尼器;8—时间间隔仪;9—超动态电阻应变仪;10—瞬态波形存储器。

图 4.4　SHPB 装置示意图

结构物在爆炸或冲击载荷下的动态响应与静态响应的区别在于动态响应包含了介质质点的应力波效应(波传播)和材料本构关系的应变率效应。问题的核心在于如何区分这两类效应。就材料的动态力学行为研究本身而言,研究的目的只是材料的应变率效应,然而这两类效应恰好常常相互联系。一方面,在应力波传播的分析中,波传播的研究是以已知的材料动态本构关系为前提的;另一方面,在材料高应变率下进行动态本构关系实验研究时,一般又必须考虑实验装置和试件中的应力波传播及其相互作用,换言之,在材料动态响应研究中,要依靠实验材料中应力波传播的知识来分析。

SHPB 装置实验技术的核心思想是将应力波效应和应变率效应解耦。在 SHPB 装置中,撞击杆、入射杆、透射杆均要求处于弹性状态,且具有相同的直径和材质,即弹性模量 E、波速 C_0 和波阻抗 $\rho_0 C_0$ 均相同。一方面,对于同时起到冲击加载和动态测量双重作用的入射杆和透射杆来说,由于处于弹性状态,允许忽略应变率效应而只考虑应力波传播,并且只要杆径小到足以忽略横向惯性效应,就可用一维波理论来分析。另一方面,对于夹在两杆之间的试件,由于长度足够短,这使得应力波在试件两端传播所需的时间与加载的总历时相比,足以把试件视为处于均匀变形状态,从而允许忽略试件中的应力波传播效应,只考虑应变率效应,这样两个效应就解耦了。对于试件而言,这就相当于高应变率下的准静态实验;对于杆而言,这就相当于由杆中波传播信息反推相邻短试件材料的本构响应,这就是 SHPB 装置的主要特点,它能使应力波效应和应变率效应解耦。

4.2.1　基本限制条件

(1)压杆为高强度合金钢(马氏体时效钢),撞击杆撞击速度要小于压杆材料的屈服速度。

(2)撞击杆、入射杆与透射杆材料相同,直径相同,且直径很细,可以忽略横向惯性效应,且撞击时一定要同轴。

(3)试件长度应小于或等于其直径,一般取 $l_s = (0.5, 0.7, 1) d_0$,这样应力波在试件中往返一次时间很短,仅若干微秒,应力波在试件中往返很多次,使其应力和应变趋于平衡,从而可以忽略试件中波的传播效应。

4.2.2 波的传播分析

撞击杆撞击入射杆,在入射杆中传入右传压缩波,同时在撞击杆中反射左传压缩波,在自由面反射右传拉抻波(卸载波)时,传入入射杆中。在入射杆中形成的入射脉冲长度为撞击杆长度的 2 倍,初始应力幅值与撞击速度成正比。

当入射杆中入射脉冲到达试件界面时,发生反射和透射,透射脉冲的大小取决于试件材料的性质,入射杆、试件和透射杆波传播示意图,如图 4.5 所示。入射杆中的脉冲传入试件时,由于脉冲作用时间远比在试件中的传播时间要长,在试件中会发生多次内反射,使得试件中的应力趋于平衡,故可以忽略试件中的传播效应。为此,做以下两点假定。

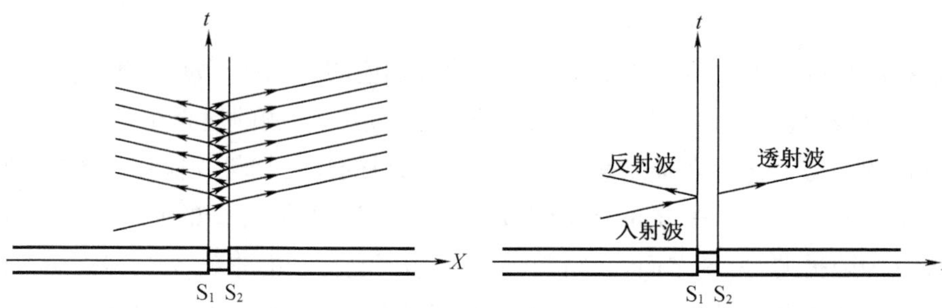

图 4.5 入射杆、试件和透射杆波传播示意图

(1)一维假定(平面假定),即在入射杆、试件和透射杆中传播单向应力状态为一维应力波,假设入射杆和透射杆中的应力波为一维线弹性波。此假设实际上忽略了入射杆、试件和透射杆中质点的横向惯性效应。

(2)均匀化假定,假定在试件中应力沿轴向均匀传播。此假定实际上忽略了试件中质点的纵向惯性效应,也就是说,其忽略了波在试件中的传播效应,从而使细杆的动力学方程简化为一维杆的动力学平衡方程。当应力脉冲通过入射杆传播到试件时,在试件内发生了多次反射,由于压缩脉冲的持续时间比短试件中波的传播时间要长得多,使得试件中的应力很快趋于均匀,因此可以忽略试件内部的波的传播效应。

通过杆的初等波动理论可以计算试件的应力和应变关系。令入射波、反射波和透射波的位移分别为

$$\begin{cases} u_{\mathrm{i}} = f(C_0 t - X) \\ u_{\mathrm{r}} = g(C_0 t + X) \\ u_{\mathrm{t}} = h(C_0 t - X) \end{cases} \tag{4.2}$$

则试件左边界面的位移、应变及质点速度分别为

$$u_1 = f(C_0 t - X) + g(C_0 t + X) \tag{4.3}$$

$$\varepsilon_1 = \frac{\partial u_1}{\partial X} = -f' + g' \tag{4.4}$$

$$v_1 = \frac{\partial u_1}{\partial t} = C_0(f' + g') = C_0(-\varepsilon_i + \varepsilon_r) \tag{4.5}$$

且有

$$u_1 = \int_0^t v_1 \mathrm{d}\tau = C_0 \int_0^t (-\varepsilon_i + \varepsilon_r) \mathrm{d}t \tag{4.6}$$

同理,试件右端的位移、应变及质点速度分别为

$$u_2 = h(C_0 t - X) \tag{4.7}$$

$$\varepsilon_2 = -h' = \varepsilon_t \tag{4.8}$$

$$v_2 = C_0 h' = -C_0 \varepsilon_t \tag{4.9}$$

且有

$$u_2 = -C_0 \int_0^t \varepsilon_t \mathrm{d}t \tag{4.10}$$

试件中的平均应变 ε_s 为

$$\varepsilon_s = \frac{u_2 - u_1}{l_0} = \frac{C_0}{l_0}\int_0^t (-\varepsilon_t + \varepsilon_i - \varepsilon_r) \mathrm{d}t \tag{4.11}$$

式中,l_0 为试件的初始长度。

如果假设通过短试件的应力是常量,这意味着试件长度 $l_0 \to 0$,即

$$\varepsilon_i + \varepsilon_r = \varepsilon_t \tag{4.12}$$

于是式(4.11)可整理成

$$\varepsilon_s = -\frac{2C_0}{l_0}\int_0^t \varepsilon_r \mathrm{d}t \tag{4.13}$$

试件两端的载荷分别为 $F_1 = EA(\varepsilon_i + \varepsilon_r)$,$F_2 = EA\varepsilon_t$,因此试件中的平均应力 σ_s 为

$$\sigma_s = \frac{F_1 + F_2}{2A_s} = \frac{1}{2}E\left(\frac{A}{A_s}\right)(\varepsilon_i + \varepsilon_r + \varepsilon_t) \tag{4.14}$$

式中,E 是压杆的弹性模量;$\frac{A}{A_s}$是压杆与试件的横截面积之比。

由于 $\varepsilon_i + \varepsilon_r = \varepsilon_t$,因此

$$\sigma_s = \frac{AE}{A_s}\varepsilon_t \tag{4.15}$$

根据 ε_s 和 σ_s 可以做出动态载荷下试件的应力－应变关系。一般来说,应力－应变关系与变形速度(应变率)有关,应变率可由式(4.13)对 t 求导得到,即

$$\dot{\varepsilon}_s = -\frac{2C_0}{l_0}\varepsilon_r \tag{4.16}$$

故 SHPB 实验的数据处理公式为

$$\begin{cases} \sigma_s = \dfrac{AE}{A_s}\varepsilon_t \\ \varepsilon_s = \dfrac{-2C_0}{l_0}\displaystyle\int_0^t \varepsilon_r \mathrm{d}t \\ \dot{\varepsilon}_s = -\dfrac{2C_0}{l_0}\varepsilon_r \end{cases} \tag{4.17}$$

同时，也可以利用公式 $\varepsilon_r=\varepsilon_t-\varepsilon_i$，式(4.17)变换成

$$\begin{cases}\sigma_s=\dfrac{1}{2}\dfrac{EA}{A_s}(\varepsilon_i+\varepsilon_r+\varepsilon_t)\\ \varepsilon_s=\dfrac{C_0}{l_0}\displaystyle\int_0^t(\varepsilon_i-\varepsilon_r-\varepsilon_t)\mathrm{d}t\\ \dot{\varepsilon}_s=\dfrac{C_0}{l_0}(\varepsilon_i-\varepsilon_r-\varepsilon_t)\end{cases}\tag{4.18}$$

式中，ε_i 为测试记录的入射波；ε_r 为测试记录的反射波；ε_t 为测试记录的透射波；C_0 是杆中弹性波纵波波速；l_0 为试件的长度；E 为杆的弹性模量；A 为杆的截面积；A_s 为试件的横截面积。

因此，利用以上公式，可以通过测量杆上的应变来间接计算材料的应力－应变数据。

4.2.3 电阻应变片

1. 电阻应变片的结构

杆中应变采用电阻应变计进行测量，应变计的结构很简单，是将一条很细的具有高电阻率的金属丝绕成栅形，用胶水粘在两片薄纸之间，再焊上较粗的引出线，就制成了早期常用的丝绕式应变计。常用的应变计一般由敏感栅、引出线、基底、覆盖层和黏结剂五部分组成，其结构示意图如图 4.6 所示。

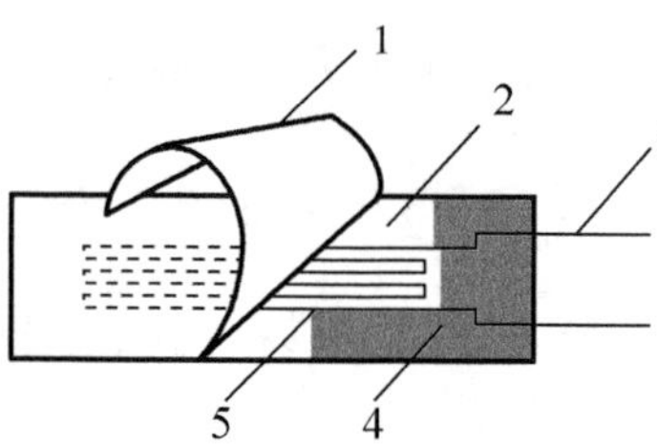

1—覆盖层；2—基底；3—引出线；4—黏结剂；5—敏感栅。

图 4.6 应变计结构示意图

敏感栅是用合金丝或合金箔制成的栅，它能将被测构件表面的应变转换为电阻的相对变化，由于它对被测量的应变反应非常灵敏，故称为敏感栅。它由纵栅与横栅组成，称纵栅的中心线为应变计的轴线。敏感栅的外形尺寸用栅长（横栅为圆弧形时，栅长是指两端圆弧顶点内侧之间的距离；横栅为直线形时，栅长是指两端横栅内侧之间的距离）和栅宽（在与纵轴垂直的方向上，敏感栅外侧之间的距离）表示。应变计栅长尺寸一般为 0.2～100 mm，引出线是用来将敏感栅的电信号传递出来的金属线，一般由镀锡铜线或铜带制作而成。

基底的作用是保持敏感栅的几何形状和相对位置，在应变计工作时，使之与被测构件一同变形；覆盖层的作用是用来保护敏感栅的，它们常用纸、胶膜及玻璃纤维布等材料制作；黏结剂的作用是将敏感栅固定在基底上，常用的有环氧树脂类和酚醛树脂类黏结剂，在安装应

变计时，也是用这些黏结剂将应变计的基底粘贴在被测的构件上的。

2. 电阻应变片测试原理

为了了解电阻应变计的工作原理，本节先考查金属导线的电阻应变效应。电阻应变效应是电阻值随导线的变形（伸长或缩短）而发生改变的一种物理现象。

设横截面积为 A 的金属导线，其原始电阻为

$$R = \rho \frac{l}{A} \tag{4.19}$$

式中，ρ 为导线材料的电阻率；l 为导线长度。

当导线沿其轴线方向受力而发生形变时，其电阻值也随着发生变化，即产生电阻应变效应。为了得到电阻改变和应变之间的关系，对式(4.19)两边取对数并微分，得

$$\frac{\mathrm{d}R}{R} = \frac{\mathrm{d}\rho}{\rho} + \frac{\mathrm{d}l}{l} - \frac{\mathrm{d}A}{A} \tag{4.20}$$

式中，$\mathrm{d}l/l$ 为金属导线长度的相对改变，即线应变 ε，则

$$\varepsilon = \frac{\mathrm{d}l}{l} \tag{4.21}$$

式(4.20)中的 $\mathrm{d}A$ 为导线横截面积的改变，设直径由 D 变为 D'，则

$$D' = D(1 - \mu\varepsilon) \tag{4.22}$$

式中，μ 为导线材料的泊松比。于是导线横截面积改变为

$$\mathrm{d}A = \frac{\pi}{4}(D'^2 - D^2) = \frac{\pi}{4}(D^2(1 - \mu\varepsilon)^2 - D^2) \approx \frac{\pi D^2}{4}(-2\mu\varepsilon) \tag{4.23}$$

这里已经略去了 $\mu\varepsilon$ 的二次项。因为 μ 为 10^{-1} 数量级，线应变 ε 一般是 10^{-4} 数量级，则乘积 $\mu\varepsilon$ 的平方为 10^{-10} 数量级，可忽略不计。故

$$\frac{\mathrm{d}A}{A} = -2\mu\varepsilon \tag{4.24}$$

将式(4.21)、式(4.23)与式(4.24)代入式(4.20)，得

$$\frac{\mathrm{d}R}{R} = (1 + 2\mu)\varepsilon + \frac{\mathrm{d}\rho}{\rho} \tag{4.25}$$

研究表明，金属导线受力变形时，在弹性范围 $\frac{\mathrm{d}\rho}{\rho} \infty \varepsilon$ 时，其电阻的相对变化率 $\frac{\mathrm{d}R}{R}$ 与导线的线应变 ε 成正比，导线进入塑性后，$\frac{\mathrm{d}\rho}{\rho}$ 近似为常量，它们的关系略有改变。由此可以设想，若将一根金属丝粘贴在构件表面上，当构件发生形变时，金属丝也将随着一起发生形变，于是构件表面的应变量直接转换为金属丝电阻的相对变化。电阻应变计就是利用金属丝的这种电阻应变效应制成的传感元件。

3. 应变计的工作特性

应变计工作性能的好坏直接影响应变测量的精确度，因此对应变计的性能提出了种种要求。常温应变计有如下工作特性。

(1) 应变计电阻

应变计电阻是指应变计未经安装，也不受外力时于室温下测得的电阻值。在允许通过

同样工作电流时，选用较大电阻的应变计可提高应变计的工作电压，使输出信号加大，测量精度提高。应变计的生产已趋向标准化，国产应变计的名义电阻值一般取 120 Ω，也有采用 350 Ω 的。制造厂对应变计逐个测量，并将阻值接近者分装成一包，注明每包应变计电阻的名义平均值及单个限值与平均值的最大偏差。

(2)灵敏系数

应变计安装在单向应力状态的试件表面，且其轴线与应力方向一致。则应变计电阻的相对变化 $\Delta R/R$ 与其轴向应变 ε 之比定义为应变计的灵敏系数，用 K 表示，即

$$K=\frac{\frac{\Delta R}{R}}{\varepsilon} \tag{4.26}$$

灵敏系数是使用应变计时的重要参数，它受到多种因素的影响，如敏感栅的材料、形式和尺寸，基底及粘结剂的种类，厚度，温度的变化等。其数值无法精确求得，制造厂家使用专门设备抽样标定，并在包装上注明平均名义值和标准误差。

(3)机械滞后

在温度不变的情况下，对安装好应变计的试件进行加载和卸载。在同一应变值下，比较加载和卸载时的两个指示应变，它们存在一定的差值。两个指示应变的最大差值，即为应变计的机械滞后量。机械滞后现象总是存在的，须在正式测位前对试件进行三次以上的加载和卸载循环，以减小机械滞后的影响。

(4)绝缘电阻

绝缘电阻是指应变计引出线与构件之间的电阻值，可由绝缘电阻测试仪测出。它是安装应变计的黏结剂的固化程度及是否受潮的标志。

(5)蠕变

应变计的蠕变现象是指当试件在恒定应变与恒定温度下，应变计的指示应变随时间的变化而稍有下降的现象。

(6)应变极限值

应变计的应变极限值是指应变计能测量的最大应变量。在特制的试件上，贴上应变计进行测定。试件受拉时，应变计的指示应变与试件实际应变的相对误差达到某规定值(10%)时，认为应变计失去正常工作能力，此实际应变值即为应变计的极限应变。

(7)横向效应系数

对于同一个单向应变值，将应变计垂直于此应变方向粘贴和沿着此应变方向粘贴所测得两个指示应变的比值(取百分数)，称为横向效应系数。横向效应系数用 H 表示，取值一般为百分之几。

(8)疲劳寿命

应变计的疲劳寿命是指应变计在一定幅值的交变应力下，能保证正常工作的循环次数。对于静态测量，此性能参数可不加考虑。

4.2.4　半导体应变片

1. 半导体应变片的特点

(1)灵敏度高,K 约为普通应变片的 50～80 倍。

(2)体积小,易于微小型化、易于集成化。

(3)精度高,工作可靠,寿命长。

(4)对温度敏感,非线性误差大。

2. 半导体应变片利用压阻效应工作

对半导体沿某一经向施加应力时,其电阻率会产生一定的变化,这种现象称为压阻效应。当半导体应变片承受应力时,其相对电阻率为

$$\frac{\Delta\rho}{\rho}=\pi\sigma \tag{4.27}$$

式中,σ 为应力;π 为压阻系数。

由 $\sigma=E\varepsilon$,则有

$$\frac{\Delta\rho}{\rho}=\pi E\varepsilon \tag{4.28}$$

由前面推导可知

$$\frac{\mathrm{d}R}{R}=(1+2\mu)\varepsilon+\frac{\mathrm{d}\rho}{\rho} \tag{4.29}$$

将式(4.28)代入式(4.29)得

$$\frac{\mathrm{d}R}{R}=\left(1+2\mu+\frac{\mathrm{d}\rho}{\rho\cdot\varepsilon}\right)\varepsilon=(1+2\mu+\pi E)\varepsilon \tag{4.30}$$

通常 πE 约是 $1+2\mu$ 的 50～80 倍,因此灵敏系数 $K=\pi E$ 远大于普通应变片。

半导体应变计的主要优点是灵敏系数大、横向效应和机械滞后很小,但半导体应变计也有缺点。首先,其灵敏系数仅在不大的应变范围内能够保持常数,而在此范围之外,拉、压应变下的灵敏系数显然不同。其次,温度稳定性差,灵敏系数随温度增高而减小。最后,半导体材料中杂质的存在使应变计之间灵敏系数有较大的分散性,并且半导体应变计的价格也比较贵。目前,半导体应变计主要用于测量小应变、动应变,以及用于某些灵敏度高、小型的传感器上。

4.2.5　测量电路

使用应变计测量应变时,必须采用适当的办法检测应变计阻值的微小变化。测量电路的作用就是将应变计的阻值变化转化为电压(或电流)信号,这种电信号是很微弱的,须用电子放大器放大,再由指示仪表或记录器进行显示和记录。

电阻应变测量一般采用桥式电路(也称为惠斯登电桥)。桥式电路根据其供电电源的类型可分为直流电桥和交流电桥两种。下面主要以直流电桥为例介绍桥式电路的工作原理,图 4.7 所示为直流电桥示意图。

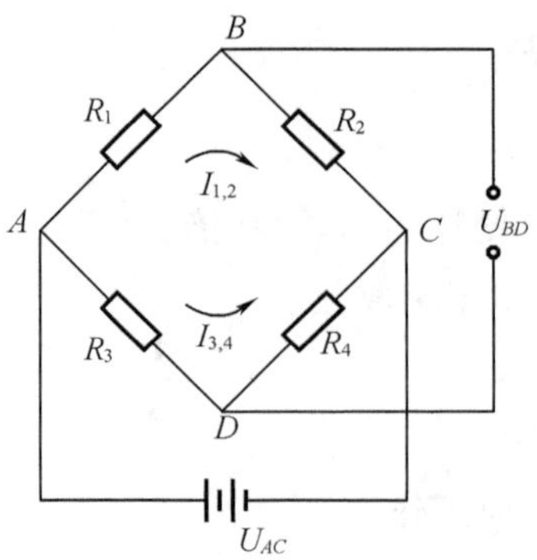

图 4.7 直流电桥示意图

设各桥臂电阻分别为 R_1, R_2, R_3, R_4，其中任一个桥臂电阻都可以是应变计电阻。电桥的 A、C 为输入端，现接直流电源，输入电压为 U_{AC}；电桥的 B、D 为输出端，输出电压为 U_{BD}。下面分析当 R_1, R_2, R_3, R_4 变化时，输出电压 U_{BD} 的大小。

从 ABC 半个电桥来看，AC 间的电压为 U_{AC}，流经 R_1 的电流为

$$I_1 = \frac{U_{AC}}{R_1 + R_2} \tag{4.31}$$

由此得出 R_1 两端的电压降为

$$U_{AB} = I_1 R_1 = \frac{R_1}{R_1 + R_2} U_{AC} \tag{4.32}$$

同理 R_3 两端的电压降为

$$U_{AD} = \frac{R_3}{R_3 + R_4} U_{AC} \tag{4.33}$$

故可得到电桥输出电压为

$$U_{BD} = U_{AB} - U_{AD} = \frac{R_1}{R_1 + R_2} U_{AC} - \frac{R_3}{R_3 + R_4} U_{AC} = U_{AC} \frac{R_1 R_4 - R_2 R_3}{(R_1 + R_2)(R_3 + R_4)} \tag{4.34}$$

由式(4.34)可知，当满足以下情况时

$$R_1 R_4 = R_2 R_3 \tag{4.35}$$

输出电压 U_{BD} 为零，这时称电桥平衡。

处于初始平衡状态的电桥，当各桥臂相应的电阻增量为 $\Delta R_1, \Delta R_2, \Delta R_3, \Delta R_4$ 时，则由式(4.35)得到电桥输出电压为

$$U_{BD} = U_{AC} \frac{(R_1 + \Delta R_1)(R_4 + \Delta R_4) - (R_2 + \Delta R_2)(R_3 + \Delta R_3)}{(R_1 + \Delta R_1 + R_2 + \Delta R_2)(R_3 + \Delta R_3 + R_4 + \Delta R_4)} \tag{4.36}$$

将式(4.35)代入式(4.36)，且由于 $\Delta R_i \ll R_i$ 可略去高阶微量，得到

$$U_{BD} = U_{AC} \frac{R_1 R_2}{(R_1 + R_2)^2} \left(\frac{\Delta R_1}{R_1} - \frac{\Delta R_2}{R_2} - \frac{\Delta R_3}{R_3} + \frac{\Delta R_4}{R_4} \right) \tag{4.37}$$

式(4.36)和式(4.37)分别为电桥输出电压的精确公式和近似公式。在实际使用时，需要使

用等臂电桥、卧式桥或立式桥。下面着重介绍使用最多的等臂电桥。

四个桥臂电阻值均相等的电桥称为等臂电桥。即 $R_1 = R_2 = R_3 = R_4 = R$，此时式(4.37)可写为

$$U_{BD} = \frac{U_{AC}}{4}\left(\frac{\Delta R_1}{R_1} - \frac{\Delta R_2}{R_2} - \frac{\Delta R_3}{R_3} + \frac{\Delta R_4}{R_4}\right) \tag{4.38}$$

如果四个桥臂电阻都是应变计，它们的灵敏系数 K 均相同，则将关系式$\frac{\Delta R}{R} = K\varepsilon$ 代入式(4.38)，便得到等臂电桥的输出电压为

$$U_{BD} = \frac{U_{AC}K}{4}(\varepsilon_1 - \varepsilon_2 - \varepsilon_3 + \varepsilon_4) \tag{4.39}$$

式中，$\varepsilon_1, \varepsilon_2, \varepsilon_3, \varepsilon_4$ 分别为 R_1, R_2, R_3, R_4所感受的应变。

如果只有桥臂 AB 为工作应变计，即仅 R_1有一增量 ΔR，感受应变 ε，则由式(4.38)和式(4.39)得到输出电压为

$$U_{BD} = \frac{U_{AC}}{4}\frac{\Delta R}{R} = \frac{U_{AC}}{4}K\varepsilon \tag{4.40}$$

式(4.40)表明，输出电压与应变呈线性关系，这是个近似公式。若按精确公式(4.36)，则可得到输出电压为

$$U_{BD} = \frac{U_{AC}}{4}\frac{\Delta R}{R}\left[\frac{1}{1 + \frac{1}{2}\frac{\Delta R}{R}}\right] \tag{4.41}$$

将式(4.41)与式(4.40)进行比较可知，在式(4.41)中增加了一个系数(括号内部分)，称为非线性系数。它越接近于1，说明电桥的非线性就越小。即按近似公式及精确公式计算得到的输出电压数值越接近。通常，应变计的灵敏系数 $K = 2$，若应变 $\varepsilon = 1\ 000\ \mu\varepsilon$，则由$\frac{\Delta R}{R} = K\varepsilon$可得，式(4.41)中该系数等于0.999，非常接近1。因此，在一般应变范围内，近似公式所计算的输出电压产生的误差是很小的，通常可忽略不计。

4.2.6　超动态电阻应变仪

动态应变测量需要采用超动态电阻应变仪。CS－1D 超动态应变仪，采用电子自动平衡技术，频带范围 0～1 MHz。该仪器既可以作为一般测量使用，也可作为冲击爆炸等特殊宽频测量使用，配接不同类型的应变片及应变片式传感器，可以实现应力、拉压力、速度、加速度、位移、扭矩等多种物理量的测量，CS－1D 超动态电阻应变仪实物图，如图 4.8 所示。

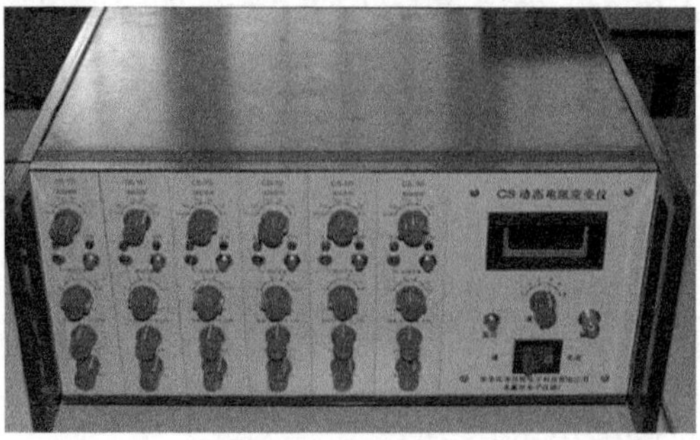

图 4.8 CS－1D 超动态电阻应变仪实物图

1. 技术指标

(1)通道数：8；

(2)桥路电阻适用范围：60～1 000 Ω；

(3)供桥电压：2 V、4 V、6 V；

(4)应变系数：$K=2.00$；

(5)平衡范围：电子自动平衡,平衡范围为桥路电阻的±1%(约 5 000 με),手动微调范围±100 με；

(6)平衡方式及时间：自动平衡,平衡时间约为 2 s,平衡保持时间约为 48 h；

(7)系统增益约 1 000 倍；

(8)校准值：±1 000 με、±2 000 με、±5 000 με、±10 000 με、±20 000 με,误差为±0.5%、±2 με；

(9)输出电压：±10 V；

(10)频带及低通滤波:20 KHz,200 KHz,1 MHz,其中 20 KHz 和 200 KHz 的截止点为－3 dB±1 dB,截止特性为－40 dB/10 倍频程,1 MHz 带宽处衰减不大于－3 dB。

2. 使用方法

(1)桥压选择。表 4.1 为桥压选择表,按该表选择相应桥压。

表 4.1 桥压选择表

桥压 (V)	桥路电阻/Ω			
	60	120	350	1 000
2	√	√	√	√
4	×	√	√	√
6	×	×	√	√

(2)桥路连接。桥盒是应变测量元件与动态应变仪连接的桥梁,桥盒内的 120 Ω 精密线绕电阻,作为辅助组桥。根据测试要求,在桥盒上画出了桥路的连接方式,按照画图连接即可完成组桥。

(3)应变片灵敏度系数的修正。仪器设计使用的应变片系数 $K=2$,若使用灵敏度系数为 K 的应变片,实际的应变值 ε 应为

$$\varepsilon=\frac{2}{K}\varepsilon_{c} \tag{4.42}$$

式中,ε_c 为测量的应变值。

(4)接通电源。所有测量通道桥路接好后,放大器增益开关置于"1"的位置。

(5)零点调平衡。将功能转换开关置于"测量"位置,按动自动平衡按钮,使放大器处于平衡状态,也可按电源上总复零按钮,平衡后的值由公用电源通道上的数字表指示。

(6)低通滤波器挡位的选择。为了滤除测量信号中不必要的频率分量,应将滤波器开关置于最高被测信号频率 5 ~ 10 倍的截止频率处。如需要测量频率大于 200 K 的信号时,应使用后面板标有 1 M 的 Q9 插座输出。

(7)量程选择。为了测量,被测信号有一个适合的输出幅度,可以使用放大通道前面板上方的增益量程开关来完成。为此,预测被测输出电压值或应变量是必要的。每个通道放大器的放大倍数约为 1 000 倍,若桥压为 2 V,单只应变片产生 1 $\mu\varepsilon$ 时,输出约为 1 mV 峰值电压,1 000 $\mu\varepsilon$ 产生约为 1 V 输出峰值电压。用户可以根据预计的应变产生值来放置增益开关位置,增益开关打在"1"时,增益约为 1 000 倍,增益开关打在"1/2"时,增益约为 500 倍,依此类推。

(8)校准值给定。校准(标准等效应变)通常在测量开始前进行,校准值应放置在预期的应变值附近。仪器给出正校和负校,无论是正校或负校,都应使系统连接起来,并进行一段时间记录。本装置允许在连续测量过程"随时校准",不会造成被测量信号与校准信号的叠加,这对于长时间被测应变片或传感器总处于负荷情况下的校准尤为方便。

(9)预热。仪器接通电源后即进入工作状态,为了保证稳定运行,电路应预热 10 ~ 15 min,对于小应变或长时间的测量,需要预热 30 ~ 60 min,预热完毕,即可进行测量。

4.3 SHPB 实验技术问题

SHPB 实验技术的用途很广,但是这项技术的推广应用也是有条件的。例如,为了准确地测定材料的应力 - 应变关系,一维假定和均匀化假定应尽可能满足。为了全面了解产生偏差的原因,我们将简要讨论以下几个问题。

4.3.1 弥散效应

在 SHPB 实验技术中,一切分析都是以一维应力波假定作为基础的。根据一维假定,任意一个应力脉冲都是以 C(仅与材料性质有关的常数)的速度在压杆中传播的。然而这一假定忽略了杆中质点的横向惯性运动,即忽略了杆的横向收缩或膨胀对动能的影响,因此这是一个近似假定。Pochhammer(1876 年)和 Chree(1889 年)曾经给出波在弹性杆中传播的解析解,Rayleigh(1894 年)也曾经用能量法得到了考虑横向惯性运动的近似解。他们从不同的角度得到了同样的结果,即

$$C = C_0\left[1 - \pi^2\mu^2\left(\frac{R}{\lambda}\right)^2 \cdots\right] \tag{4.43}$$

式中，μ 为弹性杆的泊松比；R 为弹性杆的半径；λ 为组成应力脉冲某个谐波的波长；C 为谐波传播速度。

式(4.43)表明，组成应力脉冲的各谐波是以各自的速度(相速)C 传播的，频率高(波长短)的传得慢，频率低(波长长)的传得快，因此任一应力脉冲在杆中传播将发生弥散，这就是由于杆中质点横向惯性运动所引起的弥散效应。用电阻应变片测得的应变波形中，波峰上叠加的高频振荡(又称 Pochhammer – Chree 振荡)就是波形弥散的结果。因此求得的应力 – 应变曲线中的上下振荡常常掩盖了材料本身的特性，造成了数据处理上的困难，有时还容易将曲线中的第一个振荡误认为是材料的上下屈服极限。目前，减小弥散效应的方法主要有两种。第一个方法是减少压杆的半径，要求半径 r 与应力脉冲宽度 λ 的比值尽可能小，这一点已在 SHPB 装置设计时予以考虑，因此波形在 SHPB 中的弥散可以忽略不计，可以使用应变片位置上测得的波形表示作用于试件上的载荷。第二个办法是数据处理时尽量选用透射波，以及在撞击端附上一层柔性介质(波形整形器)，经过试件的透射波形及经过柔性介质过滤的入射波形，其高频振荡均已大大减弱。

4.3.2 试件的惯性效应

SHPB 实验是在冲击载荷作用下进行的，试件的形变速率很高，因此作用在试件上的外力做功，除转化为试件的应变能外，尚有部分转化为试件的横向动能和纵向动能，这就是试件质点的运动所引起的惯性效应。在确定试件的应力时，必须扣除由此而附加的应力。

试件的惯性效应早就为人们所考虑，目前为人们所公认的是 Davies 和 Hunter(1963 年)提出来的修正公式，即

$$\sigma = \sigma_0 - \rho_s\left(\frac{1}{2}\mu_s r_s^2 - \frac{1}{6}l_0^2\right)\ddot{\varepsilon} \tag{4.44}$$

式中，σ_0 为实测的试件应力；ρ_s 为试件的密度；μ_s 为试件的泊松比；r_s 为试件的半径；l_0 为试件的长度。从式(4.44)中可导出无须考虑附加应力的试件的最佳长径比为

$$\frac{l_0}{r_s} = \frac{\sqrt{3}}{2} \tag{4.45}$$

二维数值计算的结果也证明了这一点，当$\dfrac{l_0}{r_s}$取 0.6 或者 1.2 时，附加应力可忽略不计，但当$\dfrac{l_0}{r_s}$取 2.4 时，附加应力就显得很重要了。

4.3.3 试件端面的摩擦效应

在应力脉冲的作用下，界面处压杆和试件的横向运动不同，由此产生的摩擦力破坏了试件的一维应力状态，此为界面的摩擦效应，摩擦效应对 SHPB 实验结果的影响是很大的。

试件的惯性效应及界面的摩擦效应所造成的应力 – 应变曲线偏差，很容易被人们误认为是应变率效应。

例如，当试件的长径比$\frac{l_0}{r_s}=0.6$(可忽略惯性效应)，界面上的摩擦系数$\zeta=0.15$时，实测的应力-应变曲线比真正的曲线约高出9%，摩擦系数值增加，偏差则更为显著。

精确地描述摩擦效应甚为困难，Klepezko 和 Malinewski (1978 年)在他人的工作基础上，提出了简便的修正公式，即

$$\sigma=\sigma_0\left(1-\frac{2\zeta r_s}{3l_0}\right) \tag{4.46}$$

式中，σ_0为实测的试件应力。

当式(4.46)中的$\frac{2\zeta r_s}{3l_0}\ll 1$时，摩擦效应可忽略不计。在 SHPB 实验中，试件的长径比$\frac{l_0}{r_s}\approx 1$，界面处又被给予充分的润滑($\zeta=0.02\sim 0.06$)，因此摩擦效应通常不予考虑。

4.3.4　波动效应

在 SHPB 实验中，应力波在试件内只需要经过两三个来回，即可使试件的应力状态均匀。由于脉冲的宽度远大于试件的厚度，因此在应力脉冲作用的大部分时间内，试件处于均匀状态。然而，在应力脉冲的最初阶段，试件内部的状态是不均匀的，此即试件的波动效应。为讨论试件均匀假定的有效性，Sharpe 和 Hoge 利用干涉应变计测量试件中点处的应变，并与计算值(采用均匀假定)进行比较。结果表明，当应变大于1%时，两者很一致，即均匀假定是有效的，但是当试件应变小于1%时，两者不一致，即均匀假定的效果是不好的。因此，利用 SHPB 实验技术得到的应力-应变曲线，其初始阶段是不可信的，据此所确定的动态弹性模量及动态屈服极限也是不可信的。为了避免由此而引起的误差，有些文献中仅提供进入了塑性后的数据。

4.3.5　二维效应

在 SHPB 实验中，试件的径向尺寸应尽量与压杆接近(面积匹配)，以保证一维假定的有效性。然而，在大多数情况下，无法保证面积的匹配。因此，由于试件半径减小，考虑面积失匹所引起的二维效应是必须的。Kinta(1953 年) 专门讨论了这个问题，其研究结果表明，当试件(与压杆为同种材料)直径仅为压杆的1/2时，采用一维特征线法算得的反射波峰还不到实测的1/2，其表现出明显的二维效应。

4.3.6　数据处理

按照杆中一维应力波传播的基本原理，若不考虑弥散效应，可以对波形进行平移，Ligshitz 和 Leber 详细地讨论了 SHPB 实验数据处理问题，采用快速傅里叶变换(FFT)算法，修正了不同频率的波形在杆中传播时的弥散，并提出了杆中弹性波波速的标定方法，即在不加试样的情况下，先测量入射杆和透射杆起跳点的时间差，然后结合两个应变片之间的距离标定杆中的弹性波波速；王礼立和王永刚提出只要杆的横向尺寸远小于波长，杆的横向动能便远小于动能，则杆中一维应力波的初等理论就能给出足够好的近似结果，否则必须考虑横

向惯性引起的波的几何弥散,并加以修正。

确定了起跳点,即将应变片的应变历史曲线平移到杆与试样的界面上,便可以计算得到试样两端的加载应力历史。在试样两端面满足应力平衡,符合均匀性假设的条件下,可以采用二波法或是三波法计算得到试样的应力和应变-时间曲线,这就是传统的SHPB实验数据处理方法。

目前,研究人员还发展了与数值模拟相结合的数据处理方法。例如,将试样两端的速度历史作为初始边值条件,并假设一个材料本构关系模型及其参数,利用数值模拟技术计算得到试样两端的应力历史,与实验结果相比较,通过改变本构参数,使得计算应力历史与实验曲线吻合,最终可以得到最佳的本构参数。在理论上,这种方法不再需要假设应力平衡的假定就可以得到试样的本构参数。

4.3.7 试样的设计原则

多数研究人员使用 Hopkinson 杆测试时,一般采用圆柱形、立方形或长方形试样,圆柱形试样在车床上更易于加工,试样的最大长径比的选择取决于所需要的最大应变率,以及能体现材料整体特性的尺寸要求,同时要满足实验技术的两个基本假设。

对于动态压缩实验,试样的直径一般为杆直径的80%左右,这样试样横向膨胀到其直径等于杆直径时,轴向真实应变可以达到30%。与传统的低应变率测试一样,SHPB实验试样的加工必须保证两个加载表面的光滑度,且平行度在0.01 mm的公差范围之内,加载的平面加工精度对达到应力均匀状态十分重要。

即使假定试样均匀变形,高应变率实验中质点加速引起的纵向和径向惯性也会影响应力-应变曲线的测量数据。Davies 和 hunter 分析了纵向和径向惯性引起的误差,并对此进行了修正。修正后应力 σ 为

$$\sigma(t)=\sigma_0(t)+\rho_s\left(\frac{l_0^2}{6}-\mu_s\frac{d_0^2}{8}\right)\frac{d^2\varepsilon(t)}{dt^2} \tag{4.47}$$

式中,σ_0 为测量应力;ρ_s 为试样的密度;μ_s 为试件泊松比;l_0 为试样的长度;d_0 为试样的直径,且 $1.5<\dfrac{l_0}{d_0}<2.0$。

由式(4.47)可以看出,要想使误差明显减小,要么使实验应变率保持不变,要么通过选择试样的尺寸使括号内的值为0。为达到这个目的,合适的试样尺寸为

$$\frac{l_0}{d_0}=\sqrt{\frac{3\mu_s}{4}} \tag{4.48}$$

当泊松比为0.33时,试样最适合的长径比为0.5,此时惯性效应引起的误差最小。Bertholf 和 karnes 进一步用详尽的二维有限差分和弹塑性有限元分析对这些结果进行了验证。与静载实验标准中规定的使摩擦引起的误差最小的长径比($1.5<\dfrac{l_0}{d_d}<2.0$)相比,这个长径比要小很多。为了减少试样与杆间的面积不匹配,SHPB实验中总应变一般局限在25%左右,所以长径比为0.5的试样不太可能导致严重的误差。美国金属协会(AMS)推荐

的长径比为 0.5 ~ 1.0。若要减小纵向、径向的惯性和端面的摩擦效应引起的误差，试样的尺寸设计要能使试样与杆的面积不匹配程度降到最低，并且保证长径比在 0.4 ~ 0.6 之间。

除了提高加载速度外，一般可以通过减小试样的尺寸来提高加载应变率。对于声速较高的材料，SHPB 实验技术在应变率在 $10^5\ s^{-1}$ 以下都是有效的。必须注意的是，由于横向惯性效应局限了应变率的提高，因此试样减小的范围是有限的，只有声速较高、均匀性较好的材料，如纳米晶体结构材料，才能达到如此高的应变率。对多晶金属与合金，其试样直径至少是微观结构单元尺寸的十倍以上。结构不均匀的材料，尤其是工程复合材料和岩石混凝土等大晶体材料，要得到高应变率下有效的应力 - 应变曲线，则需要根据具体情况设计试样的尺寸。

对于拉伸强度较小的材料，如陶瓷或者纤维增强复合材料，需要专门设计试样。陶瓷试样尺寸的公差，如两端面的平行度，端面与轴线的垂直度，以及表面的粗糙度严重影响着 SHPB 装置测得的应力 - 应变关系和破坏强度。陶瓷的弹性模量很高而破坏应变很小（ $<1\%$ ），两端面平行度的极小变化都会引起局部应力集中，从而导致试样在变形时发生断裂，应力均匀性假设不能成立。因此，必须打磨端面使之达到合适的表面粗糙度（ $\leqslant 1.6$ ）和两端面的平行度（ $\leqslant 0.02$ mm），以免试样提前破坏。此外，因为陶瓷材料对于裂纹非常的敏感，最好将所有的表面抛光，以减少加工表面瑕疵的影响。

4.4　冲击拉伸实验技术

4.4.1　冲击拉伸实验技术简介

相比 SHPB 测试技术而言，冲击拉伸实验技术的发展相对缓慢。在以前的实验技术中较少考虑冲击拉伸。首先，这主要是由于以前的实验涉及的工程材料大多是金属基合金，这类材料属韧性材料，其拉压特性基本对称，因此大多数情况下只进行冲击压缩实验；其次，进行冲击拉伸实验在技术上会遇到更大的困难，其中主要的困难就是如何产生理想的拉伸应力脉冲，以及试件如何连接。然而，随着复合材料等拉压性能明显不同的工程材料的大量应用，开发冲击实验装置也就变得越来越重要。

学者们在冲击拉伸实验技术方面做了很多研究，使得冲击拉伸实验装置得到了很大的发展，出现了多种实验装置，它们主要可以分为三大类：块 - 杆型冲击拉伸实验装置、杆 - 杆型冲击拉伸实验装置、反射式冲击拉伸实验装置。无论是哪种冲击拉伸实验装置，它们的原理都是基于 HPB 原理实现的。

4.4.2　块 - 杆型冲击拉伸实验装置

块 - 杆型冲击拉伸实验装置主要有两种形式。一种形式是 Harding 等人在 1960 年设计的圆筒落锤式块 - 杆型冲击拉伸实验装置，如图 4.9 所示。它是利用拉杆外面的套管来传播套管子弹所产生的压缩波，并通过连接点将其转换为输入拉杆中的拉伸波。这套装置不仅需要配备驱动套管子弹的大口径压气枪，而且套管及拉杆的对心难度大，产生的拉伸波形不好,因此推广起来有一定的难度。另一种是双片锤头式的实验装置,主要有旋转盘式冲击拉伸实验装置和摆锤式块-杆型冲击拉伸实验装置,如图 4.10 所示。图 4.11 为旋转盘式及摆锤式块-杆型冲击拉伸实验装置原理图。其中,摆锤式实验机施加在试件上的应变率太低,而旋转盘式实验机虽可达到比较高的应变率,但它的结构复杂、造价高,不适合推广,而且存在可能导致试件应力-应变曲线的非本构抖动,以及难以获得准确的应变率-时间曲线等缺点。

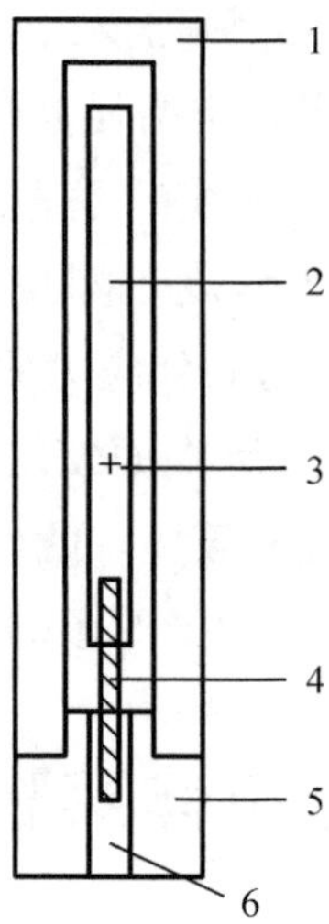

1—圆筒状杆;2—透射杆;3—应变片;4—试件;5—连接块;6—底部夹具。

图 4.9　圆筒落锤式块-杆型冲击拉伸实验装置

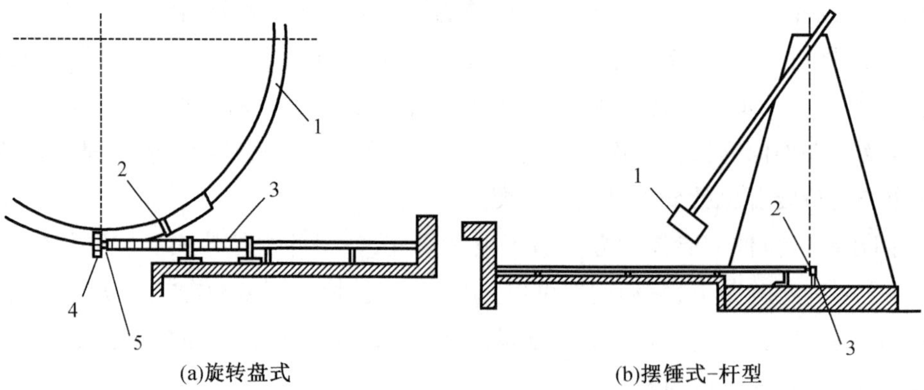

1—圆盘;2—锤头;3—连接管;4—撞块;5—试件。1—锤头;2—试件;3—撞块。

图 4.10　旋转圆盘及摆锤式冲击拉伸实验装置

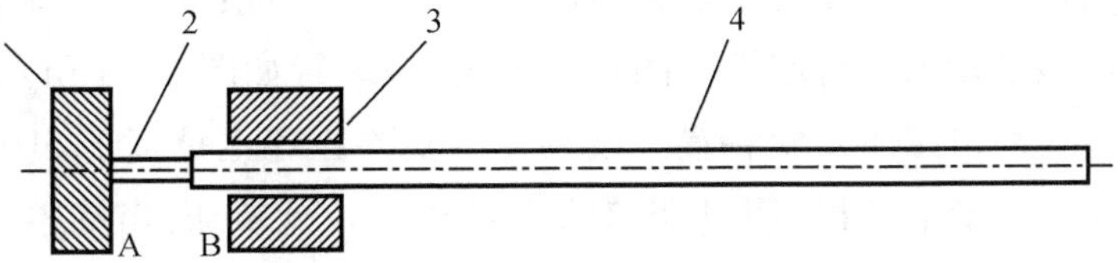

1—撞块；2—试件；3—锤头；4—输出杆。

图 4.11　旋转盘式及摆锤式块 - 杆型冲击拉伸实验装置原理图

4.4.3　杆 - 杆型冲击拉伸实验装置

杆 - 杆型冲击拉伸实验装置主要有直接式杆 - 杆型冲击拉伸实验装置和间接式杆 - 杆型冲击拉伸实验装置。

1. 直接式杆 - 杆型冲击拉伸实验装置

直接式杆 - 杆型冲击拉伸实验装置，如图 4.12 所示，该装置中撞块与入射杆相连接。

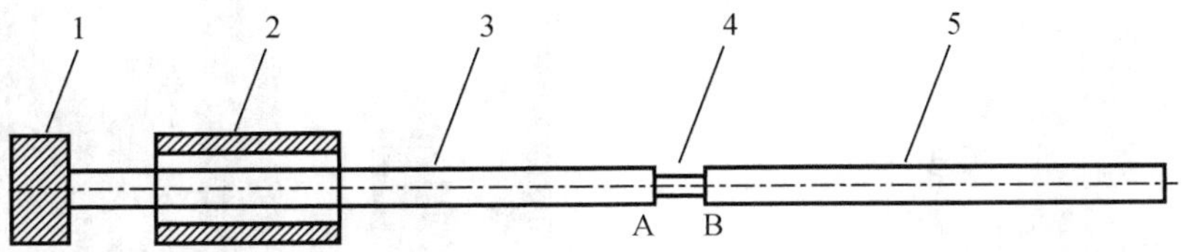

1—撞块；2—子弹；3—输入杆；4—试件；5—输出杆。

图 4.12　直接式杆 - 杆型冲击拉伸实验装置

2. 间接式杆 - 杆型冲击拉伸实验装置

间接式杆 - 杆型冲击拉伸实验装置，如图 4.13 所示，该装置的特点是撞块与入射杆之间连有弹塑性短杆，这种方式是目前采用较多的方式之一，主要有摆锤式、旋转圆盘式和气枪式三种。

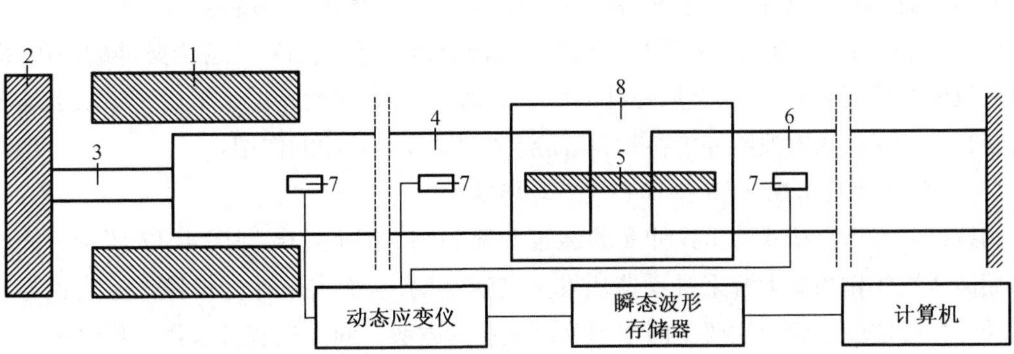

1—锤头；2—撞块；3—金属短杆；4—入射杆；5—试件；6—透射杆；7—应变片；8—环境箱。

图 4.13　间接式杆 - 杆型冲击拉伸实验装置

这三种冲击拉伸实验装置的基本原理都是相同的，不同之处在于锤头的加载方式。摆锤式冲击拉伸实验装置采用目前常用的加载方式，该装置如图 4.14 所示。图 4.15 是间接杆－杆型旋转盘式冲击拉伸实验装置。该装置的实验原理也是基于 SHPB 装置原理，利用 30 kW 的四级交流异步电动机，通过变速箱来带动旋转盘转动，当旋转盘到达一定的速度后，通过控制器来释放摆锤，这样摆锤就以一定的速度来打击撞块，也就是图 4.13 中 1 获得了一定的速度去撞击 2，由于锤头的能量很大，使得撞块有足够的能量拉断金属短杆（该金属短杆是由近似理想弹塑性和应变率无关的 LY12cz 铝合金制成），从而在入射杆的前端产生了一个拉伸应力波，该拉伸波经过入射杆在试件的端部发生透射和反射，并通过在入射杆和透射杆上粘贴的应变片来测量入射波信号、反射波信号和透射波信号。这些信号经过超动态电阻应变仪放大后传输到示波器中，并将采集的数据进行存储，利用计算机对所采集的数据进行处理。

图 4.14　摆锤式冲击拉伸实验装置图

图 4.15　间接杆－杆型旋转盘式冲击拉伸实验装置

间接杆－杆型旋转盘式冲击拉伸实验装置的优点如下。

（1）该装置可以通过调整旋转圆盘的速度和前置金属短杆的直径来改变应力脉冲的宽度和高度。当采用相同直径的金属短杆时，旋转圆盘的速度越大，应力脉冲的宽度越窄。同时，当旋转圆盘的速度相同时，金属短杆的直径越大，应力脉冲的高度越高。

（2）入射杆前端的金属短杆采用 LY12cz 铝合金，它不但具有产生应力脉冲的作用，而且当撞块拉伸金属短杆时，由于金属短杆的塑性流动，在很大程度上滤去了由于撞块前端自由面的存在而造成的入射波脉冲的抖动，从而起到过滤应力脉冲的作用。

（3）试件远离打击端，便于操作和进行环境实验。

间接杆－杆型气枪式冲击拉伸实验装置和原理图，如图 4.16 和图 4.17 所示。该装置是采用高压气体作为动力源来推动撞块发生高速运动，从而实现冲击拉伸。该装置与旋转盘式冲击拉伸实验装置的主要不同在于驱动撞块的方法不同。该装置采用高压气体作为动力源，而旋转盘式采用机械式驱动方式。该实验装置主要由气体控制系统，应力脉冲产生系统，应力脉冲测量、记录和分析系统三部分组成，其设计重点在于气室的设计，它的设计十分巧妙,通过高、低压气体的进气、排气来推动气室内部活塞的往复运动,实现高压气体的快速释放功能,由于高压气体的迅速释放,使得枪管中的弹丸获得较高的加速度,从而使其快速撞击系统前端的撞块,使入射杆前端的金属短杆瞬时拉断,产生一个一定幅值和宽度的拉伸方波脉冲以实现对试件的冲击拉伸。

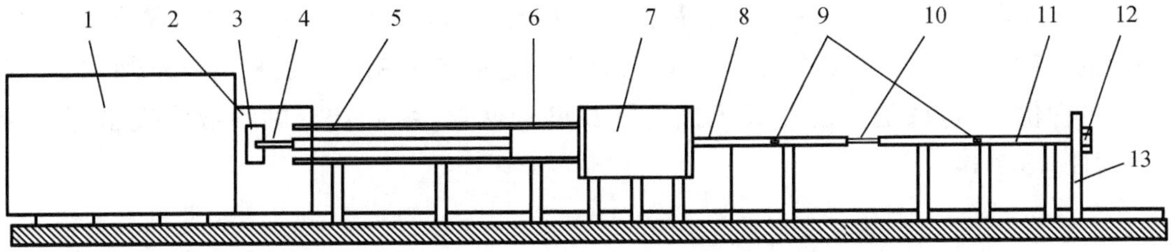

1—缓冲箱;2—保护罩;3—撞块;4—短杆;5—枪管;6—弹丸;7—气室;
8—输入杆;9—应变片;10—试件;11—输出杆;12—定位螺母;13—支座。

图 4.16　间接杆 - 杆型气枪式冲击拉伸实验装置图

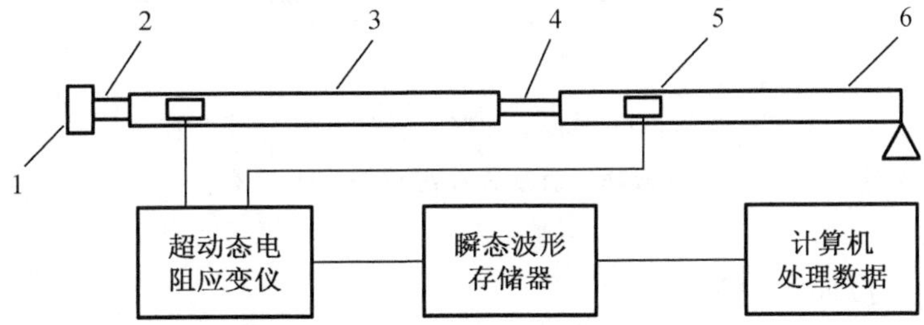

1—撞块;2—金属短杆;3—输入杆;4—试件;5—应变片;6—输出杆。

图 4.17　间接杆 - 杆型气枪式冲击拉伸实验装置原理图

间接杆 - 杆型气枪式冲击拉伸实验装置的优点如下。

(1)它采用气动加载活塞式结构,弹丸的速度容易控制,操作方便。

(2)采用前置金属杆进行滤波。

(3)该实验装置可获得的应变率范围是 $10^2 \sim 10^3\ s^{-1}$。

4.4.4　反射式冲击拉伸实验装置

1. 透射杆反射式冲击拉伸实验装置

反射式冲击拉伸实验装置图,如图 4.18 所示。由图可知,套在试件外面的是一个承压环,它的横截面积比试件实验段的面积大得多,因此它可以承受较大部分的压缩应力脉冲。承压环可以保证试件不被压坏,但它又不能承受拉伸脉冲,因此拉伸脉冲可全部作用于试件的实验段。当压缩脉冲在入射杆的自由端反射后,即成了拉伸脉冲,它将作为入射波作用到被拉伸试件上。试件在该拉伸应力脉冲的作用下迅速变形,在入射杆和透射杆中产生了入射波、反射波和透射波，然后再利用数据采集系统记录数据，这样就可以得到冲击拉伸的应力－应变曲线。它的优点在于设计思想新颖，设备改造简单方便，易于推广；它的缺点在于有承压环干扰对入射波、反射波和透射波的影响，且为避免试件受到压缩波的影响，要对承压环施加一定的预压力，所以试件只能通过螺纹与杆相连接，螺纹的间隙，以及试件与拉杆螺纹底部的间隙必然会产生干扰信号，它们有可能叠加在数据采集系统所采集的波形中，这将会影响到实验结果的准确性。胡时胜等人通过选择合适的杆长和合适的贴片位置来保证所测得的入射波、反射波和透射波能够避免干扰对它们的影响。透射杆的长度须大于入射杆长度的两倍，入射杆的长度须大于撞击杆长度的两倍，由此选择的参数为撞击杆∶入射杆∶透射杆＝3∶7∶14。

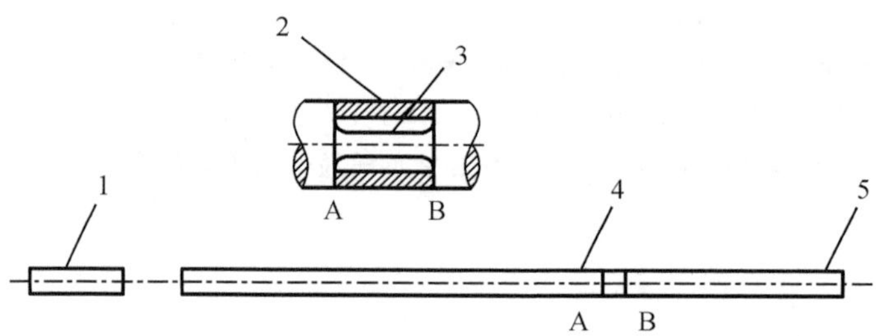

1—撞击杆；2—垫套；3—试件；4—透射杆；5—入射杆。

图 4.18　反射式冲击拉伸实验装置

2. 释放式冲击拉伸实验装置

Staab 于 1991 年研制的释放式冲击拉伸实验装置，如图 4.19 所示。在入射杆中间安装一套夹具，夹紧拉杆，再预拉该拉杆的一端，随后突然松开夹具，使储存在入射杆前半段的巨大的拉伸能量瞬间被释放，从而产生一个拉伸波。该实验装置的优点是可以产生较好的拉伸波，缺点是该实验装置对夹具的要求较高，而且入射脉冲的高度最多只能达到 $\sigma_s/2$（σ_s 为入射杆的屈服应力），应变率的变化范围受到一定的局限。另外，入射脉冲的上升沿与夹具的释放时间有关。

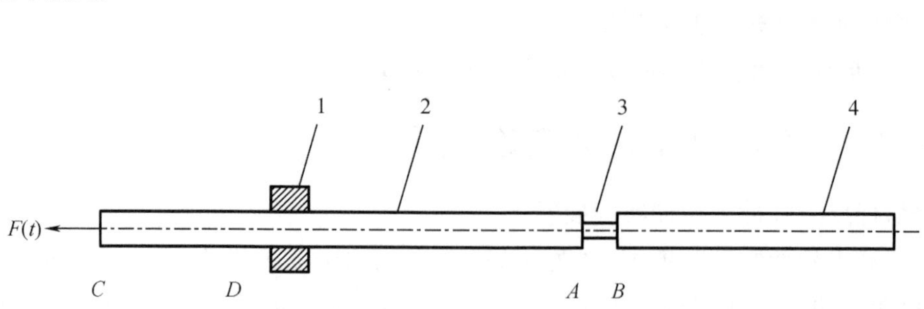

1—夹具；2—入射杆；3—试件；4—透射杆。

图 4.19　释放式冲击拉伸实验装置图

4.5 双气室冲击拉伸实验装置

4.5.1 冲击拉伸实验装置设计的基本要求

尽管冲击拉伸实验装置有很多,但是它们的原理基本相同,大多是基于一维应力波原理,所设计的装置能够按要求调整入射应力脉冲波形,并能够测得材料完好的动态应力－应变曲线。

4.5.2 双气室冲击拉伸实验装置的设计

双气室冲击拉伸实验装置原理如图 4.20 所示,其装置如图 4.21 所示。该装置采用压缩空气为动力源,一对对称放置的压气枪来实现气体的快速释放通过,当气体快速释放后,会推动一个环形子弹沿着套管向前快速运动,子弹飞出套筒后会遇到一个相同直径的挡块,挡块通过一金属圆柱杆与入射杆相连。当子弹撞击挡块时会将金属短杆拉断,从而产生一个拉伸波,同时子弹与挡块将会一同飞入吸收装置中,在吸收装置中填满缓冲物,来接收高速运动的子弹。拉断金属短杆所产生的拉伸波将会沿着入射杆传播,传播到试件后,一部分反射回入射杆中形成反射波,一部分拉断试件并传入透射杆中形成透射波。在入射杆和透射杆中传播的入射波、反射波和透射波是通过在粘贴入射杆和透射杆上的应变片测得的,应变信号通过超动态电阻应变仪进行放大,然后经由数据采集设备将应变片的信号传入计算机中并显示。

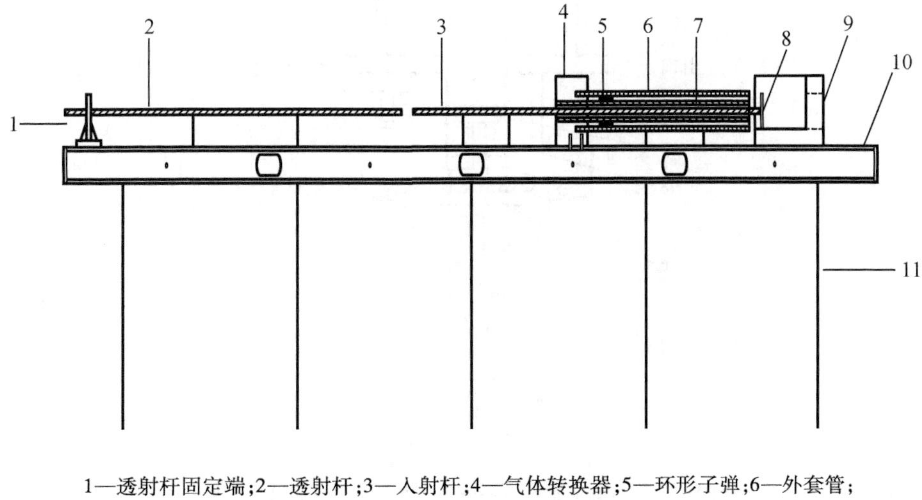

1—透射杆固定端;2—透射杆;3—入射杆;4—气体转换器;5—环形子弹;6—外套管;

7—内套管;8—挡块;9—吸收装置;10—底座;11—支座。

图 4.20 双气室冲击拉伸实验装置原理图

图 4.21 双气室冲击拉伸实验装置图

下面详细介绍一下整个冲击拉伸实验装置的各个组成部分。

1. 动力源

该实验装置采用压缩空气作为动力源，压缩空气需要通过减压阀输出，然后到达控制台，减压阀可以把高压气体减压，然后能够保持稳定的输出压力。减压阀工作原理如图 4.22 所示。

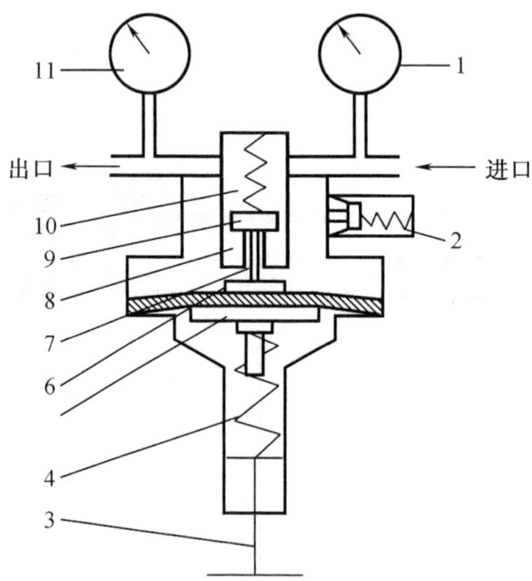

1—高压表；2—释放阀；3—压力调节螺丝；4—压缩弹簧；5—弹簧板；6—隔膜；7—调节阀顶杆；
8—调节阀底座；9—调节阀；10—调节阀弹簧；11—低压表。

图 4.22 减压阀工作原理图

当减压阀上的压力调节螺丝 3 完全松时，打开气瓶，顺时针转动压力调节螺丝 3、压缩弹簧 4、弹簧板 5、隔膜 6、调节阀顶杆 7，使调节阀 9 离开调节阀座 8 形成节流间隙，气体进入低压室扩散减压，高压表 1 指示进口压力，低压表 11 指示出口压力。当在工作中需要调节工作压力时，只需要调节压力调节螺丝 3 来改变压缩弹簧 4 所产生的力，使隔膜 6 下面与之平衡的气体压力发生改变来达到所需要的工作压力。压缩空气的价格低廉，使用起来也很方便。

2. 控制台

控制台可以控制向压气枪中输入压缩空气压力的大小、调节压气枪内气体压力，以及控制压气枪内的气体快速释放等。控制台示意图如图 4.23 所示。

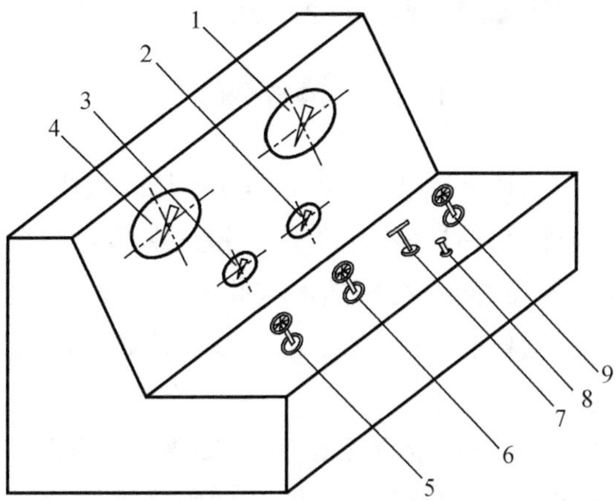

1—测量表Ⅰ；2—气源压力表；3—低压表；4—测量表Ⅱ；5—测量表阀；6—充气阀；7—减压阀；8—放炮阀；9—调压阀。

图 4.23　控制台示意图

测量表Ⅰ和测量表Ⅱ分别是高压表和低压表，可以根据不同的测量范围进行选择，减压阀可以使压缩空气以恒定的压力输入、输出。充气阀则可以控制是否向压气枪气室充气，当一切准备完成之后就可以开启放炮阀 8 进行冲击实验了。

3. 压气枪

压气枪是整个实验装置的气体快速释放阀，它的主要功能是将其气室内的高压气体快速释放，同时可以测量气室内的高压气体的压力值。在压气枪的内部主要包括主气室、辅气室和活塞，活塞利用主、辅气室的压力差来实现高压气体的快速充装与释放。

4. 气体转换器

当高压气体通过压气枪快速释放的时候，气体要经过气体转换器将高压气体转换成圆环状气体输出，从而使高压气体能够推动环形子弹向前运动，它的设计是整个实验装置的核心。气体转换器如图 4.24 所示。由图可知，压气枪对称地安装在气体转换器上，当压气枪快速释放高压气体时，高压气体通过转换器后，会形成环形高压快速释放气体，高压气体会推动套管中的环形子弹向前做加速运动。在转换器设计时采用对称布置双压气枪，从而使高压气体能够对称地快速输出，增大高压气体的推动力，同时采用对称设计可以减小高压气体对转换器的冲击而产生横向振动。

图 4.24 气体转换器

气体转换器上的套管设计制造要求很高，特别是在同轴度、内外表面强度、直线度及光滑度等方面。所以，在制造内外套管时采用用于制造液压装置油缸的 45#钢，并进行调质和镀铬处理，增加套管的强度和寿命，同时在制造时要保证实验装置的密封性能，例如在压气枪的接口处、套管与转换器的接触处等均增加了密封圈以达到实验装置的密封要求。

5. 子弹

子弹的材质是铸铁材料，子弹形状示意图如图 4. 25 所示。环形子弹的内径为 40 mm，外径为 90 mm。为使圆环在套管中顺利滑动，在圆环的周向均做了倒角处理，并且在制造时将子弹与套管配做，保证子弹既可以在套管中自由滑动，又能减少气体的泄漏，使子弹获得较高的速度。

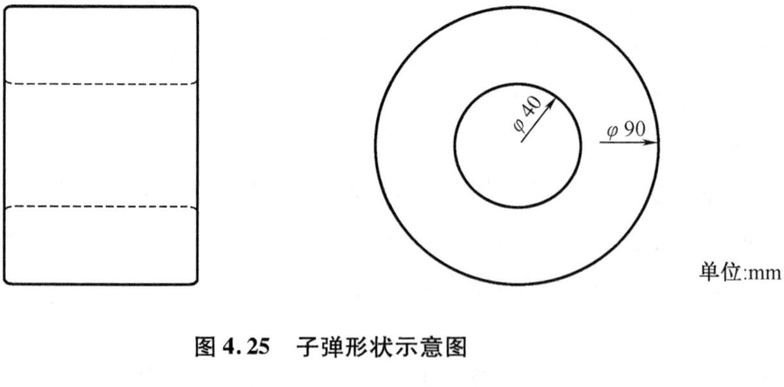

图 4.25 子弹形状示意图

6. 挡块

挡块的主要功能是接住快速运动的子弹，并将能量传递给入射杆前端的金属短杆，金属短杆由于无法承受高速的冲击能量，将被快速拉断，因而产生一个拉伸应力脉冲。前端的挡块主要分为以下几部分：连接杆、金属短杆、连接套等。挡块连接示意图如图 4. 26 所示。

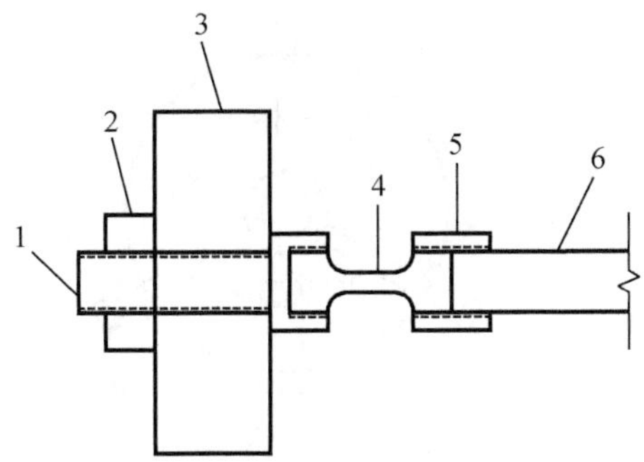

1—连接杆;2—螺母;3—圆环挡块;4—金属短杆;5—连接套;6—入射杆。

图 4.26　挡块连接示意图

(1)连接杆

连接杆的作用主要是用来固定圆环挡块和连接金属短杆,连接杆的直径为 16 mm,与透射杆的直径相同,连接杆在制造的过程中采用的是 45# 钢,并经过了热处理,同样对螺母也进行了热处理,来提高它的工作强度,延长使用寿命。

(2)圆环挡块

圆环挡块的主要作用是承受环形子弹的撞击,为了减小子弹在撞击过程中的损伤,圆环挡块采用硬铝材料,且最外圈直径与子弹的直径相同。

(3)金属短杆

金属短杆的材质是 LY12cz 铝合金,它是一种近似理想的弹塑性材料和应变率无关材料,利用该材料的这种性质,在快速拉断时所产生的波形应力就可以近似地估算出来。当材料在拉断的过程中,由于金属短杆的塑性流动,可以在很大程度上滤去由子弹撞击挡块时所产生的入射波脉冲的抖动,这样使入射脉冲比较平稳,可以起到一定滤波作用。所以在目前的冲击拉伸实验中大多使用这种材料制造入射杆前端的金属短杆。

(4)连接套

连接套的作用是将金属短杆与入射杆连接起来,将金属短杆拉断时所产生的脉冲传递到入射杆中。

7. 入射杆、透射杆

入射杆和透射杆均采用直径为 16 mm 的细长杆,入射杆长 3 m,透射杆长 2.8 m。为了保证杆在受到冲击时仍能保持弹性状态,所以细长杆在加工过程中均经过调制以提高杆的力学性能。它们的作用主要是传输应力波,即入射波、反射波和透射波。实验时,在靠近试件的一侧入射杆的会加装一个阻尼装置,这样可以防止在实验过程中,子弹拉断金属短杆时,入射杆会向前冲。

8. 支架

支架的主要作用是支撑、调节入射杆和透射杆的装置,其示意图如图 4.27 所示,入射杆、透射杆穿过内环,通过调节外环上的定位螺杆可以对入射杆和透射杆的直线度进行调节。

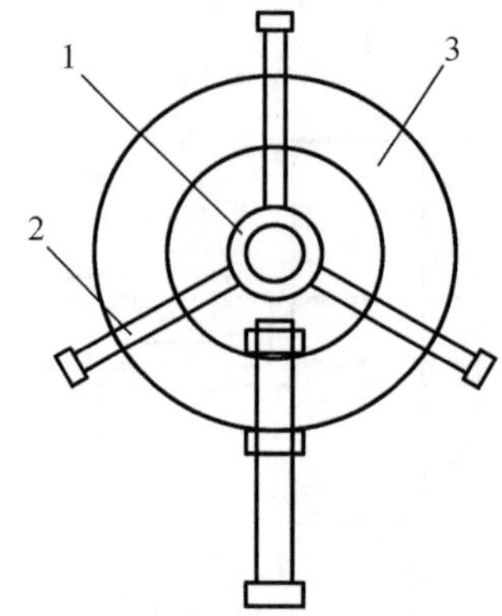

1—内环;2—外环;3—定位螺母。

图 4.27 支架示意图

9. 固定端装置

固定端装置图如图 4.28 所示,它的主要功能是固定透射杆,在透射杆的末端有螺纹,在固定端两边均用螺母将透射杆固定在固定装置上。同时,为了减小固定端的应力集中作用,在设计时专门使用了铝制环形垫片来减小测试时的集中应力。

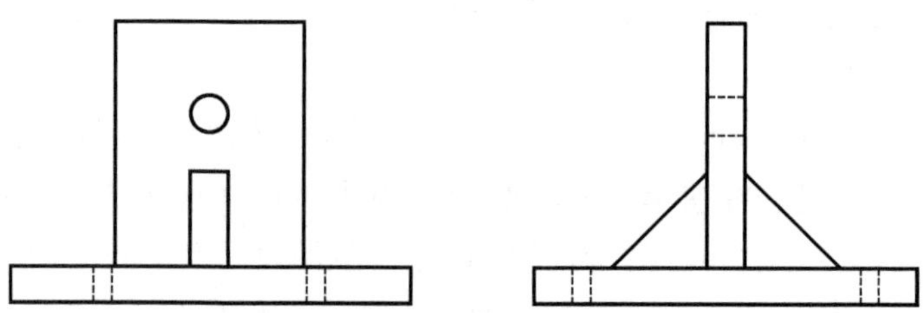

图 4.28 固定端装置图

10. 试件的连接

对于冲击拉伸实验,试件的连接方式主要有两种:一种是采用螺纹连接;一种是采用胶粘。当采用螺纹连接时,如图 4.29 所示。由于螺纹与入射杆、透射杆的连接处存在间隙和公差,实验过程中会导致应变值出现偏差,因此目前大多采用胶粘的方式,胶粘的方式使用最多的是 Harding 所使用的哑铃形试件连接方式,如图 4.30 所示,试件厚度方向呈现哑铃形,试件与杆之间采用高强度耐冲击胶粘贴,这种连接方式容易获得较好的实验结果。

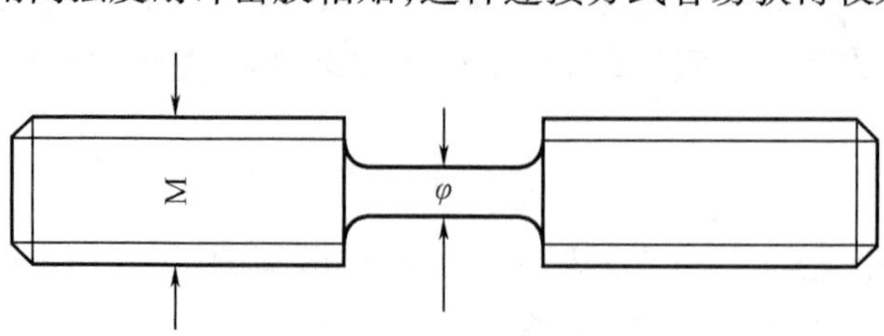

图 4.29 螺纹连接

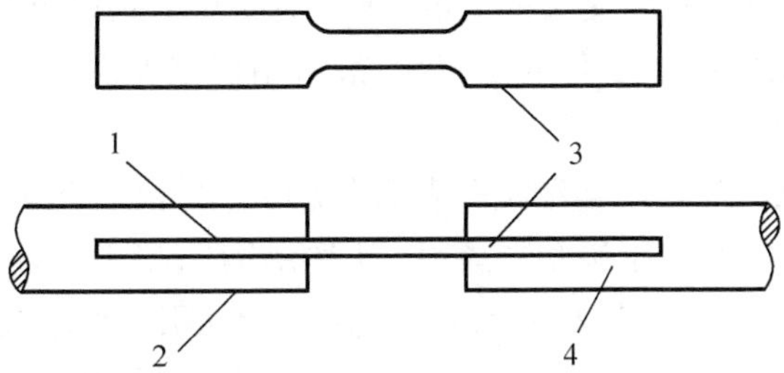

1—耐冲击胶层;2—输入杆;3—试件;4—输出杆。

图 4.30　哑铃形试件连接

11. 吸收装置

高速运动的子弹在拉断实验装置前端的金属短杆后,会继续向前运动,这时就需要一个吸收装置将高速运动的子弹和挡块接收住,因此设计了一个缓冲箱,放在一个专门的滑轨上。在缓冲箱内装有缓冲弹簧和大量的缓冲物,这样当子弹飞入缓冲箱内时,可以吸收子弹的能量。同时,由于缓冲箱的质量很大,它在滑道上的滑行距离有限,实验中发现它可以很好的接收子弹和挡块。

12. 支撑系统

实验装置的支撑系统目前采用较为常用的燕尾槽结构,并留有安装孔,这样比较方便在实验装置的任意部位加装实验附件。在支撑系统的底部装有可升降的地脚和滚轮,可以较方便地调整实验装置的位置。

4.5.3　信号采集、测试系统

在冲击拉伸实验设备中,最主要的测试工作就是测量入射杆和透射杆中的入射波 ε_i、反射波 ε_r 和透射波 ε_t,通过在入射杆和透射杆上粘贴电阻应变片的方法来测量上述三种波。

1. 电阻应变片

在冲击实验中,测量入射杆和透射杆中的应变使用铂式应变片,铂式应变片受温度的影响小,测量范围大,频率响应快,机械滞后小,例如铂式应变片的响应时间为 10^{-7} s,而且应变片的尺寸小,便于粘贴和接线,所以它适于测量冲击下的动态响应。

2. 应变片的粘贴

应变片的粘贴在实验测试中非常重要,如果粘贴的位置不当,容易使测量的数据失真或丢失。

(1)检查、分选应变片

要对应变片的外观进行检查并测量阻值。检查应变片的敏感栅有无锈斑、基底有无破损、引出线是否牢固等。

(2)杆表面清理

选择正确的贴片位置,使应变片能够真实地反映杆上的应变情况。应变片的粘贴原则是应变片能够将不同的波形分离出来,避免波形的叠加和干扰,所以在确定入射杆上的贴片的位置时应该特别注意。

选择好正确的应变片粘贴位置后,将杆表面粘贴应变片位置的油污、锈斑等清除干净,然后用细砂纸在杆的表面打磨出交叉的细纹，增强应变片的粘贴摩擦力，再用丙酮浸过的脱脂棉擦洗，并用画针画出粘贴应变片的定位线，最后用棉球擦洗干净。

(3)粘贴应变片的方法

粘贴应变片时，先在应变片底面和粘贴表面上各涂一层薄而均匀的胶，再用镊子将应变片放在杆的定位线上，调整好后盖上氟塑料薄膜，用手指滚压，挤出多余的胶排空气泡，使应变片与杆完全贴合，适当的时间后，由应变片无引出线端开始向引出线端接掉薄膜。

在应变片粘贴时，采用双应变片粘贴法。在杆的同一截面的对称位置上粘贴应变片，并将两个应变片接入对称电桥中，主要是消除杆由于自重或冲击等过程中受到的干扰力产生弯曲的误差，同时可以增大应变片的输出阻值。

(4)信号采集

应变片需要接入超动态电阻应变仪，其采样率通常为 1 M，在冲击拉伸实验中，放大的应变信号可以使用示波器或者数据采集卡采集和存储。

4.6 双气室冲击拉伸实验装置的验证

4.6.1 2A12T4 铝合金试件冲击拉伸实验

目前，冲击拉伸实验装置多使用 2A12T4 铝合金试件进行冲击拉伸实验来验证装置的可靠性。本节采用哑铃型 2A12T4 铝合金试件进行冲击拉伸实验来验证装置的可靠性。铝合金试件及试件断口，如图 4.31 所示。

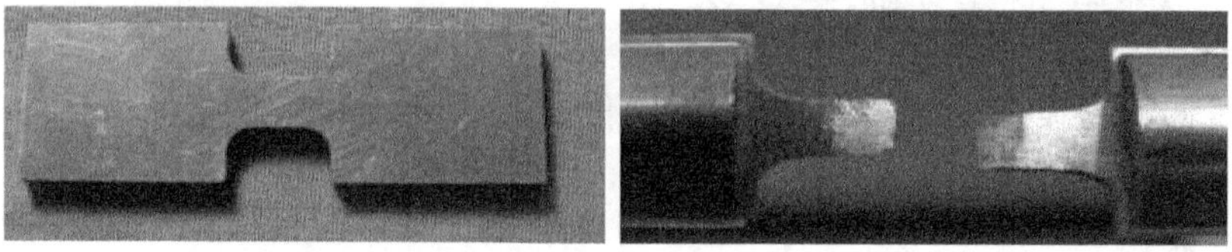

(a) (b)

(a)铝合金试件；(b)铝合金试件断口

图 4.31 铝合金试件及试件断口图

在实验时，气枪内的压强为 0.6 MPa，时间间隔仪测得子弹通过时间为 3.4 ms，平行光管的距离是 50 mm，因此子弹的速度为 14.71 $m \cdot s^{-1}$。试件被拉断，其断口图如图 4.31 所示。

实验测试得到的入射波、反射波和透射波波形曲线如图 4.32 所示，其中电压和应变关系为 1 V 对应 480 $\mu\varepsilon$。将得到的波形数据代入公式(4.17)计算即可得到材料在测试过程中的应变率－时间曲线，如图 4.33 所示，动态应力－应变曲线，如图 4.34 所示。由图 4.33 可知，本次实验应变率为 1 300 s^{-1}，由图 4.34 可知，材料的屈服极限约为 450 MPa，此结果与其他文献做的 2A12T4 在应变率为 1 300 s^{-1}时所得到的结果一致。因此，本节设计的实验测试系统是可靠的。

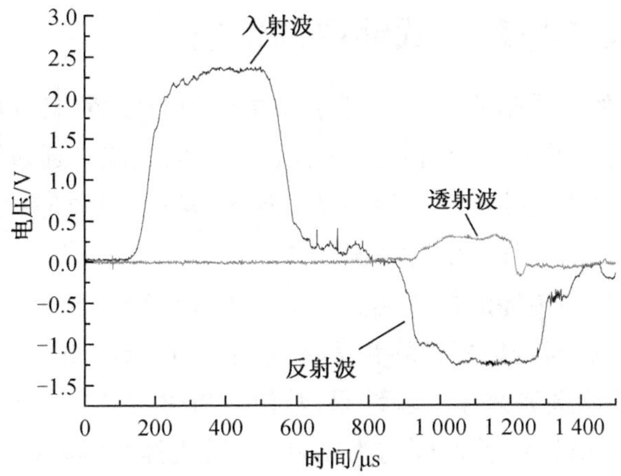

图 4.32　实验测试得到的入射波、反射波、透射波波形曲线图

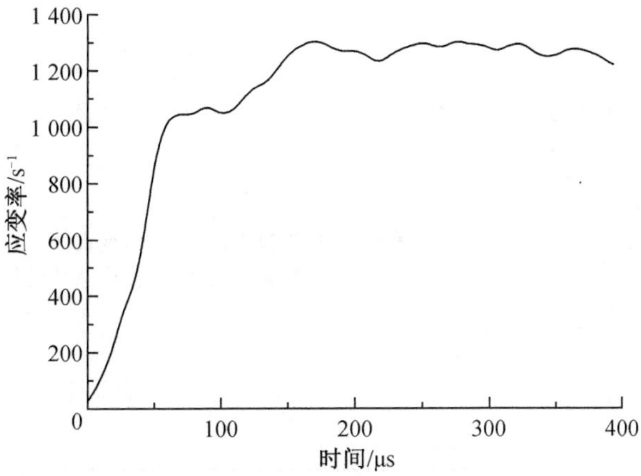

图 4.33　应变率 - 时间曲线图

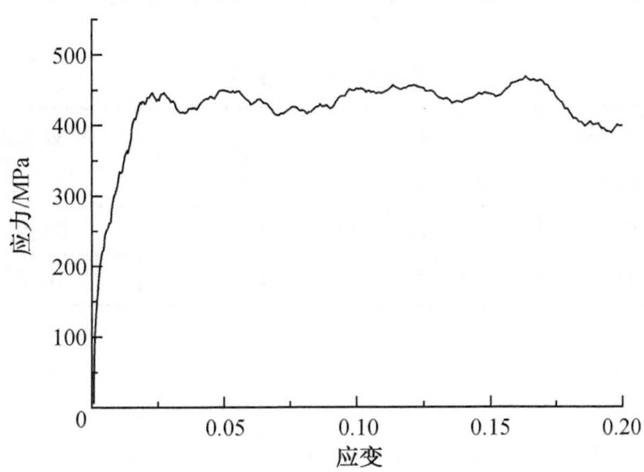

图 4.34　动态应力 - 应变曲线图

4.6.2 应力波在杆系和试件中的传播

由于冲击拉伸实验的本质是应力波在杆系与试件中的传播,且这种现象在实验过程中无法直接观察,而数值分析的方法恰恰可以弥补这方面的缺陷。通过数值分析的方法可以观察到应力波在设备杆系中的传播及试件的受力情况,从而验证杆系与试件设计的合理性,并可以观察在应力波作用下试件的响应情况。

应力波在杆系和试件中传播的数值模实验拟采用 ANSYS/LS－DYNA 软件,数值模型与实际模型尺寸相同,入射杆与透射杆长均为 2 m,直径为 16 mm,试件尺寸与 4.6.1 节一致,2A12T4 试件的应力－应变关系采用实验结果,数值分析时将其简化成双线性各向同性硬化模型,如图 4.35 所示,入射杆和透射杆均为钢杆,采用线弹性模型,两种材料参数如表 4.2 所示。由于杆系是对称结构,因此对四分之一模型的网格划分进行分析即可,如图 4.36 所示。

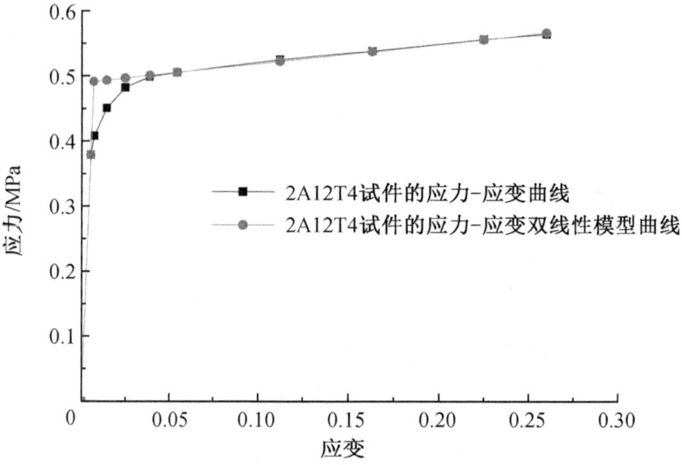

图 4.35 2A12T4 试件的应力－应变曲线与双线性模型曲线对比图

表 4.2 材料参数

材料	弹性模量(GPa)	密度($kg \cdot m^{-3}$)	泊松比	屈服强度(GPa)	切线模量(GPa)
铝合金	70	2 700	0.32	0.49	0.296 82
杆系	210	7 850	0.28	0.8	-

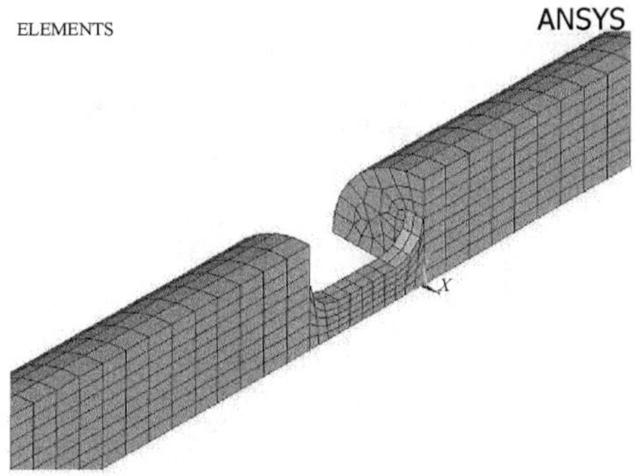

图 4.36　杆系四分之一模型的网格划分示意图

有限元分析的单元类型采用 solid164 实体单元，单元划分采用 8 节点 6 面体单元，试件实验段单元长为 1 mm，宽为 0.5 mm。其他长边的单元长为 2 mm，试件实验段长度方向为 10 等分，厚度方向为 2 等分。模型的网格划分示意图如图 4.36 所示。

载荷边界条件，为了使数值模拟与实际情况相近，在施加载荷时，采用铝合金试件冲击拉伸实验时所测试到的入射波数据作为冲击载荷施加在入射杆的左端，如图 4.37 所示。在透射杆的右端加固定约束。

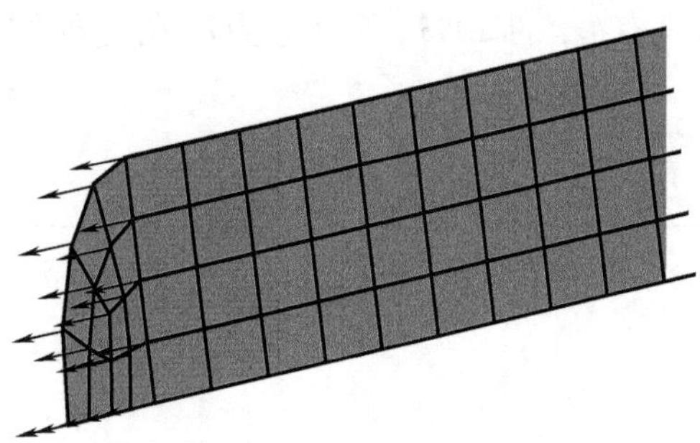

图 4.37　入射杆左端载荷图

选取数值模型中入射杆中间处横截面中心点和外表面点单元，输出其轴向应变 - 时间曲线，并与该点利用应变片测试得到的应变 - 时间曲线绘制在同一图中，如图 4.38 所示。由图可以看到，中心点单元处应变 - 时间曲线和最外缘单元的应变 - 时间曲线几乎完全重合，且它们与实验测试得到的应变曲线误差很小，说明应力波在入射杆中的传播符合一维应力波传播理论。

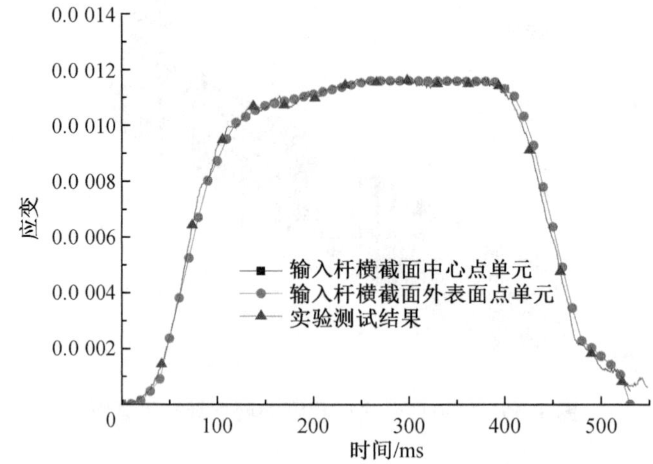

图 4.38　入射杆横截面中心点和外表面点与实验测试的应变－时间曲线图

应力波在 $t=550\ \mu s$ 时,作用在试件上的应力分布,如图 4.39 所示。可以看出,当试件受力时,其实验测试段的应力分布均匀,说明试件形状的选择是合理的。提取试件实验段中部最大受力时各方向的应力数据,如表 4.3 所示(z 轴为主方向)。从表 4.3 中可以看出,试件在受冲击载荷时,试件的实验段主方向应力较大,且应力均匀,其他方向的力则不明显,因此可以看出在应力波传播过程中,试件的轴向应力是主要的,其他应力的幅值都比较小,即使是应力值较大的 σ_y,也只有 σ_z 的 20%,所以应力波在这种试件中是符合一维应力波假设的。

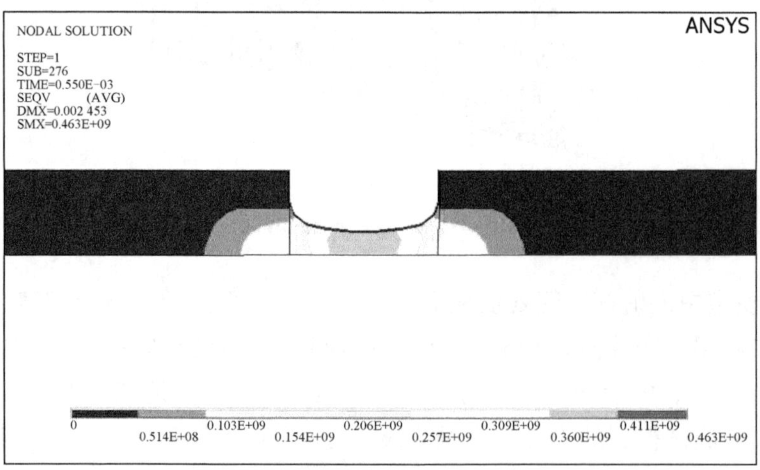

图 4.39　应力波在 $t=550\ \mu s$ 时,作用在试件上的应力分布图

表 4.3　最大受力时试件中部的各个应力分量　单位：MPa

时间	σ_z	σ_x	σ_y	τ_{xy}	τ_{yz}	τ_{xz}
550 μs	445	45	90	-2.8	-14	17.8

通过 2A12T4 铝合金试件的冲击拉伸实验，验证了冲击拉伸实验结果的可靠性，并通过数值分析的方法研究了应力波在杆系中的传播，验证了本节设计的装置符合一维应力波假设。首先，由于该装置的动力发生器采用了双气枪并联结构，出气量大，可以完成高强度材料的冲击拉伸实验。其次，整个实验装置连接方便，采用密封圈即可解决高压气枪与转换器之间的气密性问题，且本装置的优势还有结构简单、安装方便等优势，采用了目前技术相对成熟的气枪装置储存和释放高压气体，从而降低了整个实验装置的造价。

第5章　典型材料动态力学性能

5.1　镁锂合金材料动态力学性能

镁锂合金具有低密度、高强度等优点，便于加工和回收，此外在阻尼减振和电磁屏蔽方面也具备良好的性能，因此在汽车、航空航天、精密仪器等领域得到了广泛应用。镁锂合金作为最轻的结构材料，已经引起了研究者和工业界的关注。同时，在合金体系和加工技术等方面有了一系列的探索和创新，在航空航天领域中得到一定应用。在继承了一般镁合金的特性基础上，镁锂合金也是唯一一种低于镁基体密度的镁合金体系，甚至可以低于水的密度。随着锂含量的增加，合金的结构将发生由密排六方到密排六方加体心六方，再到体心六方的转变，镁锂合金具备良好的塑性成型性能。

由于锂的加入，使合金具有以下缺点。

(1)合金强度较低，耐蚀性和热稳定性差，存在低温过时效现象

(2)锂的化学活性很高，使得镁锂合金的熔炼具有相当大的难度

这些缺点使镁锂合金面临严峻的挑战。针对这些问题，国外从20世纪中叶就开始对镁锂合金展开了广泛的研究，并取得了一些重要的进展。国内的研究开始于20世纪90年代末期，尚有很多工作需要深入开展。目前，对这种材料的静态力学性能的研究已经有很多，但对其动态力学性能的研究还很少。因此，本实验采用SHPB对真空熔炼制备的镁锂合金进行了动态冲击实验研究，并根据实验结果确立了镁锂合金在一维应力高应变率冲击状态下的本构关系。同时，还对不同应变率冲击后镁锂合金的金相组织进行了研究。

5.1.1　实验材料

实验所用的镁锂合金是在氩气保护下真空感应熔炼制备的，合金的化学成分利用电感耦合等离子体光谱仪测量。该合金的化学成分（质量分数）如表5.1所示。

表5.1　镁锂合金的化学成分

Ce	Li	Al	Zn	Mg
1.2	5.3	3.1	1.1	89.3

5.1.2　实验装置原理

动态冲击实验采用 SHPB,实验装置在前面章节已做介绍,这里不再赘述。

在进行动态冲击实验时,取相同尺寸的试样进行静态压缩实验,设备采用的是 Instron4505 电子万能实验机,得到了静态压缩状态下的应力－应变曲线,目的是与动态冲击实验的应力－应变进行对比。

最后,将原始试样与冲击后的试样沿其轴线切开,经过镶嵌、研磨、抛光和腐蚀后在金相显微镜下观察其截面的组织变化情况。

5.1.3　结果分析

1. 镁锂合金的动态冲击实验分析

冲击试样为圆柱形,其直径为 6.00 mm,长度为 10.00 mm,冲击实验得到的镁锂合金典型波形,如图 5.1 所示。根据公式(4.17)得出了试样的应力－应变曲线,并将其与准静态压缩实验的应力－应变曲线在同一坐标中进行对比,如图 5.2 所示。从镁锂合金的应力－应变曲线可以看出,虽然应变率从 $1.7\times10^{-3}\ s^{-1}$ 变化到 $1.026\times10^{-3}\ s^{-1}$,但材料的屈服强度并未发生明显的变化,只是在曲线的初始弹性阶段的斜率略有差异,而且在镁锂合金的应力－应变曲线的强化阶段,4 条曲线几乎完全重合,说明在此应变率范围内,镁锂合金的动态冲击性能对应变率是不敏感的。可见,在室温下镁锂合金并不是应变率敏感材料。

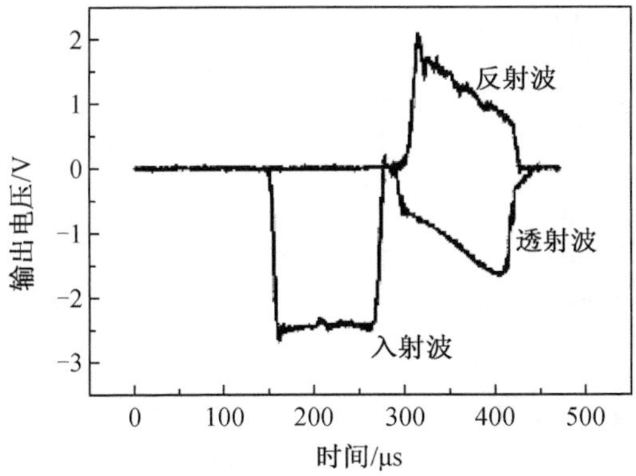

图 5.1　镁锂合金典型波形图

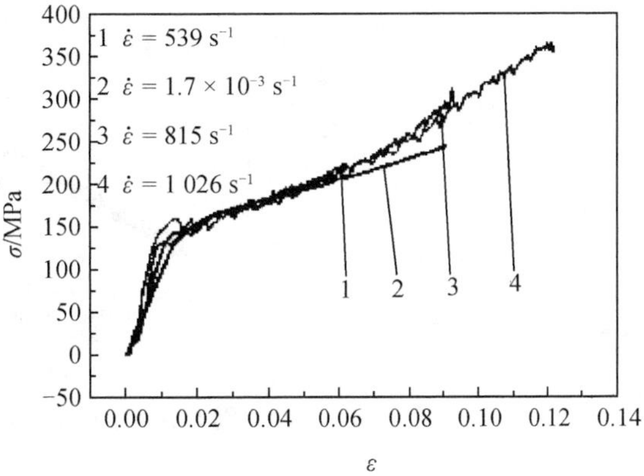

图 5.2　镁锂合金在不同应变率的应力－应变曲线图

2. 镁锂合金的动态冲击实验本构关系的确定

由于应力、应变是张量,因此确定本构关系应该是确定张量之间的关系,这种关系既要从理论上建立框架,又要从实验上确定参数。本研究通过对动态冲击实验中所得到的镁锂合金的应力－应变曲线进行数值拟合来讨论镁锂合金的一维应力冲击状态下本构关系。Kanel 等研究了 Mg 95 材料(含 Mg 99.95%)的本构关系,他们得到的一维应力状态下的流变应力与应变的关系为

$$\sigma = 0.005 + 10\varepsilon \tag{5.1}$$

式中,σ 的单位为 GPa。

为了便于和式(5.1)进行比较,对于塑性阶段的实验结果采用 $\sigma = A_1 + B_1\varepsilon$ 的形式进行拟合,其中 A_1 和 B_1 为常数。

通过对实验数据的拟合,可以得到 $A_1 = 0.12$,$B_1 = 1.5$。结合弹性阶段的特点,可以给出如下形式的应力－应变本构关系

$$\sigma = \begin{cases} 1.5\varepsilon & (\sigma < 0.12\ \text{GPa}) \\ 0.12 + 1.5\varepsilon & (\sigma \geqslant 0.12\ \text{GPa}) \end{cases} \tag{5.2}$$

然而事实上,由图 5.2 所示,塑性阶段的应力－应变关系并不是线性的,所以采用 $\sigma = A_2 + B_2\varepsilon^n$ 的本构关系进行拟合更为合理,其中 A_2、B_2、n 为常数。

$$\sigma = \begin{cases} 1.5\varepsilon & (\sigma < 0.12\ \text{GPa}) \\ 0.12 + 2.7\varepsilon^{1.2} & (\sigma \geqslant 0.12\ \text{GPa}) \end{cases} \tag{5.3}$$

如图 5.3 所示,分别表示式(5.2)和式(5.3)所描述的本构关系与实验结果的比较。以上由拟合实验结果给出本构方程是研究高应变率下材料特性的常用方法。通过图 5.3 比较可知,式(5.3)在塑性阶段能更好地再现应力－应变曲线,因此式(5.3)可以作为本实验镁锂合金的本构方程。

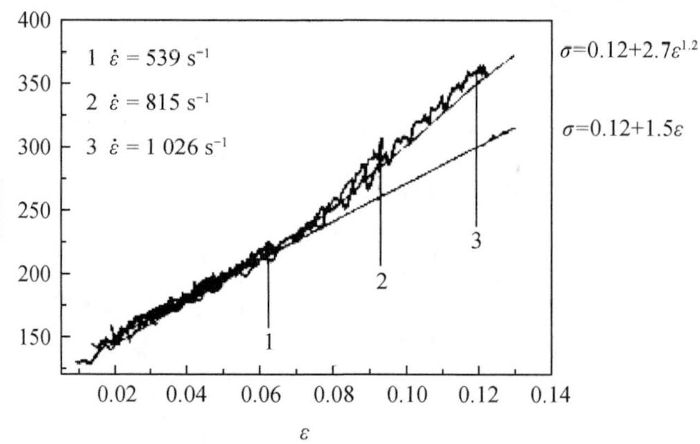

图 5.3 本构关系与实验结果比较图

3. 合金动态冲击后的金相组织

为了研究镁锂合金在不同应变率冲击作用下的组织演变规律,将试样进行了金相分析,结果如图 5.4 所示。由图 5.4 可知,原始试样(图 5.4(a))为灰白色的 α 单相,晶粒尺寸较粗大,在晶粒内部分布着大小不一的片状金属间化合物;当用应变率为 539 s^{-1} 的冲击载荷进行冲击后(图 5.4(b)),晶粒尺寸变小,大的层片状化合物消失,只在晶界处分布着一些细小的短条状化合物;随着应变率增大至 815 s^{-1} 时,如图 5.4(c)所示,晶粒尺寸变得均匀,类似等轴晶,短条状的化合物分布相对集中,并在晶粒内部和晶界处都存在;随着加载速率的增大(应变率为 1 026 s^{-1}),如图 5.4(d)所示,晶粒形状变得不规则,之前的化合物均匀地分布着,并在晶界处出现了一些不连续的点状化合物,说明该合金材料在冲击载荷的作用下

内部晶格组织发生了较大的变化。

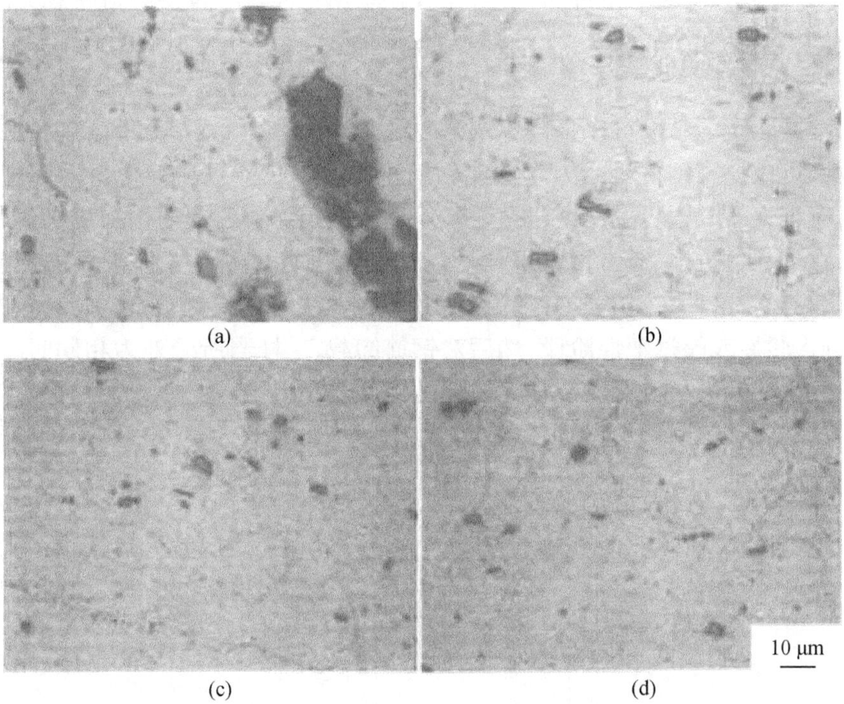

(a)原始试样；(b)用应变率为 539 s^{-1} 的冲击载荷冲击后试样；

(c)用应变率为 815 s^{-1} 的冲击载荷冲击后试样；(d)用应变率为 1 026 s^{-1} 的冲击载荷冲击后试样。

图 5.4　镁锂合金在不同应变率冲击作用下的组织演变规律

通过以上研究结果表明如下。

(1)镁锂合金在室温下的动态冲击性能对应变率不敏感。

(2)镁锂合金在一维应力高应变率冲击状态下的本构关系为 $\sigma = 1.5\varepsilon$(<0.12 GPa)，$\sigma = 0.12 + 2.7\varepsilon^{1.2}$($\sigma \geqslant 0.12$ GPa)。

(3)随着应变率的增加，晶粒尺寸先变小，然后趋于不规则分布，而且晶界处分布的短条状化合物也逐渐集中。

5.2　低碳钢扭转冷作硬化后的静动态力学性能

钢材是工程中最重要的材料之一，目前在军用、民用建筑、航空、海洋结构物、汽车、船舶制造、机械制造等领域都离不开钢材。钢材在工程应用中有着不可代替的地位，有其他材料无法比拟的优点。如何有效发挥材料的特性，提高钢铁材料的使用效率，节约自然资源，对于工程应用和经济发展都具有重要的战略意义。

在现代战争中，坦克、军舰、飞机都会遭到炮弹的攻击，此时材料处在冲击载荷的作用下。与静载荷相比，冲击载荷具有历时短，载荷强度高，材料应变率高等特点。因此，在这种情况下，就必须考虑惯性效应引起的应力波传播和冲击载荷下材料力学性能的改变，仅仅通过钢材料表面硬化是远远达不到抗打击要求的，而冷作硬化方式可以使钢材料的内部得到充分硬化，从而提高钢材料的抗冲击性能，尤其在军用方面具有重要的指导意义。

5.2.1 冷作硬化

通过物理或化学的手段可以提高钢材料的力学性能，例如对钢材料的表面进行镀膜或进行热处理都可以提高钢材料的力学性能。但这些方法只能提高钢材料的硬度，不会使钢材料的强度有很大的改善。冷作硬化是一种通过改变钢材料内部结构来提高钢材料强度的物理方法。在工程建筑中，通常情况下使用的钢筋都进行过预先拉伸来提高钢筋的屈服强度。如图 5.5 所示，这种在工程应用中最常用到的方法就是冷作硬化，对钢筋进行预先拉伸，使钢筋进入塑性或超过塑性阶段，然后对钢筋卸载，这样当所受外力相同时，进行过预先拉伸的钢筋发生的变形相对于没有预先拉伸的钢筋要小得多。

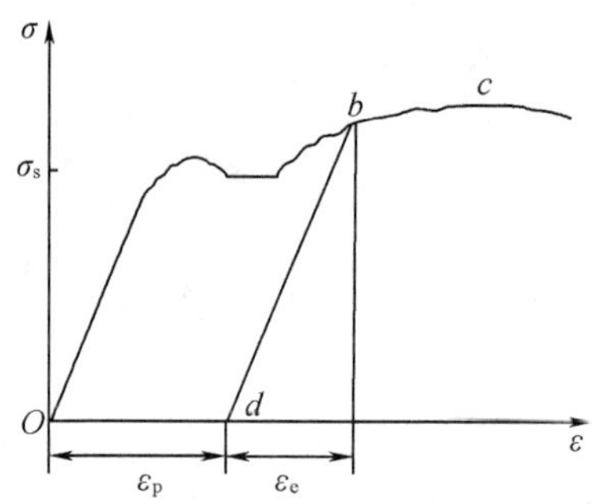

图 5.5 冷作硬化示意图

图 5.6 是标距为 100 mm，直径为 10 mm，截面为圆形的低碳钢试件单向拉伸的位移 - 载荷曲线。

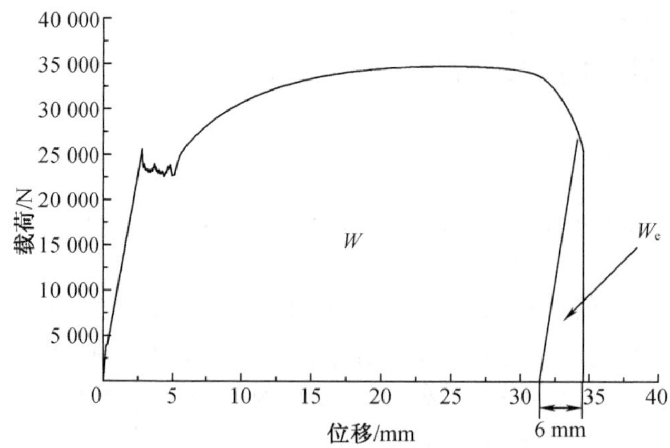

图 5.6 低碳钢试件单向拉伸的位移 - 载荷曲线

当拉伸断裂时，最大载荷为 34 728 N，在试件断裂之前，由于试件受拉伸，试件体内积累了大量塑性变形能，其值为 567 J。

图 5.7 是标距为 100 mm，直径为 10 mm，截面为圆形的低碳钢试件单向扭转的扭矩 - 转角曲线图。

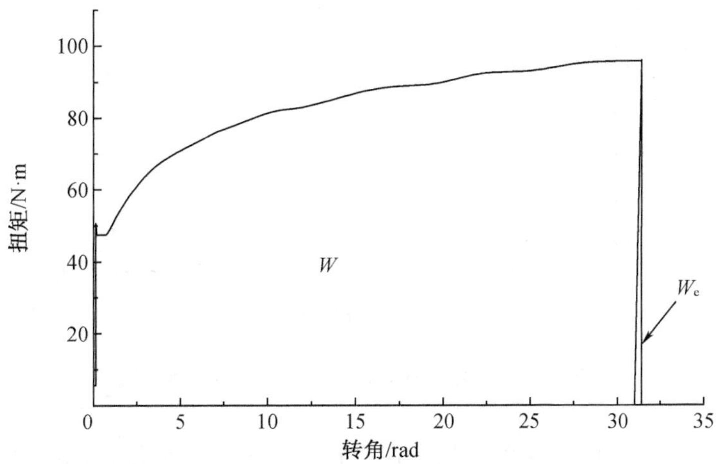

图 5.7　低碳钢试件单向扭转的扭矩 - 转角曲线图

得到试件体内积累了大量塑性变形能，其值为 2 582 J。

对比两种冷作硬化产生的塑性变形能可知，通过扭转冷作硬化，试件不会出现失稳的颈缩阶段，因而试件内会积累大量的塑性变形能，使试件的冷作硬化更充分，从而更有效地提高材料的力学性能。

为满足预制构件的应用要求，生产的预制构件等级越高，其中的冷轧带肋钢筋的强度也就要求越高，通常需要更换钢筋母材。利用前期扭转冷作硬化的研究成果，对工程中普遍使用的 Q235 钢筋母材带肋冷作硬化问题进行了实验研究，得出了在不改变 Q235 钢筋母材的情况下，只要在工序中充分考虑到预扭转冷作硬化的影响，就可以使冷轧带肋钢筋达到更高的等级，其研究成果具有显著的工程意义。

5.2.2　扭转冷作硬化

取同一批次的 6 根低碳钢试件，1 根为原始试件，其余 5 根进行扭转，分别为扭转角 2π，4π，6π，8π，10π，然后将扭矩卸载，实现对材料的扭转冷作硬化。扭转实验机自动记录扭转的扭矩和扭转角等实验数据，如表 5.2 所示。

表 5.2　扭转实验机自动记录扭转的扭矩与扭转角

预扭转角 φ	$\varphi=2\pi$	$\varphi=4\pi$	$\varphi=6\pi$	$\varphi=8\pi$	$\varphi=10\pi$
扭矩 M_n/N · m	66.74	60.49	84.92	76.61	95.80

根据扭转实验机自动记录的数据,可以画出扭矩与扭转角的曲线,在此只做出扭转角为 10π 试件的扭矩与扭转角图,如图 5.8 所示。

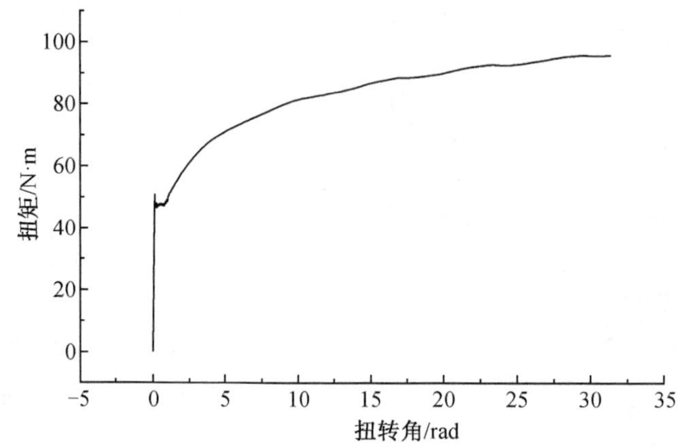

图 5.8 扭转角为 10π 试件的扭矩与扭转角图

在扭转实验中,试件表面轴向单位长度在扭转过程中的变形量,称为线应变。图 5.9 扭转实验的应力 - 应变曲线中所示标出的 1 至 5 点是扭转角 φ 分别为 $2\pi,4\pi,6\pi,8\pi,10\pi$ 的等效应力与线应变,其表见表 5.3 所示。

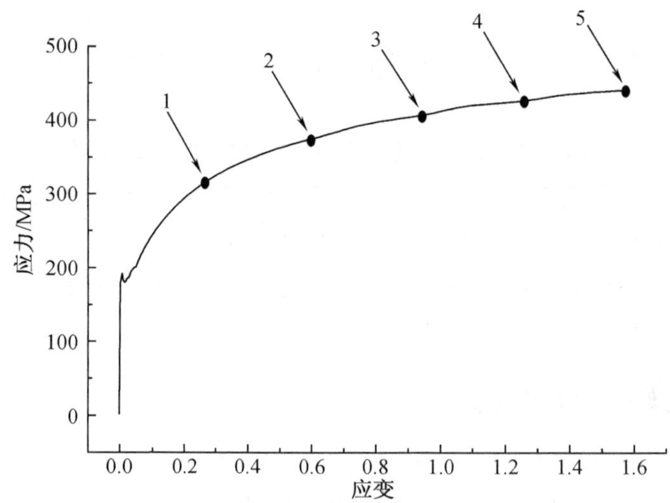

图 5.9 扭转实验的应力 - 应变曲线

表 5.3 扭转实验等效应力与线应变表

扭转角 φ	2π	4π	6π	8π	10π
等效应力	327	378	407	421	441
线应变	0.048	0.180	0.374	0.605	0.861

5.2.3　扭转冷作硬化后的试件拉伸性能

将扭转冷作硬化后的试件及原始试件进行准静态拉伸实验，使用 WDW3100 型万能材料实验机，可以自动记录横梁位移和载荷等实验数据，如图 5.10 所示。根据实验曲线得到试件所能承受的最大拉伸载荷和试件断裂时的位移，如表 5.4 所示。

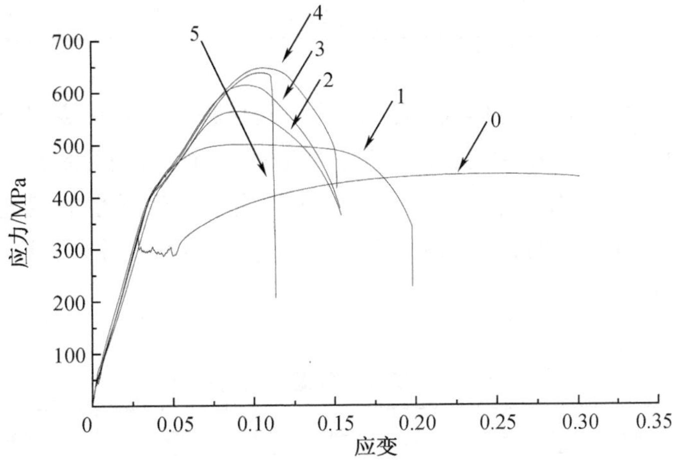

图 5.10　扭转冷作硬化后试件的拉伸应力－应变曲线图

表 5.4　冷作硬化后的试件位移和载荷实验数据表

扭转角 φ	原始试件	2π	4π	6π	8π	10π
最大载荷/N	34 728	39 709	44 244	48 248	50 826	50 090
断裂时位移/mm	34.0	19.8	15.5	15.4	15.2	11.2

在图 5.10 中，1、2、3、4、5 曲线是扭转角分别为 2π、4π、6π、8π、10π 的试件拉伸应力－应变曲线。当试件的拉伸应变达到 0.1 时，不同冷作硬化程度的试件的拉应力如图 5.11 所示。

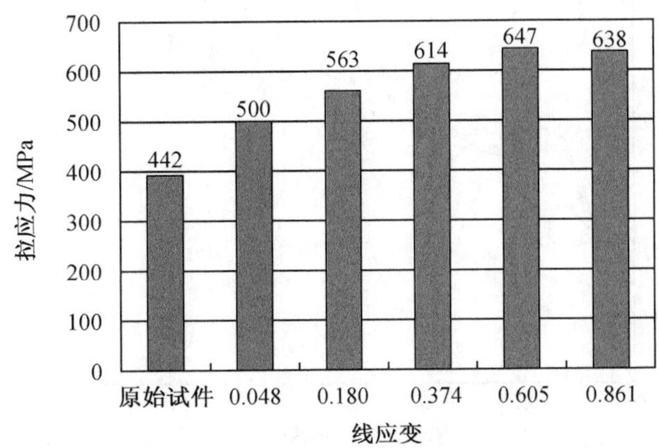

图 5.11　应变为 0.1 时各试件的拉应力图

原始试件在拉伸时存在屈服平台，由图 5.10 可知扭转冷作硬化后试件的屈服应力明显提高，如表 5.5 所示。

表 5.5 冷作硬化后试件的屈服应力

扭转角/φ	原始试件	2π	4π	6π	8π	10π
屈服应力/MPa	300	500	580	614	646	635
提高程度	—	67%	93%	105%	115%	112%

随着冷作硬化拉伸扭转角的增大，试件的冷作硬化程度不断提高，试件的抗拉伸性能逐渐增强。但扭转角为 10π 的试件，抗拉伸的性能反而不如扭转角为 8π 的试件。其原因为当扭转角超过某一极限值后，随着扭转角的增大，试件内会产生微小的裂缝，从而使试件的内部蕴含了损伤缺陷。在拉伸时，由于裂纹不断扩大，最终导致试件被拉断。试件拉伸破坏时的应变，见表 5.6 所示。

表 5.6 试件拉伸破坏时的应变

扭转角/φ	原始试件	2π	4π	6π	8π	10π
最大应变	0.345	0.198	0.154	0.153	0.152	0.113

5.2.4 扭转冷作硬化后压缩性能

取同一批次的 5 根试件，分别进行扭转冷作硬化，预扭转角分别为 2π，4π，6π，8π，10π，用线切割机对试件进行加工，制作压缩试件并进行实验。由于低碳钢试件被压缩破坏时，不会出现拉伸实验中的几何失稳现象，因此在压缩实验中对试件施加 90 kN 的载荷，测试曲线如图 5.12 所示。

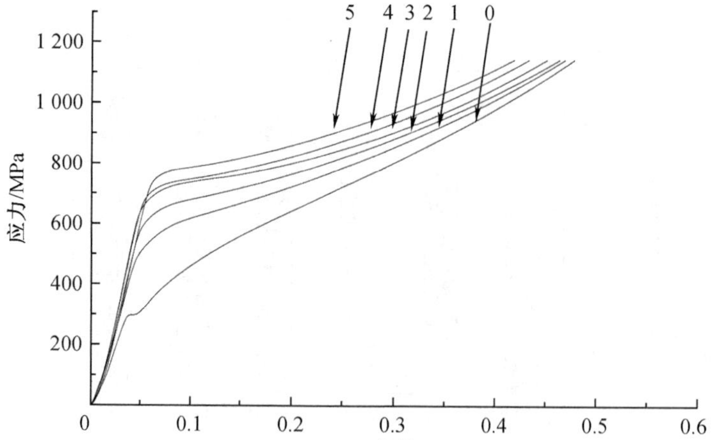

图 5.12 压缩实验测试曲线图

在进行压缩实验时，试件的两端与压缩实验机产生摩擦，使试件在实验过程中，不是单向压缩。这种情况不能避免，但在试件的两端涂抹润滑剂可以减小摩擦，以降低摩擦力对实验结果的影响。

在图 5.12 中，0 曲线为原始试件压缩应力－应变曲线，1，2，3，4，5 曲线分别为扭转角为 2π，4π，6π，8π，10π 试件压缩应力－应变曲线。可以看出，随着扭转角的增大，冷作硬化的程度不断增强，试件的压缩后屈服点不断提高，试件的抗压缩性能越来越强。同时，与前一节比较可以看出，扭转角为 10π 的试件在拉伸实验中强度较扭转角为 8π 的试件有所减弱，但是在压缩实验中却略有增强，也进一步证明上一节中的观点，当扭转角超过某一极限值后，随着扭转角的增大，试件内会产生微小的裂纹，从而使试件内部蕴含了损伤缺陷，导致材料拉伸性能有所降低，但其对压缩性能影响很小。

对比不同试件的压缩后屈服点如表 5.7 所示，冷作硬化越充分，达到后屈服点时的应力越大。

表 5.7　不同试件的压缩后屈服点

冷作硬化预扭转角/φ	原始试件	2π	4π	6π	8π	10π
屈服应力	300	530	625	680	700	760
应力提高幅度	—	77%	108%	127%	133%	153%

当试件进行压缩实验时的应变为 0.4 时，不同冷作硬化程度试件的压缩应力如图 5.13 所示。对比此时的应力值可以看出，冷作硬化越充分，试件的压缩应力越大，即扭转冷作硬化越充分，试件内部储存的塑性变形能越多。

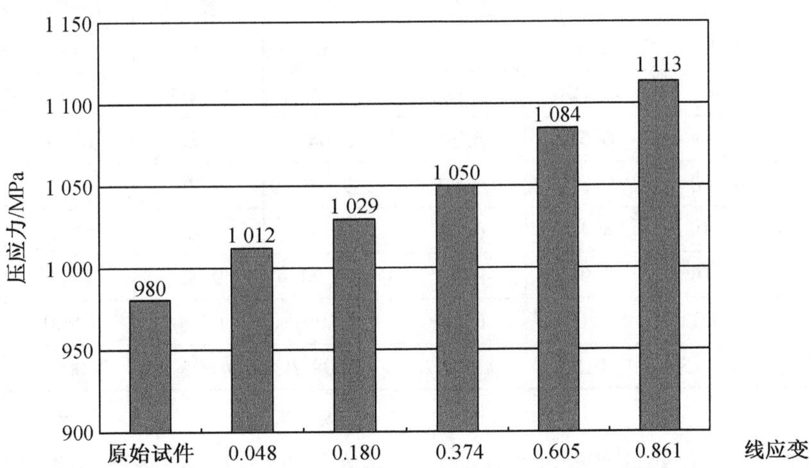

图 5.13　应变为 0.4 时试件的压缩应力图

另一方面，当压缩应力达到 900 MPa 时，不同冷作硬化程度试件的压应变如图 5.14 所示。在 900 MPa 的压缩应力下，冷作硬化扭转角为 10π 的试件压缩应变仅为 0.24，而原始试件在同等情况下的压缩应变为0.36。由此可得,冷作硬化使试件的抗压缩变形能力大幅提高。

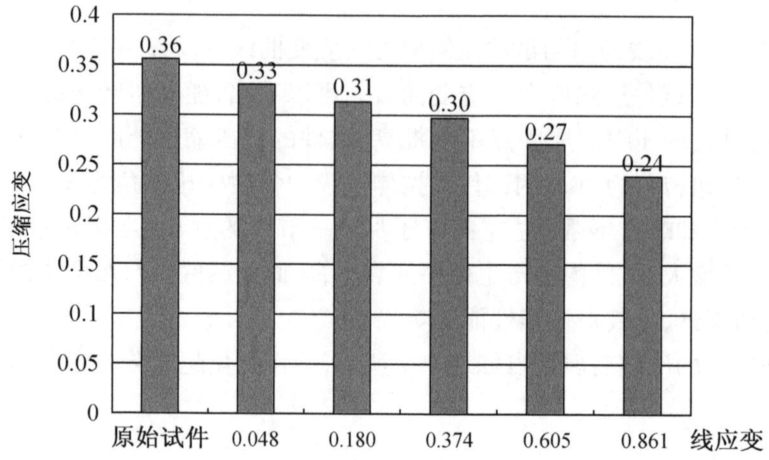

图 5.14 压缩应力为 900 MPa 时试件的压应变图

以上两个方面的对比均表明低碳钢试件抵抗准静态压缩的性能随着扭转冷作硬化程度的增大而增强。

5.2.5 扭转冷作硬化后材料动态压缩性能

表 5.8 为扭转冷作硬化后材料动态压缩实验数据。

表 5.8 材料动态压缩实验的数据

冷作硬化方式	初始试件	扭转角 2π	扭转角 4π	扭转角 6π	扭转角 8π	扭转角 10π	拉伸强化塑性应变为 0.1
线应变	—	0.048	0.180	0.374	0.605	0.861	—
L_1/mm	6.90	6.50	6.54	6.94	6.88	6.50	6.92
d_1/mm	10.00	9.80	9.82	9.96	9.76	9.92	9.64
L_2/mm	6.60	6.40	6.48	6.88	6.84	6.48	6.68
d_2/mm	10.16	9.92	9.90	10.00	9.82	9.92	9.90
应变率/s^{-1}	1 200	1 200	1 200	1 200	1 200	1 200	1 300
轴向塑性应变	0.043 5	0.015 4	0.009 2	0.008 7	0.005 8	0.003 1	0.034 7

由 5.8 可知,L_1、d_1 是试件受冲击压缩前的厚度与直径,L_2、d_2 是试件受冲击压缩后的厚度与直径。

由于冲击压缩实验,记录每个试件的数据数量很大,且有不同的波形图,限于篇幅在此不全部列出,只各给出一段典型的入射波、反射波和透射波的电压-时间曲线图,如图 5.15 至图 5.17 所示。

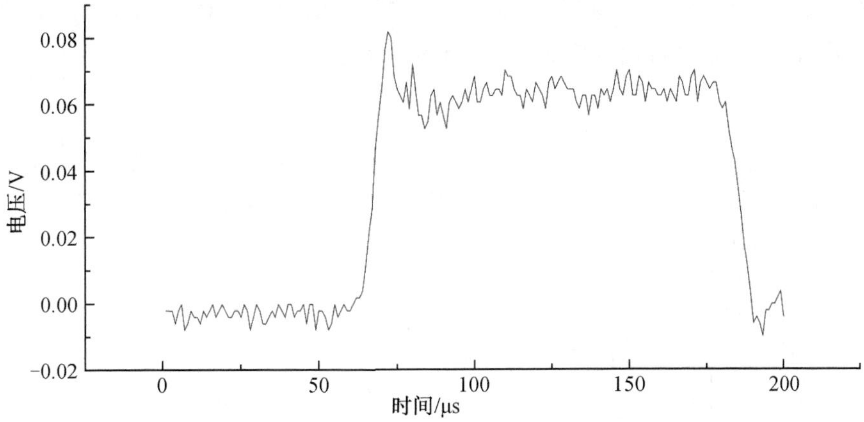

图 5.15　典型的入射波的电压－时间曲线图

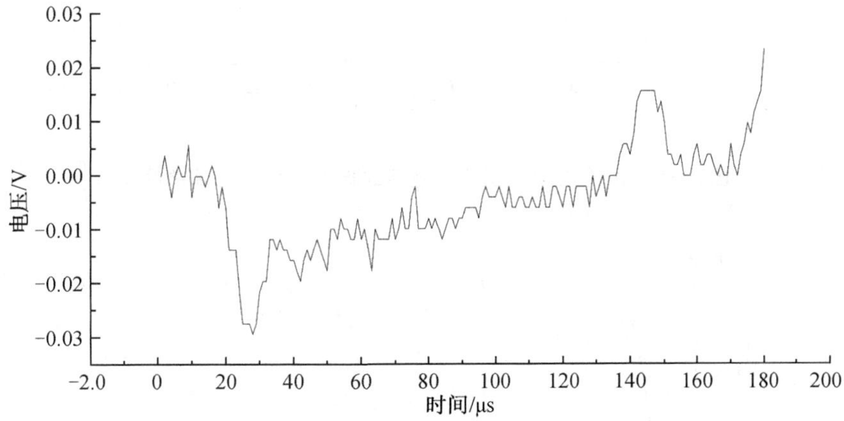

图 5.16　典型的反射波的电压－时间曲线图

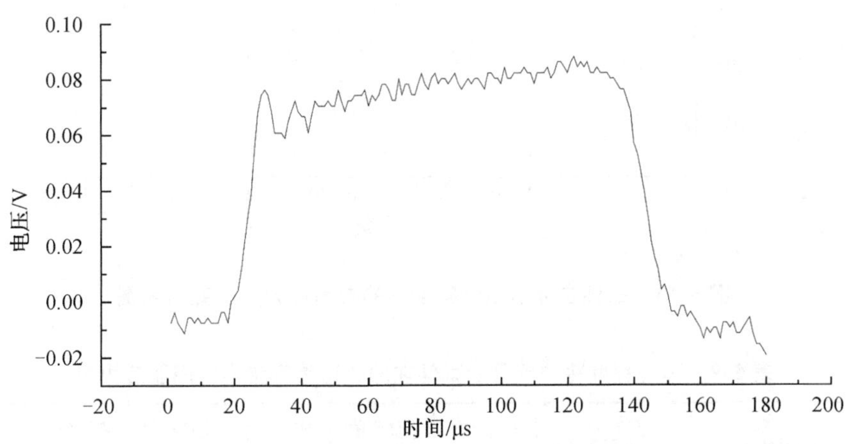

图 5.17　典型的透射波的电压－时间曲线图

对通过冲击压缩实验测得的数据进行分析计算,得到试件在冲击压缩实验下的典型应力－时间曲线，如图 5.18 所示，对应的应力－应变曲线如图 5.19 所示，不同程度冷作硬化后试件在冲击压缩实验中的屈服应力，如表 5.9 所示。

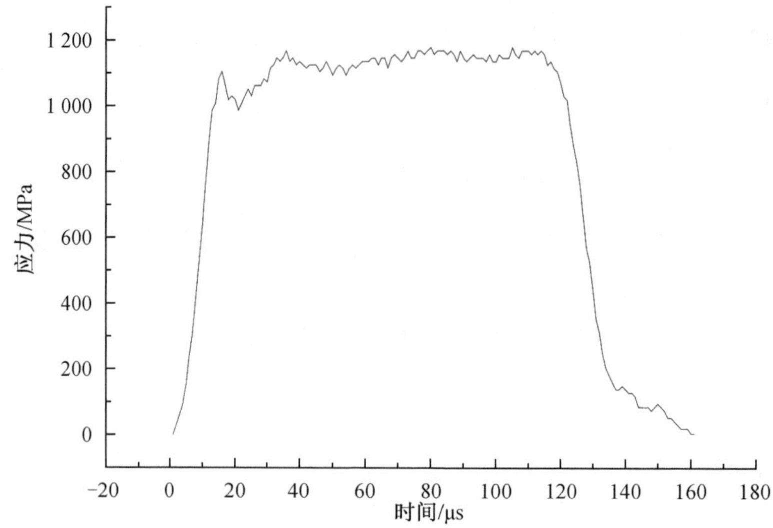

图 5.18 试件在冲击压缩实验下的典型应力－时间曲线图

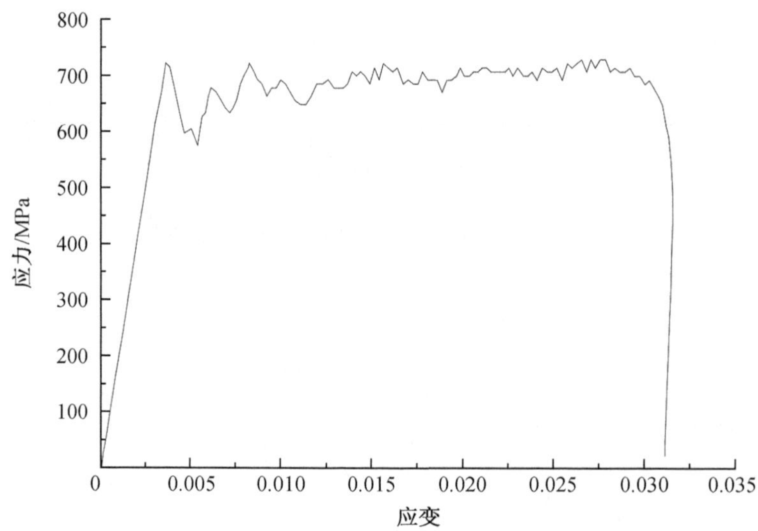

图 5.19 试件在冲击压缩实验下的典型应力－应变曲线图

表 5.9 不同程度冷作硬化后试件在冲击压缩实验中的屈服应力表

冷作硬化方式	原始试件	扭转角 2π	扭转角 4π	扭转角 6π	扭转角 8π	扭转角 10π	拉伸强化塑性应变为 0.1
冲击压缩下试件屈服应力/MPa	680	685	690	1 000	1 170	1 060	670

测试结果表明，试件在受冲击压缩时，扭转冷作硬化越充分的试件屈服应力越大，试件的抗压缩能力越强，但拉伸冷作硬化试件对抗冲击压缩的提高并不明显，且由于试件的横截面积减小，导致试样的应变率变化较大。

本节通过对比不同冷作硬化方式和程度对低碳钢材料的力学性能的影响，得出以下结论。

(1)相较于拉伸冷作硬化方式，采用扭转冷作硬化方式可以在避免失稳的前提下，使钢材内部积累大量的塑性变形能，以达到充分硬化的状态。

(2)扭转冷作硬化的试件在进行单向拉伸和压缩加载时，其后屈服极限有显著提高，提高的程度与扭转塑性变形相关但当扭转塑性变形达到某一极限值后，材料内部开始出现损伤，从而导致材料拉伸强度降低。

(3)扭转冷作硬化的试件在 SHPB 加载时，在相同的入射波强度下，其动态屈服强度随硬化程度而升高，而残余塑性变形则随之减小。相较于拉伸冷作硬化方式，扭转冷作硬化方式可以大幅度提高低碳钢材料的动态屈服强度。

基于以上分析，扭转冷作硬化方式可以比拉伸冷作硬化方式更有效地提高低碳钢材料的动、静态力学性能，但扭转冷作硬化超过一定程度时将对试件内部产生一定的损伤。

5.3　形状记忆合金静动态力学性能

对于形状记忆合金(shape memory alloy，SMA)，其最早的记录可以追溯到 1932 年。当时，瑞典人奥兰德在金镉合金中首次观察到“记忆”效应，即合金的形状被改变之后，一旦加热到一定的跃变温度时，它又可以魔幻般地变回原来的形状，后来人们把具有这种特殊功能的合金称为形状记忆合金。但是，直到 1963 年，这种具有宏观形状变化的记忆效应材料才引起材料科学界与工业界的重视，有关形状记忆合金的特性研究也引起人们广泛的关注。

自 70 年代起，世界各国学者对形状记忆合金的记忆效应机制，以及与其密切相关的伪弹性(pseudoelastic effect，PE)或超弹性效应机制进行了研究，并发现有些合金不仅具有单程形状记忆效应(one ways shape memory effect)，还具有双程形状记忆效应(two way shape memory effect)，甚至具有全方位形状记忆效应(all round shape memory effect)，而且它的疲劳寿命和记忆稳定性等其他的性质也可以得到改善，这就为形状记忆合金在工程中的应用开拓了广阔前景。从 80 年代开始，有关形状记忆合金的研究已逐渐成为国际相变会议和材料会议的重要议题。其间召开过多次专题讨论会，不断丰富和完善了马氏体相变理论。随着理论研究的不断深入，形状记忆合金的应用研究也取得了长足进步，并应用于当前迅速发展的智能结构中，形状记忆合金开始飞速进入工业化和实用化阶段。目前为止，其应用范围涉及电子、机械、航空、航天、能源、交通和医疗等方面，几乎包含了产业界的所有领域。Ni－Ti 形状记忆合金的记忆稳定性高，记忆寿命长，应用最多。

形状记忆合金作为一种全新的功能材料，具有很多与众不同的性质，其中最典型的便是形状记忆效应和超弹性效应，这两个基本特性都是和可逆的马氏体相变分不开的。这种马氏体相变和温度有着密切的关系。图 5.20 反映的是在一个典型的相变过程中，马氏体相、奥氏体相的含量与温度和材料电阻的相对变化关系。由图5.20可知，整个相变过程中有四个特性参数即 M_s，M_f，A_s 和 A_f。通常把马氏体相变中的高温相叫作母相奥氏体（parentaustenite，简称A），低温相叫作马氏体（martensite，简称M），从母相（A）到马氏体相（M）的相变为马氏体相变（A→M），称为正相变，而马氏体相（M）到母相（A）的相变为马氏体逆相变（M→A），称为逆相变。在正相变的冷却过程中，马氏体相变开始温度为 M_s，相变结束温度为 M_f，此时全部母相转变为马氏体相。逆相变的加热过程中，马氏体逆转变为母相的开始温度为 A_s，结束温度为 A_f，通常情况下，有 $M_f < M_s < A_s < A_f$。

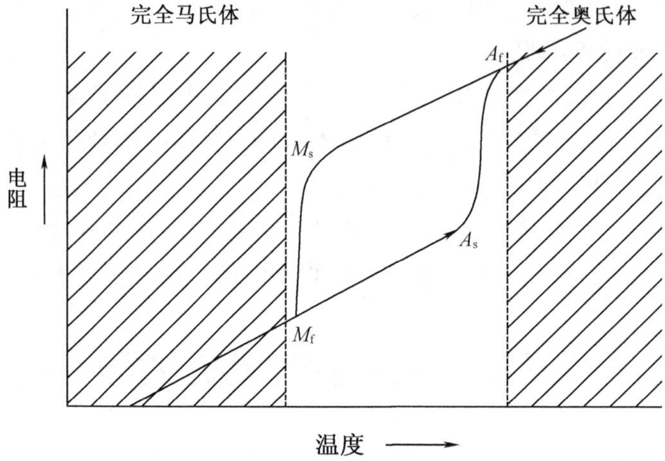

图5.20　相变与温度和材料电阻的相对变化关系图

5.3.1　试样的制备和实验准备

实验所用的镍钛形状记忆合金材料有两种尺寸，一种是直径为5 mm的圆柱状试样，另一种是直径为3 mm的圆柱状试样，两种圆柱状试样的材料和成分相同，镍原子的含量为50.74%，但是两种试样的相变温度不相同，所以在实验开始前要对其相变温度进行测试。同时，由于高应变率实验装置对试样的规格也有一定要求，需要按照实验要求对所用试样进行加工和打磨处理。

1. 相变温度的测试

由于形状记忆合金具有常规材料完全不同的力学、物理学特性，复杂的相变过程及对温度的依赖关系，而且形状记忆合金的所有参数几乎与材料内部的相变过程有关。因此，对形状记忆合金进行力学性能测试时，首先要确定它的相变温度，以及它所处的相，形状记忆合金相变点的测定对于其力学性能的研究及开发应用都是至关重要的，必须准确确定镍钛形状记忆合金的相变温度。

形状记忆合金相变温度主要包括：加热时马氏体逆相变的初始温度 A_s，马氏体逆相变的结束温度 A_f，冷却时马氏体相变的初始温度 M_s，马氏体相变的结束温度 M_f。常用的测量方法有电阻测量法、示差量热扫描法、膨胀法和声发射法等。

现今最常用的相变温度测量方法是示差量热扫描法,这是目前很成熟的相变温度测量方法。本节也采用示差量热扫描法来测量相变温度,实验在示差扫描量热仪 DSC 上进行,示差扫描量热仪 DSC 见图 5.21,其型号是 DSC204F。

DSC 测量相变点的方法和过程如下。首先,对样品进行切割,切割成与实验仪器匹配的试样(大约 100 mg 以下)放到坩埚内,利用控制软件对测量的过程进行设置。其次,设定准静态温度的变化速度为 10 ℃/min,温度的变化范围为 -100 ~ 100 ℃。实验采用先降温后升温的顺序,将样品在 100 ℃下保持 2 min,然后以设定的速度开始降温,并记录热量流与温度变化的数据,当温度降至 -100 ℃时,再保持 2 min,接着开始升温并记录数据。最后,用热量流和温度数据绘制出相变温度曲线。两种样品的 DSC 曲线如图 5.22(a)和 5.22(b)所示,其中直径为 3 mm 样品的质量为 37.6 mg,直径为 5 mm 样品的质量为 26.7 mg。

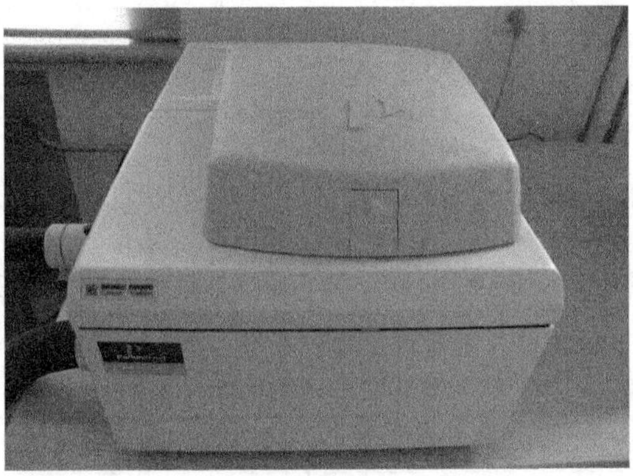

图 5.21　示差量热扫描仪(DSC)图

以直径为 5 mm 的圆柱状样品的 DSC 曲线为例,说明如何确定相变温度点。根据 DSC 的测量原理可知,在恒定的温度变化速率下,材料变化相同温度时,相变过程中交换的热容量比非相变过程要大得多,利用此特性便可确定相变温度。如图 5.22(a)所示,在热流 - 温度曲线图上,可以看到升温和降温的过程中出现了两个明显的突变峰,表明在此过程中吸(放)热的增多,即发生了相变行为。在降温过程中,发生马氏体相变伴随着一个放热峰,在升温过程中,发生马氏体逆相变伴随着一个吸热峰,峰值前后的两个拐点对应的横坐标即为相应的相变温度点。顺着降温方向第一个拐点 A 是马氏体相变开始温度 M_s,第二个拐点 B 是马氏体相变结束温度 M_f;顺着升温方向,第一个拐点 C 是马氏体逆相变开始温度 A_s,第二个拐点 D 是马氏体逆相变结束温度 A_f。因此,由图 5.22(a)可知,直径为 5 mm 的样品的相变温度分别为 $M_s = -69$ ℃,$M_f = -86$ ℃,$A_s = -52$ ℃,$A_f = -35$ ℃。同理,由图 5.22(b)可知,直径为 3 mm 试样的相变温度分别是 $M_s = -48$ ℃,$M_f = -72$ ℃,$A_s = -13$ ℃,$A_f = 0$ ℃。

2. 试样的制备和打磨

在高应变率冲击压缩实验中,采用圆柱形的试样,是为了研究高应变率对镍钛形状记忆合金的性能影响。此外还需要做对比实验,即与准静态实验条件下的压缩性能进行对比。为便于对比,准静态实验所用试样的材料、尺寸和形状均与相应的高应变率实验相同,试样的具体尺寸见表 5.10。

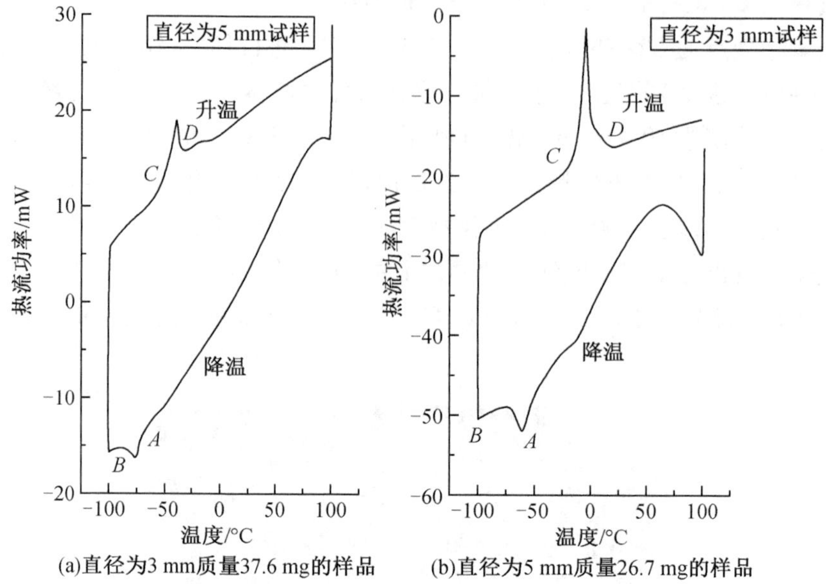

图 5.22　直径为 3 mm 和 5 mm 样品的 DSC 曲线图

表 5.10　冲击压缩试样尺寸表

试样编号	直径	高度	备注
试样 1	3 mm	3 mm	动态压缩实验
试样 2	3 mm	3 mm	动态压缩实验
试样 3	3 mm	3 mm	静态压缩实验
试样 4	5 mm	5 mm	重复动态压缩实验
试样 5	5 mm	5 mm	重复动态压缩实验
试样 6	5 mm	5 mm	重复动态压缩实验

由表 5.10 可知，对于不同的动态压缩实验，分别采用的是直径和高度均为 3 mm 的试样与直径和高度均为 5 mm 的试样。首先，须对镍钛形状记忆合金材料进行切割加工，以制成适于实验所用尺寸的试件。由于镍钛形状记忆合金材料具有热敏感性，慢走丝切割的热影响区域比较小，加工精度高，边缘较平整，因此采用慢走丝方式切割试件，可以减少切割方式对实验结果的影响。

试样切割完毕后，其表面十分粗糙且沾有油污，这些都会影响实验结果，所以要对切割后的试样进行清洗和打磨。首先，将试样表面的油污用丙酮清洗掉；其次，对试样进行打磨等细化处理，打磨时先采用 1 000 目的防水砂纸粗磨，接着换 1 500 目的防水砂纸打磨；最后，用 2 000 目的防水砂纸进行细磨，以保证将试样打磨的光滑而平整，对打磨完毕的试样用丙酮溶液进行清洗，留做实验使用。

如图 5.23 和图 5.24 所示，是直径为 3 mm 和 5 mm 试样打磨前后的对比图。图 5.23(a)和图 5.24(a)都表示的是试样打磨前的状态，(b)图都表示的是试样打磨后的状态。由两个对比图可以清晰地看到，试样在打磨前表面粗糙不平，打磨后材料表面平整且光滑。

(a)直径为3 mm试样打磨前　　(b)直径为3 mm试样打磨后

图 5.23　直径为 3mm 试样打磨前后对比图

(a)直径为5 mm试样打磨前　　(b)为直径5 mm试样打磨后

图 5.24　直径为 5mm 试样打磨前后对比图

最后要注意的是，由于试件的切割加工过程和后续的端面打磨处理过程会使试件局部过热，而镍钛合金又具有热敏感特性，试件在打磨完成后有可能存在残余的热应力，影响实验结果的准确性。为了消除局部过热的影响，打磨完成后的试样需要在高温下保持 20 min 左右，取出放入冷水中，以此来消除试件加工过程中产生的残余应力及残余马氏体，使材料处于完全的奥氏体状态。

3. 实验

主要分为两部分：一是静态压缩实验，二是动态压缩实验。

无论动态还是静态压缩实验都在室温 20 ℃下进行，由相变温度的测量可知，这两种材料马氏体逆相变的结束温度都不超过 0 ℃。当室温 20 ℃时，所有的试件均处于母相奥氏体状态。

5.3.2 静态压缩实验

1. 实验装置

静态压缩实验使用电子万能材料实验机，如图 5.25 所示。

在实验前，首先换上压缩实验夹具，开启实验机，查看机器的存储信息及使用情况，注意清零；接着需要设定初始实验数据信息及实验状态等，设置横梁移动的速度为 0.1 mm · min^{-1}。

其次安装试件，在安装前试件两端均匀涂抹一层凡士林润滑剂，主要是为了防止压缩实验过程中试样两端摩擦力过大；放好试样后，调整实验机横梁位置，使试件和两个压头贴合良好，如图 5.26 所示。最后，进行载荷和位移清零，开始实验并记录数据。

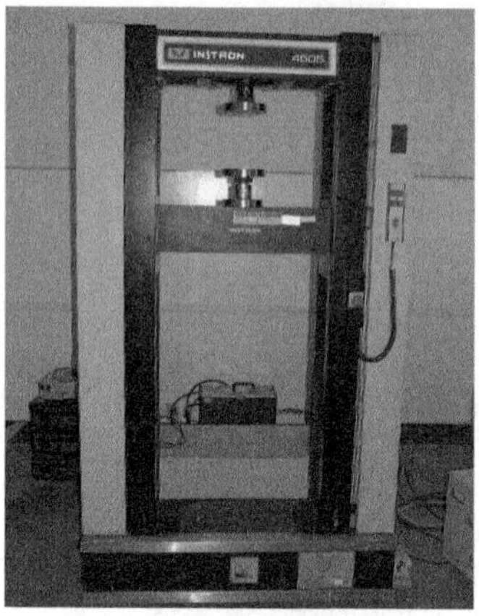

图 5.25 电子万能材料实验机

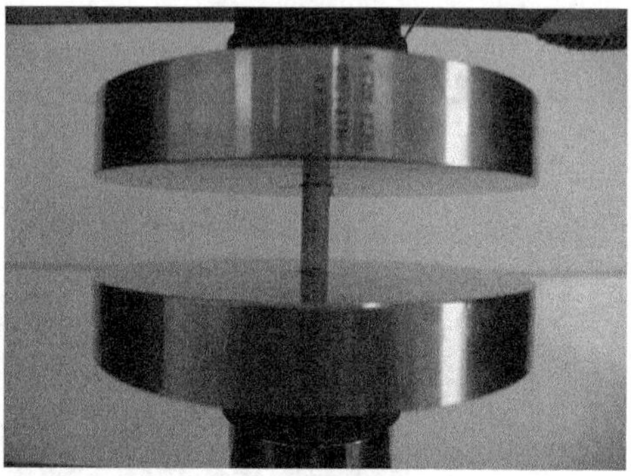

图 5.26 压缩试件的装夹图

2. 镍钛形状记忆合金静态压缩时的尺寸效应

尺寸效应是指在研究材料力学性能时，反映材料性能的某些参数并非保持在一个恒定的常数，而是随着材料几何尺寸的变化而变化，这就体现出尺寸效应。由于尺寸效应的存在，实验室里针对单一尺寸试件的研究结果就不具备通用性，在实际工程应用中就没有了确定的参照，所以需要研究尺寸效应对材料力学性能的影响规律，为工程实际提供参考和指导。

对镍钛形状记忆合金静态力学性能的研究，目前主要集中在拉压条件下的合金表现，关于镍钛形状记忆合金的尺寸对其静态压缩力学性能影响研究的尚少。随着镍钛形状记忆合金的开发及其在各个领域的大量应用，其尺寸效应的研究会越来越受到重视，因为现有对镍钛形状记忆合金的认识都是基于实验室里小尺寸试样的研究，实际情况下应用的材料和实验室里研究的试样在尺寸上有着相当大的差别，不研究其尺寸效应就不能明确实验室的小尺寸试件与真实试件的相关性，也就不能肯定其研究结果是否能够真实反映出材料的实际性能。

对于镍钛形状记忆合金的尺寸对其力学性能影响的研究之所以少见，可能是因为通常情况下，人们认为镍钛合金属于韧性材料，而经验表明，对于韧性材料来说，其尺寸对于材料力学性能的影响是很小的,很多情况下都被忽略了。目前,有关尺寸效应的研究大都集中在脆性材料上,如混凝土、岩石等。对于韧性材料的尺寸效应研究较少,例如王学滨等就曾对韧性材料低碳钢的尺寸效应进行理论研究,结果表明低碳钢材料在单向拉伸时,其伸长率、峰值、工程应力 - 应变曲线和真应力 - 应变曲线的解析解均具有尺寸效应。那么,对于同属于韧性材料的镍钛形状记忆合金是否也会具有尺寸效应,这个问题同样值得考虑与研究。

综上所述,研究材料的力学特性与尺寸效应的关系,以及对工程实际中所用的材料进行力学特性预测,具有重要的理论和实践意义。镍钛形状记忆合金材料是一种新型的功能材料,它具有普通材料不具备的特性——形状记忆特性和相变伪弹性特性。在实际工程中,对这种材料的应用大多是基于镍钛形状记忆合金材料的这两种特性,所以本节将研究镍钛形状记忆合金尺寸的变化对其静态压缩伪弹性性能的影响。

(1)实验准备和实验过程

研究尺寸效应通常有两个角度:一个角度是试件的体积,一般以横截面的大小来衡量;另一个角度是试件的高径比。本节主要采用相同直径,不同高径比的镍钛形状记忆合金试件进行研究,以探索不同高径比对镍钛形状记忆合金试样静态压缩伪弹性性能的影响。

实验采用的材料是直径为 5 mm 的圆柱形镍钛形状记忆合金,其逆相变结束温度为 -35 ℃,在室温条件下,该镍钛形状记忆合金处于母相奥氏体状态。

实验前采用线切割方式,分别切割成高度为 5 mm,7 mm,9 mm,11 mm 和 13 mm 的试样,其相应高径比分别为 1.0,1.4,1.8,2.2 和 2.6,如图 5.27 所示。

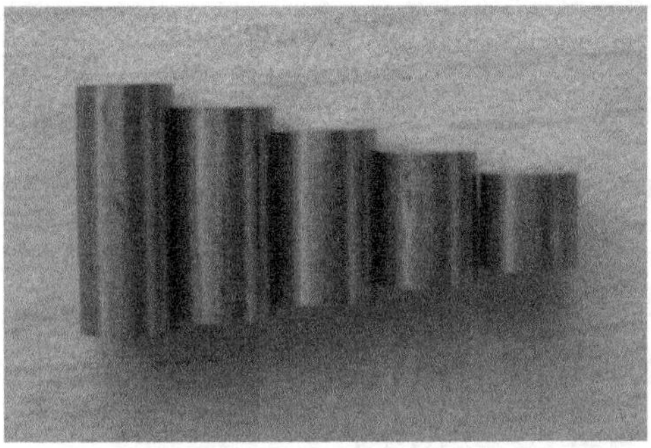

图 5.27　不同高径比试样原型图

切割后的试样进行打磨和丙酮清洗,将加工完的试件在高温下保持二十分钟左右,然后取出来,放入冷水中,以此来消除试件加工过程中产生的残余应力及残余马氏体,使得材料处于完全的奥氏体状态。

静态压缩实验中,试件的应变率为 $3.3\times10^{-4}\ s^{-1}$,当各个试样高度应变达到高度的 7% 时卸载,卸载速度与加载速度相同。实验前,测量试样的高度为 h_0,加载使试样应变达到 7% 时记录此时试样的高度为 h_1,紧接着卸载,试样发生变形回复,测量回复后的试样高度为 h_2。实验前试样的两个端面要涂上润滑油以减小实验机压头和端面之间的摩擦力,以免影响实验结果。由此来研究相同直径不同高度的镍钛形状记忆合金试样的静态压缩时伪弹性性能的变化，并分别从定性和定量的角度对实验结果进行分析和讨论。

(2)定性分析

图5.28是不同高径比的镍钛形状记忆合金试样静态压缩时的相变伪弹性曲线。

从整体上看，随着高径比越来越大，相变伪弹性曲线越来越饱满，从狭长的条带状慢慢变成典型的旗帜状。由此说明，随着高径比的增加，镍钛形状记忆合金的压缩伪弹性渐渐地变化着。为了更清晰地了解这一变化，下面进行仔细的分析，按照曲线的形状将曲线分成条带状和旗帜状两个区域，分别进行比较，然后再综合所有试样的曲线进行整体比较。

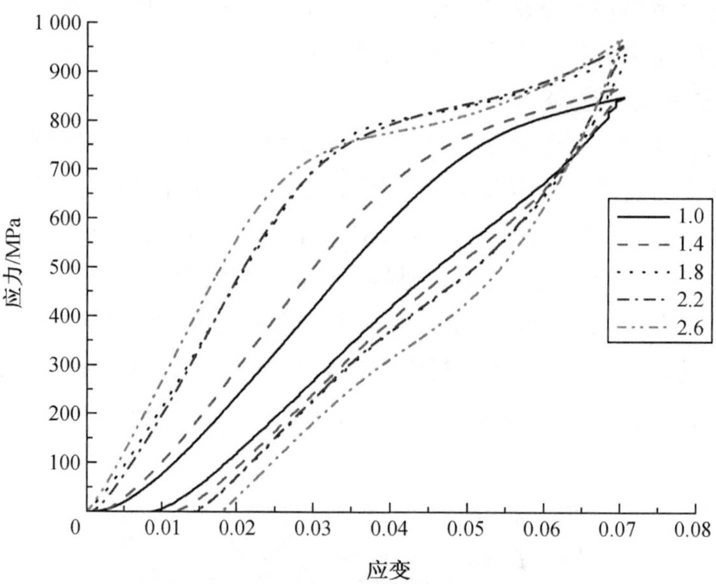

图5.28 不同高径比的试样静态压缩时的相变伪弹性曲线

①条带状应力－应变曲线的比较

高径比为1.0和1.4的试样，其相变伪弹性曲线几乎呈条带状，下面就对这两个试样的压缩伪弹性曲线进行比较，如图5.29所示。

由图5.29可知，实线表示试样高径比为1.0的应力－应变曲线，虚线表示试样高径比为1.4的应力－应变曲线。这两个相变伪弹性曲线都不是典型的旗帜状，卸载阶段马氏体弹性回复，逆相变回复和母相奥氏体的线性回复三个阶段斜率的变化不大，分界并不是很清晰，形状更似狭长的条带状。

加载过程：由图5.29可知，加载阶段的高径比1.4的试样超弹性滞回曲线始终在高径比为1.0的曲线之上，具有明显的硬化现象。到达最大应变的7%时所对应的应力也大于高径比为1.0的试样，此时曲线没有上翘现象，说明马氏体相变还没有进入结束阶段。在母相的线弹性变形阶段，高径比为1.4的试样比高径比为1.0的试样的斜率要大，即高径比为1.4的试样的母相奥氏体的弹性模量大于高径比为1.0的试样。

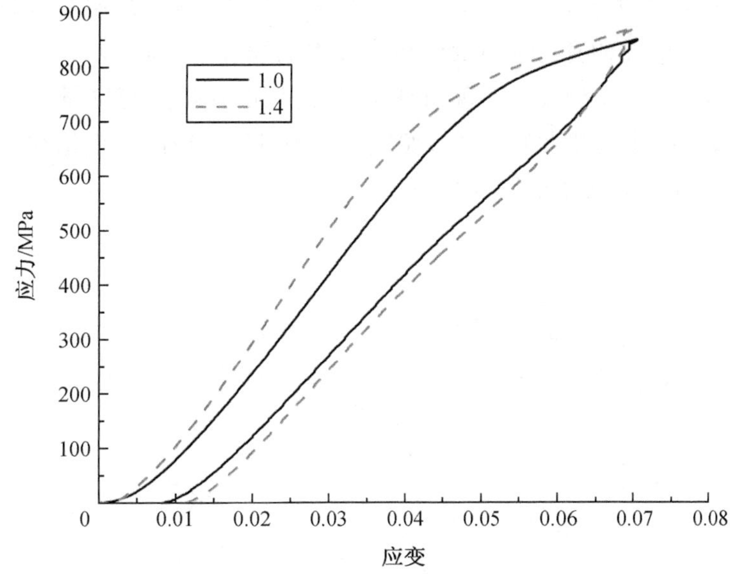

图 5.29　高径比为 1.0 和 1.4 的试样压缩伪弹性曲线对比图

卸载过程:由图 5.29 可知,卸载阶段从整体来说高径比为 1.4 的试样曲线在高径比为 1.0 的曲线下方,可以看出在卸载初始阶段,高径比为 1.4 的试样马氏体线弹性回复阶段的斜率比高径比为 1.0 的试样大,这也说明高径比为 1.4 的试样马氏体线性回复阶段的弹性模量 E_M 比高径比为 1.0 的试样大。卸载阶段从逆相变开始具有了软化现象,高径比为 1.4 的试样曲线始终在高径比为 1.0 的试样之下。整个卸载阶段,高径比大的试样,在卸载过程中三个阶段的斜率相比变化越大,即卸载过程三个阶段的分界越清晰。

值得一提的是,由图 5.29 可知,加载初始阶段即母相奥氏体的弹性变形与卸载初始阶段马氏体的弹性回复阶段的斜率均与高径比有关,即高径比越大母相奥氏体的弹性模量 E_A 和马氏体线性回复阶段的弹性模量 E_M 越大。在线弹性回复过程中,即使试样的高径比有变化,但是母相回复阶段的斜率几乎没有差别,不随高径比的变化而变化。同时,高径比越大的试样,其应力 - 应变曲线所包围的面积也越大。

②旗帜状应力 - 应变曲线的比较

图 5.30 所示是高径比为 1.8,2.2 和 2.6 的试样静态压缩时的伪弹性曲线图,可以明显地看出,图中所示 3 个试样的相变伪弹性曲线都呈旗帜状。且此三种高径比的试样超弹性曲线十分相似,形状变化并不十分明显,尤其是高径比为 1.8 和 2.2 的试样,其伪弹性曲线几乎重合,但是仔细观察会发现,其实这三条曲线随着高径比的增加还是发生了变化的。

加载过程:在图 5.30 中,第一阶段是母相奥氏体的线弹性变形,其斜率代表了不同高径比的镍钛形状记忆合金试样的奥氏体弹性模量 E_A,此阶段高径比为 1.8 和 2.2 的试样应力 - 应变曲线几乎重合,其母相弹性模量也几乎相等,但是仔细观察还是看出高径比为 2.2 的试样比 1.8 的试样母相弹性模量 E_A 要稍大一点,对于高径比为 2.2 和 2.6 的试样,可以很容易地看出,高径比为 2.6 的试样比 2.2 的试样母相弹性模量 E_A 要大。针对这三个高径比试样可以看出,母相弹性模量 E_A 随着高径比的增加而增加。其次看第二阶段马氏体相变阶段，在马氏体相变阶段三个高径比试样的曲线没有很大差别，但当加载到最大应变量(7%)时却发现三个试样的应力－应变曲线均发生上翘现象，而且高径比越大的试样，其最大应变量对应的应力值也越大，上翘现象越明显，这说明在最大应变量时，马氏体相变已经接近尾声，同时发现高径比越大的试样开始发生上翘时所对应的应变值越小，即高径比越大的试样完成马氏体相变时产生的形变越小。

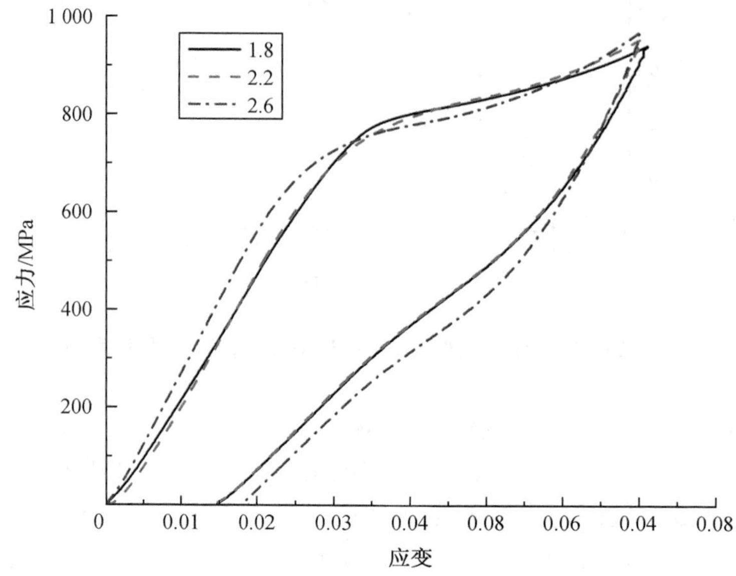

图 5.30 高径比为 1.8、2.2 和 2.6 的试样静态压缩为弹性曲线图

卸载过程：比较卸载初始阶段的曲线可以明显看出，高径比越大的试样卸载初始阶段的曲线越陡峭，即马氏体回复阶段的弹性模量 E_M 随着高径比的增加而增大，这与前面高径比为 1.0 和 1.4 试样的变化规律是一样的；再来看马氏体逆相变阶段，由图 5.30 可知，高径比为 1.8 和 2.2 试件的马氏体逆相变阶段几乎重合，所以这个阶段的斜率是几乎相等的，但是与高径比为 2.6 的试样相比可以看出，高径比为 2.6 的试样逆相变阶段相对下移了一些，而且相变平台的斜率要小一些。接着再看最后的母相线弹性的回复阶段，可以看出，高径比的变化并不影响母相线弹性回复的斜率，即母相回复的速度不受高径比变化的影响，这也与前面分析的高径比为 1.0 和 1.4 的试样在此阶段的变化趋势相同。

对于图 5.30 所示的由加载和卸载过程组成的相变伪弹性曲线的整体形状而言，高径比越大，滞回曲线所包围的面积就越大越饱满，只不过变化的幅度很小；同时，在加载初始阶段和卸载初始阶段的两个弹性模量 E_A 和 E_M 都随着高径比的增加而增大。

③高径比相邻且曲线分别呈狭长条带状和旗帜状的两试件比较

前面对呈现出旗帜状和狭长条带状的相变伪弹性曲线分别进行了分析比较，各自有各自的特点，由上述可知高径比较小时，超弹性滞回曲线呈条带状，高径比相对较大时，滞回曲线呈旗帜状，且旗帜状随着高径比的增加越来越明显。下面来分析这两种形状滞回曲线间的过渡情况与高径比的关系。以高径比最接近且分别呈条带状和旗帜状的两条曲线，即高径比分别为 1.4(条带状)和 1.8(旗帜状)的两种试样的相变伪弹性曲线来说明，图 5.31 是高径比为 1.4 和 1.8 的两试样相变伪弹性曲线图。

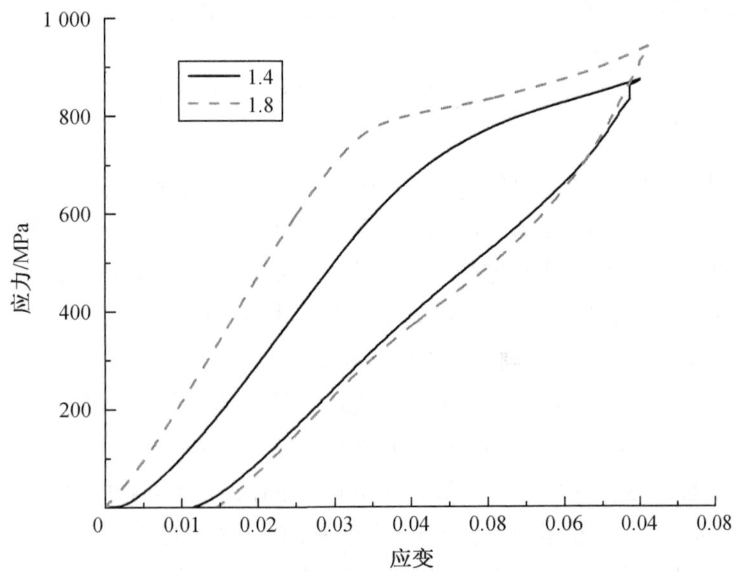

图 5.31　高径比为 1.4 和 1.8 的两试样相变伪弹性曲线图

图 5.31 表示的是两个条带状和旗帜状曲线的比较图，由该图可以看出，高径比的不同使得这两个曲线有着很大的不同。从整体来看，高径比越大，试样的滞回曲线所包围的面积越大，形状越饱满，而且高径比为 1.4 的试样几乎被包含于高径比为 1.8 的试样的曲线之内，两者的面积也相差甚大。从局部来看，加载阶段，高径比为 1.8 的试样始终在高径比为 1.4 的试样之上，具有强化效应。在母相线弹性变形阶段，高径越大，其斜率越大，即母相弹性模量 E_A 越大；第二阶段即马氏体相变阶段，高径比为 1.4 的试样由第一阶段过渡到相变阶段比较平滑缓慢，而高径比为 1.8 的试样由第一阶段进入相变阶段就比较急剧，转折点也比较尖锐，越来越具有旗帜状的特点；当到达最大应变 7% 时，高径比越大的试样对应的应力也越大，而且高径比为 1.8 的试样在到达最大应变量前就已经明显发生上翘现象，相变阶段已接近尾声，而高径比为 1.4 的试样直到应变达到最大应变量时却还很平滑，没有一点上翘的痕迹，这说明高径比越大的试样能越早结束相变，即相变阶段结束点对应的应变值越小。再来比较卸载阶段，卸载开始阶段两个曲线有交叉，对于马氏体弹性回复阶段来说，高径比越大马氏体线弹性回复阶段的斜率越大，即马氏体弹性模量 E_M 越大；从第四阶段即逆相变阶段开始直至第五阶段卸载结束，看出高径比越大的试样其曲线越低，说明第四和第五阶段随着高径比的增加又具有了软化效应。由图 5.31 可知，不同高径比的试样在这两个阶段的变化又不是完全一样的，在第四阶段，高径比越大，曲线斜率越小，即相变平台越缓，这使得曲线的形状越来越接近旗帜状，而第五阶段无论高径比大小曲线的斜率几乎相等，没有变化。

④高径比最大和最小的两个试样的滞回曲线比较

图5.32是高径比最大和最小的两个试样的超弹性滞回曲线对比图,两个图形呈现鲜明的对比。首先,看整体形状,高径比为1.0的曲线为狭长的条带状,高径比为2.6的曲线为典型的旗帜状,而且两个曲线所包围的面积估计有三倍之差。

其次,看加载初始的弹性阶段,高径比为2.6的斜率明显要大,即母相弹性模量 E_A 要大。

再次,看马氏体相变阶段,高径比为2.6的试样相变初始应力比高径比为1.0的试样小。

最后,加载到最大应变量时,高径比为2.6的试样最大应变所对应的应力明显高于高径比为1.0的试样,此时高径比为2.6的试样相变平台已经发生明显上翘现象,即相变阶段已接近尾声,马上进入应力诱发马氏体弹性变形阶段,而高径比为1.0的试样却还处于平缓的相变阶段,没有相变结束的征兆,即可以看出高径比越大,相变结束时的应变越小。也就是说,高径比越大的试样完成马氏体相变时的形变就越小。

形变进入第三阶段,仍然是高径比越大,试样的马氏体线性回复阶段的斜率越大,即 E_M 越大;对于第四阶段,这两个曲线有着明显的不同,高径比为1.0的试样第四和第五阶段几乎重合,没有明显的分界,而高径比为2.6的试样第四阶段是明显的逆相变平台,曲线的斜率比较小,不同于第五阶段母相弹性回复时的斜率,所以高径比为2.6的试样曲线更接近旗帜状。对于第五阶段,两个试样的斜率几乎相等,但最后的残余应变明显不同,高径比大的试样残余应变也大些。

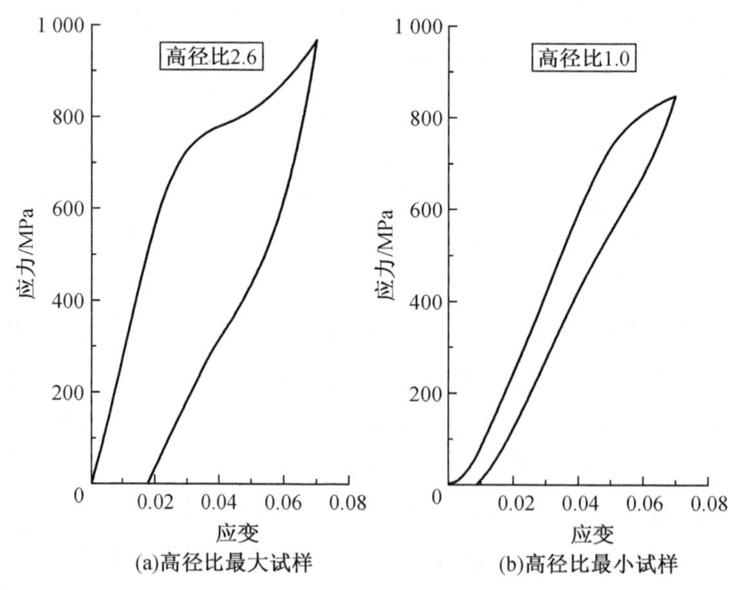

图5.32 高径比最大和最小的两个试样的超弹性滞回曲线对比图

从以上对五个不同高径比的镍钛形状记忆合金试样的压缩伪弹性性能定性的比较中,发现了明显的尺寸效应,具体总结如下。

①随着高径比的增加,母相弹性变形阶段的斜率明显增大,即母相奥氏体的弹性模量

E_A 随着高径比的增加而增加。

②随着高径比的增加,加载阶段产生了明显的硬化效应。

③随着高径比的增加,由母相线弹性阶段向马氏体相变阶段的转换愈加明显,但马氏体相变平台的斜率随着高径比的增加无规律性变化。

④虽然在高径比为 1.0 和 1.4 的试样中没有观察到马氏体相变结束点,但是由其他 3 个不同高径比的试样可以预测到马氏体相变结束所对应的应变随着高径比的增加而减小。

⑤对于加载结束阶段,从曲线的形状来看,高径比越大,曲线上翘幅度越大。

⑥卸载开始阶段,马氏体相弹性回复的斜率随着高径比的增加而增加,即随着高径比的增加马氏体弹性模量 E_M 也在增大。

⑦随着高径比的增加,马氏体逆相变阶段的斜率在变小,即逆相变平台随着高径比的增加而愈加平缓。

⑧卸载结束阶段,高径比的变化对母相回复阶段的斜率几乎不存在影响,即随着高径比的增加,母相线弹性回复阶段没有明显变化。

⑨随着高径比的增加,第四和第五阶段均出现了软化现象,即逆相变软化系数(逆相变平台的斜率)随着高径比的增加而减小。

⑩随着高径比的增加,超弹性滞回曲线的形状越来越饱满,越来越接近旗帜状,所包围的面积也越来越大。

(3)定量分析

①马氏体相变临界应力和应变随高径比的变化比较

在伪弹性曲线上,由母相线性变形向马氏体相变过程的过渡范围很宽,所以很难确定具体的相变开始点。在母相状态下的压缩应力 - 应变曲线上,将开始偏离母相线弹性阶段的应力和应变作为该温度下诱发马氏体所需的临界应力和应变,即马氏体相变开始的应力 $\sigma^{A\to M}$ 和应变 $\varepsilon^{A\to M}$,如图5.33 所示。

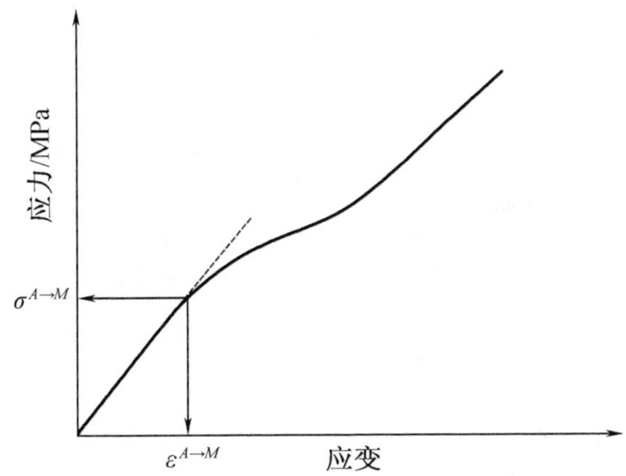

图 5.33　马氏体相变初始应力的确定示意图

如图 5.34 所示,图中带有箭头的线代表母相弹性变形的趋势线,箭头线与伪弹性曲线相分离的点对应马氏体相变的临界应力和应变值。其中,箭头线由高到低分别代表高径比由小到大的镍钛形状记忆合金试样的母相线弹性变形的趋势线。

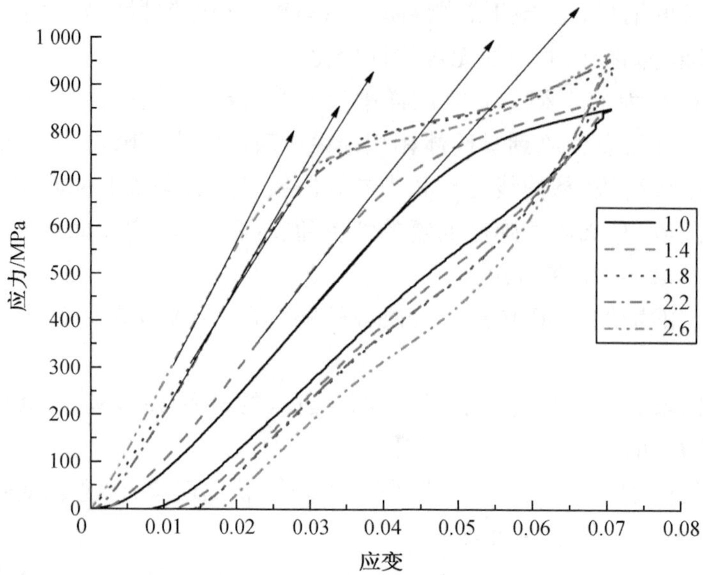

图 5.34　马氏体相变临界应力 $\sigma^{A\to M}$ 和应变 $\varepsilon^{A\to M}$ 的确定图

图 5.35 所示的折线图表示不同高径比的试样发生马氏体相变时的初始应力和应变点，这些点的数据取自图 5.34 所示的偏离直线的点。在图中，马氏体相变的临界点的分布随高径比的变化没有统一的趋势，所以看不出这些点随高径比有何变化，下面将马氏体相变临界点的应力值和应变值分别与高径比绘制在同一图中来比较临界应力和临界应变随高径比的变化。

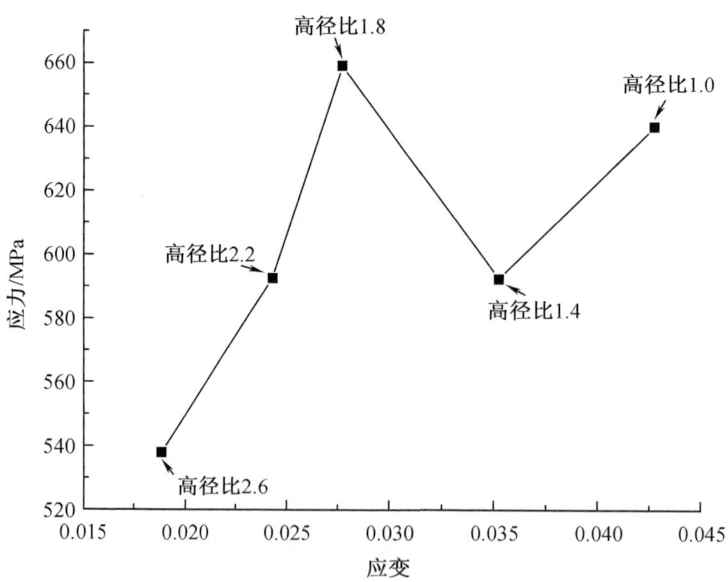

图 5.35　不同高径比试样的马氏体相变临界应力应变点图

图 5.36 是马氏体相变的临界应力 $\sigma^{A\to M}$ 随高径比的变化情况。临界应力随高径比的变化分成了两段折线，高径比为 1.4 和 1.0 的试样相比，随高径比的增加临界应力减小，高径比为 1.8、2.2 和 2.6 三个试样的临界应力也随高径比的增加而减小。但是，所有不同高径比试样放在一起来比较发现整个趋势在高径比为 1.6 的试样附近发生了跳跃，由定性分析可知，高径比为 1.6 左右的两个试样的应力 - 应变曲线差别比较大，可以很明显地看出，高径比为 1.8 的试样与高径比为 1.4 的试样相变伪弹性图的形状明显不同，高径比为 1.8 的试样为旗帜状，高径比为 1.4 的试样为条带状，且高径比为 1.8 的试样在应变达到最大应变量前已发生明显的上翘，相变有结束的征兆，高径比为 1.4 的试样却没有任何上翘的痕迹，也就是马氏体相变正在进行中，还没有进入相变结束阶段，因此在定性分析中可以看出，高径比在 1.6 左右的两个试样很多的参数都有很大的差别，而不是遵循一种渐变的规律。同样，在这里的定量分析中也发现马氏体相变的临界应力也在高径比为 1.6 左右的两个试样处发生了很大的变化，因此可以预测在高径比为 1.4 和 1.8 之间存在着这样的一个临界高径比 λ_0'，当高径比等于临界高径比 λ_0 时，相变伪弹性曲线的形状既可以认为是旗帜状，也可以认为是条带状。当应变为最大应变量时，曲线似乎要上翘却又没有上翘。以这样一个临界高径比 λ_0' 为分界点，当试件的高径比小于 λ_0' 时，随着高径比的增加，马氏体相变临界应力在减小，相变伪弹性曲线的形状为条带状且逐渐向旗帜状发展，同时高径比越是增加，马氏体相变阶段越早结束。当试件的高径比大于 λ_0' 时，随着高径比的增加，马氏体相变临界应力在减小，相变伪弹性曲线的形状为旗帜状且随着高径比的增加逐渐饱满，同时随着高径比的增加马氏体相变阶段越早结束。由此可以看出，对于相变伪弹性曲线的某些特性参数来说，高径比 λ_0' 是一个分界点，在分界点两侧的范围内其力学性质的某些方面随着高径比的变化具有渐变的规律。

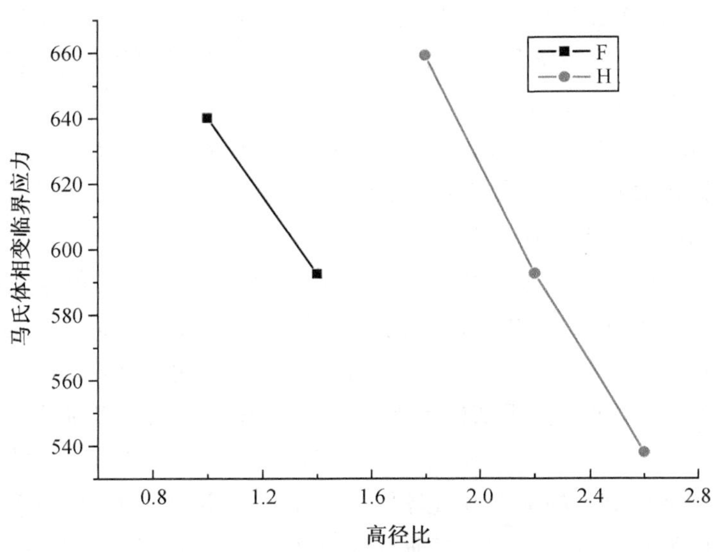

图 5.36　临界应力 $\sigma^{A\to M}$ 随高径比的变化图

图 5.37 是马氏体相变的临界应变 $\varepsilon^{A\to M}$ 随高径比的变化情况。从该图可以很明显地看

出，马氏相变的临界应变随高径比的增加在逐渐减小，在本节所研究的高径比范围内，临界应变从 4.2% 减小到 1.9% 。马氏体相变的临界应变随高径比的增加发生规律变化，而临界应力随高径比的变化却不具有规律性，在临界高径比处发生了跳跃。

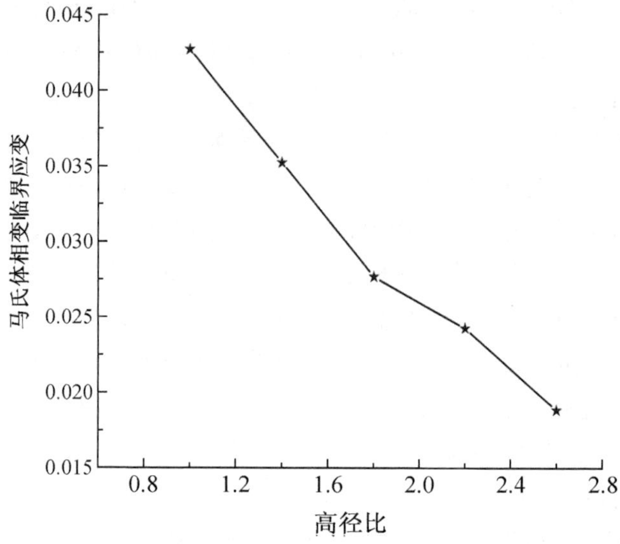

图 5.37　临界应变 $\varepsilon^{A\to M}$ 随高径比的变化图

②相变滞后宽度随高径比的变化

相变滞后宽度是衡量形状记忆合金性能的一个重要指标，相变滞后宽度小表明相变阻力小，所需的相变驱动力就小，热弹性马氏体相变易于发生，变形比较快；相变滞后宽度大表明相变阻力大，所需的相变驱动力就大，热弹性马氏体相变难于发生，变形比较慢。相变滞后宽度的表示方法有多种，以滞回曲线面积来表示，滞回曲线面积越大，表示循环过程中消耗的能量越多，相变滞后宽度越大。

对于图 5.37 所示的不同高径比的相变伪弹性滞回环，在前面的定性分析中认为，滞回环所包围的面积随着高径比的增加而增大，为了验证这一结论，下面来计算这 5 个滞回环的面积，然后进行定量的比较，如图 5.38 所示。

由图 5.38 很明显地看出，试样的相变伪弹性滞回环包围的面积也具有明显的尺寸效应，在所研究的高径比范围（1.0～2.6）内随着高径比的增加滞回环的面积也在增大，由 8.43 MPa 增加到 24.84 MPa。在前面的定性分析中也发现随着高径比的增加滞回曲线所包围的面积在逐渐增大，与定量分析结论是吻合的，从定量分析的角度证实了定性分析部分的相关结论。滞回曲线的面积代表了相变滞后宽度的大小，相变滞后宽度的大小又表示镍钛形状记忆合金材料耗能能力的大小，所以滞后宽度越大就说明材料的耗能能力越强，在抗震减灾中就能越好的发挥效用。在本节所研究的高径比范围内，随着高径比的增加，镍钛形状记忆合金材料的相变滞后宽度在数值上大约增加了 3 倍，即耗能能力增强了大约 3 倍，使得在工程实际应用中的效果也大大增强了。

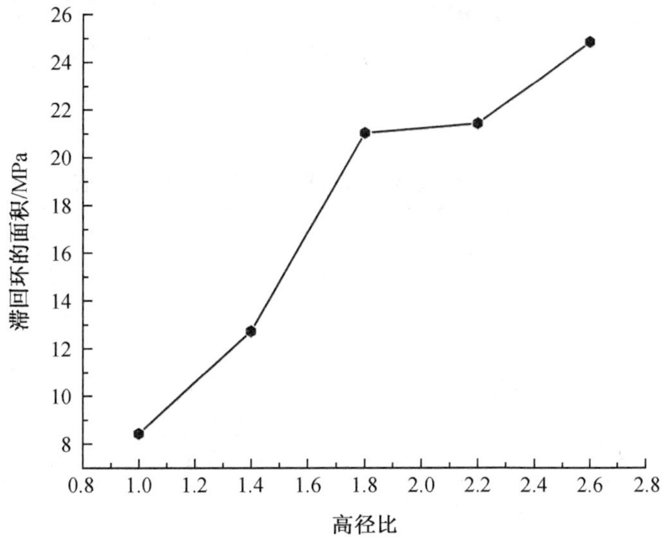

图 5.38　相变伪弹性滞回环的面积随高径比的变化图

③残余应变和变形回复率随高径比的变化

表示镍钛形状记忆合金的超弹性性能的另一个参数便是变形回复率，下面定量的分析一下不同高径比的镍钛形状记忆合金试样，卸载后残余应变及其应变回复率。

关于最大应变、残余应变和应变回复率的计算，可用以下几式来表示。

最大应变为

$$\varepsilon_{\max} = \frac{h_0 - h_1}{h_0} \tag{5.4}$$

残余应变为

$$\varepsilon_c = \frac{h_0 - h_2}{h_0} \tag{5.5}$$

应变回复率为

$$\eta_2 = \frac{h_2 - h_1}{h_0 - h_1} = \frac{\varepsilon_{\max} - \varepsilon_c}{\varepsilon_{\max}} \tag{5.6}$$

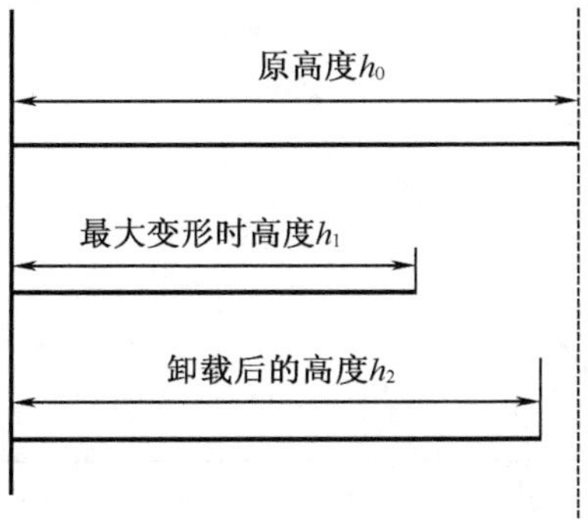

图 5.39　应变回复率的计算示意图

在本节的实验过程中，分别记录了 h_0、h_1 和 h_2 的值，为了说明残余应变和变形回复率随高径比的变化，需要对实验中所记录的数据按式(5.4)至式(5.6)进行计算，计算结果如表5.11 所示。

表 5.11　不同高径比试样静态压缩时相关数据表

高度/mm	5	7	9	11	13
高径比	1.0	1.4	1.8	2.2	2.6
最大应变 ε_{max}	7.05%	7.01%	7.11%	7.03%	7.025%
残余应变 ε_c	0.86%	1.16%	1.47%	1.42%	1.79%
回复应变 $\varepsilon_{max}-\varepsilon_c$	6.19%	5.85%	5.64%	5.61%	5.23%
回复率 η	87.84%	83.44%	79.37%	79.78%	74.51%

表5.11 中记录了不同高径比的试样压缩加卸载后的残余应变、回复应变及应变回复率的数值。为了更形象直观地比较，把上表的数据绘制成曲线图形，如图5.40 与图5.41 所示。

从图5.40 可以看出，在研究高径比为1.0～2.6 的范围内，试样被加载到最大应变量后卸载。随着高径比的增加，试样的残余应变整体上呈现增加的态势，但局部有震荡，比如高径比为1.8 的试样比高径比为2.2 的试样残余应变大，原因可能是加载过程中对最大应变量控制的不够精确，使得试样的最大应变量差别比较大，以致残余应变就有了趋势上的震动。在实测结果中也证实了这一点，高径比为1.8 的试样最大应变为7.11%，而与其相邻的两个试样即高径比分别为2.2 和1.4 的试样最大应变分别是7.03%和7.01%，几乎相等，这与高径比为1.8 的试样最大应变相差很大，所以使得最终卸载后的残余应变在高径比为1.8 的试样处发生了跳动。因此，从整体上看，相同直径的试样压缩到相同的应变量卸载，高度越大，残余应变也越大。在本节里，当高径比为2.6 时，残余应变最大为1.79%，而当高径比为1.0 时，残余应变最小为0.86%，高径比由小变大过程中残余应变增大了将近1 倍。

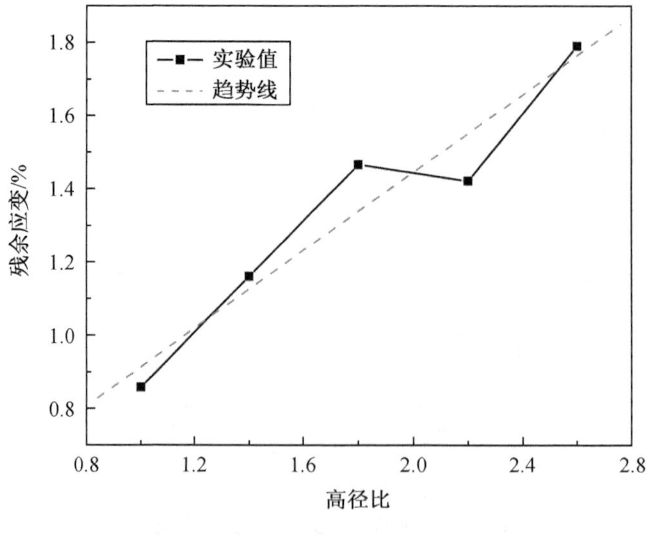

图 5.40　残余应变随高径比的变化图

图 5.41 表示不同高径比的压缩试件在加载到相同的应变量卸载后，应变回复率的变化图。由该图可以看出，高径比的变化可以对试件的应变回复率产生影响。随着试件高度的增加，应变回复率整体呈现下降的趋势，但是存在着局部的震荡现象。当高径比为 1.0 时，应变回复率最大，最大达到 87.84%；当高径比为 2.6 时，应变回复率最小，最小值为 74.51%。所以，高径比由 1.0 增加到 2.6，其应变回复率下降大约 13%。

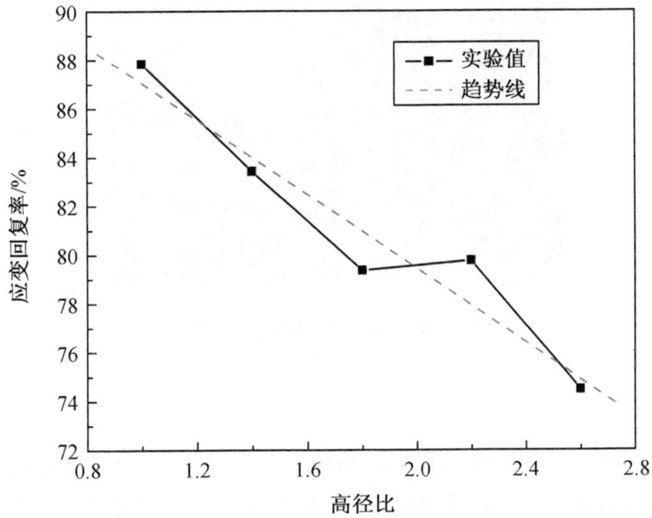

图 5.41　应变回复率随高径比的变化图

镍钛形状记忆合金在静态加载情况下，残余应变和应变回复率随着高径比的变化表现出了明显的尺寸效应，即残余应变随高径比的增加整体呈上升趋势，变形回复率随高径比的增加整体呈下降趋势。也就是说，对于相同直径的镍钛合金在静态压缩时，加载到相同的应变量而后卸载，卸载后的残余应变量随着高径比的增加而增大，应变回复率随着高径比的增加而变小，具有明显的尺寸效应。

由以上的定量分析可以看出，随着高径比的变化，镍钛形状记忆合金试样具有明显的尺寸效应，具体表现如下。

①马氏体相变临界应变随着高径比的增加而减小。

②对于马氏体相变临界应力，以临界高径比 λ_0'为界，在其左右的两个高径比范围内，临界应力都随着高径比的增加而减小，在临界高径比 λ_0'处，相变临界应力有很大的跳动。

③随着高径比的增加，相变滞后宽度增加，即相变伪弹性滞回曲线的面积增大，在本节所研究的高径比为 1.0 ~ 2.6 的范围内，面积增加了大约 3 倍，即耗能能力随着高径比的增加而增大。

④随着高径比的增加，卸载后的残余应变在增加，应变回复率随着高径比的增加整体呈下降趋势，且局部有震荡。

5.3.3 动态压缩实验

1. 实验装置

高应变率动态压缩实验在 SHPB 装置上进行,装置如图 5.42 所示,实验采用的压杆直径是 14.5 mm。

图 5.42 SHPB 实验装置图

2. 实验过程

对 SHPB 装置中各杆的对中进行调试,确保杆的同轴度,打开相关仪器并进行初始设置,测量试样的直径和高度,在试样两端涂抹凡士林润滑油,将试样放置于入射杆和透射杆之间,开启动力源,发射子弹,记录并保存实验数据,测量动态压缩后的试样尺寸,测试完毕后,关闭实验仪器,整理实验现场,完成实验。

3. 动态压缩实验结果与讨论

实验采用的试件直径有 5 mm 和 3 mm 两种,两个试样的相变温度不同,在室温下均为母相奥氏体状态。直径 3 mm 试样用于单次动态压缩实验,直径 5 mm 试样用于重复动态压缩实验。

单个试件的实验具有偶然性,仅以单个试件的实验数据不足以证明实验结果的准确性,因此每个实验都需要重复做三次后取平均值,这也要求实验仪器具有很好的重复性,所以首先对冲击装置进行重复性验证,以直径 3 mm 的镍钛形状记忆合金试件为例。图 5.43 是室温下,直径和高度均为 3 mm 的两个试件在应变率为 2 400 s^{-1}下的应力 - 应变曲线,由图可知,这两个应力 - 应变曲线吻合度较高,证明实验装置的可靠性。

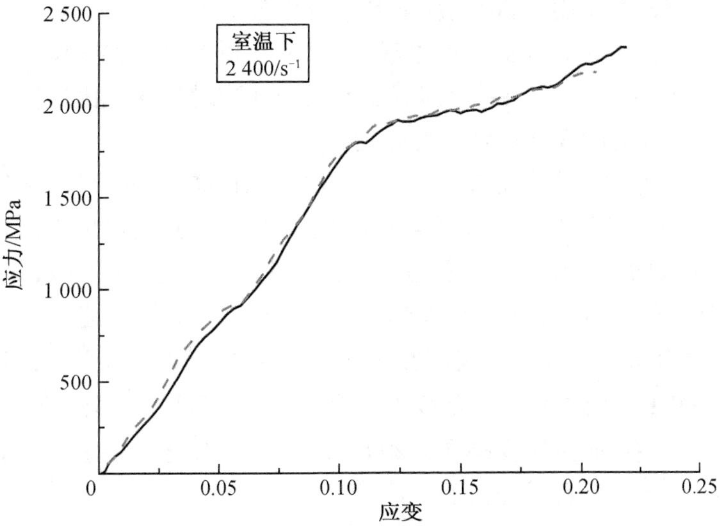

图 5.43　实验仪器的重复性的验证图

对于高应变率实验，直接采集到的是应变片上的电压变化信号。图 5.44 为两个不同直径的圆柱形试样在高应变率实验中所采集到的两个典型波形图。

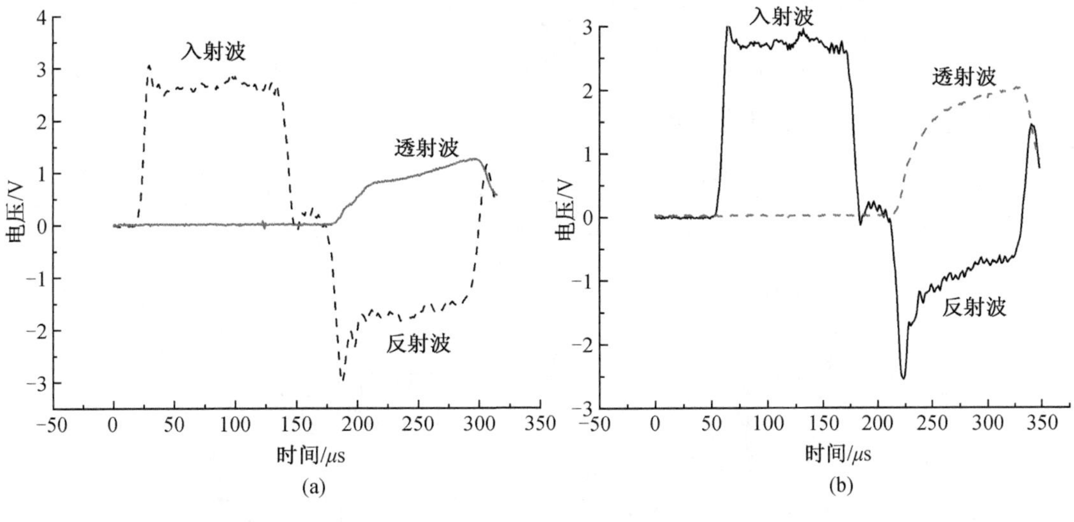

(a) 直径 3 mm 试样的波形图；(b) 直径 5 mm 试样的波形图。

图 5.44　冲击压缩实验典型波形图

4. 不同应变率的动态压缩实验

试样 1 用于应变率为 2 500 s^{-1} 的实验，试样 2 用于应变率为 2 100 s^{-1} 的实验。由于试件在高速冲击时，变形初始阶段应变的变化并非稳定不变的，也就是说，高应变率实验过程中很难获得相对稳定的应变率，因此在动态实验过程中所说的应变率都是指变形后期应变率稳定以后的值。

(1)直径 3 mm 试件动态压缩时的应变及应变率分析

由图 5.45(a)的应变－时间曲线可以看到，对于 1 和 2 两个试样来说，在整个变形过程中，应变并非一直处于恒定状态，在变形初始阶段，应变随时间变化比较快，而且都是在应变达到 6.5% 左右时应变随时间开始均匀变化的。

由图 5.45(b)应变率随应变的变化这两条曲线可知，这两条曲线的变化趋势几乎相同。整个应变率的变化过程分为两个阶段：第一阶段是应变率急剧变化阶段；第二阶段是应变率稳定阶段。两个阶段的分界点大约都在应变达到 6.5% 时。对于试件 1，变形稳定后应变率为 2 500 s^{-1}，在变形开始阶段，应变率迅速增至 4 900 s^{-1}，随后，迅速下降至 3 000 s^{-1}左右，此刻对应的应变约为 6.5%，而后应变率在 2 700 ~ 2 400 s^{-1}内震荡并逐渐稳定；对于变形稳定后应变率为 2 100 s^{-1}的试件 2，在变形开始阶段，应变率迅速增至 3 700 s^{-1}左右，随后迅速下降至 2 500 s^{-1}左右，而后应变率在 2 200 ~ 1 900 s^{-1}内震荡并逐渐稳定，其应变率稳定阶段也是从应变为 6.5% 左右时开始的。

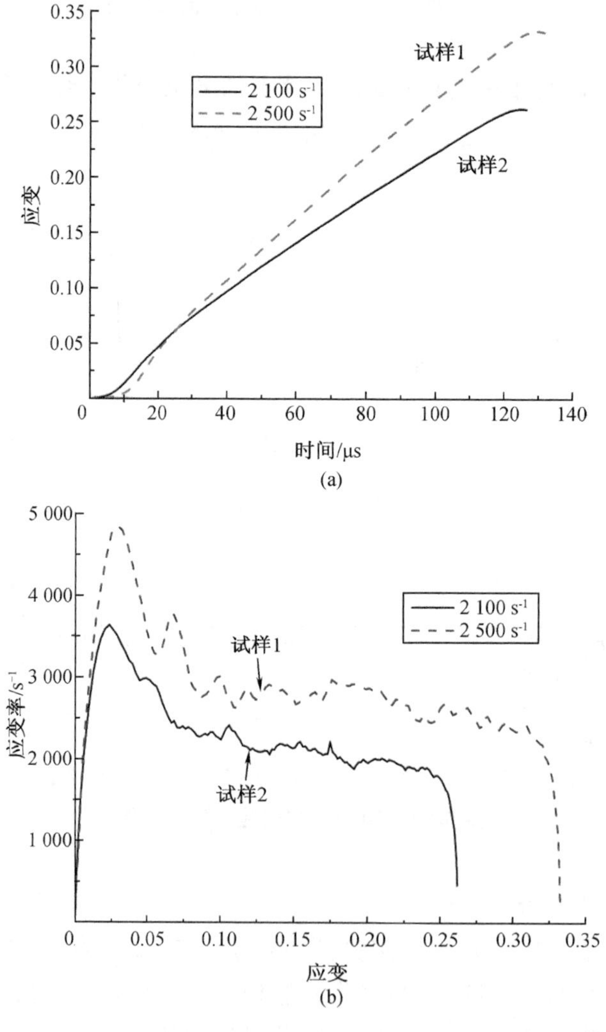

(a)应变－时间曲线；(b)应变弯－应变曲线。

图 5.45 试样 1 和试样 2 动态压缩实验相关曲线比较图

由以上的分析可知，试件 1 和试件 2 两个镍钛形状记忆合金在奥氏体状态下，动态压缩变形时的变形速率大约分两个阶段，变形开始直到应变为 6.5% 左右时变形速率较高，达到 6.5% 以后，应变率变小且趋于恒定，所以，应变量为 6.5% 是直径 3 mm 的镍钛形状记忆合金高速变形的一个分界点，该分界点表明，当应变达到 6.5% 时，材料应变率逐渐稳定下来。

(2) 直径 3 mm 试件动态压缩时应力分析

图 5.46 是直径 3 mm 镍钛合金试样 1 和 2 在两个高应变率下的冲击压缩应力 - 应变曲线，其中实线表示的是试样 2 的应力 - 应变曲线，虚线表示的是试样 1 的应力 - 应变曲线。

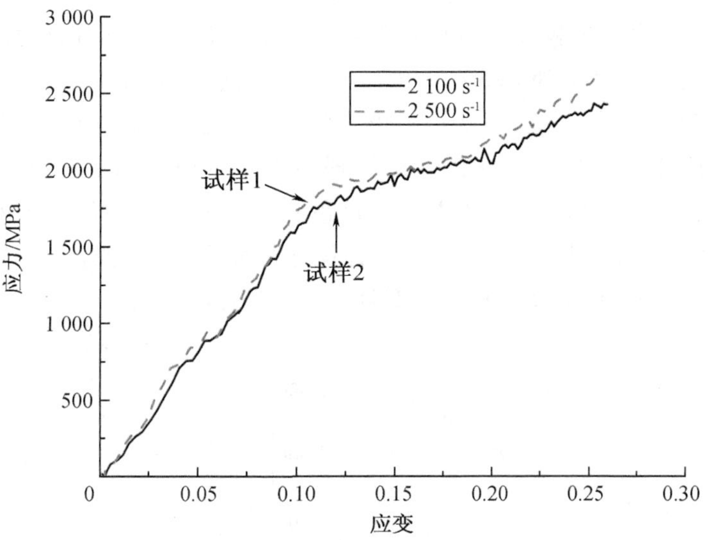

图 5.46　试样 1 和 2 的应力—应变曲线图

由图 5.46 可知，两个试样的应力随应变的变化关系极其相似，都是先经过母相状态下的弹性变形阶段，然后，进入马氏体相变的超弹性变形阶段。相变结束后，进入应力诱发马氏体状态下的弹性变形阶段，最后进入马氏体塑性变形阶段。观察发现，两个曲线的变化趋势虽然一样，但试样 1 的曲线始终在试样 2 曲线之上，同时，由图 5.46 可知，从整体上看，试样 1 的应变率大于试样 2 的应变率，数值上相差大约 400 $m \cdot s^{-1}$，由这两个不同应变率下的应力 - 应变曲线比较图可以看出，应变率增大时，相同应变所对应的应力增大，这就说明了镍钛形状记忆合金具有应变率强化效应。

观察图 5.46 中两个试样的应力 - 应变曲线，可以看出，试样 2 在 700 MPa 左右时，进入超弹性变形阶段，在 900 MPa 左右时，马氏体相变结束，在相变超弹性阶段应力的变化幅度约为 200 MPa，而在相变超弹性阶段应变的变化由大约 4.0% 到 6.5%，变化幅度为 2.5%。当应变超过 6.5% 后，镍钛形状记忆合金试样就处于马氏体状态，以后的变形均是应力诱发马氏体状态的变形，而且塑性变形开始时的应力约为 1700 MPa。同理，对于试样 1 在 740 MPa 左右开始马氏体相变，而在 950 MPa 左右相变结束，此时，对应于相变结束的应变约为 6.5%，相变阶段应变的变化约为 2.5%，应变达到 6.5% 后，进入到应力诱发马氏体状态的变形阶段,而且塑性变形开始的应力约 1850 MPa,此时的应变与试样 1 几乎相同。

由以上的分析有

①在本节研究的应变率范围内,随着应变率的增加,镍钛形状记忆合金马氏体相变开始和结束应力都呈升高的趋势,应力诱发马氏体塑性变形初始应力增加,即在本节所研究的高应变率范围内,奥氏体状态下的镍钛形状记忆合金具有应变率强化效应。

②镍钛形状记忆合金在动态压缩时的变形分为两个阶段,以应变量 6.5%(马氏体相变结束点)为分界点,在应变量 6.5% 之前,合金试样处于奥氏体及半奥氏体状态下的变形,变形分为奥氏体线弹性变形和相变超弹性变形;在应变量 6.5% 后,合金处于应力诱发的马氏体状态下的变形,变形分为马氏体弹性变形和塑性形变。

③由图 5.47 分析可知,镍钛形状记忆合金试样的变形速率也可分为两个阶段,而且两个阶段的分界点也是应变量为 6.5%。在 6.5% 应变前,试样的应变率较高却不稳定,在 6.5% 以后应变率相对要低一些,但却保持恒定的数值。因而,镍钛形状记忆合金在动态压缩时变形的两个阶段和应变率变化的两个阶段具有对应性,如图 5.47 所示,在应变量为 6.5% 前,奥氏体状态下的线弹性和半奥氏体状态下的超弹性变形阶段与应变率比较高的第一阶段相对应;而在应变量超过 6.5% 以后,变形进入到下一个阶段,即应力诱发马氏体状态下的弹塑性变形,这与后期应变率相对较低且稳定的阶段相对应。

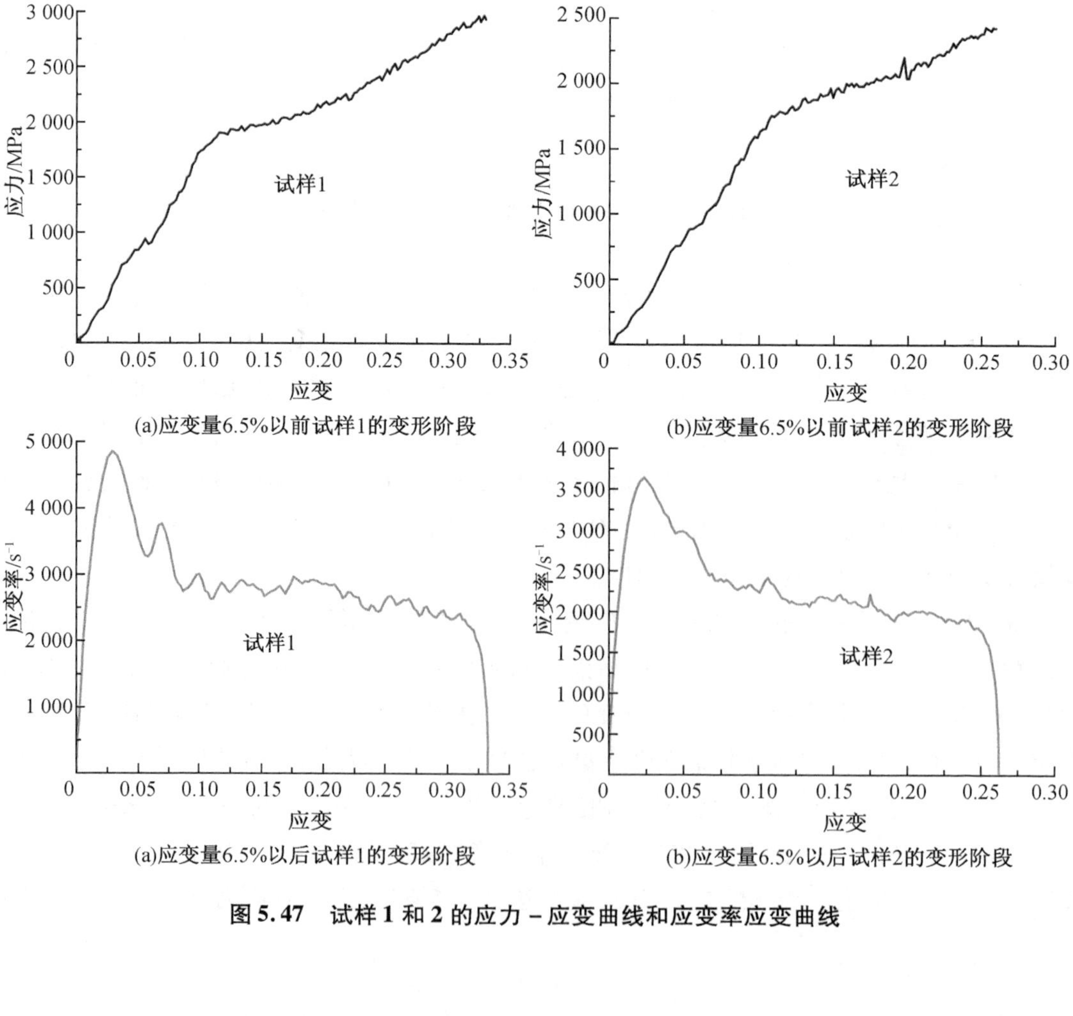

(a)应变量6.5%以前试样1的变形阶段

(b)应变量6.5%以前试样2的变形阶段

(a)应变量6.5%以后试样1的变形阶段

(b)应变量6.5%以后试样2的变形阶段

图 5.47 试样 1 和 2 的应力 - 应变曲线和应变率应变曲线

(3)直径3 mm试样的准静态压缩实验结果分析

为了更加明确高应变率对镍钛合金应力－应变关系的影响,对试件3进行了准静态压缩实验,它的材料和尺寸与试件1和2相同。准静态实验的应变率为0.000 5 s^{-1},得到的压缩应力－应变曲线如图5.48所示。

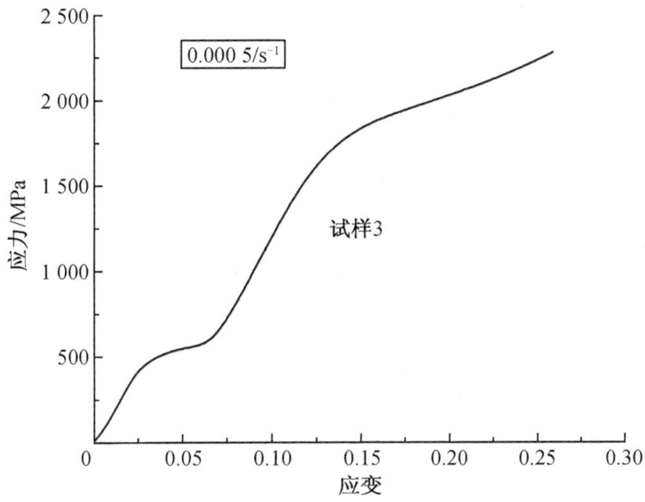

图5.48 试样3的准静态下压缩应力－应变曲线图

如图5.48所示,试样3在准静态条件下的压缩应力－应变关系看出,在准静态条件下镍钛形状记忆合金试样的一个最明显的特征是具有一个很平缓的相变平台。详细的变形过程有:(a)试件先经过母相奥氏体状态下的线弹性变形阶段,(b)然后进入到马氏体相变的超弹性变形阶段,相变结束后进入到应力诱发马氏体的弹性变形阶段,(c)最后进入马氏体塑性变形阶段,整个过程中应变率是恒定的。而且从准静态压缩曲线看到整个试样在静态压缩过程中的马氏体相变平台十分明显,在470 MPa左右进入马氏体相变,在600 MPa左右相变结束,整个相变过程中相变平台的长度由3.0%至6.5%,跨度大约为3.5%,同时,准静态条件下塑性变形开始的应力约为1650 MPa,应变约为13%。

(4)直径3 mm试样的静动态压缩结果对比分析

为了分析镍钛形状记忆合金在由准静态加载到高应变率加载时力学性能的变化,把静态压缩曲线和动态冲击压缩曲线进行比较,图5.49是直径和高度为3 mm的试件1,2和3的静动态实验应力－应变曲线比较图。

由图5.49静动态的应力－应变曲线可以看出,静态和动态压缩曲线在整体的变形趋势上是一样的,但是局部的细节是有一定的差别的,而且存在着明显的应变率强化效应。

综合静动态实验结果讨论可以得出以下结论。

①准静态条件下,曲线表现出了十分明显的马氏体相变平台,在应力为480 MPa左右时,试样进入超弹性变形阶段,而当应变率为2100 s^{-1}和2500 s^{-1}时却发现试件压缩时的相变平台变得十分陡峭,相变初始应力提高到720 MPa左右,这说明在本节所研究的应变率范

围内随着应变率的提高马氏体相变初始和结束的应力都在提高。

②从图 5.49 发现,准静态条件下的相变平台比较平缓,斜率比较小,也就是相变硬化系数小,相变的进行比较容易,而动态条件下的相变平台比较陡峭,相变阶段斜率比较大,即相变硬化系数比较大,相变的进行比较困难,这说明应变率的提高使得马氏体相变进行的难度增加。

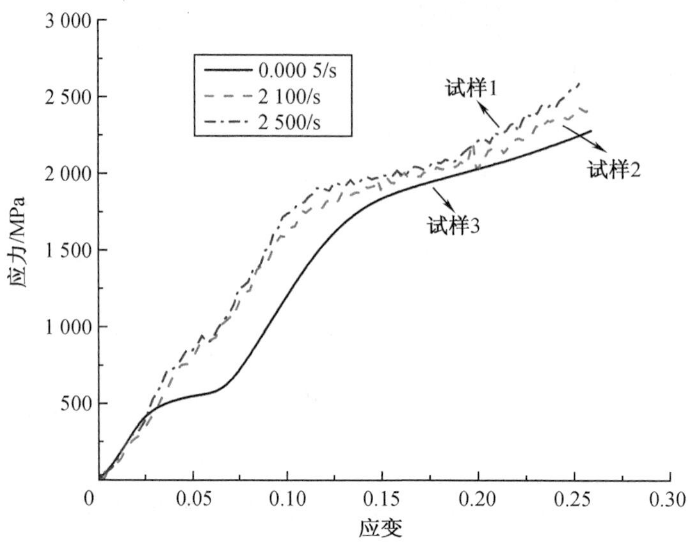

图 5.49 直径 3 mm 试样的静动态应力 – 应变曲线图

③由图 5.49 可以看出,高应变率作用下的马氏体相变阶段,沿应变方向的长度比准静态条件下马氏体相变阶段的长度小,准静态条件下相变阶段应变量的跨度约为 3.5%,而动态条件下相变阶段的应变量的跨度减小至 2.5%,两者相差约 1%,所以随着应变率的升高,相变平台沿应变方向的长度减小。

④从以上三点分析中可以看出,在本节所研究的应变率范围内,随着应变率的提高,相变平台的长度越来越短,相变平台的斜率越来越大,即相变平台越来越陡峭,其实单从相变平台沿应变方向的长度越来越短这个趋势就可以推测出当应变率大到一定程度时相变平台长度变为零就消失不在了。

⑤从图 5.49 可以看出,在本节所研究的应变率范围内,虽然随着应变率的提高相变结束点的应力在提高,但是相变结束点对应的应变却几乎没变,保持在 6.5%,其原因还有待进一步的研究。

⑥在高应变率时,马氏体的塑性滑移开始应力明显高于准静态条件下马氏体塑性滑移开始应力,塑性屈服平台比准静态条件下的高,但是平台的斜率相差不多,说明随着应变率的提高,应力诱发马氏体塑性滑移临界应力增加。

由以上实验结论可以得出,镍钛形状记忆合金具有应变率强化效应,应变率的增加对镍钛形状记忆合金压缩力学性能影响最显著的便是马氏体相变初始应力的增大,马氏体相变平台越来越陡峭，由此推测出，随着应变率提高相变平台将慢慢消失，产生这一结果的原因与变形过程中试件内部温度的变化有关。因镍钛形状记忆合金的特殊性质是因其含有热弹性马氏体，而热弹性马氏体对热又具有最直接的敏感性，在 Nemat - Nasser 的文章中，曾对在不同温度条件下以同一应变率变形的镍钛形状记忆合金试样进行了研究，研究结果表明，当应变率为 1400 s^{-1}，温度变化范围为 210 ~ 356 K 时，随着温度的升高，相变屈服应力也在逐步增加；在应变率为 0.001 s^{-1}，温度范围为 296 ~ 396 K 时，当实验温度高于临界温度(396 K)时，相变平台消失，他们认为产生这一现象的原因是此时合金的母相奥氏体处于完全稳定状态，因此应力无法诱发其产生马氏体相变，所以相变平台消失了，这个现象和本节所研究的应变率对相变平台的影响结果有着相似性。

本节实验结果，虽然是由应变率的增加引起的，但是应该从温度方面来解释，准静态条件下，变形速率十分缓慢，合金内部与外界有着足够时间进行充分的热交换，试件在变形时几乎处于恒定的温度下；在高应变率下，变形速率相当快，此时试件与外界几乎无热交换，试件内部的温度会明显升高，所以在高速冲击时，试件几乎处于与外界绝热的情况，试件本身温度就会很高，因此由准静态压缩到高应变率压缩实验相当于温度逐步升高的实验，由前面 Nemat - Nasser 的研究结果可知，温度升高会使马氏体相变屈服应力增加，温度升高到一定程度后，母相状态十分稳定，应力便无法诱发产生马氏体相变，平台就消失了。其原因在于随着应变率的增加，试件与外界无法进行充分的热交换，使得材料内部温度升高，引起相变屈服应力的增加，达到某一临界应变率时，材料内部的温度也升高到某一临界温度值，在此临界温度下，母相奥氏体处于十分稳定的状态，即使应变率再有所增加引起温度的更大升高也无法诱发其产生马氏体相变，变形只能在奥氏体状态下进行，相变平台消失。

5. 重复动态压缩实验

重复动态压缩实验以直径和高度均为 5 mm 的试样 4，5 和 6 为对象，其奥氏体相变结束温度为 $A_f = -35$ ℃，在室温下处于奥氏体状态，其中，试样 4 的受载情况是子弹以 10 m · s^{-1} 的速度重复冲击三次；试样 5 的受载情况是子弹以 13 m · s^{-1} 的速度重复冲击三次；试样 6 的受载情况是子弹以 15 m · s^{-1} 的速度重复冲击三次，三个试样的材料和尺寸均相同。

(1) 对重复动态压缩实验结果定性和定量的描述

①直径和高度均为 5 mm 试样 4，保持 10 m · s^{-1} 的子弹撞击速度重复冲击三次的应力 - 应变曲线比较图，如图 5.50 所示。

由图 5.50 可知，随着冲击次数的增加，试样 4 的应力 - 应变曲线发生了变化。在第一次冲击时，试样 4 先经过母相状态下的线弹性变形阶段，然后进入到马氏体相变的超弹性变形阶段，达到应变 8% 左右相变阶段没有结束时便开始卸载，试样发生变形回复，初始回复时也为马氏体弹性回复阶段，随后曲线发生了幅度较大的转变，转变阶段是逆相变阶段，继而又开始了弹性回复，此时的弹性回复为母相奥氏体的回复阶段，由曲线可以看出，在卸载过程的三个阶段几乎无法区分；第二次冲击时的变形过程和第一次冲击时是一样的，不同之处为第一阶段即母相的线弹性阶段比第一次的要长很多，而且相变开始应变力也比第一次冲击时要高；对于第三次冲击，其曲线的形式和第二次冲击时相似，同样，第一阶段母相线弹性阶段比第二次冲击时长，相变初始应力比第二次冲击时大。由这三次冲击的应力 - 应变曲线发现,随着冲击次数的增加,母相线弹性阶段变长,马氏体相变开始应力逐次增加。由图5.51看出,以相同的速度对试样4进行冲击,随着冲击次数的增加试样的应变率在逐渐降低。表5.12表示试样4在重复动态压缩实验过程中最大应变、残余应变、变形回复率和最大应力的具体实验数据。

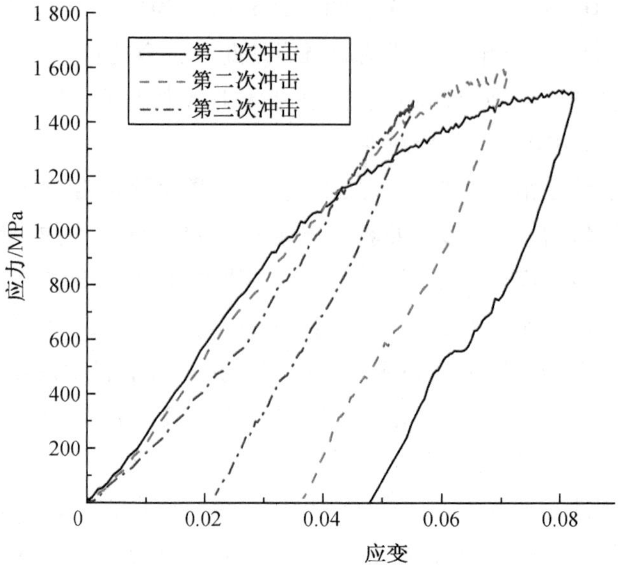

图5.50 试样4应力-应变曲线图

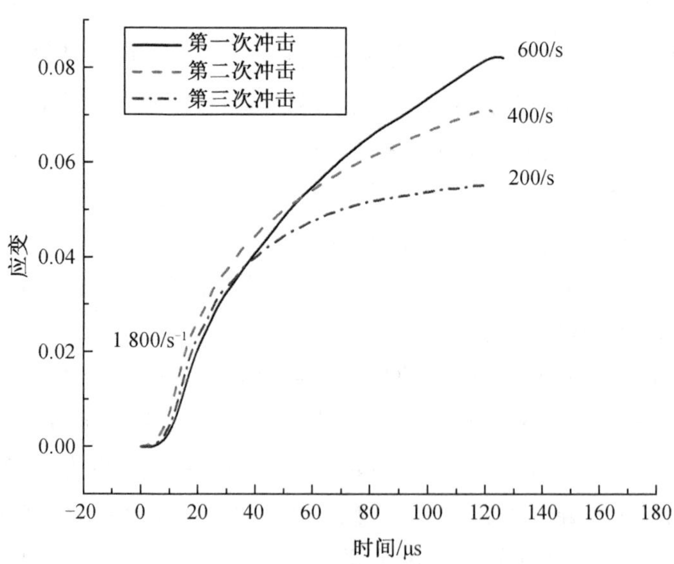

图5.51 试样4的应变-时间曲线图

表 5.12　试样 4 重复动态压缩的相关实验数据

	第一次冲击	第二次冲击	第三次冲击
最大应变量	8.20%	7.10%	5.52%
残余应变	4.78%	3.66%	2.18%
回复应变	3.45%	3.44%	3.34%
回复率	41.88%	48.46%	60.49%
最大应力/MPa	1517	1586	1479

②直径和高度均为 5 mm 的试件 5，保持子弹的撞击速度为 13 $m \cdot s^{-1}$ 重复冲击三次的应力 - 应变曲线如图 5.52 所示。

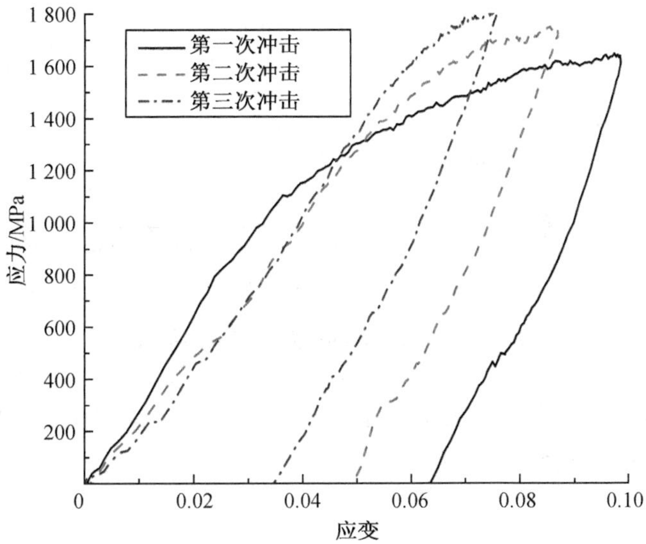

图 5.52　试件 5 的应力 - 应变曲线图

由图 5.52 看出，试件 5 和试件 4 的三次冲击实验的变形过程几乎相同，随着冲击次数的增加，试样 5 的母相线弹性阶段增加，马氏体相变开始应力逐次增加。由图 5.53 看出，以相同的速度对试样 5 进行冲击，随着冲击次数的增加，试样 5 的应变率逐渐降低。表 5.13 表示试样 5 的最大应变、残余应变、变形回复率和最大应力的具体实验数据。

表 5.13　试样 5 重复动态压缩的相关实验数据

	第一次冲击	第二次冲击	第三次冲击
最大应变量	9.85%	8.68%	7.57%
残余应变	6.36%	4.95%	3.41%
回复应变	3.49%	3.73%	4.16%

表 5.13(续)

	第一次冲击	第二次冲击	第三次冲击
回复率	35.49%	43.0%	54.93%
最大应力/MPa	1 640	1 748	1 804

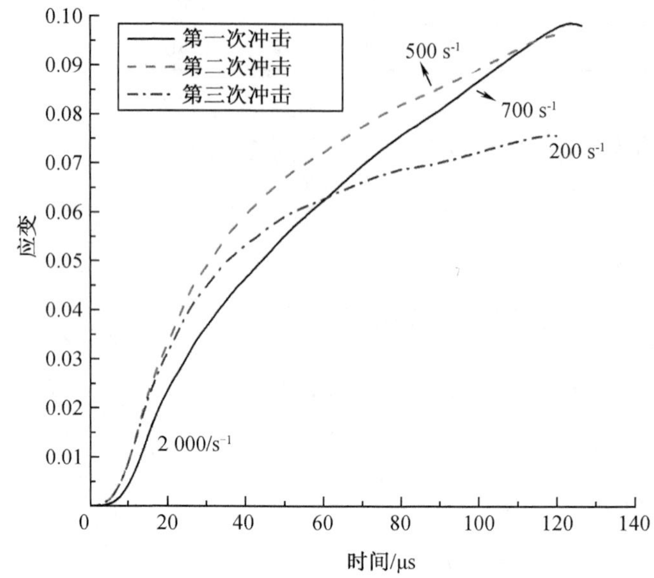

图 5.53　试件 5 的应变 - 时间曲线图

③直径和高度均为 5 mm 的试件 6,保持 15 $m \cdot s^{-1}$的子弹的撞击速度重复冲击三次的应力 - 应变曲线如图 5.54 所示。

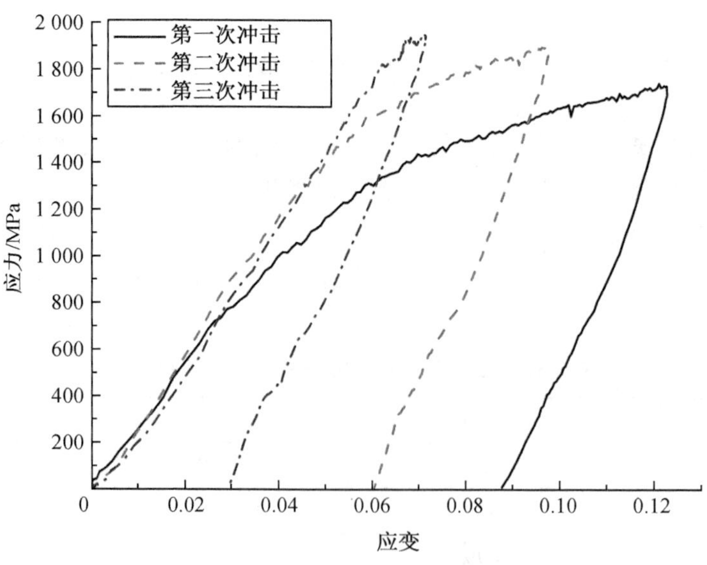

图 5.54　试件 6 的应力 - 应变曲线图

由图 5.54 看出，试件 6 和试件 5 三次冲击实验的变形过程几乎相同，随着冲击次数的增加，试样 6 的母相线弹性阶段增加，马氏体相变初始应力逐次增加。在图 5.55 中看出，以相同的速度对试样 6 进行冲击，随着冲击次数的增加，试样 6 的应变率逐次降低。表 5.14 表示试样 6 的最大应变、残余应变、变形回复率和最大应力的具体实验数据。

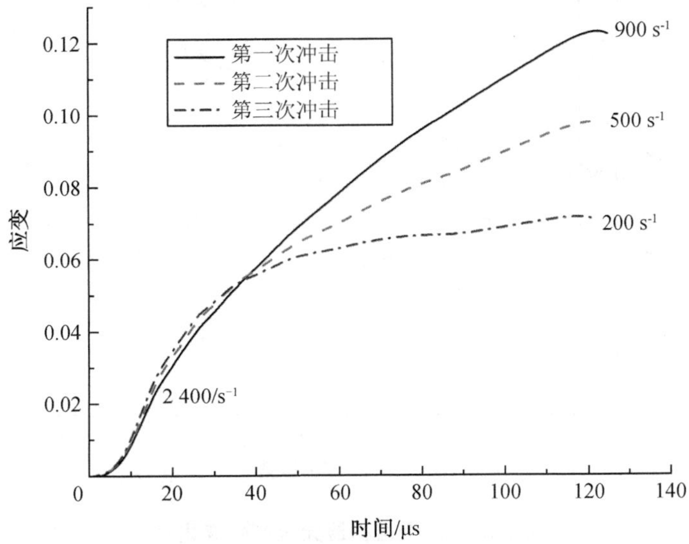

图 5.55　试件 6 的应变－时间曲线图

表 5.14　试样 6 重复动态压缩的相关实验数据

	第一次冲击	第二次冲击	第三次冲击
最大应变量	12.28%	9.77%	7.14%
残余应变	8.77%	5.99%	2.94%
回复应变	3.51%	3.78%	4.21%
回复率	28.59%	38.71%	58.86%
最大应力/MPa	1 732	1 904	1 952

(2)对以上定性和定量结果的讨论

把表 5.12 与表 5.14 绘成曲线图，可以更直观的来比较实验结果，如图 5.56、图 5.57、图 5.58 和图 5.59 分别表示试样 4，5 和 6 的最大应变量、残余应变、变形回复率和最大应力随冲击次数增加而变化的情况。

①由图 5.56 和图 5.57 看出，对于同一试件随着冲击次数的增加最大应变和残余应变均减小，对于不同试件随着子弹速度的增加(应变率也在增加)最大应变和残余应变均增加。

②由图 5.58 看出，对于同一试件随着冲击次数的增加回复率也跟着增加，对于不同试件随着子弹速度的增加(应变率提高)变形回复率减小。

③由图 5.59 看出，对于试样 5 和 6 来说，随着冲击次数的增加最大应力值也在增加，但

是，对于试样 4 来说却不严格符合此规律，原因可能是在实验操作过程中子弹射出的速度没有控制好等人为误差引起的。但整体趋势来说，对于不同的试件随着子弹速度的增加最大应力值增加。

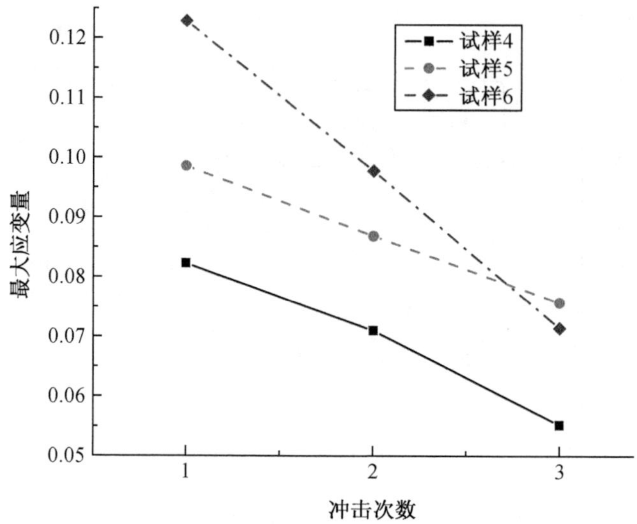

图 5.56 三个试样最大应变的变化图

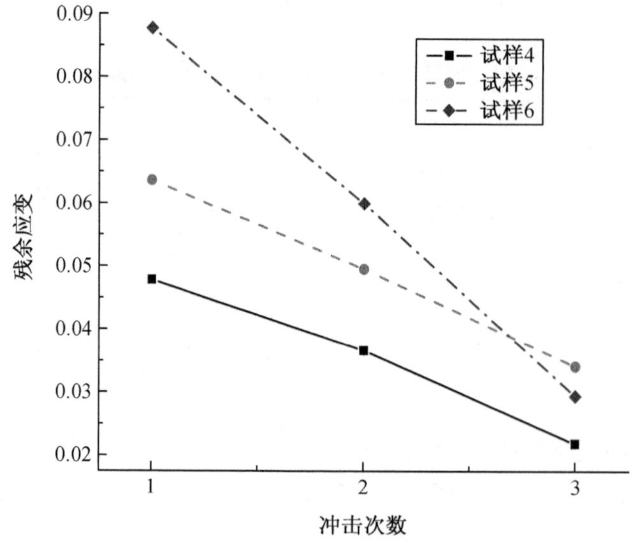

图 5.57 三个试样残余应变的变化图

④由图 5.50、图 5.52 和图 5.54 及对镍钛合金重复动态压缩变形的分析可知，对于同一试件随着冲击次数的增加，镍钛形状记忆合金母相线弹性变形阶段逐次增大，马氏体相变初始应力逐次增加，具有逐次强化效应。

下面来分析一下产生这样结果的原因。

a. 对于初始状态完全相同的试样，当采用不同的冲击速度分别进行冲击实验时（应变率不同），外力对其做的功不同，所以产生的最大变形和残余变形就不同，外力功越大，最大应变和残余应变就越大，最大应力也越大。但是，外力功越大（应变率越大）变形回复率却减小，本节认为原因是外力功越大引起的变形量就越大，初始状态相同的材料，变形量越大，材料内部的位错和滑移缺陷就相对越多，这些缺陷大多是不可恢复的，所以缺陷越多当卸载时可恢复的变形就会越少，所以子弹速度的增加就引起了变形回复率的减小。

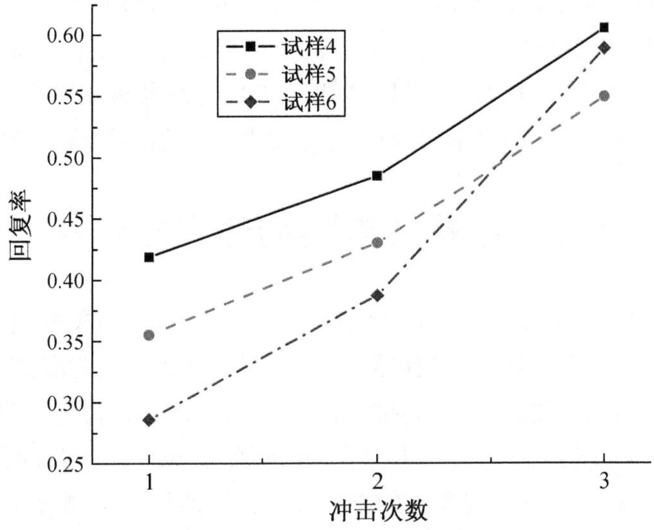

图 5.58　三个试样回复率的变化

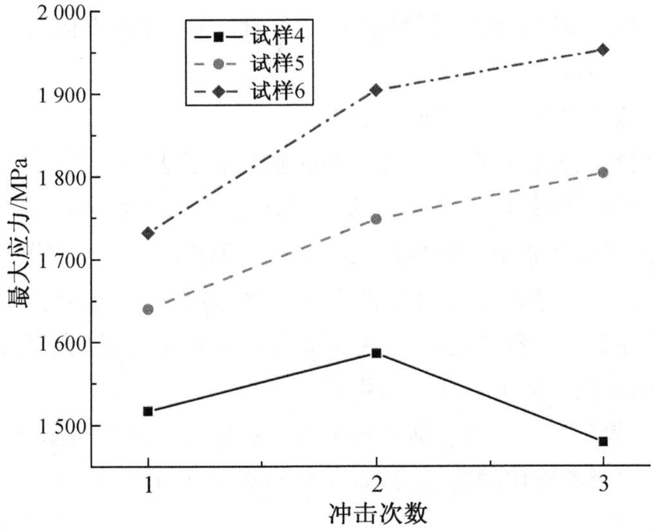

图 5.59　三个试样最大应力的变化

b. 对于同一试样以相同的速度冲击多次，发现对于镍钛形状记忆合金的某些性能来说，重复冲击具有逐次强化的作用。随着冲击次数的增加，最大应变量、残余应变量均减小，但是最大应力和回复率却随着冲击次数的增加而增大，同时，相变开始应力在逐次增加，母相线弹性变形阶段增加。对于同一试件以相同的速度冲击多次，意味着每次加载外力功是相同的，也就是外载环境相同，但是结果却有很大差别，差别的原因与外载和环境因素无关，那么应该是每次冲击前镍钛合金材料本身有了差别。本节认为，随着加载次数的增加，材料本身产生了细微的变化，因为，每冲击一次材料就会产生压缩残余变形，使得材料内部界面变得越来越致密，随着加载次数的增加，材料的变形空间就越小，所以相同外力功的情况下所产生的最大应变和残余应变都因此而变小；同时，由于材料内部的组织随着加载次数的增加而变得致密，也就是说可变形的余地变小，内部变形的阻力变大，这就需要更大的外力来克服材料变形时内部产生的阻力，因此，马氏体相变初始应力也随着加载次数的增加而增加，具有了逐渐强化的效应；对于回复率的增加，也与材料本身的细微变化有关。

5.4 混凝土材料动态力学性能

混凝土是一种常见的工程复合材料，目前广泛应用于军工和民用建筑、防护工事、地下及隧道的支护工程，例如，混凝土反应容器、水坝、核反应堆、飞机起降跑道、海岸防护工程、跨海桥梁等。混凝土的抗压能力较强而抗拉能力却很弱，因而，将它归为脆性材料的范畴。像其他陶瓷制品一样，混凝土在三种受力方式中（即压缩、拉伸和弯曲）同样显示出对应变率的敏感性。这意味着在实验室中混凝土的静态性能并不能用来预测混凝土受到与动荷载有关的高应变率时变化情况。

混凝土是一种主要由嵌埋于水泥浆中不同粒径的骨料颗粒组成的复合材料，混凝土不同于金属和聚合物等均匀性较好的工程材料，在其成型过程中，其骨料周围及整个水泥浆体中布满了大小不等的微裂纹和微空洞等损伤。依据目前对混凝土微观结构的认识，其损伤主要有以下三个基本方面。

①较粗骨料和砂浆间存在大量界面微裂纹；

②水泥浆具有高孔隙率（约 30%），且这些孔隙充满了水或空气；

③分子尺寸以上级别的各种尺寸内，混凝土都存在气孔或水泡。

混凝土的原始微裂纹和微空洞的取向是随机的，但在单轴压应力作用下，裂纹总是沿着最大压应力方向扩展的，关于混凝土材料的破坏模式，较为一致的观点[1]认为，在外荷载作用下，基体中原来就存在的大量微裂纹和微空洞进一步发展、连接直至贯穿，最后导致混凝土材料在没有明显的塑性变形下呈现弹脆性破坏。

混凝土材料在动载荷下变形和破坏机理的深入研究也成为当前固体力学研究中的前沿课题，因它与工程问题有着密切的关系，具有十分重要的实际意义。

5.4.1 试件尺寸的设计

混凝土不同于金属和聚合物等均匀性较好的材料，它是一种复合材料，其组成成分复杂，其组份之一“骨料”的尺寸很大，而在骨料周围以及在整个材料中布满了大小不等、形状不一的裂隙、气泡。对混凝土材料进行实验，就要求试件的尺寸要足够大。鉴于目前实验设备的限制，我们采用直径为 37 mm 的 HPB 来进行压缩实验。

综合考虑到 SHPB 中试件的惯性效应和摩擦效应，设计试件尺寸为长为 20 mm，直径为 34 mm 的圆柱体，如图 5.60 所示。

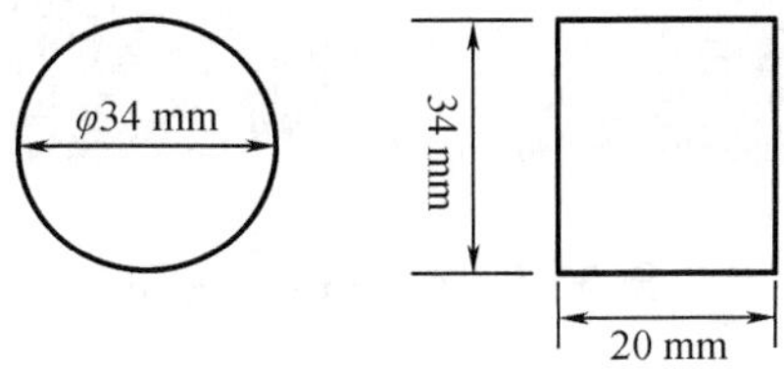

图 5.60　试件尺寸示意图

5.4.2　材料配比及养护条件和实验前的加工

1. 材料配比

为了对混凝土材料进行冲击压缩实验，一方面是适当减小骨料的尺寸，另一方面则应采用尽可能大直径的 SHPB 装置。鉴于目前实验设备为 37 mm 的杆，试件厚度为 20 mm，所以，想要试件内的应力均匀分布，最大的骨料粒径应该小于试件厚度的四分之一，材料组成配比如表 5.15 所示。

表 5.15　混凝土组成材料配比

材料	水泥	砂	水
性质	普通硅酸盐水泥 425	最大粒径 5 mm	自来水
质量配比	1	1.65	0.35

2. 混凝土养护

混凝土试件在温度为 20 ±3 ℃的不流动水中养护，水的 PH 值不小于 7。养护 28 天后，试件从养护池取出后及时进行实验，以免试件内部的温湿度发生显著变化。

5.4.3　静态压缩实验结果

采用电子万能材料实验机进行静态压缩实验，横梁移动速度为 $0.2\ \mathrm{mm\cdot min^{-1}}$，由于混凝土试件的厚度为 20 mm，即产生的应变率为 $1.6\times10^{-4}\ \mathrm{s^{-1}}$。

在实验机压头与试件的接触面上涂抹凡士林润滑油，减小摩擦力。实验结果表明摩擦力较小的情况下，破坏试件裂纹为竖向裂纹，其裂纹平行于圆柱试件母线，如图 5.61 所示。

实验测得圆柱体试件的应力 - 应变曲线如图 5.62 所示。由此图可以看出，混凝土试件的强度极限约为 45 MPa。但是，试件在 40 MPa 时即发生横向裂纹。实验试件的形状对于测量结果是有一定影响的，本实验以设计的试件测量结果为准进行讨论分析。

图 5.61 破坏后的试件图

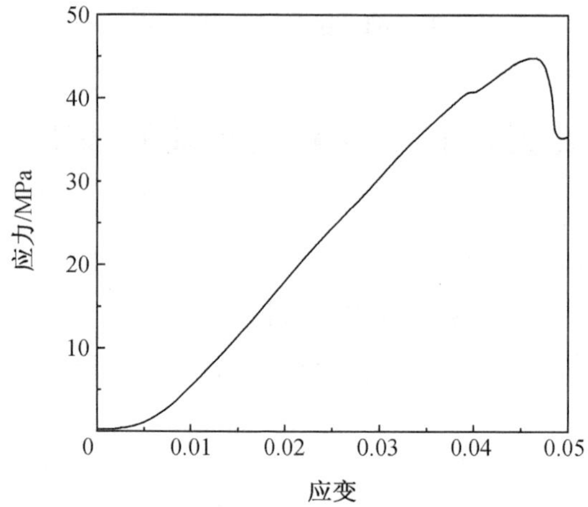

图 5.62 静态压缩实验应力 – 应变曲线图

在静态压缩实验时，测量混凝土试件的弹性模量，实时测量时可以明显地观测到混凝土的剪胀效应，即在产生一定的应变后混凝土体积应变发生了回复。本节在圆柱试件母线方向粘贴应变片，测量应变，采用等差测量的方法进行弹性模量的计算，并取实验数据的直线部分用来拟合弹性模量。实验测得弹性模量 E = 10.75 GPa。其实验数据如图 5.63 所示。

5.4.4 动态压缩实验结果

实验采用直径 37 mm 的 SHPB 装置，杆的材质为铝合金，撞击杆是直径为 37 mm，长为 800 mm 的铝合金圆柱杆。采集入射杆和透射杆上应变片信号，典型实验结果如图 5.64 至图 5.67 所示。

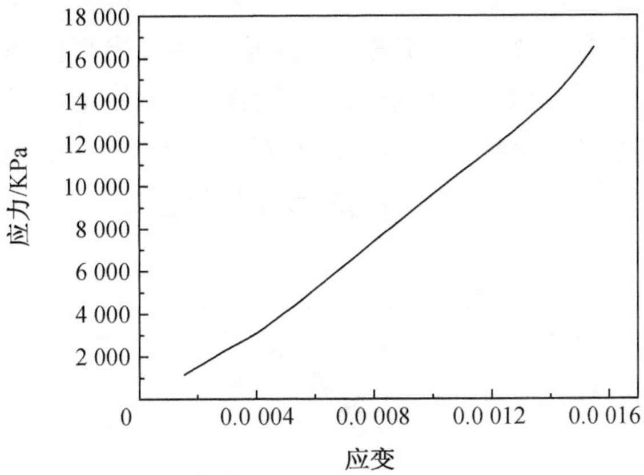

图 5.63　应变片测得应变和实验机测得应力曲线图

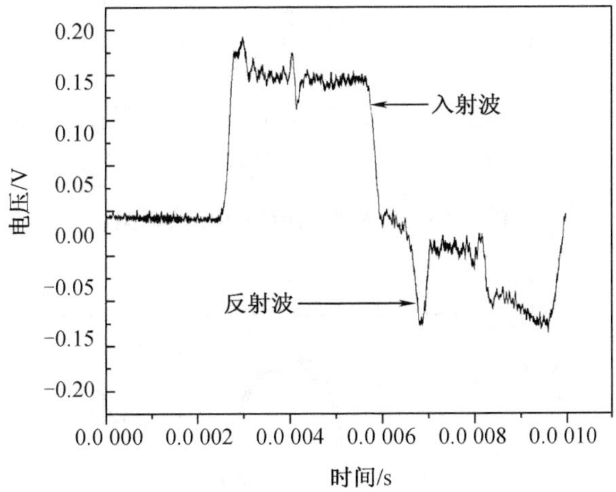

图 5.64　未加整形器的入射波形图

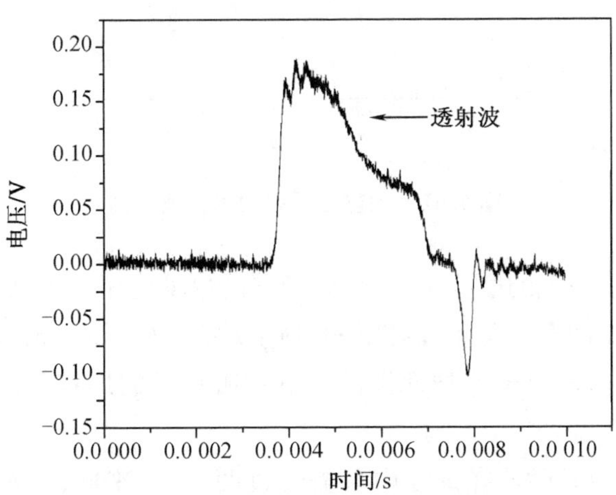

图 5.65　未加整形器的透射波形图

在初始加载期间,应力波在试件与两个压杆的接触面之间来回反射,容易产生早期应力不均的现象,Bertholf L D 等发现,惯性使得应力-应变曲线出现振荡,而试件与压杆之间的摩擦会导致应力-应变的不均匀性。目前,普遍采用入射波平滑技术,即减缓入射波的上升沿,同时,还可减轻高频振荡。由图 5.64 和 6.66 对比可以看出,采用整形器后,入射的应力波可以保证试件早期应力处于上升沿阶段时不发生脆性破坏。

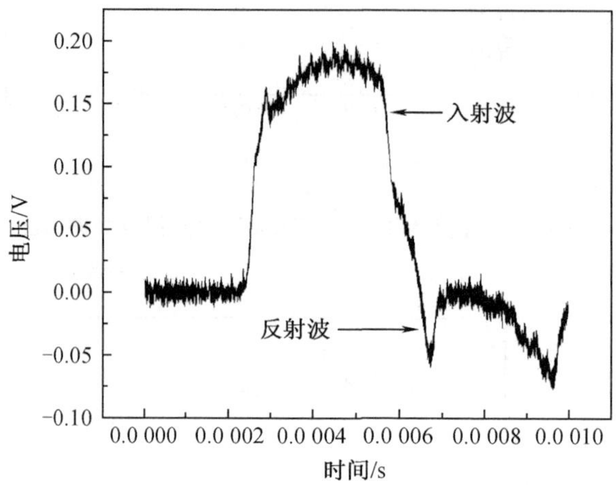

图 5.66　加整形器后的入射波形图

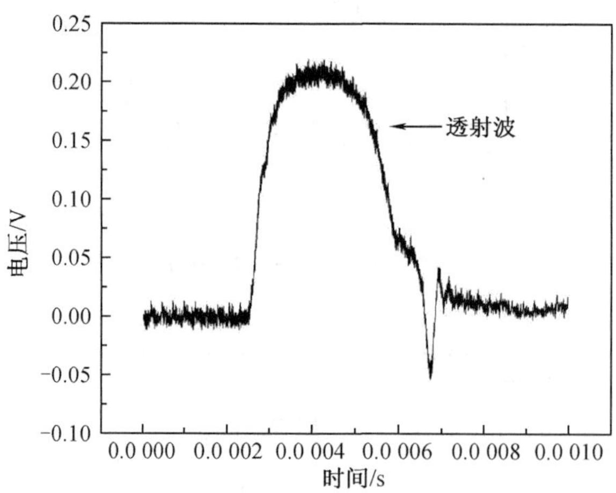

图 5.67　加整形器后的透射波形图

为了消除试件承压面上的摩擦阻力,得到理想的单轴受压应力状态,实验对比了在试件和压杆的接触面上涂抹润滑油与不涂抹润滑油的实验结果,如图 5.68 所示,由于接触面上的摩擦力约束影响,可以看到未涂抹润滑油的试件破坏后的形状呈现两个相连的圆锥台相连的形式。

在 SHPB 实验中,应力脉冲在试样内只需经过两、三个来回,即可使试件内的应力状态均匀分布,由于脉冲的宽度远远大于试件的高度,因此,在应力脉冲作用的大部分时间内,试件处于应力均匀状态。然而，在应力脉冲作用的最初阶段，试样内部的应力状态是不均匀的，此即所谓的波动效应。因此，利用 SHPB 实验技术得到的应力－应变曲线，其初始阶段是不可信的，但是实验所要测量的混凝土试件的强度极限，发生在应力均匀状态下，所以 SHPB 技术是适合测量混凝土试件的强度极限实验的。

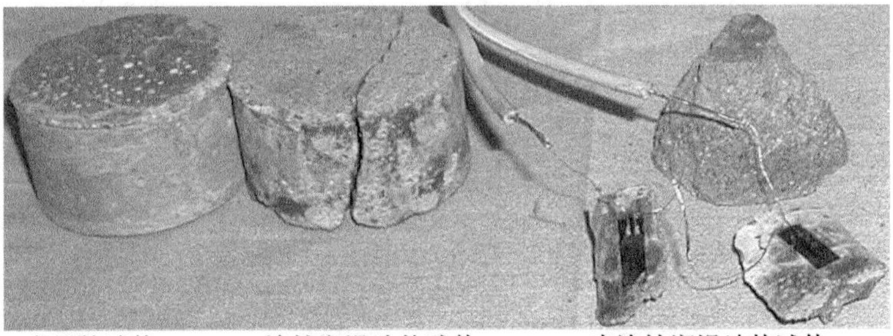

图 5.68　试件动态破坏形式图

需要说明的是，由于在动态加载过程中，只有当应力达到均匀化后，应力－应变曲线才认为是准确的，所以动态应力－应变曲线前部的上升曲线斜率并不能被认为是动态弹性模量。

由于在 SHPB 实验技术中，一切分析都是以一维假定为基础的，这一假定忽略了杆中质点的横向惯性运动，即忽略了杆的横向收缩或膨胀对动能的贡献，因此，是一个近似假定。由于波的弥散效应，用电阻应变片测得的脉冲波形中，波峰上叠加了高频振荡，因而求得的动态应力－应变曲线伴有上下震荡，本节采用算术平均值的方法进行滤波处理后的平滑曲线，如图 5.69 所示。

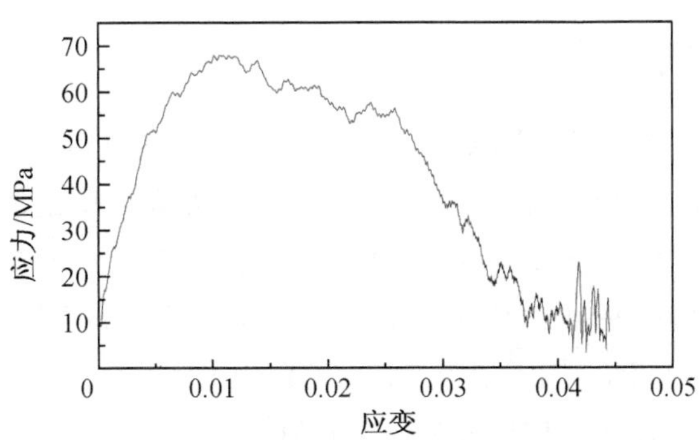

图 5.69　动态应力－应变曲线图

由图 5.70 可以看出，试件的应变率最高约为 400 s^{-1}，强度极限约为 67 MPa，对比静态实验结果，对于应变率在提高了两个量级后，混凝土的强度极限提高了 48%，此即说明对于混凝土材料，应变率会明显影响混凝土的力学性能。

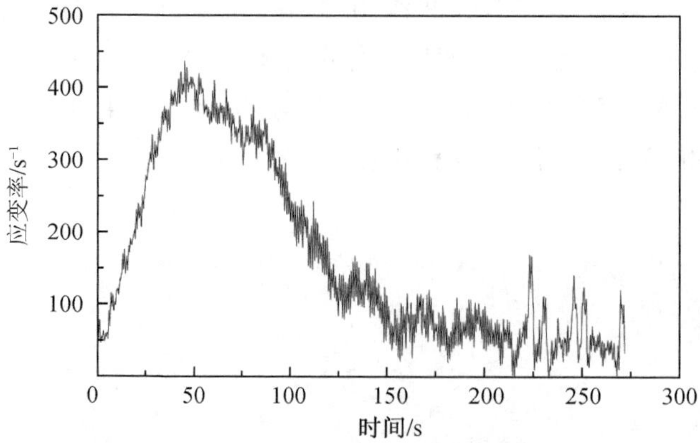

图 5.70　应变率－时间曲线图

5.5　泡沫铝材料动态力学性能

泡沫铝是多胞材料的一种,它是一种轻质结构材料。其性能优异,变形能力大,是很好的能量吸收材料,广泛应用于汽车、航空、航天等领域,特别适合应用于各种防撞缓冲结构中。通常作为冲击防护材料,所以其动态冲击压缩性能也受到了广泛的关注。通常泡沫铝被设计成夹芯板结构,即由金属面板与泡沫铝芯构成所谓的"三明治"结构,其特点是轻质、高比刚度,并具有良好的缓冲吸能特性,在充分发挥泡沫铝材料自身特点的同时解决了其强度低的问题,是一种非常有前景的结构。本节针对某特种防护中采用的钢板－泡沫铝夹心结构,对其动态力学性能进行了研究,并针对泡沫铝、单面钢板泡沫铝和泡沫铝芯体的钢夹心板的动态力学性能的差异进行了测试研究,同时,研究了不同应变率下泡沫铝夹芯板的率相关性。

5.5.1　试件的制备

实验所采用的是闭孔泡沫铝,泡沫铝的基体材料为呈韧性的纯铝,采用发泡铸造技术,其工艺流程为:铝的熔化—铝液增粘—保温发泡—冷却凝固—切割加工—产品深加工,制造出的泡沫铝空隙大小和密度分布均匀,其平均孔径为 2.5 mm 左右。工业纯铝密度为 $2.70\ g \cdot cm^{-3}$制备的泡沫铝密度为 $0.405\ g \cdot cm^{-3}$,其相对密度为 15%,因此,其孔隙率为 85%,泡沫铝板材厚度为 10 mm。用于制作夹芯板的钢板采用 Q235 钢,密度为 $7.85\ g \cdot cm^{-3}$。试件中的钢板与泡沫铝粘采用环氧树脂粘接,分别制作了单面粘贴钢板的泡沫铝和泡沫铝芯体的钢夹芯板,如图 5.71 所示。

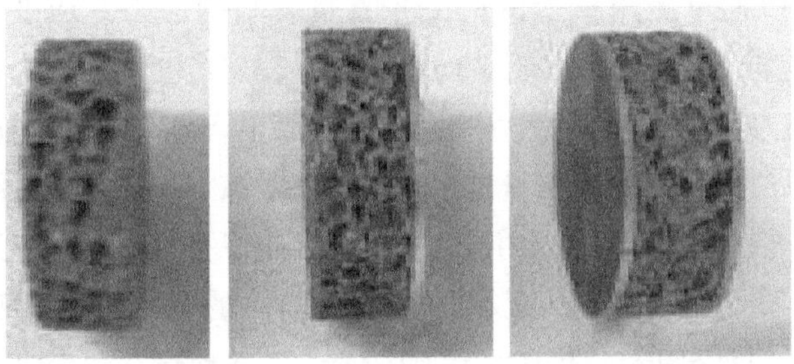

图 5.71　不同形式的泡沫铝板图

5.5.2　实验装置及原理

动态压缩实验采用的是 SHPB,实验装置,如图 5.72 所示,该实验技术是材料动态力学性能测试有效手段,广泛地应用于材料的动态力学性能研究,它结构简单,操作方便,测量方法巧妙,加载波形易于控制,是当今获得材料在 s^{-1}应变率范围内本构关系(一维应力 - 应变曲线)的主要实验手段。

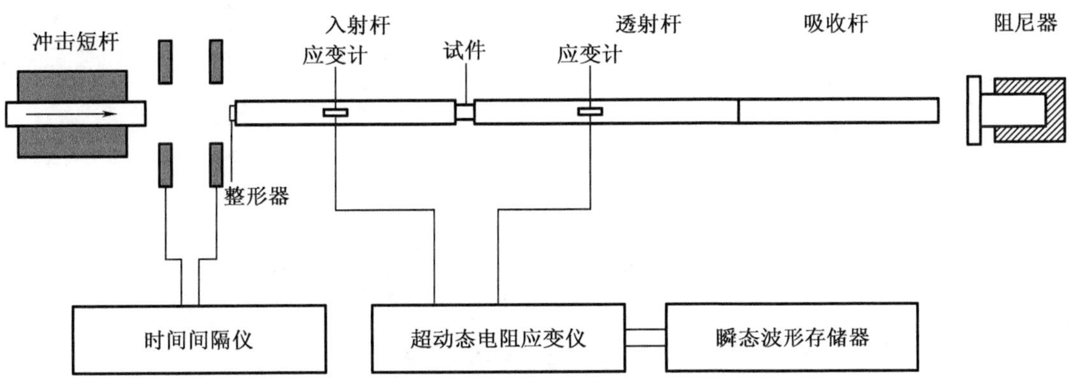

图 5.72　SHPB 实验装置图

SHPB 实验装置的原理基于一维弹性应力波理论,由试件两侧的透射波和反射波来求得试件在高应变率下其应力随应变的变化。在实验过程中,ε_i,ε_r,ε_t 分别为测试记录的入射波、反射波和透射波,C_0 为杆中弹性波纵波波速,l_s 为试件的长度,E 为杆的弹性模量,A 为杆的截面积,A_s 为试件的截面积。按一维弹性波传播理论和试件内部应力均匀假设可以推导出,高应变率实验时,试件任意截面处的应力、应变和应变率有

$$\begin{cases}\sigma_s = \dfrac{AE}{A_s}\varepsilon_t \\ \varepsilon_s = \dfrac{-2C_0}{l_s}\displaystyle\int_0^t \varepsilon_r dt \\ \dot{\varepsilon}_s = -\dfrac{2C_0}{l_s}\varepsilon_r \end{cases} \tag{5.7}$$

利用公式(5.7),就可以通过测量杆上的应变来计算材料的应力-应变数据。

在实验过程中,泡沫铝试件是多孔的软材料,其波阻较低,因此,实验中采用直径为37 mm的铝杆进行冲击实验,试件的直径采用35 mm。由于实验中透射应力脉冲微弱,因此在透射杆上粘贴了半导体应变片来测量透射波形,根据该材料的屈服强度较低的特点,采用波形整形器对入射波进行了整形,使入射波的上升沿变得平缓,从而使试样发生恒定应变率下的均匀变形。图5.73和图5.74给出了加整形器前后的入射波波形图,从图中可以看出,由于整形器的作用,入射波波形的上升沿得到改善,经过整形后波形变得非常光滑,滤掉了由于子弹撞击所产生的高频波,减小了波形的弥散效应。透射波的开始阶段为缓慢上升阶段,说明材料的受力是逐步加载的,从而使试件屈服前是均匀变形且应力平衡。图5.75为实验中得到的原始波形图,采用了波形整形器和半导体应变片得到了质量较高的波形图,且反射波近似为矩形,说明试件所受到的应变率近似为恒应变率。

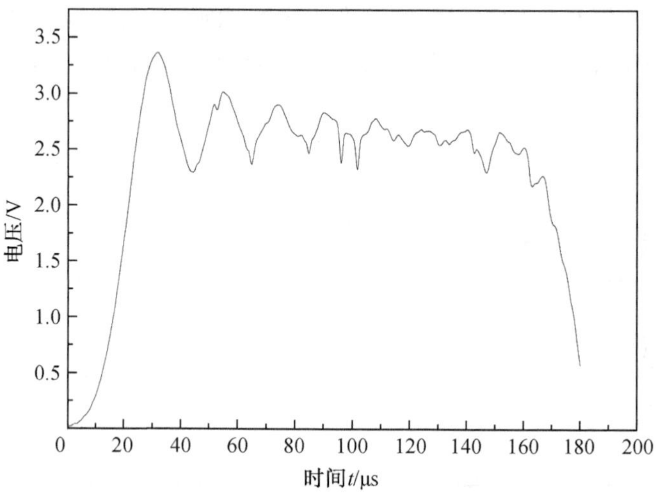

图5.73 加整形器前的入射波图

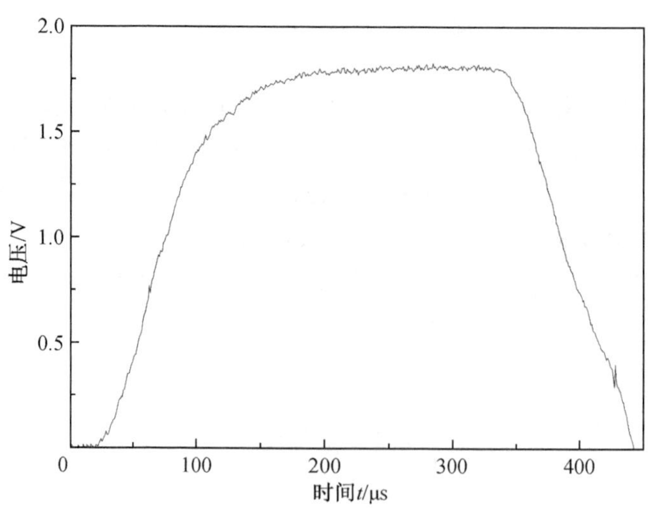

图5.74 加整形器后的入射波图

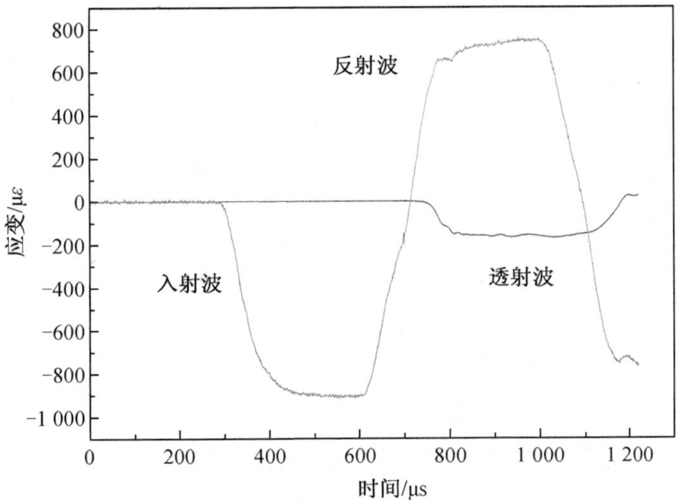

图 5.75　夹芯板在 0.15 MPa 下得到的原始波形曲线图

为了充分研究泡沫铝夹心板的动态性能,分别对泡沫铝、单面粘贴钢板的泡沫铝和泡沫铝夹芯板的动态性能进行了对比性测试研究。同时,对不同应变率下泡沫铝夹芯板的动态性能进行了测试,并与泡沫铝的静态力学性能进行了对比。

5.5.3　实验结果和分析

图 5.76 为泡沫铝静态压缩实验的结果曲线。从图中可以看出,泡沫铝材料的变形明显分为三个阶段:弹性阶段、屈服平台阶段和致密阶段。弹性阶段主要反映了泡沫铝泡孔结构的强度特性,在此阶段泡沫铝处于弹性形变范围,即试样受压产生弹性变形;屈服平台阶段主要反映了泡沫铝泡孔结构被压垮屈曲的过程,从曲线中可以看出,材料的屈服强度为 10 MPa,在此阶段,压力增加,个别泡孔壁首先被压垮,其所在层面上的其余泡孔壁产生应力集中,导致整层泡孔被压垮。由于孔的尺寸均匀,因此每层孔洞被压垮所需的应力相差不大,从而得到了屈服平台阶段;致密阶段主要反映了随着泡沫铝变形的增加逐渐被压紧实,导致应力 - 应变曲线快速上升。

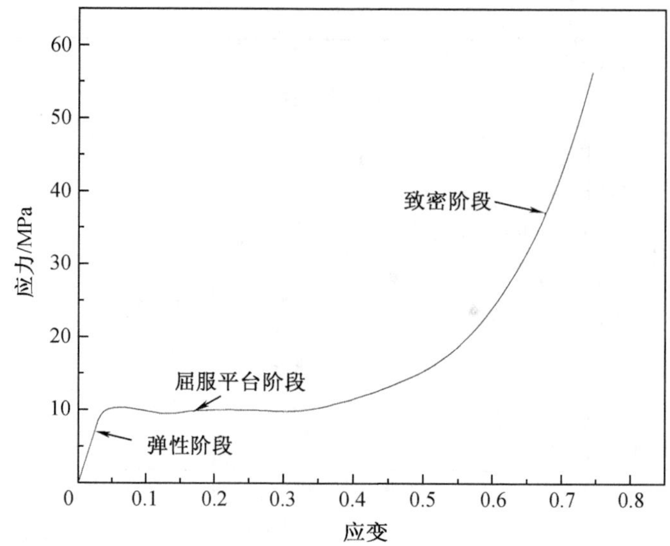

图 5.76　泡沫铝静态压缩实验的结果曲线图

图 5.77 为单纯泡沫铝、单面粘贴钢板的泡沫铝及泡沫铝夹芯板在 1 000 s^{-1}的应变率下的应力 - 应变曲线。从图中可以看出，材料的变形基本与静态压缩实验相同，也具有“三阶段”。在动态测试中，材料的弹性模量变化不大，但屈服平台却有很大不同。图 5.78 和图 5.79 为泡沫铝和泡沫铝夹芯板受冲击后的效果图。从图 5.78 和图 5.79 中可以看出，试件芯体泡沫铝的孔洞基本被压垮，因为闭合孔穴具有孔面膜层，塑性坍塌引起孔面膜沿着压缩方向起皱。一般孔面膜是薄的，压皱它们所需的力不是很大，但在与该方向成直角处的孔面膜产生延伸从而使泡沫铝 - 夹芯板被挤压出，而钢板基本没有变形。

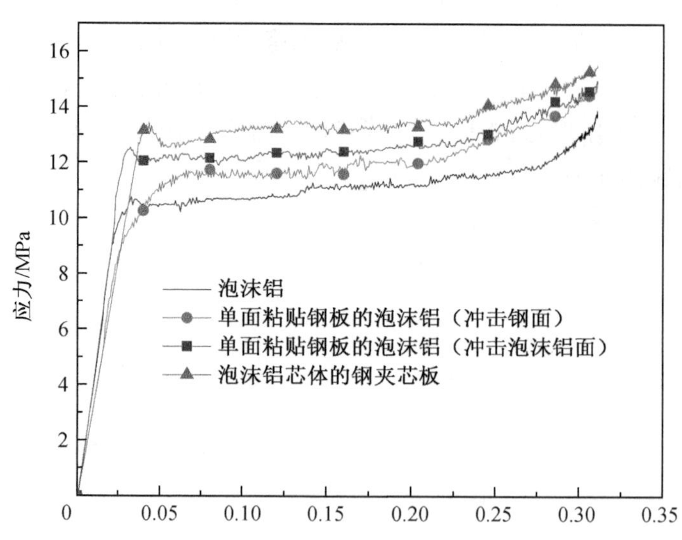

图 5.77　泡沫铝及泡沫铝夹芯板在 1 000 s^{-1} 的应变率下的应力 - 应变曲线图

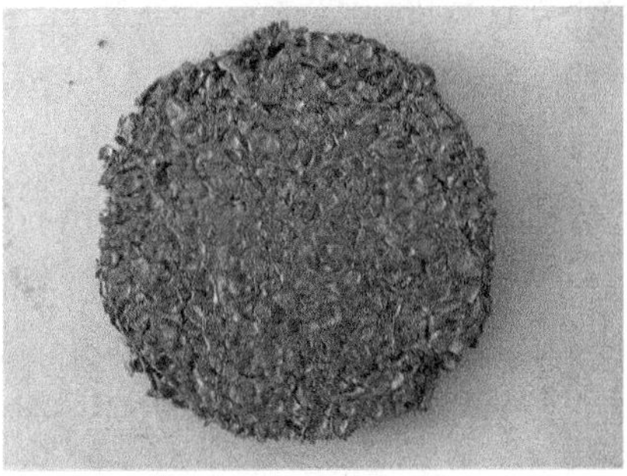

图 5.78　泡沫铝受冲击后的效果图

图 5.79　泡沫铝夹芯板试件受冲击后的效果图

从实验中测得各试件的应力－应变曲线中可以看出，应变率为 1 000 s^{-1}时，吸收能量的大小从小到大依次为泡沫铝板、单面板（冲击泡沫铝面）、单面板（冲击钢面）、泡沫铝夹芯板。冲击前后各试件的尺寸变形差不多，但泡沫铝的不同结构吸能效果却是不一样。由实验结果可以分析出，泡沫铝夹芯板吸能效果优于其他结构。单纯泡沫铝本身由不规则的孔洞和基体骨架构成，当其直接受到冲击时，试件的整体变形近似是均匀变形，而当在泡沫铝两个端面粘贴钢板时，相当于泡沫铝的端面存在一个箍力，限制了泡沫铝端面横向变形，提高了泡沫铝的承载能力。

泡沫铝芯体夹层板主要通过泡沫铝被压缩来吸收能量，随着泡沫铝芯体塑性变形的增大，大量的压缩能量被吸收，而单位体积泡沫铝芯体所吸收的能量可有

$$U = \int_0^{\varepsilon} \sigma \mathrm{d}\varepsilon \tag{5.24}$$

式中，ε 为泡沫铝芯体压缩致密化开始时的应变量；σ 为流动应力；ε 为应变。

对于一个给定的试件，当应变是 ε_d 时，其单位体积吸收的能量可以用应力－应变曲线下的积分面积来表示。泡沫铝芯体夹层板在受压缩载荷时，孔壁经历了弹性、塑性和致密化变形阶段。在弹性阶段吸能不多，而在屈服平台阶段应力几乎不变，能量被大量吸收。表 5.16 给出了冲击前后试件形状的尺寸和吸能情况。

表 5.16　冲击前后的实验试件形状尺寸

试件 \ 项目	冲击前厚度（mm）	冲击后厚度（mm）	冲击前直径（mm）	冲击后直径（mm）	能量吸收（J）
泡沫铝	10	4.32	35	39.74	34
钢板＋泡沫铝（冲击钢面）	11.3	5.4	35	39.54	38
泡沫铝＋钢板（冲击泡沫铝面）	11.3	6.04	35	40	39
泡沫铝夹芯板	12.6	7.54	35	39.86	44

从表中可知，泡沫铝夹芯板的吸能情况最好。同时，本节对泡沫铝夹芯结构分别在应变率为 550 s^{-1}，750 s^{-1}，1 000 s^{-1}的动态力学性能下进行了测试，所得到的动态应力－应变曲

线如图 5.80 所示。可以看出,相同空隙率的闭孔泡沫铝夹芯板的应变率有一定的差别,但是差别不是很大,其吸能情况差不多。但与静态压缩时的屈服强度相比提高了很多,所以材料仍属于相关材料。

本节对闭孔泡沫铝、单面粘贴泡沫铝和泡沫铝夹芯体的动态力学性能进行了研究,并与静态力学性能进行了比对。可以看出,无论静态还是动态,实验中测得的泡沫铝材料的应力-应变曲线都有弹性变形-屈服变形-致密变形过程,说明泡沫铝材料有明显的吸能特性。

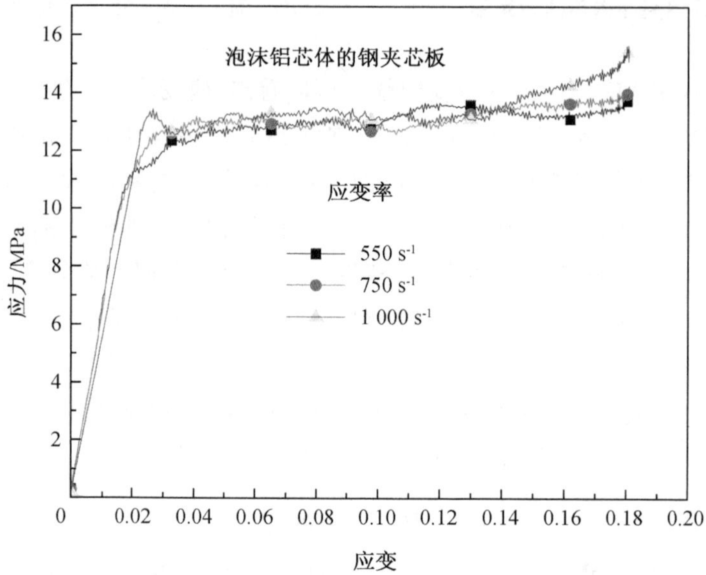

图 5.80 不同应变率下夹芯板的动态应力-应变曲线图

在动态冲击实验中,可以得出在相同应变率下泡沫铝夹芯板的吸能效果明显优于其他结构,而相同泡沫铝夹芯板在不同应变率冲击下的吸能效果基本相同,但动态冲击下泡沫铝的屈服平台阶段显著高于静态压缩时的泡沫铝的屈服平台阶段,吸能效果也显著增强,说明静态压缩和动态冲击中存在应变率效应。在相同的高应变率作用下,泡沫铝芯体夹层板比泡沫铝具有更高的屈服强度和更好的缓冲吸能性能,而且实验也表明,不同泡沫铝芯体夹层板结构设计所得到的吸能效果也不同。

第 6 章　断裂力学基础理论

6.1　概　　述

断裂是构件破坏的重要形式之一。构件的形状、尺寸,载荷的特征、分布,材料本身的状态,构件应用的环境,如温度、腐蚀介质等都是引起构件断裂的因素。在其所有影响因素中,最重要的影响因素是材料本身的强度。由常规的强度理论可知,为了防止材料的断裂、变形失效,静载条件下构件应力与材料强度满足下式,即认为是安全的。

$$\sigma_{max} \leqslant [\sigma] = \begin{cases} \dfrac{\sigma_s}{n} 塑性材料 \\ \dfrac{\sigma_b}{n} 脆性材料 \end{cases} \tag{6.1}$$

其中,σ_{max}为构件所承受的最大应力;σ_s 为材料的屈服强度;σ_b 为材料的强度极限;n 为安全系数。

安全系数 n 是指除去一些对材料强度有损害影响因素的作用,安全系数是大于 1 的,利用安全系数评估构件强度思想在工程设计中起到了非常重要的作用。

在实际工程中,构件的很多破坏是由于低应力脆断引起的。脆断总是由宏观裂纹引起。这种裂纹由冶金夹杂物、加工装配、疲劳载荷、工作环境(如介质、高低温等)等引起。对于大多数结构和零件来说,宏观裂纹的存在是不可避免的。含裂纹材料的强度,取决于材料对裂纹扩展的抵抗能力,这种抗力由材料内部属性决定。为了解决这个问题产生了一个新的力学分支——断裂力学。断裂力学是应用弹、塑性理论和实验技术研究裂纹尖端附近应力、应变场和裂纹扩展规律的。断裂力学起源于 20 世纪初期,发展于 20 世纪后期,并且仍在不断发展和完善的一门学科。

早期关于裂纹研究是 1913 年 Inglis 将裂纹(缺陷)简化为椭圆形切口,用线弹性方法研究了含椭圆孔无限大板受均匀拉伸问题,按应力集中的观点,解释了材料实际强度远低于理论强度是因为固体材料存在缺陷的缘故。

1920 年 Griffith 提出在固体材料中或在材料运行过程中存在或产生裂纹的设想,研究了玻璃、陶瓷等脆性材料实际强度比理论强度低的原因。Griffith 通过引入断裂扩展的临界应力这一重要参数,计算了裂纹存在时板状构件中应变能的变化。这一解释成功地说明了玻璃等脆性材料开裂原因。他认为由于裂纹扩展形成了新的表面,因此需要外界做一定的功来补充新表面所需的表面能,并给出了材料断裂时的极限应力公式。

1948 年和 1950 年 Irwin 和 Orowan 各自独立地将 Griffith 能量理论推广到裂尖存在小范围屈服的金属材料,这是研究弹塑性断裂问题的开端。1955 年至 1957 年,Irwin 通过对裂尖附近应力场的研究,提出了新的断裂参量应力强度因子,并建立了应力强度因子断裂准则。

1972 年 Palaniswamy 从裂纹扩展能量释放率的概念出发建立了复合型裂纹扩展的最大能量释放率理论,同期 Sih 又提出了能处理全复合型裂纹扩展的应变能密度因子理论。

对于塑性材料断裂问题的研究,1960 年 Dugdale 对带裂纹软钢薄壁结构实验观测结果提出了条形塑性区简化模型,这一模型简称 D－M 模型,因为该模型类似于 Barenblatt 模型,也称为 D－B 模型。1965 年 Wells 提出了弹塑性条件下裂纹的起裂的 COD 准则,即裂纹张开位移准则,但其理论基础很薄弱,不是一个直接严密的裂纹尖端弹塑性应力应变场的表征参量。

1968 年 Rice 提出 J 积分,它避开直接计算裂纹尖端附近弹塑性应力应变场,而用围绕裂尖与路径无关的回路线积分作为表示裂纹尖端应变集中特性的参量。同年 Hutchinson、Rice 和 Rosengren 证明了 J 积分唯一决定着裂尖弹塑性应力应变场的强度,也具有奇异性,可以采用 J 积分作为参量来建立断裂判据。

断裂力学作为固体力学的一个新分支,是研究材料和工程结构中含裂纹物体在荷载下裂纹扩展规律的一门学科。其主要研究裂纹尖端附近的应力、应变场和裂纹的扩展规律。本章主要对断裂力学的基础知识进行介绍。

6.2　裂纹的分类

断裂力学中的裂纹,不仅指物体开裂产生的裂纹,还包含材料冶炼过程中的夹渣、气孔、加工过程中引起的刀痕、刻槽等,其对裂纹的表述有广泛的意义。实际工程中的一些缺陷可以简化为裂纹,按照其几何特性可以分为以下三种。

1. 穿透裂纹。其指一个裂纹贯穿整个构件厚度,也叫作贯穿裂纹。在某些条件下,裂纹并没有贯穿整个构件厚度,而是仅在构件其中一面出现裂纹,若裂纹深度达到构件厚度的一半以上则可将该裂纹视为穿透裂纹。常将构件中的穿透裂纹理想化处理,认为裂纹尖端的曲率半径接近于零,即将构件的穿透裂纹视为理想尖裂纹,具有在实际应用中安全、在工程上很容易接受的优点,但是这种理想化通常比较保守。

2. 表面裂纹。其指构件的裂纹位于表面或指裂纹的深度与构件的厚度相比很小。因此在工程中,表面裂纹引起的断裂破坏是最常见的,常将其简化为半椭圆形裂纹。

3. 深埋裂纹。其指构件表面看不到裂口,构件的裂纹处于构件内部。常常将深埋裂纹简化为椭圆片状裂纹或者圆片状裂纹来计算。

穿透裂纹、表面裂纹和深埋裂纹这三种裂纹是按照不同的裂纹形状进行分类的,构件裂纹的前缘几何尖角半径等于零。

在断裂力学中按照受力情况和裂纹扩展方式不同分为Ⅰ型(张开型裂纹)、Ⅱ型(滑开型裂纹)、Ⅲ型(撕开型裂纹),如图 6.1 所示。

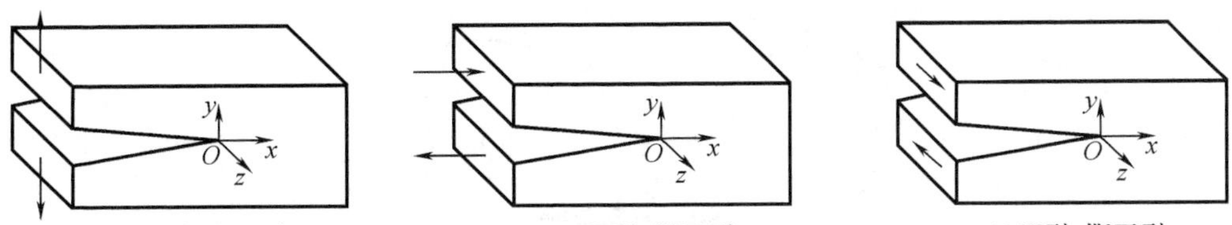

(a) Ⅰ型-张开型　(b) Ⅱ型-滑开型　(c)Ⅲ型-撕开型

图 6.1　裂纹类型

Ⅰ型(张开型裂纹)。裂纹的上下表面沿作用力的方向张开,裂纹沿裂纹面向前扩展,拉应力与裂纹扩展面垂直。在工程实际中,多以Ⅰ型裂纹破坏为主,在断裂力学问题讨论中,压力容器中的纵向裂纹、板中有与其所受拉应力垂直的穿透裂纹等都属于Ⅰ型裂纹。

Ⅱ型(滑开型裂纹)。裂纹在切应力的作用下裂纹扩展,切应力垂直于裂纹线而平行于裂纹面。齿轮或长键的根部沿切线方向的开裂、受扭转的薄壁圆管上贯穿管壁的环向裂纹在扭转力的作用下引起的开裂等都属于Ⅱ型裂纹。

Ⅲ型(撕开型裂纹)。剪应力平行于裂纹面且平行于裂纹前沿线方向,裂纹面在此作用下沿裂纹面撕开扩展。

在Ⅰ、Ⅱ、Ⅲ型裂纹中,Ⅰ型裂纹所占比例最大,并且其危险度最高,在对断裂力学问题进行讨论时,对Ⅰ型裂纹研究是最多的。

6.3　线弹性断裂力学

线弹性断裂力学是以线弹性理论来研究裂纹体的,其难点在于裂纹尖端点附近必定存在着非线弹性区域,而远离裂尖区域又是弹性区域,对于裂尖处的失效判据也一定与其他地方有所不同。当裂纹尖端非线性范围很小,远远小于半裂纹长度 a 时,远处力学场的弹性解与实际分布接近。引入应力强度因子概念,并引为裂纹扩展控制量后,能较精确预测高强钢的裂纹扩展;对中强钢经过弹塑区修正有效;对低碳钢必须考虑的问题是弹塑性,即弹塑性断裂力学,该问题在 6.4 节中讨论。

6.3.1　裂纹尖端附近的线弹性应力场

1957 年,Irwin 提出应力强度因子概念,是断裂力学形成的标志。应力强度因子是通过研究线弹性裂纹体应力场得到的。一般形状弹性裂纹体(二维有限体和三维模型),精确求解应力强度因子是相当困难的。但对无限大平板含贯穿直裂纹(Griffith 裂纹)的Ⅰ,Ⅱ,Ⅲ型裂纹的应力强度因子是容易求解的,它可作为研究线弹性裂纹体应力强度因子的基础解。解法很多,例如曲线坐标法、能量法、积分变换法等,其中复变函数法最为简明,这里只介绍其中的 Westergard 法。

1. Ⅰ型裂纹尖端附近的应力场和位移场

(1)应力函数

研究图 6.2 所示的Ⅰ型裂纹问题,采用逆解法求解。

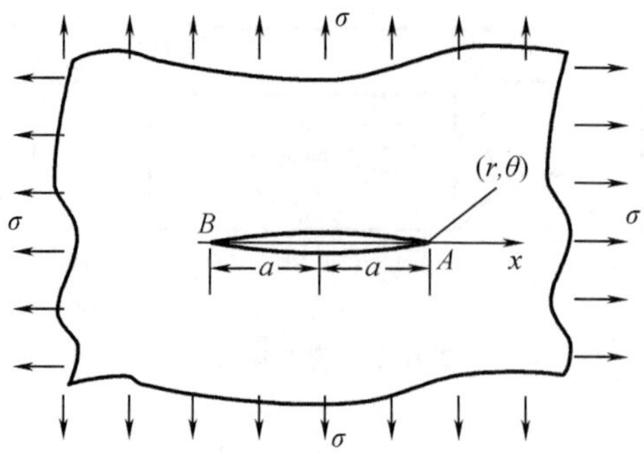

图 6.2　承受双向拉应力 I 型裂纹模型图

取应力函数为

$$\varphi = \mathrm{Re}\,\overline{\overline{Z}}_1 + y\mathrm{Im}\,\overline{Z}_1 \tag{6.2}$$

（下标 1 表示 I 型）。代入应力公式有

$$\sigma_x = \frac{\partial^2 \varphi}{\partial y^2} = \frac{\partial}{\partial y}(-\mathrm{Im}\,\overline{Z}_1 + \mathrm{Im}\,\overline{Z}_1 + y\mathrm{Re}Z_1) = \mathrm{Re}Z_1 - y\mathrm{Im}\,Z_1' \tag{6.3}$$

类似有

$$\sigma_y = \frac{\partial^2 \varphi}{\partial x^2} = \mathrm{Re}Z_1 + y\mathrm{Im}\,Z_1' \tag{6.4}$$

$$\tau_{xy} = -\frac{\partial^2 \varphi}{\partial x \partial y} = -y\mathrm{Re}Z_1' \tag{6.5}$$

Z_1 称为复应力函数，$z = x + \mathrm{i}y$ 取

$$Z_1 = \frac{\sigma z}{\sqrt{z^2 - a^2}} \tag{6.6}$$

裂纹面上有 $y=0$，$-a \leqslant x \leqslant a$；$z=x$，$\sqrt{z^2-a^2}$为纯虚数，有

$$\sigma_y = \tau_{xy} = 0 \tag{6.7}$$

无穷远点：$z \to \infty$，$Z_1 \to \sigma$，只有实部，有

$$\sigma_x = \sigma_y = \sigma, \tau_{xy} = 0 \tag{6.8}$$

可见 Z_1 对应原问题的解。

（2）应力强度因子

为计算方便，坐标变换 $z(x,y) \to \xi(r,\theta)$，有

$$x - a = r\cos\theta, \quad y = r\sin\theta \tag{6.9}$$

故

$$\xi = r(\cos\theta + \mathrm{i}\sin\theta) = x - a + \mathrm{i}y = z - a \tag{6.10}$$

由于

$$Z_1 = \frac{\sigma z}{\sqrt{(\xi + a)^2 - a^2}} = \frac{\sigma(\xi + a)}{\sqrt{\xi(\xi + 2a)}} \tag{6.11}$$

记解析因子

$$g_1(\xi) = \frac{\sigma(\xi + a)}{\sqrt{(\xi + 2a)}}, Z_1 = \frac{g_1(\xi)}{\sqrt{\xi}} \tag{6.12}$$

当 $\xi \to 0$ 时

$$\left|\lim_{|\xi| \to 0}\right| g_1(\xi) = \left|\lim_{|\xi| \to 0}\right| Z_1(\xi)\sqrt{\xi} = \frac{K_I}{\sqrt{2\pi}} \tag{6.13}$$

故

$$K_I = \lim_{|\xi| \to 0} Z_1(\xi)\sqrt{2\pi\xi} = \sigma\sqrt{\pi a} \tag{6.14}$$

此处 K_I 称为裂纹尖端应力场奇异项强度因子，简称应力强度因子。

(3) 裂纹尖端裂纹场

引用公式

$$\xi = re^{i\theta}, e^{i\theta} = \cos\theta + i\sin\theta \tag{6.15}$$

$$Z_1(\xi) = \frac{K_I}{\sqrt{2\pi\xi}} = \frac{K_I}{\sqrt{2\pi r}}e^{-i\frac{\theta}{2}} = \frac{K_I}{\sqrt{2\pi r}}\left(\cos\frac{\theta}{2} - i\sin\frac{\theta}{2}\right) \tag{6.16}$$

且

$$\mathrm{Re}Z_1(\xi) = \frac{K_I}{\sqrt{2\pi r}}\cos\frac{\theta}{2}, \mathrm{Im}Z_1(\xi) = -\frac{K_I}{\sqrt{2\pi r}}\sin\frac{\theta}{2} \tag{6.17}$$

$$Z_1'(\xi) = -\frac{K_I}{2\sqrt{2\pi}}\xi^{-\frac{3}{2}} = \frac{K_I}{2\sqrt{2\pi r}}r^{-1}\left(\cos\frac{3\theta}{2} - i\sin\frac{3\theta}{2}\right) \tag{6.18}$$

令

$$y = r\sin\theta = 2r\sin\frac{\theta}{2}\cos\frac{\theta}{2} \tag{6.19}$$

解得应力场为

$$\sigma_x = \mathrm{Re}\,Z_1 - y\mathrm{Im}\,Z_1' = \frac{K_I}{\sqrt{2\pi r}}\cos\frac{\theta}{2}\left(1 - \sin\frac{\theta}{2}\sin\frac{3\theta}{2}\right) \tag{6.20}$$

$$\sigma_y = \mathrm{Re}\,Z_1 + y\mathrm{Im}\,Z_1' = \frac{K_I}{\sqrt{2\pi r}}\cos\frac{\theta}{2}\left(1 + \sin\frac{\theta}{2}\sin\frac{3\theta}{2}\right) \tag{6.21}$$

$$\tau_{xy} = -y\mathrm{Re}\,Z_1' = \frac{K_I}{\sqrt{2\pi r}}\cos\frac{\theta}{2}\sin\frac{\theta}{2}\cos\frac{3\theta}{2} \tag{6.22}$$

位移场可由应变积分解得(初值 $u=0, v=0$)

平面应力为

$$u = \frac{1}{E}\left[(1-\mu)\mathrm{Re}\,\overline{Z}_1 - (1+\mu)y\mathrm{Im}Z_1\right] \tag{6.23}$$

$$v = \frac{1}{E}\left[2\mathrm{Im}\,\overline{Z}_1 - (1+\mu)y\mathrm{Re}Z_1\right] \tag{6.24}$$

平面应变为

$$u = \frac{1}{2G}\left[(1-2\mu)\mathrm{Re}\,\overline{Z}_1 - y\mathrm{Im}Z_1\right] \tag{6.25}$$

$$v=\frac{1}{2G}[2(1-\mu)\text{Im}\,\overline{Z}_1-y\text{Re}Z_1] \tag{6.26}$$

统一写为

$$u=\frac{2(1+\mu)K_{\text{I}}}{4E}\sqrt{\frac{r}{2\pi}}\left[(2k-1)\cos\frac{\theta}{2}-\cos\frac{3\theta}{2}\right] \tag{6.27}$$

$$v=\frac{2(1+\mu)K_{\text{I}}}{4E}\sqrt{\frac{r}{2\pi}}\left[(2k+1)\sin\frac{\theta}{2}-\sin\frac{3\theta}{2}\right] \tag{6.28}$$

其中有

$$k=\begin{cases}\dfrac{3-\mu}{1+\mu} & （平面应力）\\ 3-4\mu & （平面应变）\end{cases} \tag{6.29}$$

2. Ⅱ型裂纹尖端附近的应力场和位移场

(1)应力函数

研究图6.3所示Ⅱ型裂纹问题,采用逆解法求解。

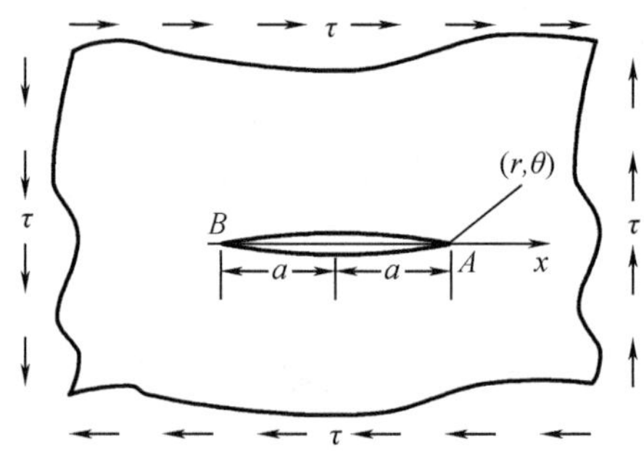

图6.3 承受双向剪切应力的Ⅱ型裂纹模型图

取应力函数

$$\varphi=-y\text{Re}\,\overline{Z}_2 \tag{6.30}$$

上式下标2表示Ⅱ型。代入应力公式有

$$\sigma_x=\frac{\partial^2\varphi}{\partial y^2}=2\text{Im}\,Z_2+y\text{Re}\,Z_2' \tag{6.31}$$

类似地有

$$\sigma_y=\frac{\partial^2\varphi}{\partial x^2}=-y\text{Re}\,Z_2' \tag{6.32}$$

$$\tau_{xy}=-\frac{\partial^2\varphi}{\partial x\partial y}=\text{Re}\,Z_2-y\text{Im}\,Z_2' \tag{6.33}$$

Z_2 称为Ⅱ型复应力函数,令

$$Z_2=\frac{\tau z}{\sqrt{z^2-a^2}} \tag{6.34}$$

裂纹面上：$y=0,\ -a\leqslant x\leqslant a;z=x,\ \sqrt{z^2-a^2}$ 为纯虚数，可得

$$\sigma_y=\tau_{xy}=0 \tag{6.35}$$

无穷远点：$z\to\infty,Z_2\to\tau$，只有实部，可得

$$\sigma_x=\sigma_y=0,\tau_{xy}=\tau \tag{6.36}$$

可见，Z_2 对应原问题的解。

(2) 应力强度因子

坐标变换：$z(x,y)\to\xi(r,\theta)$，有

$$x-a=r\cos\theta,y=r\sin\theta \tag{6.37}$$

故

$$z=\xi+a \tag{6.38}$$

由于

$$Z_2=\frac{\tau z}{\sqrt{(\xi+a)^2-a^2}}=\frac{\tau(\xi+a)}{\sqrt{\xi(\xi+2a)}} \tag{6.39}$$

记解析因子为

$$g_2(\xi)=\frac{\tau(\xi+a)}{\sqrt{(\xi+2a)}},Z_2=\frac{g_2(\xi)}{\sqrt{\xi}} \tag{6.40}$$

当 $\xi\to0$ 时有

$$\left|\lim_{|\xi|\to0}\right|g_2(\xi)=\left|\lim_{|\xi|\to0}\right|Z_2(\xi)\sqrt{\xi}=\frac{K_{\mathrm{II}}}{\sqrt{2\pi}} \tag{6.41}$$

故

$$K_{\mathrm{II}}=\lim_{|\xi|\to0}Z_2(\xi)\sqrt{2\pi\xi}=\tau\sqrt{\pi a} \tag{6.42}$$

此处，K_{II}称为Ⅱ型裂纹尖端应力场奇异项强度因子，简称Ⅱ型裂纹应力强度因子。

(3)裂纹尖端裂纹场

由 $\xi=re^{i\theta},e^{i\theta}=\cos\theta+i\sin\theta$，有

$$Z_2(\xi)=\frac{K_{\mathrm{II}}}{\sqrt{2\pi\xi}}=\frac{K_{\mathrm{II}}}{\sqrt{2\pi r}}e^{-i\frac{\theta}{2}}=\frac{K_{\mathrm{II}}}{\sqrt{2\pi r}}\left(\cos\frac{\theta}{2}-i\sin\frac{\theta}{2}\right) \tag{6.43}$$

$$Z_2'(\xi)=\frac{K_{\mathrm{II}}}{2\sqrt{2\pi r}}r^{-1}\left(\cos\frac{3\theta}{2}-i\sin\frac{3\theta}{2}\right) \tag{6.44}$$

将 $y=r\sin\theta=2r\sin\dfrac{\theta}{2}\cos\dfrac{\theta}{2}$，有应力场

$$\sigma_x=-\frac{K_{\mathrm{II}}}{\sqrt{2\pi r}}\sin\frac{\theta}{2}\left(2+\cos\frac{\theta}{2}\cos\frac{3\theta}{2}\right) \tag{6.45}$$

$$\sigma_y=\frac{K_{\mathrm{II}}}{\sqrt{2\pi r}}\cos\frac{\theta}{2}\sin\frac{\theta}{2}\cos\frac{3\theta}{2} \tag{6.46}$$

$$\tau_{xy}=\frac{K_{\mathrm{II}}}{\sqrt{2\pi r}}\cos\frac{\theta}{2}\left(1-\sin\frac{\theta}{2}\sin\frac{3\theta}{2}\right) \tag{6.47}$$

$$\sigma_z = \begin{cases} 0 & (\text{平面应力}) \\ \mu(\sigma_x + \sigma_y) & (\text{平面应变}) \end{cases} \tag{6.48}$$

位移场可由应变积分解得(初值:$u=0, v=0$)

$$u = \frac{2(1+\mu)K_{\mathrm{II}}}{4E}\sqrt{\frac{r}{2\pi}}\left[(2k+3)\sin\frac{\theta}{2} + \sin\frac{3\theta}{2}\right] \tag{6.49}$$

$$v = -\frac{2(1+\mu)K_{\mathrm{II}}}{4E}\sqrt{\frac{r}{2\pi}}\left[(2k-2)\cos\frac{\theta}{2} + \cos\frac{3\theta}{2}\right] \tag{6.50}$$

令

$$k = \begin{cases} \dfrac{3-\mu}{1+\mu} & (\text{平面应力}) \\ 3-4\mu & (\text{平面应变}) \end{cases} \tag{6.51}$$

3. Ⅲ型裂纹尖端附近的应力场和位移场

(1)应力函数

研究图 6.4 示Ⅲ型裂纹问题,属于反平面问题。

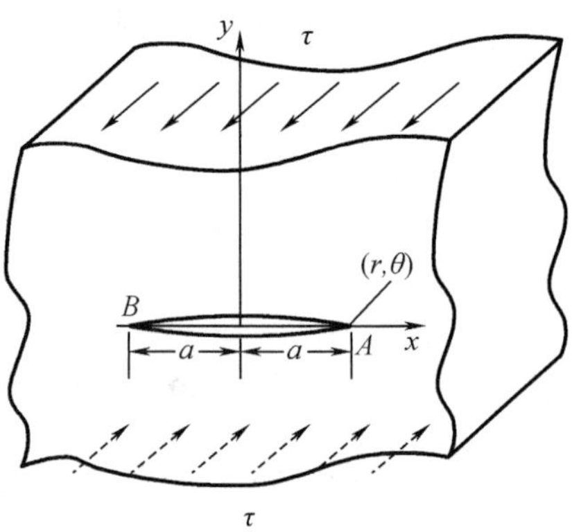

图 6.4 承受反对称撕裂应力 GriffithⅢ型裂纹模型图

边界条件有

①裂纹面:$y=0$, $-a \leqslant x \leqslant a$ 时,$\tau_{yz}=0$。

②无穷远点:$|y| \to 0$ 时,$\tau_{yz}=\tau$; $|x| \to 0$ 时,$|x| \to 0$

令应力函数

$$\varphi = \frac{2(1+\mu)}{E}\mathrm{lm}\ \overline{Z}_3 \tag{6.52}$$

应力场为

$$\tau_{yz} = \frac{E}{2(1+\mu)}\frac{\partial \varphi}{\partial y} = \frac{\partial}{\partial y}\mathrm{lm}\ \overline{Z}_{\mathrm{III}} = \mathrm{Re}\ Z_3 \tag{6.53}$$

$$\tau_{zx} = \frac{E}{2(1+\mu)}\frac{\partial \varphi}{\partial x} = \frac{\partial}{\partial x}\mathrm{lm}\ \overline{Z}_{\mathrm{III}} = \mathrm{lm}\ Z_3 \tag{6.54}$$

令复应力函数

$$Z_3 = \frac{\tau z}{\sqrt{z^2 - a^2}} \tag{6.55}$$

此函数满足所有边界条件。在裂纹面上，Z_3 为纯虚数，有 $\tau_{yz}=0$；在无穷远点：$Z_3 \to \tau$，故 $\tau_{yz}=\tau, \tau_{zx}=0$。

(2) 应力强度因子裂纹场

坐标变换 $z=\xi+a$，可知

$$Z_3 = \frac{\tau(\xi + a)}{\sqrt{\xi(\xi + 2a)}} = \frac{K_{\mathrm{III}}}{\sqrt{2\pi\xi}} \tag{6.56}$$

$$K_{\mathrm{III}} = |\lim_{|\xi| \to 0}| Z_3 \sqrt{2\pi\xi} = |\lim_{|\xi| \to 0}| \frac{\tau(\xi + a)}{\sqrt{\xi(\xi + 2a)}} \sqrt{2\pi\xi} = \tau\sqrt{\pi a} \tag{6.57}$$

$$Z_3(\xi) = \frac{K_{\mathrm{III}}}{\sqrt{2\pi}} \cdot (\xi)^{-\frac{1}{2}} = \frac{K_{\mathrm{III}}}{\sqrt{2\pi r}}\left(\cos\frac{\theta}{2} - i\sin\frac{\theta}{2}\right) \tag{6.58}$$

应力场为

$$\tau_{yz} = \mathrm{Re}\, Z_3 = \frac{K_{\mathrm{III}}}{\sqrt{2\pi r}}\cos\frac{\theta}{2} \tag{6.59}$$

$$\tau_{zx} = \mathrm{Im}\, Z_3 = -\frac{K_{\mathrm{III}}}{\sqrt{2\pi r}}\sin\frac{\theta}{2} \tag{6.60}$$

位移场为

$$u = v = 0 \tag{6.61}$$

$$w = \frac{2(1+\mu)K_{\mathrm{III}}}{E}\sqrt{\frac{2r}{\pi}}\sin\frac{\theta}{2} \tag{6.62}$$

反平面问题也是二维问题。

总结以上三种裂纹形式可以发现，三种裂纹问题应力、应变裂尖场均有 $r^{-\frac{1}{2}}$ 阶奇异性，且三种裂纹的裂尖场（应力、应变、位移）均可用应力强度因子的形式进行表达。

6.3.2　应力强度因子的塑性区修正

线弹性裂纹的尖端应力场在端点附近将趋于无穷大，是不真实的。裂纹尖端必然存在塑性区，裂尖应力场强达到一定大小才会产生破坏，传统的材料失效准则也不符合实际。

研究表明，对塑性区很小情况，线弹性解可以直接用于应力场和裂纹失稳扩展的分析；对于小范围屈服的裂纹场，可采用合理地对塑性区进行修正的方法来解决，允许以线弹性解近似描述稍微远处的应力场；可以用修正后的应力强度因子有效预测裂纹失稳扩展；对于大范围屈服，必须探求、研究裂纹尖端附近的弹塑性场，采用弹塑性断裂力学的方法来研究、解决。

1. 屈服判据

复杂应力状态下，塑性材料常用的屈服判据有两种，分别为 Tresca 屈服判据和 Mises 屈服判据。其中，Tresca 屈服判据的表达形式为

$$\sigma_1 - \sigma_3 = \sigma_s \tag{6.63}$$

Mises 屈服判据的表达形式为

$$\sqrt{\frac{1}{2}[(\sigma_1-\sigma_2)^2+(\sigma_2-\sigma_3)^2+(\sigma_3-\sigma_1)^2]}=\sigma_s \tag{6.64}$$

2. 裂纹尖端塑性区(I 型为例)

由弹性解出发有

$$\sigma_x=\frac{K_{\mathrm{I}}}{\sqrt{2\pi r}}\cos\frac{\theta}{2}\left(1-\sin\frac{\theta}{2}\sin\frac{3\theta}{2}\right) \tag{6.65}$$

$$\sigma_y=\frac{K_{\mathrm{I}}}{\sqrt{2\pi r}}\cos\frac{\theta}{2}\left(1+\sin\frac{\theta}{2}\sin\frac{3\theta}{2}\right) \tag{6.66}$$

$$\tau_{xy}=\frac{K_{\mathrm{I}}}{\sqrt{2\pi r}}\cos\frac{\theta}{2}\sin\frac{\theta}{2}\cos\frac{3\theta}{2} \tag{6.67}$$

$$\sigma_z=\begin{cases}0 & （平面应力）\\ \mu(\sigma_x+\sigma_y) & （平面应变）\end{cases} \tag{6.68}$$

主应力为

$$\begin{Bmatrix}\sigma_1\\ \sigma_2\end{Bmatrix}=\frac{(\sigma_x+\sigma_y)}{2}\pm\sqrt{\left(\frac{\sigma_x-\sigma_y}{2}\right)^2+\tau_{xy}^2}=\frac{K_{\mathrm{I}}}{\sqrt{2\pi r}}\cos\frac{\theta}{2}\left(1\pm\sin\frac{\theta}{2}\right) \tag{6.69}$$

$$\sigma_3=\begin{cases}0 & （平面应力）\\ \mu(\sigma_x+\sigma_y)=2\mu\dfrac{K_{\mathrm{I}}}{\sqrt{2\pi r}}\cos\dfrac{\theta}{2} & （平面应变）\end{cases} \tag{6.70}$$

可由此估计塑性区大小。

（1）按 Tresca 判据确定塑性区尺寸

平面应力为

$$\sigma_3=0,\sigma_1=\sigma_s \tag{6.71}$$

故

$$\frac{K_{\mathrm{I}}}{\sqrt{2\pi r}}\cos\frac{\theta}{2}\left(1+\sin\frac{\theta}{2}\right)=\sigma_s \tag{6.72}$$

解得

$$r=\frac{1}{2\pi}\left(\frac{K_{\mathrm{I}}}{\sigma_s}\right)^2\cos^2\frac{\theta}{2}\left(1+\sin\frac{\theta}{2}\right)^2 \tag{6.73}$$

用来近似表示塑性区边界方程。

令 $\theta=0$ 有

$$r_0=\frac{1}{2\pi}\left(\frac{K_{\mathrm{I}}}{\sigma_s}\right)^2 \tag{6.74}$$

r_0 称为塑性区尺寸。

平面应变为

$$\sigma_3=2\mu\frac{K_{\mathrm{I}}}{\sqrt{2\pi r}}\cos\frac{\theta}{2} \tag{6.75}$$

$$\sigma_1-\sigma_3=\sigma_s \tag{6.76}$$

故

$$\frac{K_{\mathrm{I}}}{\sqrt{2\pi r}}\cos\frac{\theta}{2}\left(1+\sin\frac{\theta}{2}\right)-2\mu\frac{K_{\mathrm{I}}}{\sqrt{2\pi r}}\cos\frac{\theta}{2}=\sigma_{\mathrm{s}} \tag{6.77}$$

解得

$$\frac{K_{\mathrm{I}}}{\sqrt{2\pi r}}\cos\frac{\theta}{2}\left(1-2\mu+\sin\frac{\theta}{2}\right)=\sigma_{\mathrm{s}} \tag{6.78}$$

用来近似表示塑性区边界方程。

令 $\theta=0$ 有

$$r_0=\frac{1}{2\pi}\left(\frac{K_{\mathrm{I}}}{\sigma_{\mathrm{s}}}\right)^2(1-2\mu)^2 \tag{6.79}$$

r_0 称为塑性区特征尺寸。

平面应变的塑性区特征尺寸比平面应力的塑性区尺寸小。对于 $\mu=0.3$ 的材料,平面应变的塑性区特征尺寸仅为平面应力的塑性区尺寸的 0.16 倍,两者相差颇大。可见,平面应变材料易发生脆性断裂,而不易屈服。

(2) 按 Mises 判据确定塑性区尺寸

塑性区边界方程有

$$r=\begin{cases}\dfrac{1}{2\pi}\left(\dfrac{K_{\mathrm{I}}}{\sigma_{\mathrm{s}}}\right)^2\cos^2\dfrac{\theta}{2}\left(1+3\sin^2\dfrac{\theta}{2}\right) & (\text{平面应力})\\[2ex] \dfrac{1}{2\pi}\left(\dfrac{K_{\mathrm{I}}}{\sigma_{\mathrm{s}}}\right)^2\cos^2\dfrac{\theta}{2}\left[(1-2\mu)^2+3\sin^2\dfrac{\theta}{2}\right] & (\text{平面应变})\end{cases} \tag{6.80}$$

令 $\theta=0$,则裂纹特征尺寸为

$$r_0=\begin{cases}\dfrac{1}{2\pi}\left(\dfrac{K_{\mathrm{I}}}{\sigma_{\mathrm{s}}}\right)^2\\[2ex] \dfrac{1}{2\pi}\left(\dfrac{K_{\mathrm{I}}}{\sigma_{\mathrm{s}}}\right)^2(1-2\mu)^2\end{cases} \tag{6.81}$$

该结论与 Tresca 判据特征尺寸相同,即对材料的 μ 值很敏感。

(3) 实际塑性区

应力状态与塑性区尺寸相互影响,严格的平面应变和平面应力都很难实现。平板的表层为平面应力;厚板的中面层接近平面应变。

应力状态对塑性区大小有显著影响。反之,应力状态也受塑性区大小影响。用数值方法可描述实际的塑性区分布和特性。塑性区示意图,如图 6.5 所示。

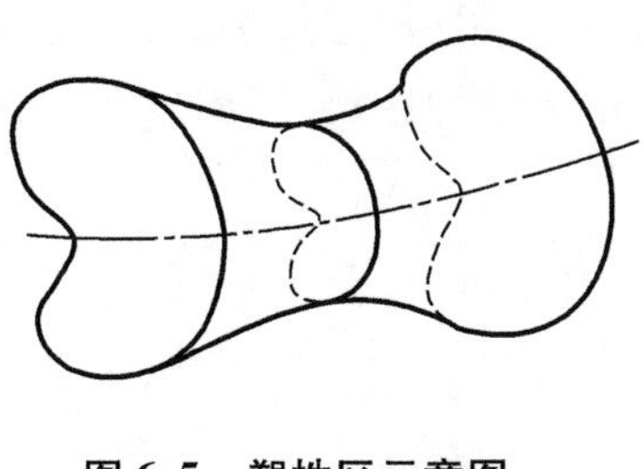

图 6.5　塑性区示意图

一般规定：当 $r_0/B<0.025$ 为平面应变试件；对 K_{IC} 的测试很重要。如果 σ_s 上升，K_{IC} 下降，试样厚度可适当减小，否则试样应增加厚度。

(4)有效屈服应力 σ_{ys} 与塑性约束系数 P_{cf}

塑性区最大的屈服应力，记为 σ_{ys}，称有效屈服应力。记 $P_{cf}=\dfrac{\sigma_{ys}}{\sigma_s}$，称为塑性约束系数。用 Tresca 屈服条件，$\theta=0$ 时，裂尖区为

$$\sigma_1=\sigma_2=\frac{K_I}{\sqrt{2\pi r}} \tag{6.82}$$

$$\sigma_3=\begin{cases}0 & (平面应力)\\ 2\mu\sigma_1 & (平面应变)\end{cases} \tag{6.83}$$

平面应力条件有

$$\sigma_1=\sigma_s \tag{6.84}$$

平面应变条件下有

$$\sigma_1=\frac{\sigma_s}{1-2\mu} \tag{6.85}$$

有效屈服应力为

$$\sigma_{ys}=\begin{cases}\sigma_s\\ \dfrac{\sigma_s}{1-2\mu}\end{cases} \tag{6.86}$$

塑性约束系数为

$$P_{cf}=\begin{cases}1 & (平面应力)\\ \dfrac{1}{1-2\mu} & (平面应变)\end{cases} \tag{6.87}$$

如果 μ 在 0.3 ~ 0.33 范围内，P_{cf} 在 2.5 ~ 3.0 范围内。一般试件 P_{cf} 在 1.5 ~ 2.0 范围内(表面裂纹，尖端钝化)用圆柱裂纹试件测得：$P_{cf}=1.6818\approx\sqrt{2\sqrt{2}}$。使用时可令

$$\sigma_{ys}=\begin{cases}\sigma_s & (平面应力)\\ \dfrac{\sigma_s}{\sqrt{2\sqrt{2}}} & (平面应变)\end{cases} \tag{6.88}$$

3. 应力松弛对塑性区大小的影响

上节研究未考虑塑性区应力重新分布的影响，考虑此项影响后，实际塑性区要扩大。

考察理想弹塑性材料，如图 6.6 所示。讨论裂纹延长线上的塑性区尺寸，虚线为修正前的应力分布，实线为修正后的分布。BD 段屈服后，应力小于线弹性解，为满足平衡要求，必使塑性区扩大。可令 BC∥EF，r_0 为塑性区尺寸，R 为修正后塑性区尺寸。

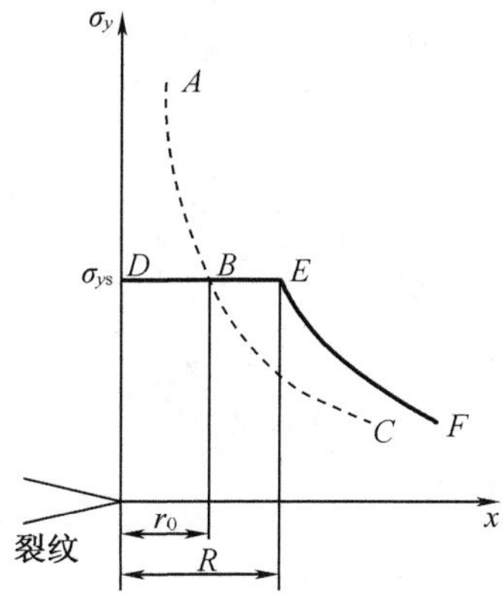

图 6.6　理想弹塑性材料塑性区分布图

由平衡条件为

$$R\sigma_{ys} = \int_0^{r_0} (\sigma_y)_{\theta=0} \mathrm{d}r = \int_0^{r_0} \frac{K_{\mathrm{I}}}{\sqrt{2\pi r}} \mathrm{d}r = \frac{K_{\mathrm{I}}}{\sqrt{2\pi}} 2\sqrt{r_0} \tag{6.89}$$

令

$$r_0 = \frac{1}{2\pi}\left(\frac{K_{\mathrm{I}}}{\sigma_{ys}}\right)^2 \tag{6.90}$$

故

$$R = \frac{1}{\pi}\left(\frac{K_{\mathrm{I}}}{\sigma_{ys}}\right)^2 = 2r_0 \tag{6.91}$$

令 $\sigma_{ys} = \sigma_s$，故

$$R = \begin{cases} \dfrac{1}{\pi}\left(\dfrac{K_I}{\sigma_s}\right)^2 & (\text{平面应力}) \\ \dfrac{1}{2\sqrt{2}\pi}\left(\dfrac{K_I}{\sigma_s}\right)^2 & (\text{平面应变}) \end{cases} \tag{6.92}$$

4. K_{I} 的塑性区修正

前文对裂尖应力强度因子求解用到线弹性关系，即假定裂纹尖端区域均处于理想的线弹性应力场中，实际上裂纹尖端必定存在塑性区，因此，裂尖应力场实际上不完全是弹性应力场。这样就提出一个问题，线弹性断裂理论在裂尖存在塑性区的时候如何应用，目前普遍认为，当裂尖出现在小范围屈服时，应考虑上述塑性区修正。修正后的弹性断裂理论可以近似应用于工程问题。Irwin 论证了只要对裂纹长度合理扩大，便可采用弹性裂尖场的解预测实际裂尖场。

等效裂纹场为

$$a^* = a + r_y \tag{6.93}$$

其中，a 为原始实际裂纹长度；a^* 等效裂纹长度；r_y 裂纹长度修正值。

前文解得

$$\sigma_{ys}=\frac{K_{\mathrm{I}}}{\sqrt{2\pi(R-r_y)}} \tag{6.94}$$

故

$$r_y=R-\frac{1}{2\pi}\left(\frac{K_{\mathrm{I}}}{\sigma_{ys}}\right)^2=\frac{R}{2}=\begin{cases}\dfrac{1}{2\pi}\left(\dfrac{K_{\mathrm{I}}}{\sigma_{ys}}\right)^2 & (\text{平面应力})\\ \dfrac{1}{4\sqrt{2}\pi}\left(\dfrac{K_{\mathrm{I}}}{\sigma_{ys}}\right)^2 & (\text{平面应变})\end{cases} \tag{6.95}$$

因此,可在小范围屈服条件下计算 K_{I}。

4. 材料断裂韧性 K_{IC}、K 判据

同一材料可建立构件和试件的比较条件,作为裂纹失稳扩展的判据为

$$K_{\mathrm{I}}=K_{\mathrm{IC}} \tag{6.96}$$

上式左端 K_{I} 是 I 型裂纹的应力强度因子,由计算分析构件得到,右端 K_{IC} 称为材料的断裂韧性,是和屈服强度、断裂强度等相类似的表明材料固有性质的断裂参数,由平面应变状态下的试件测量分析得到,此式称为 K 判据。还有裂纹扩展能量释放率 G_{I} 描述的 G 判据,是研究解决线弹性断裂力学问题的基础,类似的对于弹塑性断裂力学还有 J(J 积分)判据和 δ(裂纹张开位移)判据。

这里举个例子,说明断裂力学的应用。已知高强铝合金 20244 - T3 的性能参数为 $\sigma_b=500\ \mathrm{MPa}$,$K_{\mathrm{IC}}=3480\ \mathrm{N\cdot mm^{-\frac{3}{2}}}$; D6AC 钢的材料性能参数为 $\sigma_b=1700\ \mathrm{MPa}$,$K_{\mathrm{IC}}=1900\ \mathrm{N\cdot mm^{-\frac{3}{2}}}$。当两种材料均为线弹性材料无限大厚板且板中央位置有裂纹长度 $2a=2\ \mathrm{mm}$ 的贯穿裂纹时,求裂纹失稳扩展时的临界应力 σ_{C},并对两者进行比较分析。

这里可以使用 K 判据进行求解令

$$K_{\mathrm{I}}=\sigma_{\mathrm{C}}\sqrt{\pi a}=K_{\mathrm{IC}} \tag{6.97}$$

故

$$\sigma_{\mathrm{C}}=\frac{K_{\mathrm{IC}}}{\sqrt{\pi a}} \tag{6.98}$$

因此,可以得到

(1)20244 - T3

$$\sigma_{\mathrm{C}}=\frac{3\ 480}{\sqrt{1\pi}}=1\ 961\ \mathrm{MPa}>\sigma_b \tag{6.99}$$

(2)D6AC

$$\sigma_{\mathrm{C}}=\frac{1\ 900}{\sqrt{1\pi}}=1\ 221\ \mathrm{MPa}<\sigma_b \tag{6.100}$$

由计算结果可见,铝合金板裂纹失稳扩展时的临界应力 σ_{C} 远远超过其抗拉强度 σ_b,故该板将首先发生强度失效,若多次使用,裂纹长度扩大为 $2a=8\ \mathrm{mm}$,再脆断破坏;而高强度钢的临界应力 σ_{C} 低于其抗拉强度 σ_b,故该板将首先发生裂纹失稳扩展。虽然其强度高,但是由于断裂韧性低,所以不能充分发挥其高强度性能。

6.4　J 积分与其数字图像相关法

6.4.1　弹塑性断裂力学与 J 积分理论

线弹性断裂力学在解决金属材料等弹塑性材料的断裂问题中存在着一定的局限性，对于含裂纹的弹塑性材料和构件，在受到外部载荷的作用下，在裂纹尖端附近必然会出现应力集中，而且应力集中非常大，从而导致在裂纹尖端区域产生塑性区。当裂纹尖端附近屈服区的尺寸较大时，即塑性区域与裂纹长度已经具有可比性，必须考虑裂纹尖端附近塑性区造成的影响，由此，发展出了弹塑性断裂力学。

弹塑性断裂力学在断裂力学中占有相当重要的地位，但是，由于其理论推导、实验技术等方面的复杂性，使其研究难度大大提升。正是由于弹塑性断裂力学是一门重要且复杂的学科，工程中对于弹塑性断裂力学的要求又与日俱增，因此，直到现在为止其仍然是断裂力学领域的重点研究方向。目前表征弹塑性条件下常用的两个断裂准则为 COD 准则和 J 积分准则，COD 准则是 Wells 在大量实验及工程经验的前提条件下提出的，他认为裂纹尖端塑性变形可以由裂纹尖端的张开位移（CTOD）度量。J 积分理论是美国科学家 Rice 以及前苏联科学家 Cherepanov 于 1968 年基于非线性弹性得到的与路径无关的积分。J 积分与应力强度因子类似，是裂纹端部区域应力 - 应变状态的一种综合度量；随着载荷的增大，J 积分会达到一个临界值，在静态断裂力学中用 J_{IC} 表示，J_{IC} 是材料常数，当 J 积分的值大于 J_{IC} 时，裂纹即发生扩展。

Rice 提出了在静力学条件下的 J 积分表达式，对于裂纹尖端场及断裂理论的研究有着重要的意义。其 J 积分的表达式为

$$J = \int_{\Gamma+\Gamma_s}\left(W\mathrm{d}y - \boldsymbol{T}\frac{\partial \boldsymbol{u}}{\partial x}\mathrm{d}s\right) \tag{6.101}$$

式中，W 为应变能密度。

$$W = \int_0^{\varepsilon}\sigma_{ij}\mathrm{d}\varepsilon_{ij} \tag{6.102}$$

$\Gamma+\Gamma_S$ 为裂纹顶端区域的闭合回路，Γ_S 和 Γ 分别为该闭合回路上裂纹面部分及弧线部分，W 为应变能密度，$\boldsymbol{T}=\sigma_{ij}n_j$ 作用在路径边界上的力，$\boldsymbol{u}$ 为路径边界上的位移矢量，ds 为路径上的弧单元。J 积分的路径为逆时针方向，如图 6.7 所示。

当材料在高应变率加载的情况下，要考虑其惯性效应，因此，准静态 J 积分的表达式不能够直接应用在动态断裂问题上。随着动态断裂力学的发展，Kishimoto、Atluri、Nishioka 等分别提出了考虑惯性效应的与路径无关的动态 J 积分，下列为各 J 积分公式的表达式。

动态 Kishimoto J 积分：

$$J_K = \int_{\Gamma+\Gamma_s}(Wn_k - T_i u_{i,k})\mathrm{d}\Gamma + \iint_{\Omega}\rho\,\ddot{u}_i u_{i,k}\mathrm{d}\Omega \tag{6.103}$$

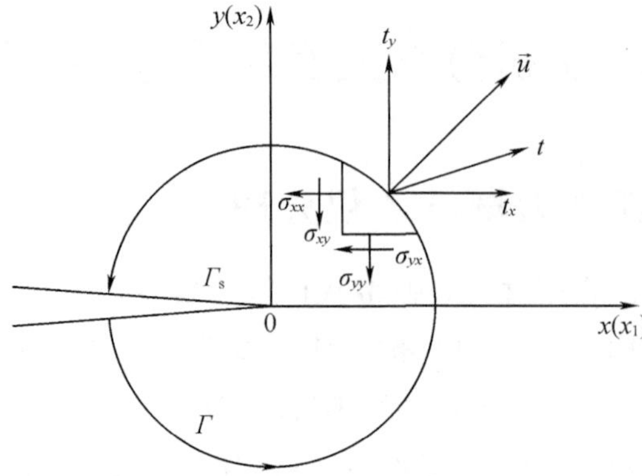

图 6.7 J 积分的回路图

动态 Nishioka J 积分

$$J_N = \int_{\Gamma+\Gamma_s} [(W + \rho \dot{u}_i \dot{u}_i) n_k - T_i u_{i,k}] \mathrm{d}\Gamma + \iint_{\Omega} (\rho \ddot{u}_i u_{i,k} - \rho \dot{u}_i \dot{u}_{i,k}) \mathrm{d}\Omega \qquad (6.104)$$

上面两式中，Ω 为闭合回路所包围区域的面积，$t_i = \sigma_{ij} n_j$ 为面力在 i 坐标上的分量，n_k 为面元的外法线矢量，u_i 为位移矢量，$\ddot{u}_i$ 加速度矢量，T 为单位体积动能，ρ 为材料密度。下面两节根据数字图像相关法的特点以及准静态和动态断裂理论的基本原理，对利用数字图像相关法计算 J 积分的公式推导过程进行介绍。

6.4.2 数字图像相关法

在实验力学领域，通常使用电测法和光测法对试样或结构的变形进行测量，电阻应变测量具有精度高、测试方法成熟、测试结果可信度高等优点。但是，必须注意电阻应变测量存在接触式测量、点测量、测量范围有限、不能进行全场测量等缺点，因此，在测量某些问题时如：小试样、软物质、断裂问题测量、界面测量以及需要得到全场变形等，不能不考虑电阻应变测量所存在的问题。

数字图像相关法是近年来迅速发展的一种测试方法，其具有非接触、全场测量的优点，而且测量精度高、对光照的要求较低、可直接使用白光照明，避免了接触测量对实验加载过程的影响。本节利用此方法对金属材料断裂韧性进行研究，扩大了此方法的应用范围。

1. 数字图像相关法基本理论

数字图像相关法是基于具有一定的特征点分布的散斑图，对所记录的被测物体表面在受力过程中变形前后的两幅散斑图进行一定的相关运算，从而得到物体表面应变场、位移场及各个散斑点相应的坐标信息的一种光学测量方法。根据被测物体的维度可以将其分为二维数字图像相关法（DIC－2D）和三维数字图像相关法（DIC－3D），本文使用数字图像相关法对紧凑拉伸试样的断裂过程进行分析，属于平面应变问题，因此，采用二维数字图像相关法进行分析，下面对其基本理论进行描述。

应用二维数值图像相关法对物体表面的变形场进行测量的实验系统，如图 6.8 所示，实验系统主要包括：被测物体、光源、CCD 摄像机及其控制装置、图像存储仪器等。在实验过程中,要保证 CCD 摄像机镜头的法线与被测物体的法线平行,同时,适当调节光源的范围、亮度以及 CCD 镜头的焦距及采集频率等参数,从而保证能够采集到清晰高质量的图像。通常将试样未加载时所采集的图像被称为未变形图像,作为图像处理中的参考图像,将试样加载过程中所采集的一系列图像的称为变形后图像,变形后图形记录了试样在加载过程中变形场随时间变化的信息。

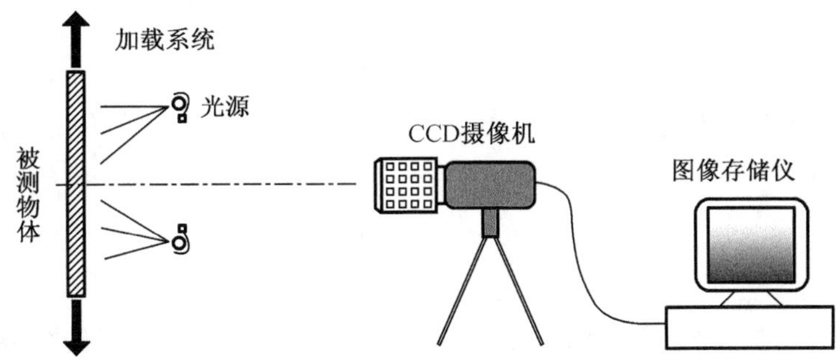

图 6.8　数字图像相关法测试系统图

二维数字图像相关法是用来测试被测物体平面内变形情况的一种方法,在测试过程中只考虑物体的面内位移及应变,而忽略了由于材料泊松比导致的物体表面的微小离面位移。二维数字图像相关法基本原理,如图 6.9 所示。

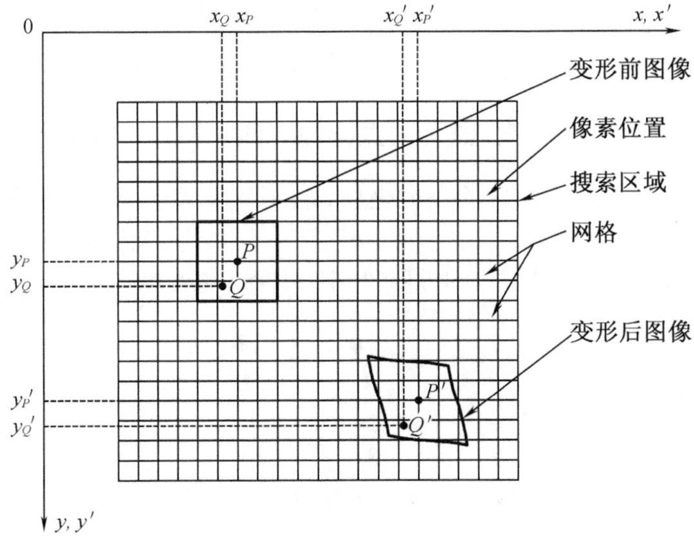

图 6.9　数字图像相关法原理图

在图 6.9 中,变形前图像的中心点为 $P(x_P,y_P)$,P 点附近的任意临近点为 $Q(x_Q,y_Q)$,在变形后图像中对应于 P,Q 两点的为点 $P'(x_{P'},y_{P'})$、$Q'(x_{Q'},y_{Q'})$。Q 点到中心点 P 的位移矢

量为$(\Delta x,\Delta y)$，则 Q 点与中心点 P 的位置关系可表示为

$$\begin{cases}x_Q = x_P + \Delta x \\ y_Q = y_P + \Delta y\end{cases} \tag{6.105}$$

在数字图像相关法中，假设被测物体表面的变形是连续的，因此在变形后的图像中 P'点仍然为中心点，以 Q'为例的一系列临近点仍然为中心点的临近点。在变形过程中点 P 移动到点 P'，P 点的移动位移矢量为$(\boldsymbol{u}_P,\boldsymbol{v}_p)$，由几何关系可得

$$\begin{cases}x_{Q'} = x_Q + \boldsymbol{u}_Q \\ y_{P'} = y_P + \boldsymbol{v}_P\end{cases} \tag{6.106}$$

同理，在变形过程中点 Q 移动到点 Q'，Q 点的移动位移矢量为$(\boldsymbol{u}_Q,\boldsymbol{v}_Q)$，由几何关系可得

$$\begin{cases}x_{Q'} = x_Q + \boldsymbol{u}_Q \\ y_{Q'} = y_Q + \boldsymbol{v}_Q\end{cases} \tag{6.107}$$

在变形的过程中需要考虑子域的拉伸和剪切，当 Q 点到中心点 P 的距离 $\Delta x,\Delta y$ 足够小时，Q 点的移动位移为 $\boldsymbol{u}_Q,\boldsymbol{v}_Q$ 可以用 P 点的位移及其一阶导数来表示，表达形式为

$$\boldsymbol{u}_Q = u_P + \frac{\partial \boldsymbol{u}_P}{\partial x}\cdot \Delta x + \frac{\partial \boldsymbol{u}_P}{\partial y}\cdot \Delta y$$

$$\boldsymbol{v}_Q = \boldsymbol{v}_P + \frac{\partial \boldsymbol{v}_P}{\partial x}\cdot \Delta x + \frac{\partial \boldsymbol{v}_P}{\partial y}\cdot \Delta y \tag{6.108}$$

将式(6.105)及式(6.107)带入式(6.108)中可得

$$\begin{cases}x_{Q'} = x_P + \Delta x + \boldsymbol{u}_p + \dfrac{\partial \boldsymbol{u}_p}{\partial x}\cdot \Delta x + \dfrac{\partial \boldsymbol{u}_p}{\partial y}\cdot \Delta y \\ y_{Q'} = y_P + \Delta y + \boldsymbol{v}_p + \dfrac{\partial \boldsymbol{v}_p}{\partial x}\cdot \Delta x + \dfrac{\partial \boldsymbol{v}_p}{\partial y}\cdot \Delta y\end{cases} \tag{6.109}$$

由于 Q 点是在计算子域内任意选择的点，因此可以用(x,y)表示子域变形前的任意一点的坐标，(x',y')表示子域变形后的点的坐标，用 $\boldsymbol{u}$、$\boldsymbol{v}$ 表示子域中心点的位移，用$\dfrac{\partial \boldsymbol{u}}{\partial x}$，$\dfrac{\partial \boldsymbol{u}}{\partial y}$，$\dfrac{\partial \boldsymbol{v}}{\partial x}$，$\dfrac{\partial \boldsymbol{v}}{\partial y}$表示子域中心点位移的导数，则可以将式(6.109)表示为

$$\begin{cases}x' = x + \boldsymbol{u} + \dfrac{\partial \boldsymbol{u}}{\partial x}\cdot \Delta x + \dfrac{\partial \boldsymbol{u}}{\partial y}\cdot \Delta y \\ y' = y + \boldsymbol{v} + \dfrac{\partial \boldsymbol{v}}{\partial x}\cdot \Delta x + \dfrac{\partial \boldsymbol{v}}{\partial y}\cdot \Delta y\end{cases} \tag{6.110}$$

由式(6.110)可知，在所计算的子区中，任意点的位移可以由中心点的位移及其偏导数表示。

通过分析可知，在推导过程中点 P 的位移矢量是很重要的未知量，因此如何利用数字图像相关法得到 P 点的位移矢量是十分重要的任务。为了对位移矢量进行较为准确的计算，引入了相关系数的概念，相关系数是反应被测物体表面变形前后的图像相似关系的一个数学指标。

2. 相关系数

在数字图像相关法的计算中,相关系数 $C(\boldsymbol{u},\boldsymbol{v})$ 作为判断变形前后两幅散斑图的相似关系的重要数学指标,其表达式为

$$C(\boldsymbol{u},\boldsymbol{v}) = \int_M F(x,y)G(x+\boldsymbol{u},y+\boldsymbol{v})\mathrm{d}x\mathrm{d}y \tag{6.111}$$

对于相关系数的研究已经有大量的资料可以查阅,在以往的研究中有多种相关系数的计算公式被提出。由于各个相关系数计算过程的复杂性,即使对于同一个计算问题选择不同的相关系数进行求解所需的求解时间及计算精度都有很大的不同。因此,合理选择相关系数对于数字图像相关法在实际问题中的应用是十分重要的,不仅可以缩短计算时间,同时对于计算精度的准确性也起到很大作用。本节介绍一种常用的相关系数表达式为

$$C\left(\boldsymbol{u},\boldsymbol{v},\frac{\partial \boldsymbol{u}}{\partial x},\frac{\partial \boldsymbol{u}}{\partial y},\frac{\partial \boldsymbol{v}}{\partial x},\frac{\partial \boldsymbol{v}}{\partial y}\right) = \frac{\sum[F(x,y)\cdot G(x^*,y^*)]}{[(F(x,y)^2)\cdot\sum(G(x^*,y^*)^2)]^{\frac{1}{2}}} = \frac{[F\cdot G]}{[[F^2]\cdot[G^2]]^{\frac{1}{2}}} \tag{6.112}$$

其中,$F(x,y)$ 和 $G(x^*,y^*)$ 分别代表实验中采集的被测物体表面变形前后的散斑图形的灰度值。C 的取值范围为$[0,1]$,当 $C=1$ 时,认为所选取的变形前后的两个计算子域完全相关;当 $C>0.8$ 时,认为两个子域相关性较高;当 $C<0.6$ 时,认为两个子域相关性较低;$C=0$ 时,认为两个子域完全不相关。

使用 Vic - 2D 对实验所得的散斑图像进行处理,在 Vic - 2D 软件中,应用式(6.112)中的相关系数公式对图像的相关性进行判断有

$$C\left(x,y,\boldsymbol{u},\boldsymbol{v},\frac{\partial \boldsymbol{u}}{\partial x},\frac{\partial \boldsymbol{u}}{\partial y},\frac{\partial \boldsymbol{v}}{\partial x},\frac{\partial \boldsymbol{v}}{\partial y}\right) = \int_{\Delta M}[F(x,y) - G^*(x^*,y^*)]^2\mathrm{d}A \tag{6.113}$$

根据式(6.113)所得的相关系数 $C(x,y)$ 的值越小,认为两个子域的相关性越高,由此公式计算得到的理论精度为 0.03pixel,用计算范围的实际面积除以范围内像素点的总个数得到单个像素点的大小,然后与理论精度相乘,即可得到 Vic - 2D 软件的计算精度,其精度值为 0.003 9 mm。

3. 搜索方法

数字图像相关法通过整像素搜索和亚像素搜索两个过程对位移进行搜索。由于实验中所获得的数字图像的最小表现形式为像素点,因此对于求解某一个像素点的位移是很容易的。但是在宏观变形场的测试中,物体位移场的计算不可能总是维持在像素级,需要更高精度的搜索方法,即亚像素搜索。二维数字图像相关算法的计算过程为设定初始值,亚像素位移测量。

在数字图像相关法中,整像素位移搜索常用的方法为三步搜索法。三步搜索法(three step search,TSS)作为一种经典的搜索算法,其优点比较突出,不仅搜索速度快速高效,而且能够保持逐点全搜索的精度,因此这种方法被广泛地应用在整像素位移搜索中。

亚像素搜索法作为数字图像相关法计算过程中重要的一个环节,一直以来都是各国学者重点研究的对象,为了提高计算精度,多种亚像素算法被相继提出,如拟合法、插值法、梯度法、Newton - Raphson 迭代法(简写 N - R 方法)等,相关文献对这几种算法的优缺点进行

了对比。目前常用的亚像素搜索算法是 Newton - Raphson 方法,这种方法是由 Sutton 等人于 1989 年提出的,这种方法弥补了以往方法的不足,它将位移及其导数同时考虑到计算过程中。对于该方法,设定一个精确的像素分辨率的整数位移作为初始值是很重要的,只有在此前提下,才能够保证搜索的收敛性。正是由于该方法同时考虑了所选子区域的位移及变形,因此在变形前后的位移关系表达式中,同时存在位移及位移的导数。

6.4.3 数字图像相关法准静态 *J* 积分数值计算

1. 准静态 *J* 积分公式分解

利用数字图像相关法研究准静态加载条件下紧凑拉伸试样的断裂韧性,在材料准静态断裂韧性的测试实验中,根据国标《金属材料准静态断裂韧度的统一试验方法》(GB/T21143 - 2007)中所述的力 - 位移曲线及相应的公式对 *J* 积分的值进行计算。但是,在利用数字图像相关法对准静态断裂韧性进行测试的实验中,应用数字图像相关法对所采集的变形散斑图进行分析并不能直接得到 *J* 积分的值,而是需要对得到的位移场、应变场及应力场进行分析,并且结合准静态及动态情况下的 *J* 积分公式对 *J* 积分的值进行计算。

在准静态断裂韧性的测试实验中,利用数字图像相关法对实验过程中的散斑图形进行分析,得到紧凑拉伸试样在变形过程中试样表面的位移场和应变场,并且通过材料的本构关系得到其在变形过程中的应力场。根据所得的结果可知,其位移场、应变场及应力场与图像上均匀分布的像素点相对应,因此必须将 *J* 积分公式进行离散化,得到其 *J* 积分的数值计算公式,结合 MATLAB 进行编程对 *J* 积分的值进行计算。Rice 提出准静态情况下的 *J* 积分的表达式为

$$J = \int_{\Gamma}\left(W\mathrm{d}y - \boldsymbol{T}\frac{\partial \boldsymbol{u}}{\partial x}\mathrm{d}s\right) \tag{6.114}$$

式中,W 为应变能密度,ε_{mn} 为计算时刻的应变值,故

$$W = \int_{0}^{\varepsilon_{mn}} \sigma_{ij}\mathrm{d}\varepsilon_{ij} \tag{6.115}$$

$\boldsymbol{T}$ 为作用在积分路径上力,其表达式为

$$T_i = \sigma_{ij}n_j \tag{6.116}$$

其分量形式为

$$\begin{cases} T_1 = \sigma_{11}n_1 + \sigma_{12}n_2 \\ T_2 = \sigma_{21}n_1 + \sigma_{22}n_2 \end{cases} \tag{6.117}$$

将式(6.117)代入式(6.114)中的第二项,可以将向量表达式转化为分量表达式有

$$\int_{\Gamma}\boldsymbol{T}\frac{\partial \boldsymbol{u}}{\partial x}\mathrm{d}s = \int_{\Gamma}\left[\left(\sigma_{11}\frac{\partial \boldsymbol{u}_1}{\partial x_1} + \sigma_{21}\frac{\partial \boldsymbol{u}_2}{\partial x_1}\right)\mathrm{d}x_2 - \left(\sigma_{12}\frac{\partial \boldsymbol{u}_1}{\partial x_1} + \sigma_{22}\frac{\partial \boldsymbol{u}_2}{\partial x_1}\right)\mathrm{d}x_1\right] \tag{6.118}$$

在利用数字图像相关法所得的位移、应变和应力的结果中不能得到积分路径上的连续函数,因此必须对式(6.118)进行离散化,使用数值计算代替积分计算,利用计算结果中的相邻点进行有限值差分代替积分,故

$$\int_{\Gamma}\boldsymbol{T}\frac{\partial \boldsymbol{u}}{\partial x}\mathrm{d}s = \sum_{i}^{n}\left[\left(\sigma_{xi}\frac{\Delta \boldsymbol{u}_i}{\Delta x} + \tau_{xyi}\frac{\Delta \boldsymbol{v}_i}{\Delta x}\right)\Delta y_{si} - \left(\tau_{yxi}\frac{\Delta \boldsymbol{u}_i}{\Delta x} + \sigma_{yi}\frac{\Delta \boldsymbol{v}_i}{\Delta x}\right)\Delta x_{si}\right] \tag{6.119}$$

由弹性力学的基本理论可知，在弹性变形区域内，应力为应变的线性函数，因此应变能密度 W 可以用式(6.119)来计算，这样就可以将应变能密度的计算数值化，通过计算范围内各个点的应力－应变值直接求得应变能密度 W 的值为

$$W=\frac{1}{2}\sigma_{ij}\varepsilon_{ij} \tag{6.120}$$

用积分路径上各点的数值积分的方法可以代替应变能密度的积分表达式，即

$$\int_{\Gamma} W\mathrm{d}y = \frac{1}{2}\sum_{i=1}^{n}(\sigma_{11}\varepsilon_{11}+2\tau_{12}\varepsilon_{12}+\sigma_{22}\varepsilon_{22})\Delta y_i \tag{6.121}$$

将式(6.121)和式(6.119)代入式(6.114)中，即可得到 J 积分的数值计算公式为

$$\begin{aligned} J = {} & \frac{1}{2}\sum_{i=1}^{n}(\sigma_{11}\varepsilon_{11}+2\tau_{12}\varepsilon_{12}+\sigma_{22}\varepsilon_{22})\Delta y_i - \\ & \sum_{i}^{n}\left[\left(\sigma_{xi}\frac{\Delta u_i}{\Delta x}+\tau_{xyi}\frac{\Delta v_i}{\Delta x}\right)\Delta y_{si}-\left(\tau_{yxi}\frac{\Delta u_i}{\Delta x}+\sigma_{yi}\frac{\Delta v_i}{\Delta x}\right)\Delta x_{si}\right] \end{aligned} \tag{6.122}$$

2. 数字图像相关法准静态 J 积分公式

根据准静态 J 积分的数值计算公式，在计算 J 积分的数值时，首先需要得到所选积分路径上的应力、应变、位移及坐标信息，在数字图像相关法对散斑图像的处理结果中可以得到积分路径上的应变、位移和坐标，计算 J 积分所需的应力值则可以根据应变值即材料的本构关系进行计算。

上面已经提到本节中应用 Vic－2D 软件对实验中得到的散斑图像进行处理，可以通过变形前后的图像对比计算试样表面的位移场，进而可以计算得到应变场。应变能密度需要根据式(6.121)通过 MATLAB 编程进行计算。以分量形式表示试样表面任意一点的应变能密度的表达式为

$$W=\frac{1}{2}(\sigma_x\varepsilon_x+2\tau_{xy}\varepsilon_{xy}+\sigma_y\varepsilon_y) \tag{6.123}$$

因此，对于数字图像相关法准静态 J 积分的计算，可以将式(6.122)转化为

$$\begin{aligned} J = {} & \frac{1}{2}\sum_{i=1}^{n}(\sigma_x\varepsilon_x+2\tau_{xy}\varepsilon_{xy}+\sigma_y\varepsilon_y)\Delta y_i - \\ & \sum_{i}^{n}\left[\left(\sigma_{xi}\frac{\Delta u_i}{\Delta x}+\tau_{xyi}\frac{\Delta v_i}{\Delta x}\right)\Delta y_{si}-\left(\tau_{yxi}\frac{\Delta u_i}{\Delta x}+\sigma_{yi}\frac{\Delta v_i}{\Delta x}\right)\Delta x_{si}\right] \end{aligned} \tag{6.124}$$

根据 J 积分与所选路径无关的特性，可以在试样表面合理的范围内任意选择积分路径。应用数字图像相关法计算 J 积分的过程较为简单，并且能够减少计算量。根据 J 积分路径的通常选择方式，本节选取的是逆时针方向的方形积分路径，路径的各个边分别与 x 或 y 轴平行。同时，在进行 J 积分路径的选择时，要保证其在路径弹性区范围内。为了更加直观的表现 J 积分路径的形式，将 J 积分的示意图放在紧凑拉伸试样的表面进行表示，如图 6.10 所示为数字图像相关法准静态 J 积分数值计算路径选择图。

根据图 6.10 可知，将积分路径划分为 Γ_1，Γ_2，Γ_3，Γ_4 和 Γ_5 五个部分。由于本节选择的 J 积分路径的各条边分别平行于 x 或 y 轴，而且 Γ_1、Γ_3 和 Γ_5 三段路径平行于 y 轴，其中 Γ_1 和 Γ_5 两段沿 y 轴负方向，Γ_3 沿 y 轴正方向。Γ_2 和 Γ_4 两段路径平行于 x 轴，Γ_2 沿 x 轴正方

向,Γ_4 沿 x 轴负方向。因此,对于 J 积分的计算可以首先计算各段路径的 J 积分的值,然后求和得到 J 积分的最终值,即

$$J = \int_{\Gamma} W\mathrm{d}y - T_i \frac{\partial \boldsymbol{u}_i}{\partial x}\mathrm{d}s = \int_{\Gamma_1+\cdots+\Gamma_5} W\mathrm{d}y - \sigma_{ij}n_j \frac{\partial \boldsymbol{u}_i}{\partial x}\mathrm{d}s = J_1 + J_2 + J_3 + J_4 + J_5 \quad (6.125)$$

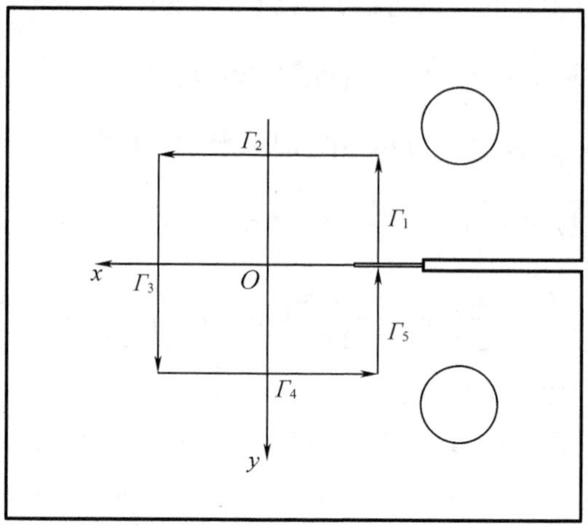

图 6.10 数字图像相关法 J 积分数值计算路径选择图

下面介绍 J 积分各段路径上的 J_1、J_2、J_3、J_4 和 J_5 各个值的计算公式推导过程。

(1) Γ_1 路径上关于 J_1 的计算

在 Γ_1 路径上,根据式(6.125)可知,可以将 J_1 转化为 J_{11} 和 J_{12} 两部分求和进行计算,因此需要先计算 J_{11} 和 J_{12} 的值,J_1 的表达式为

$$J_1 = J_{11} + J_{12} \quad (6.126)$$

对于 J_{11} 中的应变能密度 W 可以根据式(6.123)进行求解,所以 J_{11} 可以表示为

$$J_{11} = \int_{\Gamma_1} W\mathrm{d}y \approx \sum_{i=1}^{N_1} W_i \Delta y_i \quad (6.127)$$

在 J_{11} 中用 Δy 替代了 $\mathrm{d}y$,Δy 为计算路径上相邻两点距离的绝对值,假设在 Γ_1 路径上共有 N_1 个数据点,采用一次差分对各个点的 Δy 值进行求解,故

$$\Delta y_i = \begin{cases} \dfrac{1}{2}(y_{i+1} - y_{\mathrm{i}}), i = 1 \\ \dfrac{1}{2}(y_{i+1} - y_{i-1}), i = 2, 3, \cdots, N_1 - 1 \\ \dfrac{1}{2}(y_i - y_{i-1}), i = N_1 \end{cases} \quad (6.128)$$

在 Γ_1 路径上,n_1 为 Γ_1 的外法线与 x 轴夹角的余弦值,n_2 为 Γ_1 的外法线与 y 轴夹角的余弦值,$n_1 = -1$,$n_2 = 0$。因此,J_{12} 中 T_i 可以表达为

$$\begin{cases} T_1 = \sigma_{11}n_1 + \sigma_{12}n_2 = -\sigma_{11} = -\sigma_x \\ T_2 = \sigma_{21}n_1 + \sigma_{22}n_2 = -\sigma_{12} = -\tau_{xy} \end{cases} \quad (6.129)$$

对于在沿 y 方向的 ds,可以用 Δy_i 的绝对值进行代替,有

$$\Delta s_i = |\Delta y_i| \tag{6.130}$$

将式(6.129)和式(6.130)可得 J_{12} 的表达式为

$$J_{12} = -\int_{\Gamma_1}\left(T_1 \frac{\partial \boldsymbol{u}_1}{\partial x} + T_2 \frac{\partial \boldsymbol{u}_2}{\partial x}\right)\mathrm{d}s \approx \sum_{i=1}^{N_1}\left(\sigma_{xi}\frac{\partial \boldsymbol{u}}{\partial x}\bigg|_i + \tau_{xyi}\frac{\partial \boldsymbol{v}}{\partial x}\bigg|_i\right)|\Delta y_i| \tag{6.131}$$

将式(6.127)和式(6.131)代入式(6.126)中可得 J_1 的表达式为

$$J_1 \approx \frac{1}{2}\sum_{i=1}^{\mathrm{N}_1}(\sigma_{xi}\varepsilon_{xi} + 2\tau_{xyi}\varepsilon_{xyi} + \sigma_{yi}\varepsilon_{yi})\Delta y_i + \sum_{i=1}^{\mathrm{N}_1}\left(\sigma_{xi}\frac{\partial \boldsymbol{u}}{\partial x}\bigg|_i + \tau_{xyi}\frac{\partial \boldsymbol{v}}{\partial x}\bigg|_i\right)|\Delta y_i| \tag{6.132}$$

(2)Γ_2 路径上关于 J_2 的计算

采用与 J_1 类似的计算方法,将 J_2 表示成为 J_{21} 和 J_{22} 两部分的和,即

$$J_2 = J_{21} + J_{22} \tag{6.133}$$

与 J_{11} 的方法相同, J_{21} 可以表示为

$$J_{21} = \int_{\Gamma_2} W\mathrm{d}y \approx \sum_{i=1}^{N_2} W_i \Delta y_i \tag{6.134}$$

由图 6.10 可知,Γ_2 路径与 x 轴平行,因此 $\Delta y = 0, J_{21} = 0$。

在 Γ_2 路径上,n_1 为 Γ_2 的外法线与 x 轴夹角的余弦值,n_2 为 Γ_2 的外法线与 y 轴夹角的余弦值,$n_1 = 0, n_2 = -1$。因此,J_{22} 中 T_i 可以表示为

$$\begin{cases} T_1 = \sigma_{11}n_1 + \sigma_{12}n_2 = -\sigma_{12} = -\tau_{xy} \\ T_2 = \sigma_{21}n_1 + \sigma_{22}n_2 = -\sigma_{22} = -\sigma_y \end{cases} \tag{6.135}$$

采用与式(6.128)类似的方法计算 Δx,计算结果为

$$\Delta x_\mathrm{i} = \begin{cases} \frac{1}{2}|x_{i+1} - x_\mathrm{i}|, i = 1 \\ \frac{1}{2}|x_{i+1} - x_{i-1}|, i = 2,3,\cdots,N_2 - 1 \\ \frac{1}{2}|x_\mathrm{i} - x_{i-1}|, i = N_2 \end{cases} \tag{6.136}$$

对于在沿 x 方向的 ds,可以用 Δx_i 的绝对值进行代替,有

$$\Delta s_i = |\Delta x_i| \tag{6.137}$$

将式(6.135)和式(6.137)代入 J_{22} 的表达式得

$$J_{22} = -\int_{\Gamma_2}\left(T_1 \frac{\partial \boldsymbol{u}_1}{\partial x} + T_2 \frac{\partial \boldsymbol{u}_2}{\partial x}\right)\mathrm{d}s \approx \sum_{i=1}^{N_2}\left(\tau_{xyi}\frac{\partial \boldsymbol{u}}{\partial x}\bigg|_i + \sigma_{yi}\frac{\partial \boldsymbol{v}}{\partial x}\bigg|_i\right)|\Delta x_i| \tag{6.138}$$

因为 $J_{21} = 0$,所以 J_2 的值等于 J_{22},即 J_2 的表达式为

$$J_2 = -\int_{\Gamma_2}\left(T_1 \frac{\partial \boldsymbol{u}_1}{\partial x} + T_2 \frac{\partial \boldsymbol{u}_2}{\partial x}\right)\mathrm{d}s \approx \sum_{i=1}^{N_2}\left(\tau_{xyi}\frac{\partial \boldsymbol{u}}{\partial x}\bigg|_i + \sigma_{yi}\frac{\partial \boldsymbol{v}}{\partial x}\bigg|_i\right)|\Delta x_i| \tag{6.139}$$

(3)对于 Γ_3,Γ_4 和 Γ_5 路径上的 J 积分计算表达式,同样可以利用 Γ_1 和 Γ_2 相同的方法得到。

Γ_3 积分线上 J_3 为

$$J_3 \approx \frac{1}{2}\sum_{i=1}^{N_3}(\sigma_{xi}\varepsilon_{xi} + 2\tau_{xyi}\varepsilon_{xyi} + \sigma_{yi}\varepsilon_{yi})\Delta y_i + \sum_{i=1}^{N_1}\left(\sigma_{xi}\frac{\partial \boldsymbol{u}}{\partial x}\bigg|_i + \tau_{xyi}\frac{\partial \boldsymbol{v}}{\partial x}\bigg|_i\right)|\Delta y_i| \quad (6.140)$$

Γ_4 积分线上 J_4 为

$$J_4 \approx -\sum_{i=1}^{N_4}\left(\tau_{xyi}\frac{\partial \boldsymbol{u}}{\partial x}\bigg|_i + \sigma_{yi}\frac{\partial \boldsymbol{v}}{\partial x}\bigg|_i\right)|\Delta x_i| \quad (6.141)$$

Γ_5 积分线上 J_5 为

$$J_5 \approx \frac{1}{2}\sum_{i=1}^{N_5}(\sigma_{xi}\varepsilon_{xi} + 2\tau_{xyi}\varepsilon_{xyi} + \sigma_{yi}\varepsilon_{yyi})\Delta y_i + \sum_{i=1}^{N_1}\left(\sigma_{xi}\frac{\partial \boldsymbol{u}}{\partial x}\bigg|_i + \tau_{xyi}\frac{\partial \boldsymbol{v}}{\partial x}\bigg|_i\right)|\Delta y_i| \quad (6.142)$$

将以上各式计算得到 J_1、J_2、J_3、J_4 和 J_5 代入根据式(6.124)即可得到 J 的数值表达式。

通过上述各个路径的 J 积分的表达式,直接求得 J 积分的数值比较困难,需要借助 MATLAB 对上列各式进行编程。然后将数字图像相关法得到的应力、应变、位移及坐标的信息输入程序中,最终求得 J 积分数值。

6.4.4 数字图像相关法动态 J 积分数值计算

1. 动态 J 积分公式分解

利用 Kishimoto 提出的动态 J 积分公式(6.103)对所要研究材料动态断裂韧性进行求解,之前已经提到在裂纹面的 Γ_s 路径进行积分的 J 值为零,式(6.103)可以转化为

$$J_K = \int_\Gamma (Wn_k - T_i u_{i,k})\mathrm{d}\Gamma + \iint_\Omega \rho\, \ddot{u}_i u_{i,k}\mathrm{d}\Omega = \int_\Gamma \left(W\mathrm{d}y - \boldsymbol{T}\frac{\partial \boldsymbol{u}}{\partial x}\mathrm{d}s\right) + \iint_\Omega \rho\, \ddot{u}_i u_{i,k}\mathrm{d}\Omega \quad (6.143)$$

式(6.43)有两部分,前一部分与准静态 J 积分的计算公式相同,后一部分为考虑惯性效应后,比准静态 J 积分多出的一项。在不计及体力的情况下,可以得到物体的运动方程为

$$\sigma_{ij,j} = \rho\, \ddot{u}_i \quad (6.144)$$

因此,式(6.143)中的第二部分可以通过 x,y 方向的应力及各个方向的位移偏导进行表示,有

$$\iint_\Omega \rho\, \ddot{u}_i u_{i,k}\mathrm{d}\Omega = \iint_\Omega \rho\left(\ddot{u}_x\frac{\partial \boldsymbol{u}_x}{\partial x} + \ddot{u}_y\frac{\partial \boldsymbol{u}_y}{\partial x}\right)\mathrm{d}\Omega = \iint_\Omega \left(\sigma_x\frac{\partial \boldsymbol{u}_x}{\partial x} + \sigma_y\frac{\partial \boldsymbol{u}_y}{\partial x}\right)\mathrm{d}\Omega \quad (6.145)$$

所以,结合式(6.124)、式(6.143)及式(6.145)可以将动态 J 积分公式表示为

$$\begin{aligned} J &\frac{1}{2}\sum_{i=1}^{n}(\sigma_{11}\varepsilon_{11} + 2\tau_{12}\varepsilon_{12} + \sigma_{22}\varepsilon_{22})_i\Delta y_i - \\ &\sum_{i}^{n}\left[\left(\sigma_{xi}\frac{\Delta u_i}{\Delta x} + \tau_{xyi}\frac{\Delta v_i}{\Delta x}\right)\Delta y_{si} - \left(\tau_{yxi}\frac{\Delta u_i}{\Delta x} + \sigma_{yi}\frac{\Delta v_i}{\Delta x}\right)\Delta x_{si}\right] + \\ &\iint_\Omega\left(\sigma_x\frac{\partial \boldsymbol{u}}{\partial x} + \sigma_y\frac{\partial \boldsymbol{v}}{\partial x}\right)\mathrm{d}\Omega \end{aligned} \quad (6.146)$$

2. 数字图像相关法动态 J 积分公式

与准静态 J 积分公式相同,Kishimoto 等同样证明了动态 J 积分具有路径无关性。在数字图像相关法动态 J 积分的数值计算公式推导中,为了计算的简便性,可以选取与准静态 J 积分相同的积分路径对动态 J 积分进行计算。但是,由于惯性项的增加,必须考虑在 Γ 所包

围的面积 Ω 上的面积分,动态 J 积分的积分路径如图 6.11 所示。

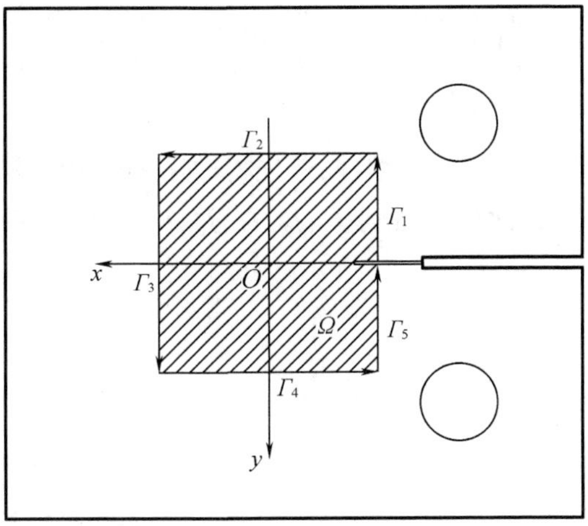

图 6.11　动态 J 积分路径图

对于动态 J 积分可以先计算各段路径 J 积分的值及 Ω 上的 J 积分的值,然后求和得到动态 J 积分的最终值,有

$$J = \int_{\Gamma}(Wn_k - T_i u_{i,k})\mathrm{d}\Gamma + \iint_{\Omega}\rho\,\ddot{u}_i u_{i,k}\mathrm{d}\Omega = J_1 + J_2 + J_3 + J_4 + J_5 + J_{\Omega} \tag{6.147}$$

对于 $J_1 - J_5$ 的计算过程可以利用上节中的推导过程,使用同样的方法得到五段积分路径上的 J 积分的表达式。

Γ_1 积分路径上的计算公式为

$$J_1 \approx \frac{1}{2}\sum_{i=1}^{\mathrm{N}_1}(\sigma_{xi}\varepsilon_{xi} + 2\tau_{xyi}\varepsilon_{xyi} + \sigma_{yi}\varepsilon_{yi})\Delta y_i + \sum_{i=1}^{\mathrm{N}_1}\left(\sigma_{xi}\frac{\partial u}{\partial x}\bigg|_i + \tau_{xyi}\frac{\partial v}{\partial x}\bigg|_i\right)|\Delta y_{\mathrm{i}}| \tag{6.148}$$

Γ_2 积分路径上的计算公式为

$$J_2 \approx \sum_{i=1}^{\mathrm{N}_2}\left(\tau_{xyi}\frac{\partial \boldsymbol{u}}{\partial x}\bigg|_i + \sigma_{yi}\frac{\partial \boldsymbol{v}}{\partial x}\bigg|_i\right)|\Delta x_i| \tag{6.149}$$

Γ_3 积分路径上的计算公式为

$$J_3 \approx \frac{1}{2}\sum_{i=1}^{\mathrm{N}_3}(\sigma_{xi}\varepsilon_{xi} + 2\tau_{xyi}\varepsilon_{xyi} + \sigma_{yi}\varepsilon_{yi})\Delta y_i + \sum_{i=1}^{\mathrm{N}_1}\left(\sigma_{xi}\frac{\partial \boldsymbol{u}}{\partial x}\bigg|_i + \tau_{xyi}\frac{\partial \boldsymbol{v}}{\partial x}\bigg|_i\right)|\Delta y_i| \tag{6.150}$$

Γ_4 积分路径上的计算公式为

$$J_4 \approx -\sum_{i=1}^{\mathrm{N}_4}\left(\tau_{xyi}\frac{\partial \boldsymbol{u}}{\partial x}\bigg|_i + \sigma_{yi}\frac{\partial \boldsymbol{v}}{\partial x}\bigg|_i\right)|\Delta x_i| \tag{6.151}$$

Γ_5 积分路径上的计算公式为

$$J_5 \approx \frac{1}{2}\sum_{i=1}^{\mathrm{N}_5}(\sigma_{xi}\varepsilon_{xi} + 2\tau_{xyi}\varepsilon_{xyi} + \sigma_{yi}\varepsilon_{yyi})\Delta y_i + \sum_{i=1}^{\mathrm{N}_1}\left(\sigma_{xi}\frac{\partial \boldsymbol{u}}{\partial x}\bigg|_i + \tau_{xyi}\frac{\partial \boldsymbol{v}}{\partial x}\bigg|_i\right)|\Delta y_i| \tag{6.152}$$

对于 J_{Ω} 的计算,通过式(6.145)可知,可以表示为应力与位移的偏导的乘积在 Γ 所包

围的面积 Ω 上的面积分。根据面积分的基本原理，将式(6.145)的计算过程离散化，即可得到 J_Ω 的数值计算公式，即

$$J_\Omega = \iint_\Omega \rho\, \ddot{u}_i u_{i,k} \mathrm{d}\Omega = \iint_\Omega \left(\sigma_x \frac{\partial \boldsymbol{u}_x}{\partial x} + \sigma_y \frac{\partial \boldsymbol{u}_y}{\partial x} \right) \mathrm{d}\Omega \approx \sum_{i=1}^{\mathrm{N}_1} \left(\sigma_{xi} \frac{\partial \boldsymbol{u}}{\partial x} \bigg|_i + \sigma_{yi} \frac{\partial \boldsymbol{v}}{\partial x} \bigg|_i \right) |\Delta s_i| \tag{6.153}$$

以上各式同样需要利用 MATLAB 编程，首先将数字图像相关法得到的相关物理量代入到程序中求得相应的数值，其次计算得到 J_1、J_2、J_3、J_4、J_5 和 J_Ω 的各个值，最后求和即可得到动态 J 的数值。

第 7 章　基于 Hopkinson 杆的动态断裂实验

7.1　概　　述

断裂力学基本理论经过数十年的发展,其中的线弹性和弹塑性断裂理论已经较为完善,能够解决工程上常用材料的断裂损伤、疲劳寿命预测等问题。但这些理论都局限在准静态的范围内,即载荷的变化不是十分剧烈并且裂纹扩展速率不是很大的情况。大量实验表明在动态载荷作用下,材料的响应明显不同于准静态响应。在高加载率、高应变率下,材料的本构关系也会发生变化,为了解决这样的问题,动态断裂力学应运而生。

动态断裂力学是由英国物理学家 Mott N F 于 1948 年提出的。Mott 使用了量纲分析法研究运动裂纹的动能,并提供了一个十分简单的动能估算公式。从公式中可以看出当裂纹速度较大时,材料的惯性效不能忽略,除此之外,材料的应变率效应也不能忽略。

根据外载荷的不同可以将其分为两类:裂纹稳定而外力发生迅速变化;外力恒定而裂纹快速扩展。对于这些问题的研究,不能忽略惯性效应而建立其运动方程。第一类问题主要研究裂纹的起始扩展,第二类问题主要研究裂纹的传播。由于受加载条件及材料在不同的应变率下自身属性变化的限制,断裂动力学问题的研究与断裂静力学问题的研究相比,不论是在数学处理上还是在物理模型处理上,都具有比较大的难度。目前,对于一般的动态断裂问题仍然没有形成一个可靠的理论。另外,由于实验装置及测试技术的限制,目前所取得的一些表征和测试方法均存在着一定程度的缺陷,还不能作为标准应用于动态材料力学的研究和工程应用中。因此,材料在动态载荷作用下的断裂韧性研究具有重要的学术价值。

7.1.1　动态断裂力学

动态断裂力学作为断裂力学的一个前沿课题,它主要考虑动态惯性效应和应变率效应中不能忽略的断裂问题。这些问题可以划分为两大类:第一类问题,裂纹稳定而外力随时间迅速变化,例如振动、冲击、波动、爆炸波、地震波等,称为裂纹动态起始问题;第二类问题,外力是恒定的,而裂纹发生快速传播,即研究裂纹扩展的加速、止裂与分叉,称为传播裂纹问题或运动裂纹问题。对于第一类问题,需要研究的是在什么样的加载条件下,一个给定的裂纹将会失稳扩展,也就是确定起裂条件;对于第二类问题,需要研究的是在什么样的荷载条件下,一个快速扩展的裂纹将会终止,以及在什么样的材料参数下来控制裂纹扩展。概括起来,就是要研究裂纹起裂、扩展及止裂的全过程,以及如何表征和测量材料起裂、扩展及止裂韧性。对于这两类问题,显然在运动方程中是不能略去惯性效应的。总体而言,由于考虑惯性效应，动态问题比相应的静态问题要复杂得多，仅在少数简单理想的情况下有解析解，如Yoffe、Baker等。对于复杂的断裂动力学问题，由于它所具有的非线性特征，例如材料非线性、几何非线性、接触非线性、结构非线性、场耦合非线性等，很难得到解析解。因此，在广泛吸收现代数学和力学理论的基础上，需要借助新的实验手段和计算机来获得满足工程要求的实验测试和数值模拟解。对于动态冲击而言，使用实验测试和数值模拟的方法对某些材料仅仅考虑了惯性效应还不够，还应考虑应变率效应。因而对于断裂动力学来说，无论对于线弹性动态断裂力学，还是对于弹塑性动态断裂力学，至今为止还需在理论分析、实验研究及数值模拟方面做大量的工作。

综上所述，材料动态断裂的研究主要是动态响应、断裂韧性、裂纹扩展及止裂的表征和测试，它是具有一定难度的前沿课题，并与工程问题密切相关，涉及固体力学、材料科学和固体物理等多门学科之间的互相交叉与渗透。因此，探索、研究以形成有效可靠的材料动态断裂特性的表征与测试方法是十分迫切的。这些工作不仅有重大的工程意义，而且对于研究在冲击载荷作用下的裂纹运动还具有重要的学术价值。

7.1.2 动态断裂的数值分析方法

用数值方法求解裂纹扩展问题对裂纹的研究十分重要，目前比较通用的方法有有限单元法、边界元、流形元及无网格法，等等。这些方法都可以解决静态裂纹问题，但对于动态裂纹问题往往显得束手无策。有限单元法在理论方面是最成熟的，如果能对有限元的形函数进行改良，就可以提升利用有限元法处理裂纹问题的能力。1999年，Belytschko提出扩展有限元法的概念，旨在通过改良手段解决常规有限元框架内无法解决不连续问题的局面。

首先，扩展有限元法是近年来出现的基于常规有限元法的、可以求解不连续问题的数值方法。在解决断裂问题中，该方法可以在裂尖附近以奇异函数和跳跃函数来增强传统有限元的基，从而解决了位移场不连续的问题。与传统有限元法相比，它使用的网格不受限于结构的界面，进而可以解决常规方法中需要进行高密度的网格划分所带来的繁重工作量的难题。

其次，应用ABAQUS中的常规方法可计算动态J积分的值。动态断裂力学中有限元分析的重要作用在于确定动载荷下的运动裂纹的应力强度因子。这种应力强度因子是裂纹顶端应力场奇异性的比例系数。由于有限差分的格式不能自动生成奇异性，因此在计算应力强度因子的过程中精度会很差。然而有限差分法可以计算包围裂纹顶端任一回路的动态J积分，这种积分对路径守恒。由于J积分值计算应力强度因子可以克服差分网格不能自动生成裂纹顶端应力奇异性的缺点，因此该方法可以在有限元方法中，利用动态J积分的守恒特性，研究动态断裂力学问题。

7.1.3 动态断裂韧性实验

1958年，美国率先成立了ASTM断裂实验委员会。该委员会从实验的角度对材料断裂韧性的测试方法进行了规范。1966年，Brown W F发表题为《对于高强度金属材料的平面应变形式裂纹强度测试》的文章，该文章提供了紧凑拉伸试件应力强度因子的表达式。1967

年,ASTM 出台了有关三点弯曲试件测量断裂韧性的规范。1970 年,ASTME399 - 70T 被颁布并实施,这是世界上第一个断裂韧性实验测试标准。在此之后,世界各地相继出台相应标准。我国于 1984 年完成《金属材料平面应变断裂韧度试验》标准的制定工作,并将代号记为 GB 4164 - 84。该标准明确指出了四种断裂韧性测试方法,其中应用广泛的是三点弯曲方法和紧凑拉伸方法。

目前,断裂静力学发展的比较成熟,这使得一部分学者试图把断裂静力学的概念和参量应用于断裂动力学领域,其中不乏取得了一些成就,特别值得一提的是,J 积分在动力学中的推广得到了很好的效果。虽然 J 积分的使用是有条件的,即需要遵循小应变塑性理论,这在动态加载下显示出了其不适应性,然而计算结果却表明,动态载荷对于 J 积分守恒的影响并不明显。这一发现推动了非线性弹塑性断裂动力学的发展。

在 ASTME399 标准中指出,标准金属材料的断裂韧性实验中的加载速率一般是在 $2.75\ \mathrm{MPa}\sqrt{\mathrm{m}}\cdot\mathrm{s}^{-1}$,而动态断裂韧性的研究是在高加载速率的条件下完成的,这就对加载方式和加载装置提出了更高的要求。目前应用的手段主要有液压伺服万能试验机、摆锤冲击试验机、Hopkinson 装置等。其中,SHPB 装置应用最为广泛,该实验技术是研究材料在中高应变率下力学性能最主要的实验方法,其核心思想是实验杆中传播的应力波,该波既可以起到加载作用,也可以起到测试的作用,并且其加载速率可达 $10^6\ \mathrm{MPa}\sqrt{\mathrm{m}}\cdot\mathrm{s}^{-1}$ 以上。根据杆中应力波传播的信息来求解杆件与试件端面的应力 - 位移 - 时间关系,从而得到试件的应力 - 应变关系。通过设计使加载波宽度远大于试件的厚度,这样就可以在局部动应力平衡的条件下来求解试件的应力 - 应变关系。在解决动态断裂韧性的问题上,Costin 等率先提出直接拉伸裂纹的实验方案,将 Hopkinson 实验技术拓展到了动态断裂韧性的测试中。Ruiz 等人在对 Hopkinson 装置进行研究后,得出了 Hopkinson 杆加载方式可以克服摆锤加载方式的缺点这一结论。Hopkinson 杆动态断裂实验技术的发展,见表 7.1。

表 7.1　Hopkinson 杆动态断裂实验技术的发展

年份	主要成果
1977	Costin 等人使用 Hopkinson 拉伸脉冲加载含预制裂纹的杆状试样
1979	Klepaczko 提出楔形加载紧凑拉伸试样测定
1980	Tanaka 等人提出两杆(空心投射杆)三点弯曲(3PB)加载方式
1983	Corran 等人首次考虑动态加载过程中试样应力平衡问题
1989	Yokoyama 等人提出三杆/3PB 加载并分析了试样脱离现象
1990	Ogawa 等人在两杆/3PB 实验中应用缓冲(脉冲整形)的方法
1991	Homma 等人采用单杆/1PB 加载方式测量有机玻璃动态断裂韧性
1992	Nakano 等人采用巴西圆盘试样测量材料复合型断裂韧性
2003	Nwosu 等人采用两杆/3PB 测量复合材料 II 型层间断裂韧性
2004	姜风春等人在改进的 Hopkinson 杆实验装置中应用动量诱捕技术
2006	Weerasooriya 等人采用两杆/4PB 实验确定陶瓷动态断裂韧性

表 7.1(续)

年份	主要成果
2007	姜风春使用一种新的接触电压测量方法研究了试样脱离现象
2010	倪敏等人通过 SHPB 加载 BD 试样分析了尺寸效应对岩石动态复合型断裂韧性的影响
2012	Xu 等人基于 SHTB 研究了含复合型裂纹片状试样动态断裂韧性
2016	Wen 等人通过 SHTB 加载含有不同角度切口的薄片试样研究了铝合金的动态断裂行为
2017	Wang 等人通过大直径 SHPB 加载单裂纹半孔板试样研究了岩石的复合型动态断裂韧性
2017	Balamurugan 等人采用单杆加载含偏置裂纹试样研究 PMMA 动态裂纹扩展行为

7.2 三点弯曲试样动态断裂数值分析与实验

7.2.1 三点弯曲试件的动态断裂数值分析

动态载荷作用下的含裂纹三点弯曲试件的动态断裂力学行为与静态情况下差别很大，一直是人们探讨研究的一个重要课题。当动态载荷作用于裂纹时，裂纹尖端的应力强度因子将因材料和裂纹模式的变化而具有不同的动态响应，并具有不同的起裂条件和扩展运动行为。同时，裂纹的动态行为也对冲击波的传播具有不同的散射作用，故而存在着各种波与裂纹间的相互作用关系。因此，尤其是含裂纹的三点弯曲试件在动态载荷作用下的断裂行为研究，对材料的动态力学性能研究、工程结构的安全评估等都具有重要的科学意义和广泛的工程应用前景。

利用 RFPA(rock failure process analysis)数值模拟程序，对含偏置裂纹三点弯曲试件在动态载荷作用下的破裂过程进行模拟。该数值模拟软件 RFPA－dynamic 可以考虑试件的非均匀特性和所处的复杂受力条件，具有较强的适用性。本节利用 RFPA－dynamic 进行砂浆三点弯曲试样在动态载荷作用下变形与破坏过程进行数值仿真，并对结果进行分析。

1. 数值模型

数值模拟中选用的砂浆试样尺寸如图 7.1 所示，将其简化成平面应力问题进行计算。试件的尺寸为 280 mm×70 mm，距离梁中心线 a 处有一垂直于下边界的直裂纹，裂纹的高度为 35 mm，计算时保持其他尺寸不变，只改变偏置距离 a，梁的长度用 $2L$ 表示，偏置程度用无量纲量 a/L 表示，分别计算试件在 a/L 为 0、10/140、20/140、30/140、40/140，50/140 的动态断裂情况。试件被划分为 280×70 个四边形单元。

砂浆的力学参数在给定其平均值和均值度的条件下由程序进行随机赋值。砂浆的力学性能参数如下：均值度为 3.0，弹性模量的平均值为 23 GPa，抗压强度的平均值为 125 MPa，泊松比为 0.25，压拉比为 10，摩擦角为 30°。

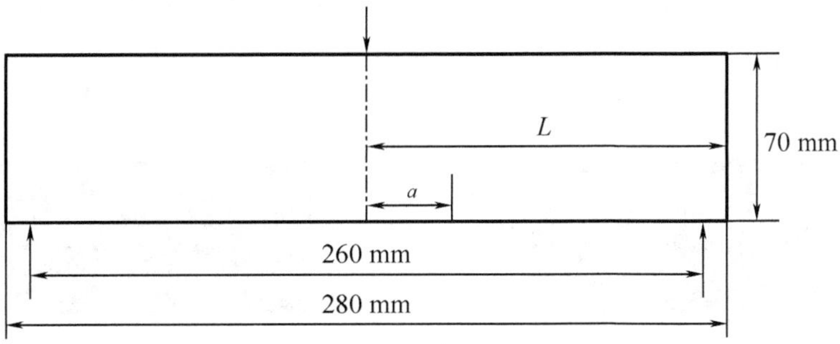

图 7.1　试件的几何尺寸图

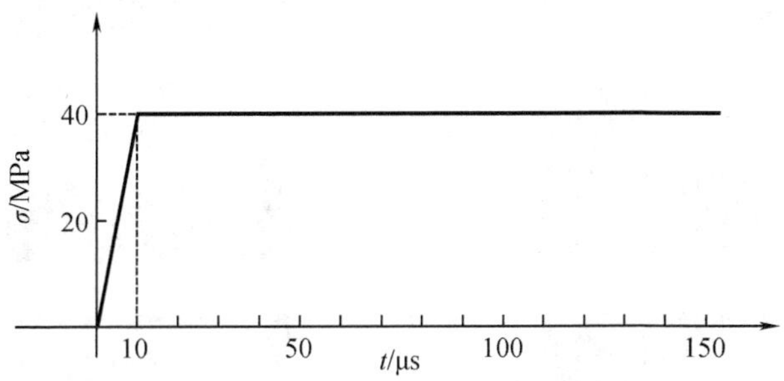

图 7.2　应力波形图

动态加载时，在试样上部的加载点上施加一个随时间变化的应力波，施加的应力波形按照图 7.2 给出的情况变化，施加的动态应力幅值为 40 MPa。当然，这种加载条件在动态冲击实验中是很难实现的，而在数值模拟中则可以把给定的应力波直接施加在试样上，以研究更为复杂的应力状态。

2. 数值模拟结果

图 7.3 至图 7.6 分别是当 a/L 为 0、10/140、20/140、30/140 时试件的破坏形式，这里只给出了最大主应力图。从图可以看出，应力波在试样中的传播过程及随着应力波在砂浆试件内传播时裂纹扩展的状态。而且也可以看出，伴随着试件中单元的损伤，应力场分布也随之发生变化，试件内的应力状态也非常复杂。

从图 7.3 中可以看出当时间 $t=12.2$ μs 时，应力波传到裂缝处。当 $t=55.1$ μs 时在裂纹前端出现了第一个破坏单元，随着应力波在试件内的传播，破坏从裂纹顶端开始向冲击点方向发展，最终导致试件破坏。图 7.4 至图 7.6 中试件的破坏形式与图 7.3 是相同的，都是从裂纹顶端向冲击点方向发生破坏的。

由于砂浆材料性质的非均匀性，裂纹前端的单元还没有发生损伤破坏时，砂浆试件上部强度较小的单元就发生了损伤破坏。但随着应力波的传播及在试件内的多次反射与折射，裂纹前端发生损伤破坏的单元越来越多，最终试件的破坏还是从裂纹顶端开始向冲击点发展。而且由于砂浆材料性质的非均匀性，单元的参数有强有弱，裂纹在强度较弱的单元形成，裂纹的扩展受这种非均匀性的影响，使得裂纹的扩展路径呈现曲折性，并且破坏单元分布在试样一定宽度的区域内。从图 7.3 至图 7.6 中可以看出裂纹的扩展路径并非是一条斜线,而是呈现出曲折性。

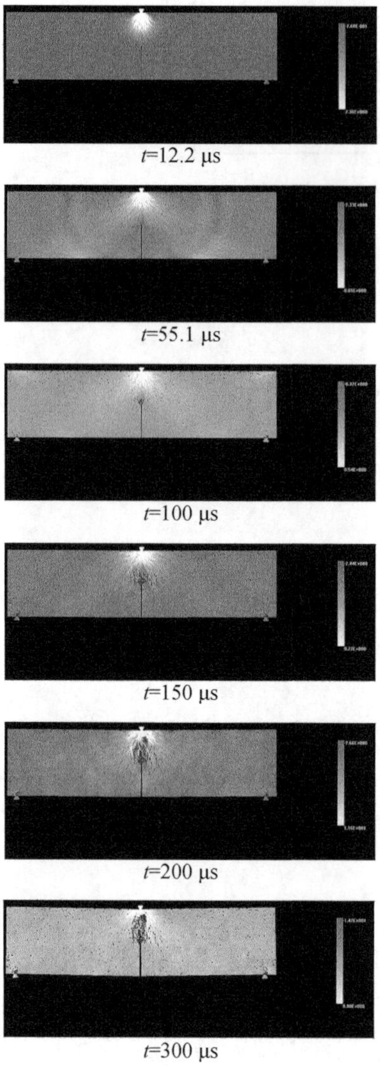

图 7.3　当 $a/L=0$ 时试件的破坏形式图

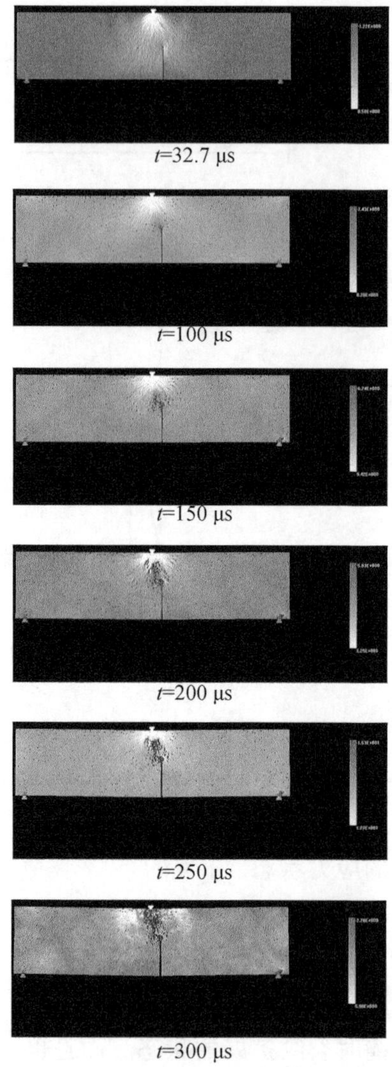

图 7.4　当 $a/L=10/140$ 时试件的破坏形式图

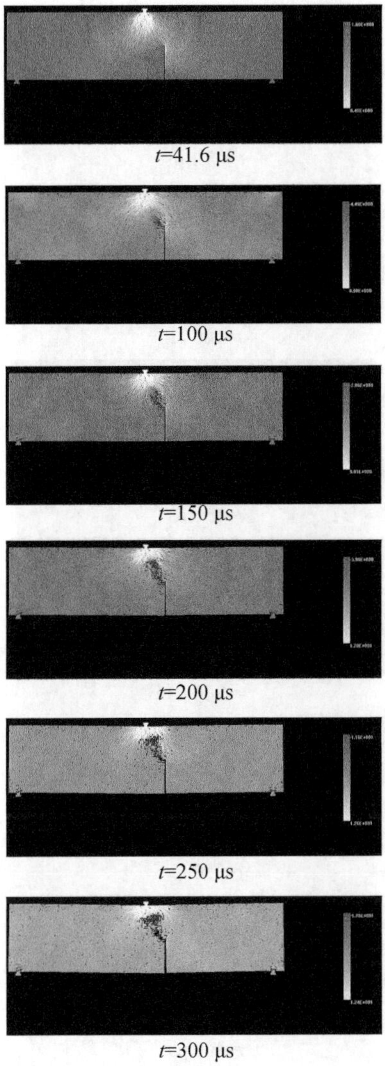

图 7.5　当 $a/L=20/140$ 时试件的破坏形式图

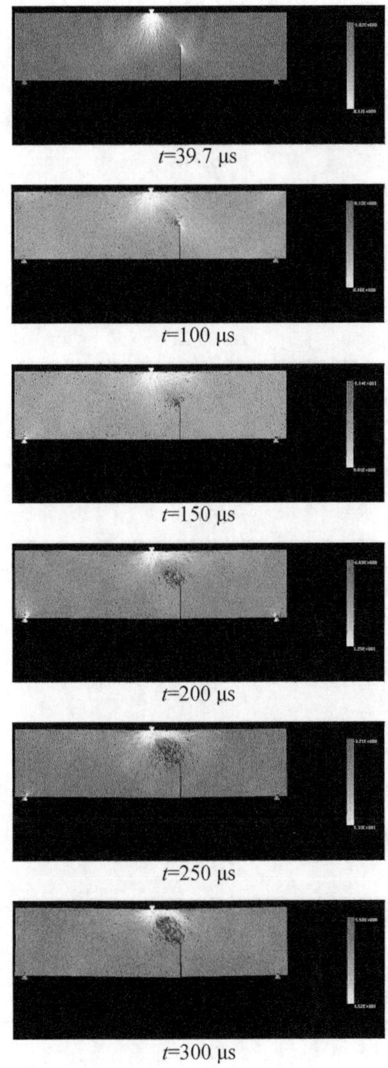

图 7.6　当 $a/L=30/140$ 时试件的破坏形式图

图 7.7 和图 7.8 给出了当 $a/L=40/140$ 和 $a/L=50/140$ 时试件的破坏形式。从图 7.7 和图 7.8 中可以看出，随着应力波在试件内的传播，当裂纹前端出现了第一个破坏单元时，试件的下部也产生了一些破坏单元。这是由于应力波的多次反射与折射作用，在试样的下部有一些的单元发生了拉伸损伤，导致单元被破坏。但是大多数的破坏单元还是集中在裂纹的前端，从而使试件的破坏从裂纹前端向冲击点发展。随着时间的推移，在试样中部附近垂向形成了一个裂纹带。最终在试件上形成了两条裂纹，导致试件被破坏。

由此可见，在动态载荷作用下，含偏置裂纹的砂浆试样的破裂模式是不同的。当裂纹偏置程度不大时，砂浆试件的破坏形式是从裂纹向冲击点扩展的（见图 7.3 至图 7.6）。而当裂纹偏置程度大时（如 $a/L>40/180$），砂浆试件的破坏形式不仅是从裂纹向冲击点扩展的，而且在试件的中部也产生了裂纹带（见图 7.7 和图 7.8）。

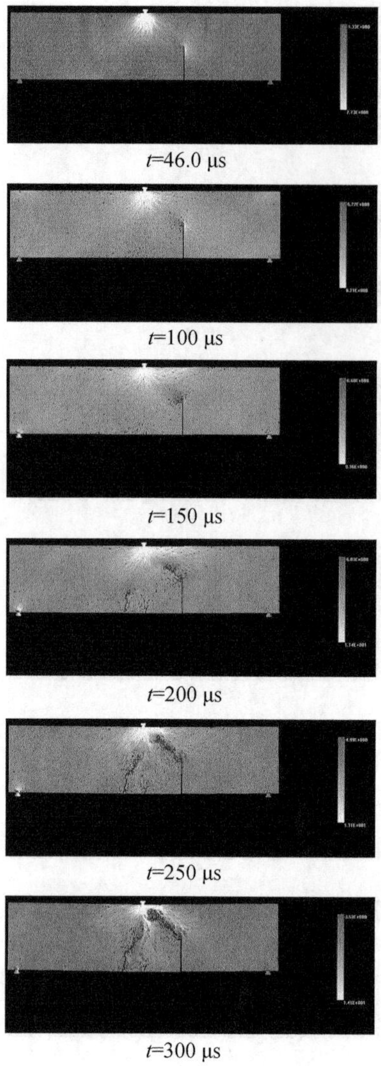

图 7.7 当 a/L = 40/140 时试件的破坏形式图

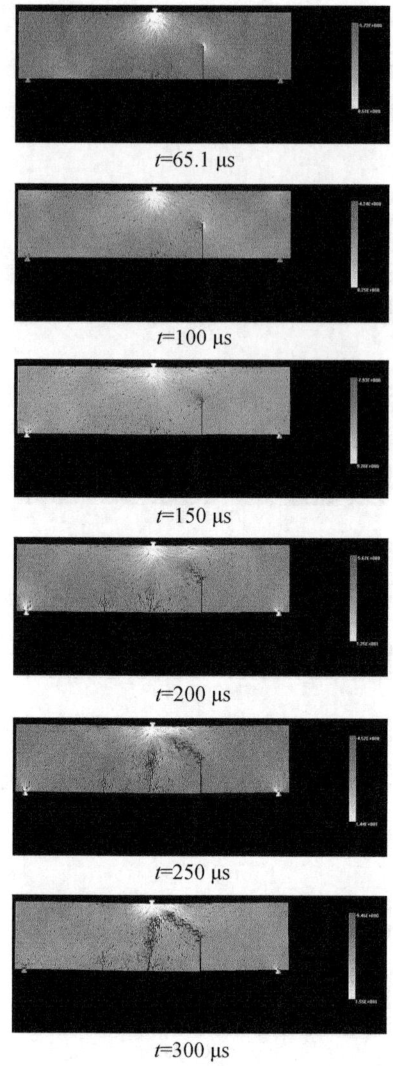

图 7.8 当 a/L = 50/140 时试件的破坏形式图

7.2.2 三点弯曲试样动态断裂实验

1. 基于 Hopkinson 杆的动态断裂实验方法

静态应力强度因子的直接测量本身有一定的困难，而在动态加载过程中，动态应力强度因子随时间瞬态变化，直接测量就更加困难。况且惯性力的引入，其解析解也很难求得。虽然通过采用焦散线或动态光弹的方法可以直接测量动态应力强度因子随时间变化的过程，但这类方法的实验过程非常复杂，且需要昂贵的仪器设备。所以，目前一般采用间接法进行测量，即首先确定试件承受的冲击载荷、加载点的位移及起裂时间，再通过计算，求得动态应力强度因子历史 $K_{\mathrm{I}}(t)$，最终确定动态断裂韧性。

利用 Hopkinson 杆测试材料动态断裂韧性的过程大致有如下几步。

(1)利用 Hopkinson 杆冲击加载试件。

(2)计算时间动态应力强度因子历史 $K_{\mathrm{I}}(t)$。常用的方法如下。

①冲击响应曲线(动态应力强度因子的响应曲线)的方法。冲击响应曲线方法由 Kalthoff 建立,是指在动态载荷作用下,三点弯曲试件的动态应力强度因子 $K_{\mathrm{I}}(t)$ 随着时间 t 的变化曲线。冲击响应曲线方法是完全动态的测量方法,是在更短的断裂时间内使用传统的准静态方法,但由于出现大的塑性变形时冲击响应曲线会失去唯一性,因此这种方法受到小范围屈服的限制。

②试验—数值混合法。所谓的试验 - 数值混合法是一种试验与数值分析相结合的方法也就是说,由试验方法首先测定试件的冲击载荷 - 时间曲线及起裂时间,然后再借助于数值方法,如动态有限元法或者有限差分法等,对试件进行完全的动态分析,以求得动态应力强度因子的变化历史。以往这种方法的运用需要编制动态有限元程序,计算工作量较大。随着计算机和大型有限元通用程序的出现,这类工作已经大为简化。

③用裂纹张开位移计算动态应力强度因子。对于三点弯曲试件,在准静态载荷作用下,裂尖的应力强度因子与张开位移有着确定的线性关系,通过测定裂纹的张开位移,可以推算出试件的静态应力强度因子,而裂纹的张开位移要比应力强度因子容易测量。在冲击载荷作用下,两者之间的这种线性关系仍然存在,利用这一特性,通过测定裂纹张开位移可间接得到动态应力强度因子。Bacon 建立了三点弯曲试件的动态应力强度因子与加载点位移之间的关系式,并采用 HPB 推算出加载点位移,从而得到动态应力强度因子的历史。

④应变片方法。Irwin G R 提出利用贴在裂尖的应变片记录的应变信号,可以确定裂尖的应力强度因子。Dally J W 首先将应变片法应用于动态应力强度因子的测量上,并将测试结果与动光弹方法进行了比较,取得了比较吻合的结果。但是应变片方法的测试精度受应变片的大小、贴片位置、贴片质量等因素的影响较大。

(3)裂纹起裂时间 t_{f} 的测定。动态起裂时刻的确定是动态断裂韧性测试的关键,用光学的方法所捕捉的动态起裂时刻最为准确,但是该方法费用昂贵。目前,在动态断裂韧性测试中,裂纹起裂时间的确定主要有以下几种方法。

①电阻应变片法。电阻应变片的方法是利用贴在裂尖处的应变片测得应变信号,认为应变急剧降低时(或应变最大值时)对应的时间即起裂时间。实际上应变最大值所对应的时间减去应力波从裂尖传播到应变片所需的时间才是起裂时间。这种方法的测试精度主要与应变片粘贴位置、试件表面光洁度、粘贴质量等因素有关,因此应变片法容易产生较大的误差。

②柔度变化率法。该方法最早用于准静态条件下裂纹起裂时间的确定,后来 T Kobayashi将这种方法用于 Charpy 冲击实验来确定起裂点。近年来,在 HPB 测试技术中人们也采用了这一方法。与应变片方法不同的是,这种方法直接得到的是起裂时的加载点位移,然后由位移与时间之间的关系再来确定起裂时间。

③除此之外,起裂时间的确定方法还有磁性法和动态 COD 变化率法,等等。

(4)确定动态断裂韧性。由前两项工作可知,在时间动态应力强度因子历史 $K_{\mathrm{I}}(t)$ 上取裂纹起裂时间 t_{f} 时刻的动态应力强度因子作为动态断裂韧性 K_{Id}。

2. 混凝土材料静态断裂韧性测试

首先开展含Ⅰ型裂纹的混凝土三点弯曲试样的静态断裂韧性，测试材料的临界应力强度因子 K_{IC}，K_{IC}是表征材料在线弹性范围内，带裂纹工作时抵抗断裂的能力，是材料固有的一种力学性质，通常称为材料的平面应变断裂韧度。因为平面应变状态是实际工程结构中最危险的工作状态，所以平面应变断裂韧度是工程安全设计的重要数据。

(1)材料和试件

混凝土试件材料配比及养护与前面的动态压缩试件的标准相同。混凝土断裂韧性的测试，一般都是通过满足一定几何形状和尺寸要求的试件来测定的。凡是有 K_I 表达式且便于测试的试件，都可用来测定 K_{IC}。试件借鉴 GB4161－84 国家标准，采用三点弯曲试件，其中 $W=70$ mm，其中 a 为预制裂纹的长度，本实验 $a=W/2=35$ mm。需要说明的是，本实验在静态和动态载荷测定应力强度因子的过程中均采用同一尺寸的试件，如图 7.9 所示。

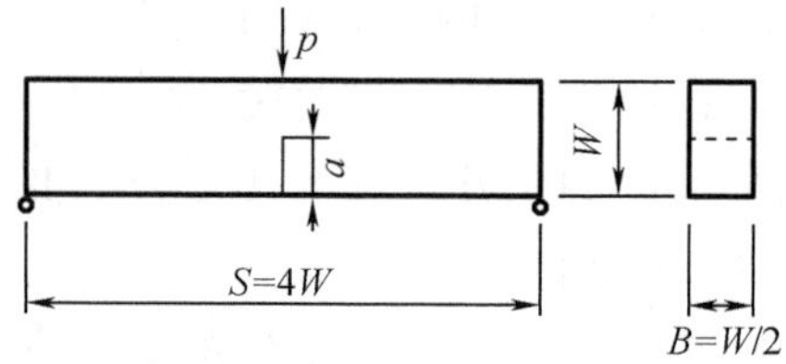

图 7.9　预制裂纹三点弯曲试件尺寸示意图

(2)测试数据

在测试 K_{IC}时，试件的 K_I 表达式是已知的，$K_I=YP\sqrt{\pi a}$，式中 Y 是试件的形状因子，在试件形状和尺寸一定的条件下是常数；P 是加在试件上的外载荷。所以，在测试时只要在试件加载过程中，测出裂纹失稳扩展时的临界载荷 P_C 和试件的裂纹尺寸 a，就可以求出试件材料的临界应力强度因子。因为试件尺寸满足平面应变和脆性破坏条件，此临界应力强度因子即为材料的平面应变断裂韧度 K_{IC}。由于裂纹临界扩展很不明显，裂纹在失稳扩展前仍为原长 a，因此平面应变断裂韧度 K_{IC}的测定，实际上只是临界载荷 P_C 的测定。

采用电子万能材料试验机进行混凝土三点弯曲强度测试，测试的载荷位移曲线，如图 7.10 所示，从图中可以看出混凝土材料表现出了明显的脆性断裂特征。

电子万能材料实验机横梁移动速率恒定为 0.2 mm·min^{-1}，由此加载速率得到的应力强度因子率如图 7.11 所示。

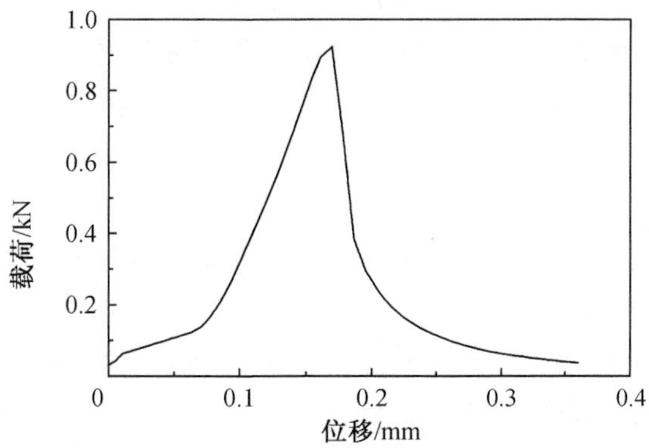

图 7.10　载荷位移曲线图

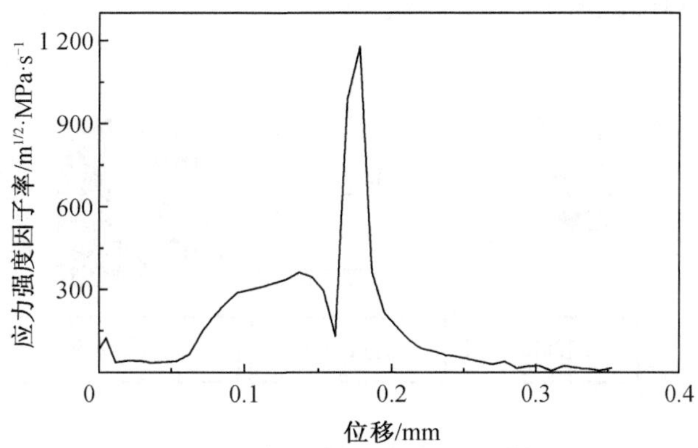

图 7.11　应力强度因子率图

(3)静态断裂韧性测试结果

对于标准三点弯曲试件($S=4W, B=W/2$)

$$K_{\mathrm{I}}=\frac{PS}{BW^{\frac{3}{2}}}f\left(\frac{a}{W}\right) \tag{7.1}$$

式(7.1)中

$$f\left(\frac{a}{W}\right)=\frac{3\left(\frac{a}{W}\right)^{\frac{1}{2}}\left[1.99-\left(\frac{a}{W}\right)\left(1-\frac{a}{W}\right)\right]\left[2.15-3.93\frac{a}{W}+2.7\left(\frac{a}{W}\right)^{2}\right]}{2\left(1+2\frac{a}{W}\right)\left(1-\frac{a}{W}\right)^{\frac{3}{2}}} \tag{7.2}$$

式(7.2)中,$a=W/2=35$ mm,则$f\left(\frac{a}{W}\right)=2.66$,由载荷位移曲线图可以得到$P_{\mathrm{C}}=0.92$ kN,代入公式(7.1)得到静态平面应力断裂韧性K_{IC}为 1.06 MPa $\sqrt{\mathrm{m}}$。

3. 应力波加载条件下动态断裂韧性测试

动态断裂韧性是一个重要的材料参数,表征了动态载荷下工程结构抵抗裂纹扩展的能力。因此,合理地测试材料动态断裂韧性对于工程结构抗侵彻等动态力学行为研究等方面都有重要意义，也是目前动态断裂力学研究的重要方面之一。

应用 HPB 加载三点弯曲试件测定材料的动态断裂韧度是一种较简单的方法，尤其是应用于线弹性断裂范畴。本节就是利用 HPB 实验技术测试混凝土材料三点弯曲试件的动态断裂韧性。

(1)实验装置与基本原理

应力波加载实验装置，如图 7.12 所示。该装置是 SHPB 基础上演化而来的，该实验系统的基本原理是由压气枪发射长度小于 1 m、直径为 37 mm 的圆柱形子弹(撞击杆)，与同直径长度为 2 m 的入射杆同轴撞击，在入射杆上产生压缩应力脉冲，当压缩应力脉冲传播至入射杆与试件的接触面时，一部分返回入射杆，另一部分加载到试件上，并对试件施加冲击载荷，从而使得试件断裂。由一维应力波理论得到试件上所受的载荷 $P(t)$ 为

$$P(t)=EA(\varepsilon_i+\varepsilon_r) \tag{7.3}$$

式(7.3)中，ε_i、ε_r 分别是杆上应变片记录到的入射脉冲和反射脉冲，E、A 分别是压杆的弹性模量和横截面积，c 为弹性波波速。

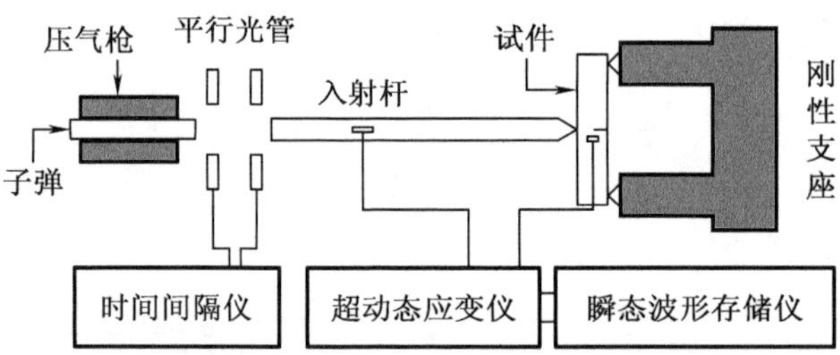

图 7.12　应力波加载实验装置图

(2)试件加载载荷及断裂时间的确定

①试样起裂时间

采用电阻应变片法确定试样起裂时间。其基本原理是在裂尖附近贴一片电阻应变片，其粘贴位置如图 7.13 所示。当试件承受载荷作用时，应变片测得的应变随载荷的增大而增大，当裂纹起裂时，产生卸载波，使得应变急剧减小。因此，应变片测得的应变最大值对应的时间减去应力波从裂尖传播至应变片所需时间就是起裂时间 t_f。

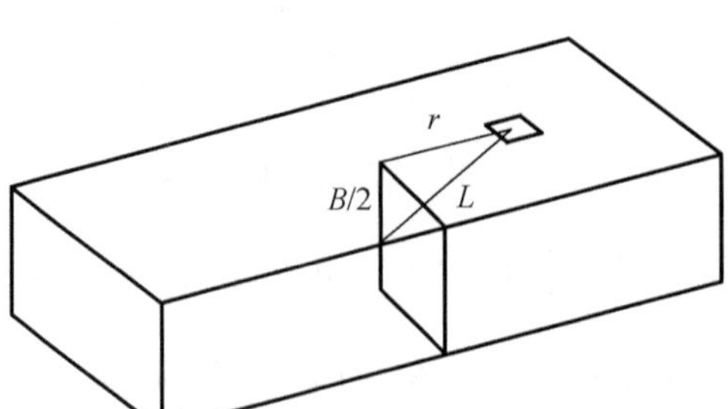

图 7.13　应变片粘贴位置示意图

如果应变片测试得到的最大应变值对应的时间为 $t_{\max}$，考虑卸载波从裂纹尖端传播到应变片处才能被记录下来，故试样起裂时间 t_f 为

$$t_f = t_{\max} - \frac{\sqrt{r^2 + (B/2)}}{C_0} \tag{7.4}$$

式(7.4)中，C_0 是应力波传播速度，取 $C_0 = \sqrt{\frac{E}{\rho}}$；$r$ 是裂尖到应变片的距离。

因为动态起裂点总是从裂纹前缘中心处开始的，所以试样厚度方向的尺寸效应也在公式(7.4)中加以考虑。

②试样加载函数

在冲击载荷作用下，应力波加载实验的典型实验结果如图 7.14 和 7.15 所示。图 7.14 为入射杆上粘贴的应变片测得的原始电压信号波形；图 7.15 为试样上由一维应力波理论所获得的载荷－时间曲线。

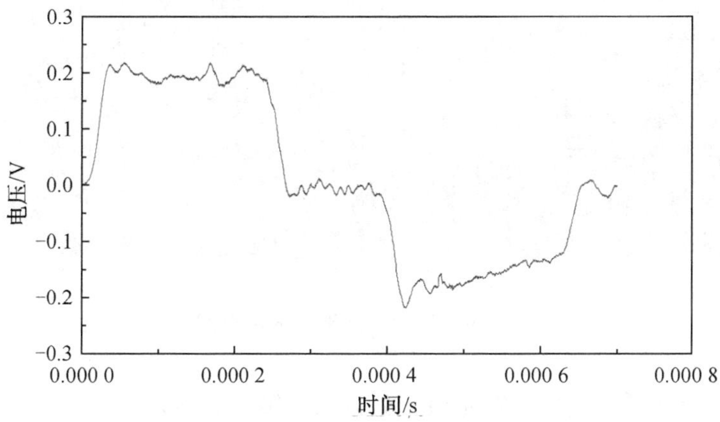

图 7.14　应变片测得的原始电压信号波形图

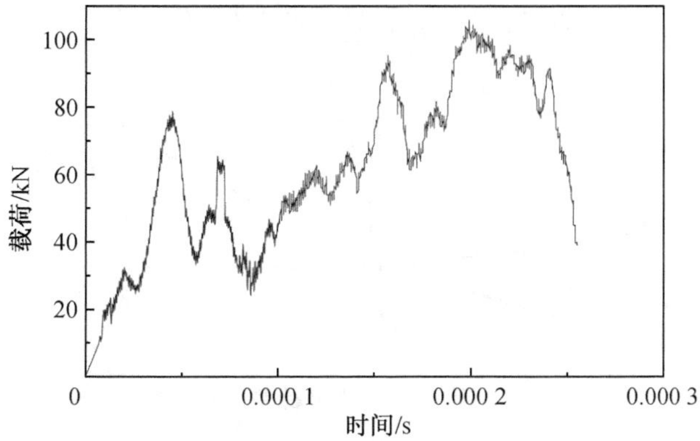

图 7.15　试样上由一维应力波理论所获得的载荷－时间曲线图

4. 三点弯曲试样动态应力强度因子实验 - 数值分析

(1)有限元建模

采用大型通用有限元分析软件 ANSYS 进行应力波加载条件下裂尖前沿张开位移的计算。

①采用 ANSYS 软件中集成的 LS - DYNA 软件包

LS - DYNA 是世界上最著名的通用显式动力分析程序,能够模拟真实世界的各种复杂问题,特别适合求解各种二维、三维非线性结构的高速碰撞、爆炸和金属成型等非线性动力冲击问题,因此 LS - DYNA 的软件包是被工程应用领域广泛认可的分析软件包。

②有限元网格划分

由于试件结构对称,本节取试件的一半,建立实体模型,进行网格划分,共划分 8 800 个八节点等参 solid45 单元,9 471 个节点,有限元网络划分示意图如图 7.16 所示。

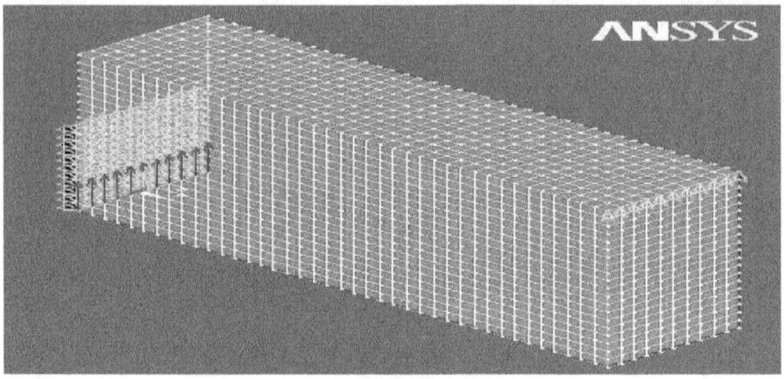

图 7.16 有限元网格划分示意图

③采用步长 2×10^{-6} s 进行有限元瞬态分析,共计算 100 步。

(2)动态应力强度因子

在裂尖处建立极坐标系如图 7.17 所示,根据 I 型裂纹尖端附近的位移公式,可得

$$u_i(r,0)=\frac{K_{\mathrm{I}}}{G}\sqrt{\frac{r}{2\pi}}f_i(\theta);i=x,y \tag{7.5}$$

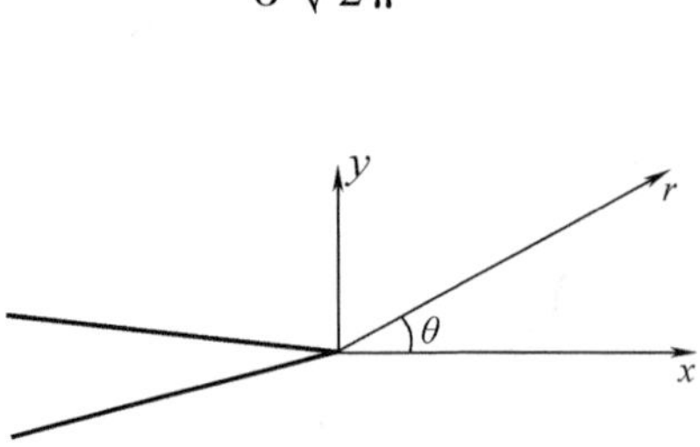

图 7.17 极坐标系

式(7.5)中,u_x 为张开位移,u_y 为载荷方向位移,G 为剪切弹性模量,直角坐标以加载面中心为坐标原点、裂纹面方向为 x 方向,建立右手坐标系,如图 7.17 所示。

$$f_x(\theta) = \frac{1}{4}\left[(2k+1)\sin\frac{\theta}{2} - \sin\frac{3\theta}{2}\right] \tag{7.6}$$

$$f_y(\theta) = \frac{1}{4}\left[(2k+1)\cos\frac{\theta}{2} - \cos\frac{3\theta}{2}\right] \tag{7.7}$$

平面应变情况为

$$k = \frac{3-\mu}{1+\mu} \tag{7.8}$$

平面应力情况为

$$k = 3 - 4\mu \tag{7.9}$$

用有限元法求出位移后代入式(7.5)中，即可求得 K_{I}。对比 x 和 y 方向上的位移如图 7.18 和图 7.19 所示。

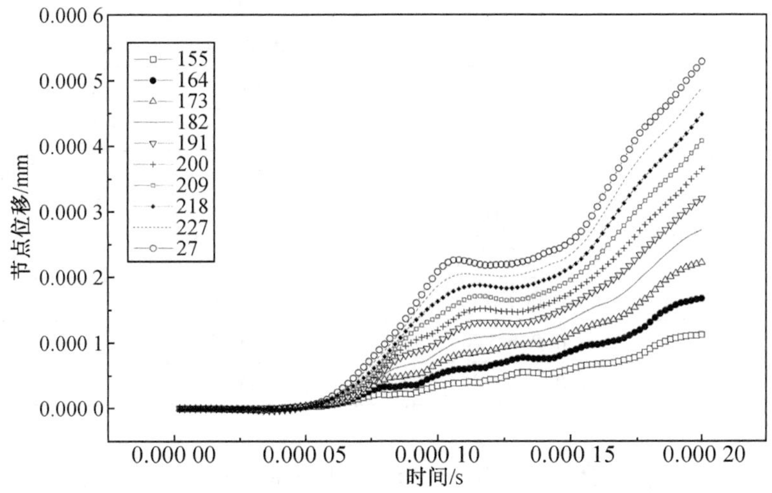

图 7.18　各节点张开位移图

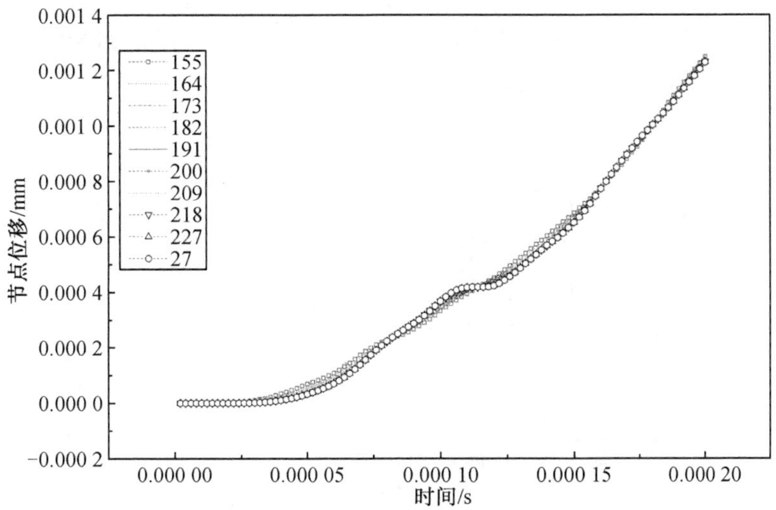

图 7.19　节点载荷方向的位移图

因为裂纹张开处位移变化比较显著,可以得到较为准确的近似值,并可以得出结论,应采用 $\theta=\pi$ 方向上裂纹张开位移值来求 K_{I}。此时

$$K_{\mathrm{I}}=\frac{2G}{k+1}\sqrt{\frac{2\pi}{r}}u_x(r,\pi) \tag{7.10}$$

式(7.10)只在裂纹尖端附近处($r\to 0$)准确,因此在裂纹面上不同的 r 值算出位移,代入式(7.5)得到对应的 K_{I} 值,作 $K_{\mathrm{I}}\sim\frac{r}{W}$ 曲线,在 r 很小的范围内曲线才近似为一直线,采用外延法,即此直线与纵坐标的交点就是所要求的 K_{I} 值。表 7.1 为有限元模型裂纹对称面上沿 $\theta=\pi$ 方向上的节点编号、坐标位置和对应的极坐标值。

表 7.1 各节点坐标

节点编号	直角坐标 y 值/mm	极坐标值/mm	r/W
155	0.038 5	0.003 5	0.050 0
164	0.042 0	0.007 0	0.100 0
173	0.045 5	0.010 5	0.150 0
182	0.049 0	0.014 0	0.200 0
191	0.052 5	0.017 5	0.250 0
200	0.056 0	0.021 0	0.300 0
209	0.059 5	0.024 5	0.350 0
218	0.063 0	0.028 0	0.400 0
227	0.066 5	0.031 5	0.450 0
27	0.070 0	0.035 0	0.500 0

实验中混凝土材料泊松比 $\mu=0.167$,剪切弹性模量 $G=4.61$ GPa。计算裂尖处各节点 K_{I} 曲线如图 7.20 所示。采用外推法,即将 $K_{\mathrm{I}}\sim\frac{r}{W}$ 直线延长,使它与纵坐标相交,交点的纵坐标值取为对应的 K_{I} 值,如图 7.21 所示。由此,对时间求导得到冲击三点弯曲实验的应力强度因子率,如图 7.22 所示。对应测得的断裂时间为 45.6 μs,可以得到给定试件的平面应变断裂韧性 $K_{\mathrm{Id}}=0.88\ \mathrm{MPa}\sqrt{\mathrm{m}}$。

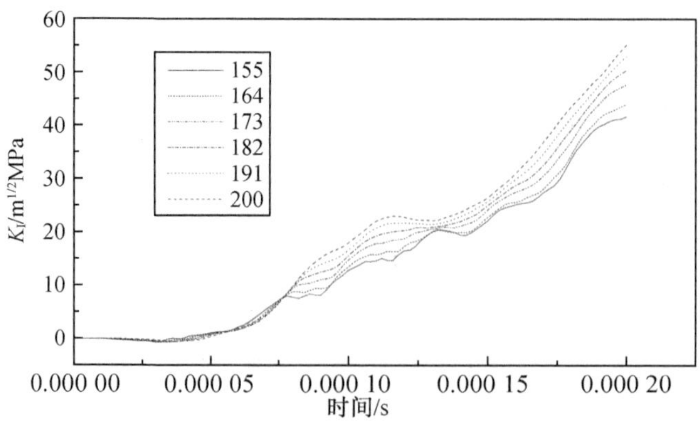

图 7.20 各节点 K_{I} 曲线图

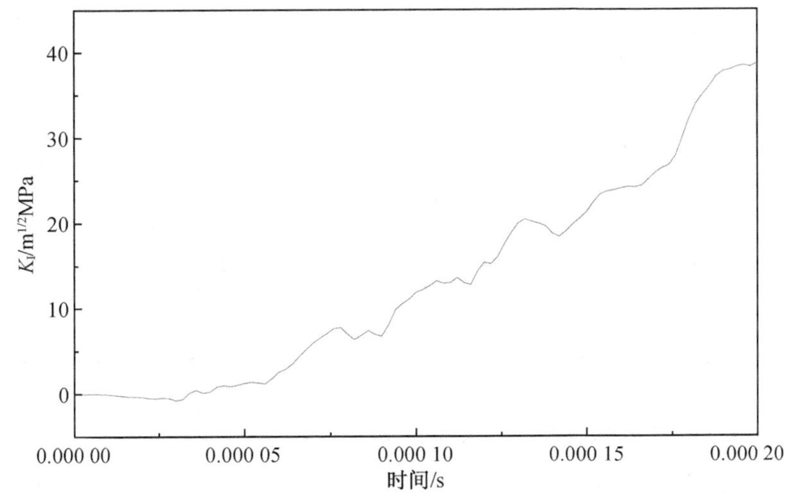

图 7.21　采用外推法得到的 K_I 曲线图

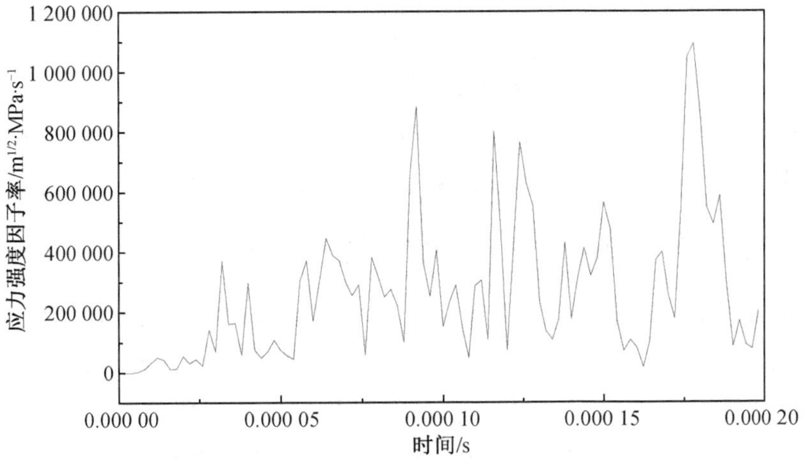

图 7.22　应力强度因子率曲线图

7.3　基于 SHPB 装置的紧凑拉伸试样动态断裂韧性实验

紧凑拉伸试样（CT 试样）是静态断裂力学实验中研究金属材料平面应变断裂韧度的常用试件，本节通过 HPB 试验对 CT 试样进行动态拉伸断裂试验，测量动态冲击载荷曲线，从而确定动态应力强度因子 $K(t)$，利用应变片法确定起裂点，得到起裂时刻对应的断裂韧性。

7.3.1　基于弹簧质量模型 CT 试样动态应力强度因子

CT 试样如图 7.23 所示，带有预裂纹的 CT 试样在冲击载荷作用下的响应可简化成由如图 7.24 所示的弹簧振子和弹簧组成的弹簧质量系统的响应来模拟。其中，m 为试样简化成弹簧振子的等效质量,$K(a)$为含裂纹试样的等效刚度,$U(t)$为加载点位移。

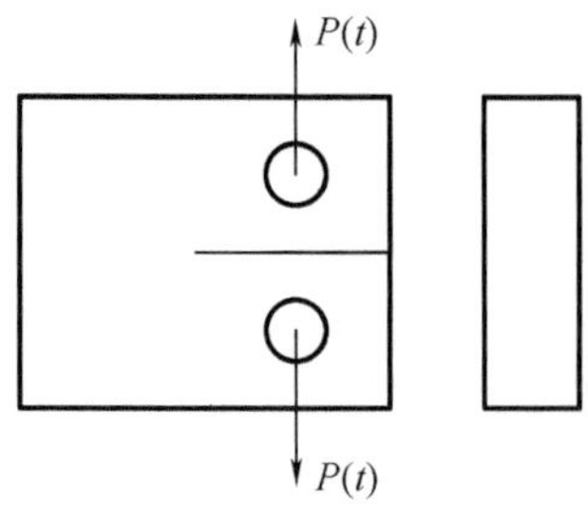

图 7.23 CT 试样示意图

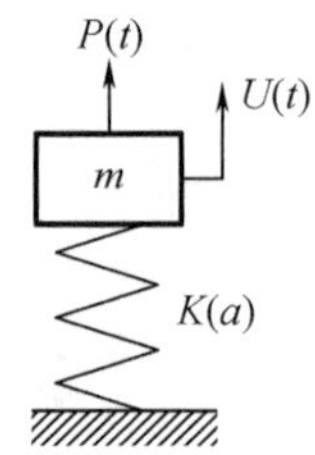

图 7.24 弹簧质量系统的响应图

对于带有预裂纹的紧凑拉伸试样,本节首先求出静态的加载点位移,再求出等效刚度,然后通过静态应力强度因子与加载点位移,可求出静动态应力强度因子和静动态加载点位移相同的比例系数。由于静动态应力强度因子都与加载点位移成正比,因此通过求得应力强度因子和加载点位移的比例系数和加载点位移,即可求得动态应力强度因子。通过分析与计算可以求得在冲击荷载作用下,紧凑拉伸试样动态应力强度因子的近似表达式为

$$K_{\mathrm{ID}} = \frac{K_{\mathrm{IS}}}{P(t)}\int_0^t P(\tau)\sin(t-\tau)\,\mathrm{d}\tau \tag{7.11}$$

式(7.11)中,K_{IS}为静态应力强度因子。若已知 CT 试样的静态应力强度因子 K_{IS}和动态加载函数$P(t)$,则由式(7.11)可以算出其动态应力强度因子。

7.3.2 转换式 SHPB 冲击拉伸实验装置

通过在 SHPB 装置上安装转化夹具实现 CT 试样的冲击拉伸,试验原理如图 7.25 所示。其组成原理仍然是子弹、入射杆、试样和透射杆。在入射杆和透射杆中间多了一个杠杆型转化夹具,冲击载荷到达夹具后再到试样。试验装置在冲击载荷作用下产生的冲击压缩波通过入射杆、透射杆和夹具传向试样,一部分透射到夹具、透射杆和试样,还有一部分又反射到了入射杆。同样是在入射杆和透射杆上粘贴应变片,通过超动态电阻应变仪放大后,用示波器进行数据采集和存储。

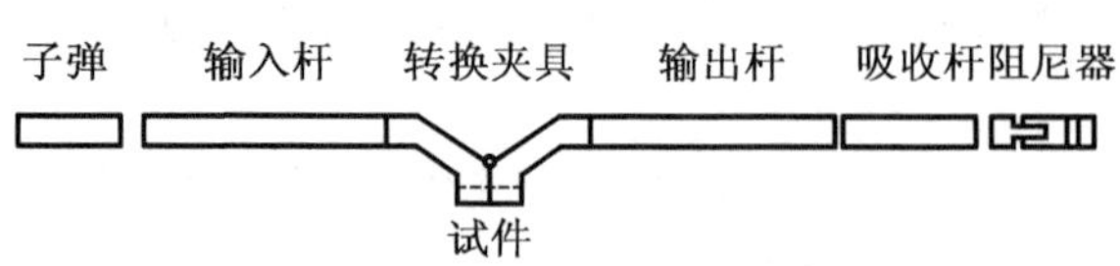

图 7.25 转换式 SHPB 实现 CT 试样的冲击拉伸原理图

转换式 SHPB 实现 CT 试样的冲击拉伸原理图,如图 7.26 所示。该夹具将作用于杆中的压缩载荷转换为作用于试样上的拉伸载荷,试样和夹具的受力示意图如图 7.27 所示。

图 7.26　夹具实物图

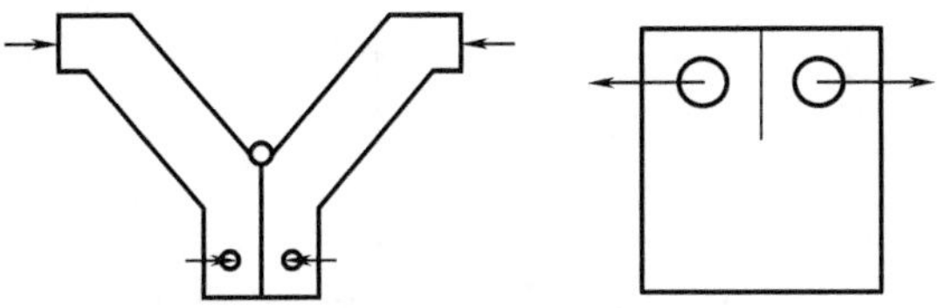

图 7.27　试样的夹具和受力示意图

7.3.3　裂纹起裂点的确定

I 型裂纹开裂和扩展时会引起低应力区的卸载效应。在裂纹的两侧分别存在一个低应力区,其范围大小与裂纹长度有关。加载时,随着裂纹开裂,低应力区的应力随载荷的增加而增加,一旦裂纹开裂扩展,低应力区将随之增大,并且不管载荷是否继续增加,该区域内某一局部区域的应力分量将不断减小。对应的应变与应力具有同样的趋势,在试样开裂前应变先增加,开裂后应变减小。因此,在应变曲线上就会产生一个峰值点,此峰值点即裂纹起裂点。依据裂纹尖端低应力区的变化规律,这里采用电阻应变片法测试裂纹的这个起裂点,当应变片贴在一定范围内时,其记录的应变曲线的峰值点便与裂纹开裂点相对应。按如图 7.28 所示贴片方位进行应变片贴片(CT 试样表面距裂纹尖端 5 mm 处垂直于裂纹面粘贴 1 mm 应变片),应变片收集到的动态信号如图 7.29 所示。因为只是确定起裂点,电压信号未转换成相应的应变信号。测试起裂点还存在很多问题,测试结果与贴片质量、仪器稳定性及峰值点经验性判断有很大关系。从断裂过程分析可知,试样在断裂形、塑性变形前经历弹性形变和强化等过程中,当试样开裂时,弹性能得以释放,对应的应变也会产生陡降。贴片位置如果没有明显反映出开裂的特征,是因为其贴片位置未处于裂纹尖端弹性能释放区域,这时应当调整贴片位置使其正好位于该区域,以便能较好地反映出裂纹尖端的应变特征,保证起裂点测试的准确性。一般情况下,在如图 7.30 所示的角度范围内,贴片可得到较好结果。在所测得的裂纹起裂点数值中,这里考虑了应变片位置到裂纹尖端的传播时间和测试时系统已标定的时间误差。

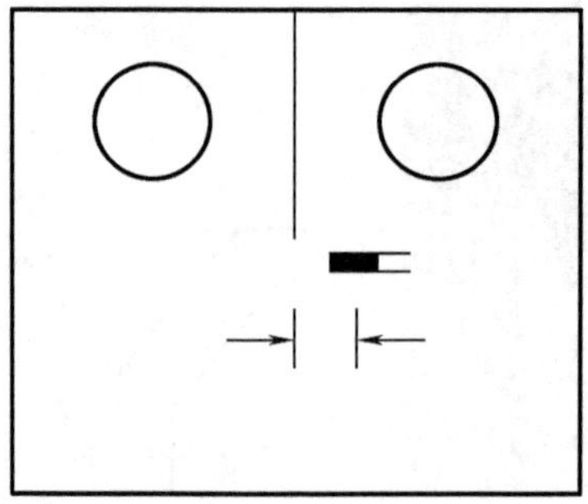

图 7.28 应变片贴片位置示意图

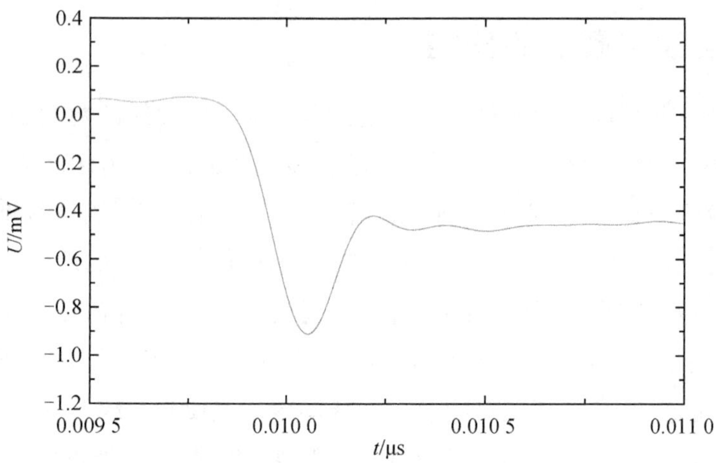

图 7.29 应变片采集到的动态信号图

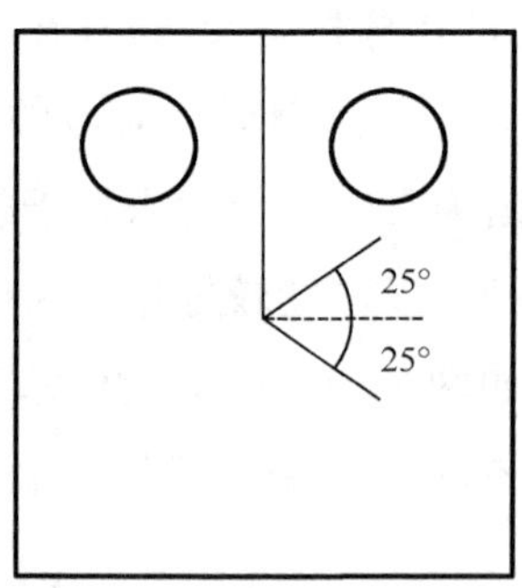

图 7.30 贴片角度范围示意图

7.3.4 动态测试结果

实验测得的动态断裂参数如表 7.2 所示,CT 试样两端经过标定后的载荷时间曲线如图 7.31 所示,将得到的载荷曲线带入式(7.11)中进行积分,即可得到材料的动态应力强度因子。

表 7.2　实验结果数据表

材料	LY12 铝合金			16Mn 合金钢
试样	1	2	3	
裂纹长度 a/mm	20.65	20.58	20.40	20.28
子弹尺寸/mm	直径 37;长度 600			
子弹速度 $m \cdot s^{-1}$	9.6	13	17	11
起裂时间/μs	226	185	168	62
动态断裂韧性 K_{ID}($MPa \cdot m^{1/2}$)	28	25.2	23.2	65
加载率 $\dot{K}_{ID}$($MPa \cdot m^{1/2}/s$)	1×10^6	2×10^6	3×10^6	2×10^6

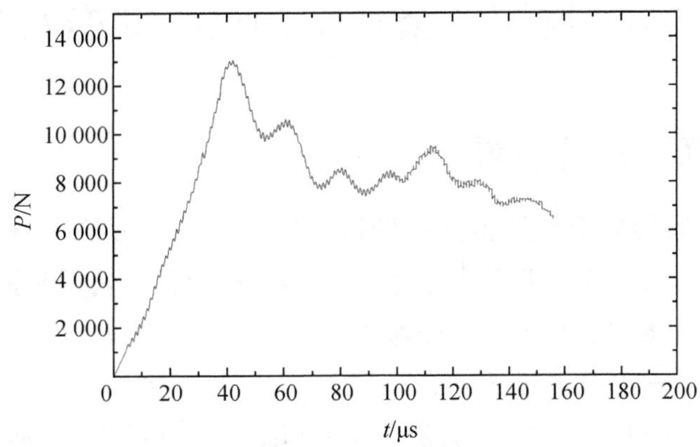

图 7.31　CT 试样标定后的载荷时间曲线图

两种材料对应的各试样的动态应力强度因子响应曲线如图 7.32、图 7.33 所示。利用应变片测量所到得材料裂纹起裂点开裂的时间,即可求出材料的断裂韧性。

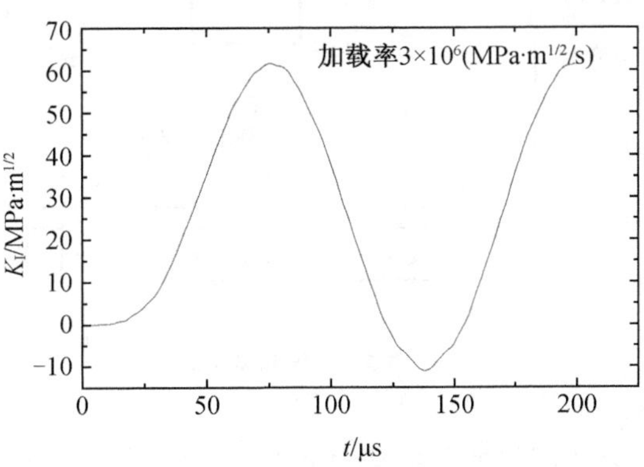

图 7.32　LY12 铝合金试样的动态应力强度因子响应曲线图

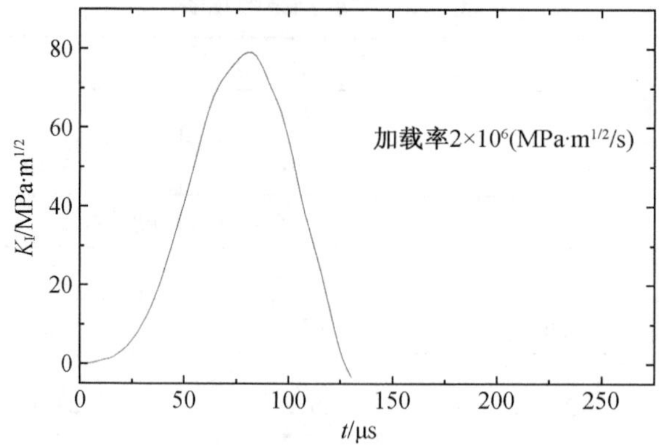

图 7.33　16Mn 合金钢试样的动态应力强度因子响应曲线图

7.4　基于 SHTB 装置的紧凑拉伸试样动态断裂韧性实验

7.4.1　SHTB 实验装置

SHPB 实验装置采用撞击杆撞击入射杆得到压缩脉冲的方法对材料进行测试。SHTB 实验原理与 SHPB 相同，同样是采用冲击撞块对入射杆进行撞击，但是撞击的方向与压杆的撞击方向相反，因此在撞击过程中入射杆内部会产生拉伸应力波。

如图 7.34 所示，SHTB 实验装置中，杆系部分主要包括法兰、连接短杆、冲击撞块、入射杆、CT 试件及夹具和透射杆。数据采集部分主要包括时间间隔仪，分别粘贴在入射杆、试样及透射杆上的应变片、超动态电阻应变仪、泰克示波器及高速摄影机等。

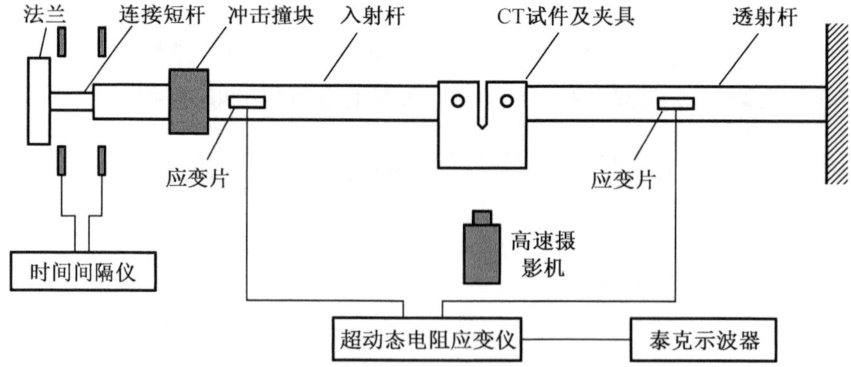

图 7.34　SHTB 实验装置原理图

在实验过程中，输入合适压强的压缩空气使冲击撞块向左运动，冲击撞块经过时间间隔仪时，时间间隔仪会记录下冲击撞块在此距离内的时间，然后通过时间间隔仪的距离和所得的时间即可得到冲击撞块的速度。当冲击撞块撞击到法兰上时，连接法兰与入射杆之间的连接短杆会被拉断，在此过程中入射杆内部会产生拉伸应力波。拉伸应力波会沿着入射杆向右传播并且作用于试样上，完成对试样的动态拉伸实验。在入射杆和透射杆上分别粘贴应变片，用来记录实验过程中杆中的应变信号，进而得到杆中的应力波随时间变化的情况。高速摄影机可以记录下试样表面在高速拉伸过程中的破坏情况。

在入射杆和透射杆上分别粘贴应变片，即可记录测试过程中杆中的入射波、反射波及透射波的电信号，将三者的应变分别记为 ε_i、ε_r 和 ε_t。根据一维应力波基本理论，位移可以用应变对表示为

$$u = C_0\int_0^t \varepsilon \mathrm{d}t \tag{7.12}$$

式(7.12)中，u 为时间 t 所对应的位移，ε 为应变，C_0 为弹性波在杆中传播的波速，入射杆与试样接触的界面处的位移用 u_1 表示，u_1 为入射杆中入射波 ε_i 和反射波 ε_r 相互作用的结果，因此可以将 u_1 表示为

$$u_1 = C_0\int_0^t \varepsilon_i \mathrm{d}t + (-C_0)\int_0^t \varepsilon_r \mathrm{d}t = C_0\int_0^t (\varepsilon_i - \varepsilon_r)\mathrm{d}t \tag{7.13}$$

同样，可以用透射杆中的透射波 ε_t 表示透射杆与试样接触界面处的位移 u_2，u_2 的表达式为

$$u_2 = C_0\int_0^t \varepsilon_t \mathrm{d}t \tag{7.14}$$

试样中的平均应变 ε_S 可以用 u_1 和 u_2 进行表示为

$$\varepsilon_S = \frac{u_1 - u_2}{l_0} = \frac{C_0}{l_0}\int_0^t (\varepsilon_i - \varepsilon_r - \varepsilon_t)\mathrm{d}t \tag{7.15}$$

式(7.15)中，l_0 为在压杆中表示试样的初始长度，在图 7.34 中的拉杆系统中 l_0 表示两个销钉之间的距离。

假设试样的长度 $l_0 \to 0$，试样中的应力是常量。则杆中的波形 ε_r 为

$$\varepsilon_r = \varepsilon_t - \varepsilon_i \tag{7.16}$$

将式(7.16)代入式(7.15)中，得

$$\varepsilon_S = -\frac{2C_0}{l_0}\int_0^t \varepsilon_r \mathrm{d}t \tag{7.13}$$

对式(7.17)求微分可得 $\dot{\varepsilon}_S$，即压杆系统中试样的平均应变率或拉杆系统中试样的加载点位移所对应的应变率，用式(7.18)表示为

$$\dot{\varepsilon}_S = -\frac{2C_0}{l_0}\varepsilon_r \tag{7.18}$$

根据应力为载荷之间的关系可得试样两端的载荷 F_1 和 F_2 可表示为

$$\begin{cases} F_1 = EA(\varepsilon_i + \varepsilon_r) \\ F_2 = EA\varepsilon_t \end{cases} \tag{7.19}$$

式(7.19)中，E 为杆材料的弹性模量，A 为杆的截面面积。

因此，在加载过程中试样的平均应力 σ_S 可以表示为

$$\sigma_S = \frac{F_1 + F_2}{2A_s} = \frac{1}{2}E\left(\frac{A}{A_s}\right)(\varepsilon_i + \varepsilon_r + \varepsilon_t) \tag{7.20}$$

将式(7.16)代入到式(7.20)中,可得平均应力 σ_S 为

$$\sigma_S = E\left(\frac{A}{A_s}\right)\varepsilon_t \tag{7.21}$$

根据上述原理并且结合相应的测试结果,即可得到实验过程中杆系及试样的各个物理量。

7.4.2 高速摄影技术

应用 SHTB 实验装置对 CT 试样的动态断裂韧性进行研究,加载过程是高速冲击过程,整个实验在很短的时间内完成。为了记录实验过程中试样表面的变形情况,应用高速摄影机进行图像采集。然后,实验采用与准静态断裂韧性相似的方法对所采集的散斑图像进行处理,得到试样的变形及破坏过程。

高速摄影技术的实质是一种光学方法,其基本装置为高速摄影机及其控制系统,可以以很高的频率记录高速运动物体的姿态和变形。在自然界中和人类的生产生活中都存在极多的瞬变现象,比如动物的高速奔跑、水滴从高处滴落荡起涟漪、汽车的高速碰撞、子弹射出枪膛,以及火箭发射、核弹爆炸等科学实验。为了对其进行深入的研究都需要应用到高速摄影技术。经过科学工作者不断的努力,高速摄影已经得到长足的发展并且被广泛地应用在生活及科学研究中。本实验结合高速摄影技术、SHTB 测试技术及数字图像相关法对 2A12 - T4 铝合金材料的动态断裂性能进行研究。

7.4.3 动态断裂韧性实验

本节利用 SHTB 对 2A12 - T4 铝合金材料的动态断裂性能进行研究。首先需要设计合理的实验方案,其中包括杆系的选择、试样的设计、加载条件的控制、波形的整形、确定实验数据的记录及图像的采集方法等。然后进行动态断裂韧性实验,由于高速冲击实验具有一定的危险性,因此实验过程中要在保证安全的情况下进行。在实验过程中,对实验数据及图像进行采集,并且对所得的结果进行处理。

1. 动态实验方案

(1)试样的设计

对于材料动态断裂韧性的测试,通常使用的试样有 CT 试样、三点弯曲试样、巴西试样和帽形试样等。本实验结合实验设备的特点选择 CT 试样作为研究。按照国标的相关规定对 CT 试样的外形尺寸进行设计,同时为了研究不同形式的裂纹对材料动态断裂韧性值的影响,本实验设计了两种裂纹形式的试样。

①首先制作线切割豁口,然后进行预制裂纹试样,如图 7.35(a)所示;

②直接用线切割豁口代替裂纹的试样,如图 7.35(b)所示。

两种试样的加载孔中心到试样底部的距离都为 $W=40$ mm,试样厚度都为 $B=20$ mm,加载孔直径为 $0.25W$ mm,加载孔之间的距离为 $0.55W$ mm,裂纹长度为 $0.5W$ mm。

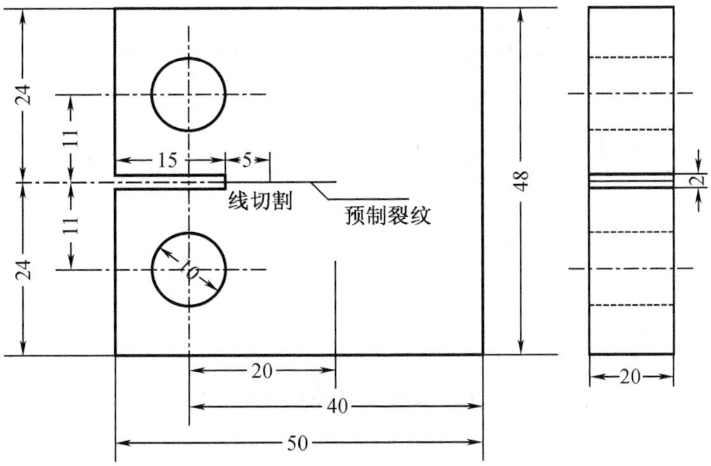

(a)长方形缺口预制裂纹试样

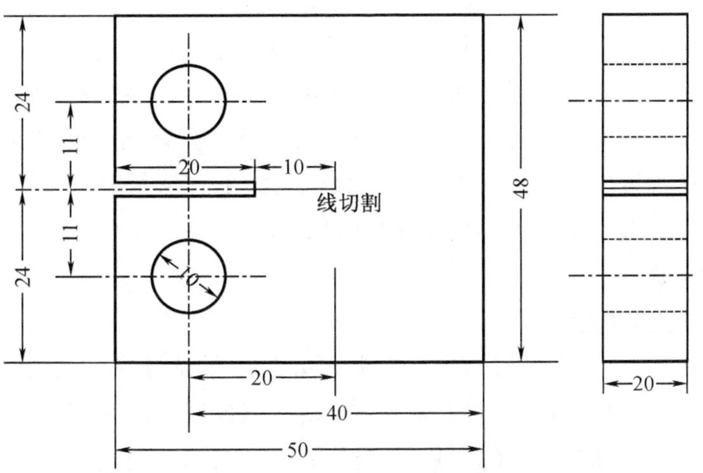

(b)线切割缺口代替预制裂纹试样

图 7.35　两种不同裂纹形式的紧凑拉伸试样图

(2)杆系及夹具的设计

试样的设计保证了试样在加载过程中的平面应变状态。根据试样的尺寸对杆系和夹具进行设计,其中夹具的设计尤为重要,不仅要保证可以合适试样的装夹,保证夹具的豁口不影响试样的变形,同时还需要保证夹具不影响试样表面应变片的粘贴,以及试样表面图像的采集。杆系及夹具的具体尺寸如图 7.36 所示。

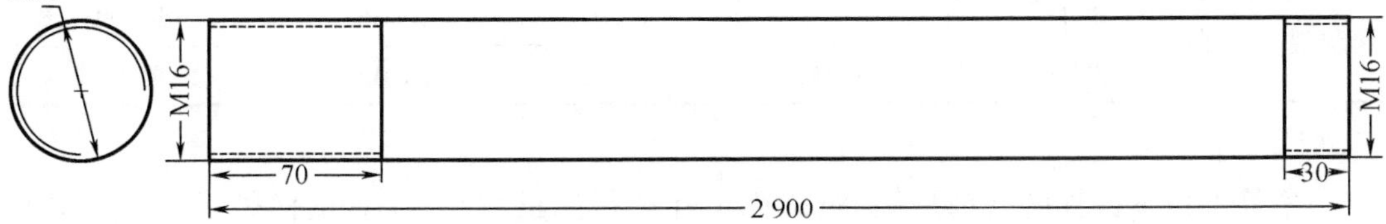

(a)SHTB入射杆及透射杆的尺寸

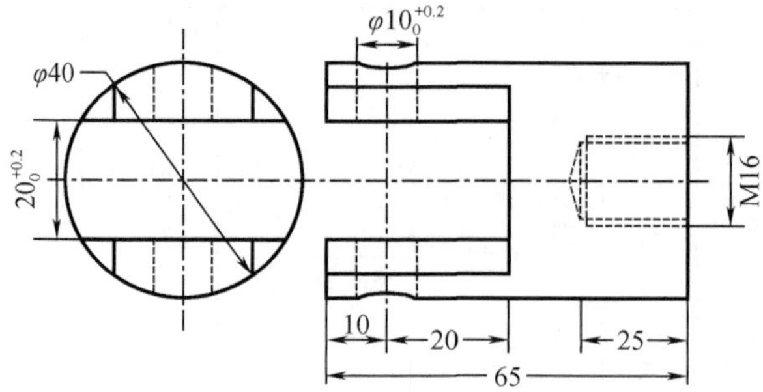

(b)夹具的具体尺寸

图 7.36 杆及夹具的具体尺寸图

(3)波形整形材料的选取

前面已经介绍了 SHTB 实验装置的基本工作原理,由于对试样进行加载的入射杆中的应力波是由冲击撞块撞击法兰,进而在拉断连接短杆的过程产生的,并且冲击撞块直接撞击法兰盘是高阻抗材料之间的相互碰撞,在入射波的波头处会产生高频分量,入射波高频分量的出现对于材料性能的测试实验的准确性造成很大的影响,因此需要对其进行过滤,从而减小波传播过程中的弥散效应。实验选择厚纸板作为波形整形材料,实验表明利用不同张数的厚纸板叠加进行波形整形可以得到很好的效果。

2. 动态实验步骤

(1)试样的测量及处理

在进行实验之前,首先需要对试样进行测量并且记录试样各方向的尺寸。对于试样厚度 B 的测量,需要在试样裂纹预期的扩展区域(贴近试样底边的区域)三个等间距的位置进行测量然后取平均值。试样长度的测量需要选取三个不同位置测量其上下表面之间的距离取平均值。试样宽度的测量选择试样缺口处三个不同位置测量然后取平均值。对两种裂纹形式的试样进行测量,试样测量尺寸如表 7.3 所示。

表 7.3 试样测量尺寸 单位:mm

种类	编号	长	宽	厚度	加载孔到底边距离
长方形缺口预制裂纹试样	试样一	50.00	48.00	20.35	40.00
	试样二	50.00	47.96	20.37	40.00
	试样三	50.00	47.98	20.42	40.00
线切割缺口代替预制裂纹试样	试样一	50.00	48.00	20.39	40.00
	试样二	49.98	47.94	20.36	40.00
	试样三	50.00	47.98	20.42	40.00

与准静态拉伸试样的处理相同,对试样尺寸进行测量之后,要对试样做进一步的处理。首先对试样喷涂散斑并且粘贴标定尺。另外,与准静态拉伸实验不同的是,动态拉伸需要在

试样未喷涂散斑的表面粘贴应变片,用来记录加载过程中试样的应变。处理好的线切割缺口代替预制裂纹试样实物如图 7.37 所示。

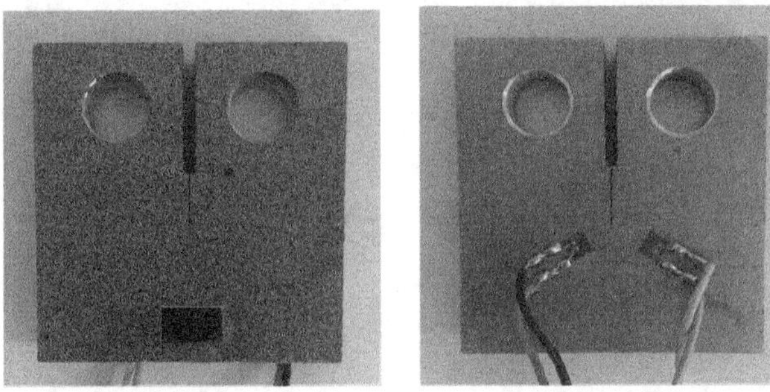

(a)喷涂散斑试样表面　(b)粘贴应变片试样表面

图 7.37 处理好的线切割缺口代替预制裂纹试样实物图

(2)实验装置的调试

为了保证实验过程的安全性及测试结果的准确性,对实验设备进行全方位的校准与调试是十分必要的。实验设备的调试主要包括对杆系、时间间隔仪及吸收装置等系统的调试。

对杆系的调试首先需要对入射杆和透射杆进行准直,保证两者的轴线水平且在同一条直线上。在调试的过程中采用激光准直的方式,即在入射杆的一端沿着杆长的方向向透射杆方向照射一束激光,然后调节支撑入射杆和透射杆的三点式环形调节器,使得入射杆及透射杆的轴线在同一条轴线上且与激光束平行,调节完成后固定环形调节器的位置。调节时间间隔仪的摆放位置,保证其可以对冲击撞块进行测速,同时保证其不在冲击撞块的运行轨迹上,以免在实验过程中冲击撞块撞击到时间间隔仪发生设备的损坏或者造成人员伤害。检查吸收装置。由于实验过程压强较大,冲击撞块速度快,因此吸收装置的正常工作对保证实验的安全起到决定性的作用。

(3)试样的夹装

系统调试完成后需要对试样及法兰进行安装。由于法兰的安装不可避免地会造成入射杆的转动,因此首先对法兰进行安装。法兰通过连接短杆连接到入射杆上,连接短杆、入射杆与法兰的连接是通过螺纹连接实现的。在连接时,首先通过螺纹套将连接短杆连接到入射杆上,为了避免螺纹连接引起的松动,使用一定量的防水带对螺纹进行缠绕,然后将事先准备好的一定厚度的纸质波形整形器套在短杆上,再将法兰与连接短杆连接,连接完成后在靠近连接短杆的一面的法兰涂抹适量的凡士林,并且将波形整形器平整的粘贴于法兰上。实验中使用到的连接短杆及纸质波形整形器分别如图 7.38 所示。

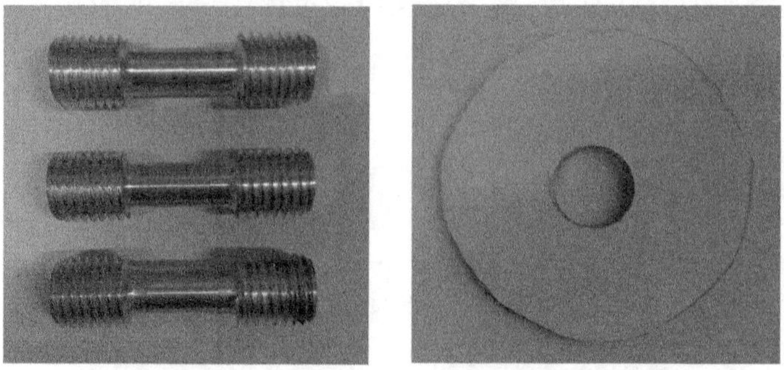

(a)连接短杆　　(b)纸质波形整形器

图 7.38　连接短杆及纸质波形整形器实物图

安装完法兰之后对试样进行夹装,试样通过销钉与入射杆和透射杆相连。安夹装时注意保护试样表面的散斑图像,防止散斑图像的刮擦。同时为了防止粘贴好的应变片脱落,在夹装的过程中用胶带固定应变片的连接导线。夹装完成后调整试样与水平面的角度,保证试样表面与地面垂直,方便高速摄影机进行图像采集。夹装在装置上的试样如图 7.39 所示。

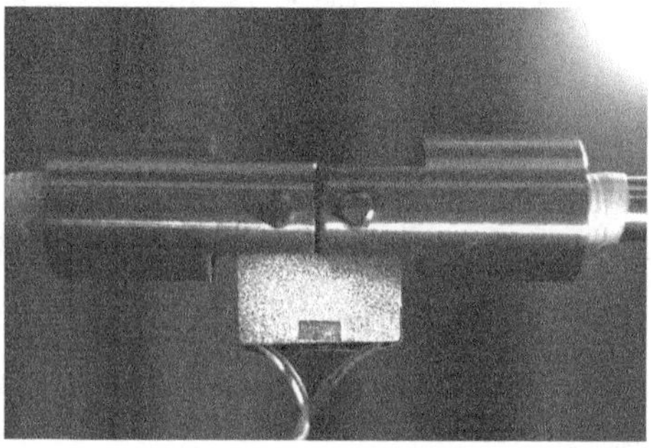

图 7.39　装夹完成的试样实物图

(4)实验过程

调整高速摄影机的角度及冷光源的光强,确保图像采集的清晰度,然后就可以进行实验了。选择合适的压缩空气压强来进行实验,实验过程在很短的时间内即可完成。实验结束后关闭压缩空气开关,保存实验数据及图像,记录时间间隔仪上的时间。每组实验所使用的连接短杆直径、纸质整形器厚度、压缩空气压强、时间间隔仪测试的时间如表 7.4 所示。

表 7.4　动态断裂韧性实验数据

种类	编号	短杆直径/mm	整形器厚度/mm	压缩空气压强/MPa	时间间隔仪时间/ms
长方形缺口预制裂纹试样	试样一	10.01	2.26	1.00	1.84
	试样二	9.89	3.01	1.10	1.65
	试样三	9.90	2.95	1.20	1.57
线切割缺口代替预制裂纹试样	试样一	9.95	2.23	0.98	1.92
	试样二	9.88	3.05	1.10	1.63
	试样三	9.98	3.01	1.20	1.56

3. 动态实验整形器及试样变化情况

实验结束后,连接短杆发生较大的塑性变形并且断裂,同时纸质波形整形器发生较大变形,观察撞击痕迹可以发现整体撞击过程较为平稳,在实验过程中连接短杆和纸质波形整形器的合理配合得到了很好的波形整形效果。此外,实验证明对于纸质波形整形器的选择需要在一个合理的范围内,纸的厚度太薄或者太厚都会对波形产生较大影响,纸质波形整形器的厚度决定了波形上升沿的平滑性。连接短杆的直径及压缩空气的压强在很大程度上决定了入射波的幅值和长度。实验后连接短杆的断口情况和纸质波形整形器的变形情况如图 7.40 所示。

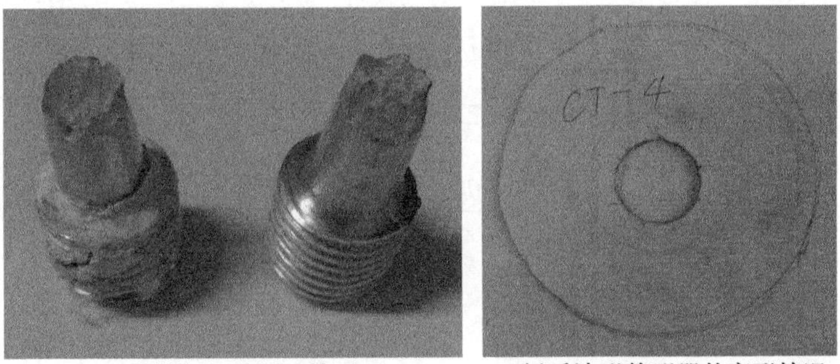

(a)连接短杆的断口情况　　(b)纸质波形整形器的变形情况

图 7.40　实验后的连接短杆及纸质波形整形器实物图

试样发生开裂,具体开裂情况如图 7.41 所示。观察试样表面可以发现裂纹扩展基本沿着裂纹线的延长方向,将试样拉开观察裂纹的扩展情况,与准静态断裂韧性实验相同,试样内部的裂纹面比较平整,同时发现预制裂纹的尖端呈现 U 型,说明疲劳预制裂纹的效果较好,实验可靠性较高,可以用来计算材料的动态断裂韧性。

(a)试样表面开裂情况　　(b)裂纹面上裂纹扩展情况

图 7.41　试样开裂情况

4. 动态断裂韧性计算及分析

在动态断裂韧性测试实验中，用对称于裂纹面的两个应变片记录试样在加载过程中的变形情况。同时，使用高速摄影机记录试样表面的变形情况。分别通过应变片记录的应变数据及高速摄影机记录的试样变形过程中的一系列散斑图像对动态断裂韧性进行计算。对比两种方法的计算结果，比较其差异。从而对两种不同形式裂纹试样的动态断裂韧性值进行对比，研究裂纹形式对动态断裂韧性值的影响。

(1)应变片法计算动态断裂韧性

在试样的裂纹尖端附近粘贴了两个应变片，如图 7.42 所示为裂纹尖端应变片坐标系，$x-y$ 为裂尖坐标系，$x'_A-y'_A$为应变片 A 的坐标系，$x'_B-y'_B$为应变片 B 的坐标系。应变片 A 和 B 与裂尖坐标系及其本身坐标系的角度取决于材料的泊松比，其中

$$\begin{cases}\cos 2\theta_1 = -\dfrac{1-\mu}{1+\mu} \\ \tan\dfrac{\theta_2}{2} = -\cot 2\theta_2\end{cases} \tag{7.22}$$

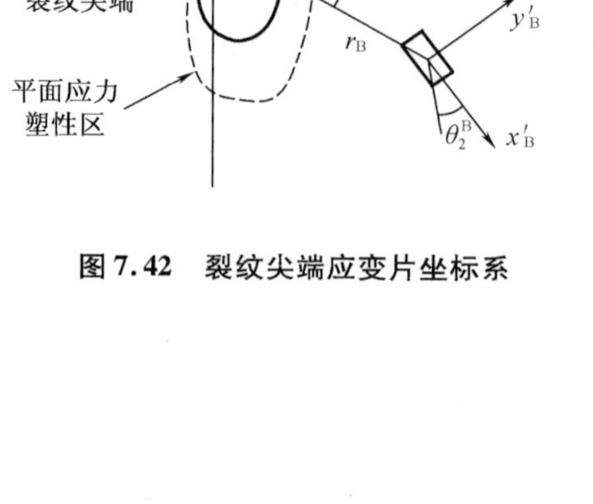

图 7.42　裂纹尖端应变片坐标系

材料的泊松比为 0.33，因此 $\theta_1^A=\theta_2^A=\theta_1^B=\theta_2^B=60°$，采用双应变片法计算裂纹尖端的 J 积分表示为

$$J_{ID}=E\left(\sqrt{\frac{8}{3}\pi r_A r_B}\frac{\varepsilon_{x'_Ax'_A}^{A}r_B-\varepsilon_{x'_Bx'_B}^{B}r_A}{r_B^{3/2}-r_A^{3/2}}\right)^2(1-\mu)^2 \tag{7.23}$$

通过式(7.18)和式(7.19)可知，裂纹尖端区域的应力强度因子与应变片位置和方向有关，因此为了保证测试精度，在粘贴应变片时要精确控制应变片的位置和角度等参数。实验中，应变片的位置和角度如表 7.5 所示。

表 7.5　各试样应变片位置及角度

种类	编号	应变片 A			应变片 B		
		r_A(mm)	θ_1^A(°)	θ_2^A(°)	r_B(mm)	θ_1^B(°)	θ_2^B(°)
长方形缺口预制裂纹试样	试样一	5.31	60.00	60.00	5.37	60.00	60.00
	试样二	6.50	60.00	60.00	4.70	60.00	60.00
	试样三	7.09	60.00	60.00	5.51	60.00	60.00
线切割缺口代替预制裂纹试样	试样一	4.53	60.00	60.00	4.31	60.00	60.00
	试样二	4.54	60.00	60.00	5.25	60.00	60.00
	试样三	5.60	60.00	60.00	6.20	60.00	60.00

由于应力波在试样中的传播需要一定的时间，试样的卸载波的传播路径为裂纹中心（试样对称面与裂纹面的交点）向试样其他部位传递的。因此，根据将应变片所测应变的下跳时刻 t_{max} 减去应力波由裂纹中心传播到应变片的时间，即可得到试样的起裂时刻 t_f，即

$$t_f=t_{max}-\frac{\sqrt{r^2+(B/2)}}{C_0} \tag{7.24}$$

式(7.24)中，r 为试样表面应变片与裂纹尖端的距离，$C_0=5\ 032\ \mathrm{m\cdot s^{-1}}$ 为通过实验测得的波在试样中传播的速度。

以长方形缺口预制裂纹试样二为例，计算加载过程中的 J 积分。图 7.43(a)为应变片 A、B 的应变值，根据式(7.23)计算得到试样在加载过程中 J 积分曲线如图 7.43(b)所示。根据式(7.24)可得起裂时刻 $t_f=3.14\times10^{-3}$ s。在 J 积分曲线上找到对应的点即动态断裂韧性 J_{ID} 的值 $J_{ID}=19\ 434\ \mathrm{N\cdot m^{-1}}$。

同样可以得到其他试样的动态断裂韧性 J_{ID} 值，如表 7.6 所示。

表 7.6　应变片法计算得到的各组试样动态断裂韧性 J_{ID} 值

断裂韧性 J_{ID}(N/m)	长方形缺口预制裂纹试样			线切割缺口代替预制裂纹		
	一	二	三	一	二	三
J_{ID}	19 306	19 238	17 801	53 025	46 728	48 354
J_{ID}平均值	18 781			49 369		

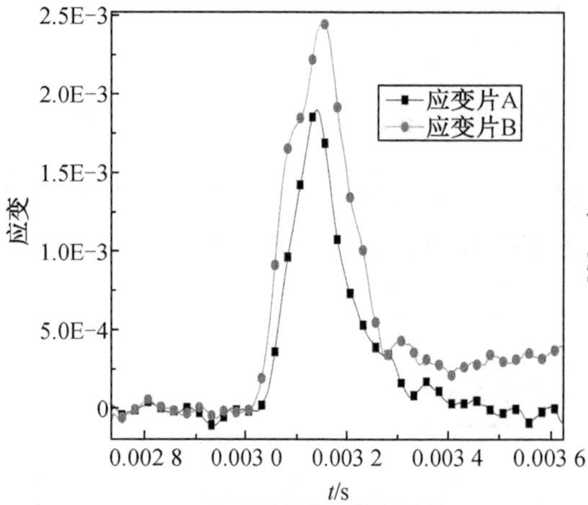

(a)两应变片信号对比

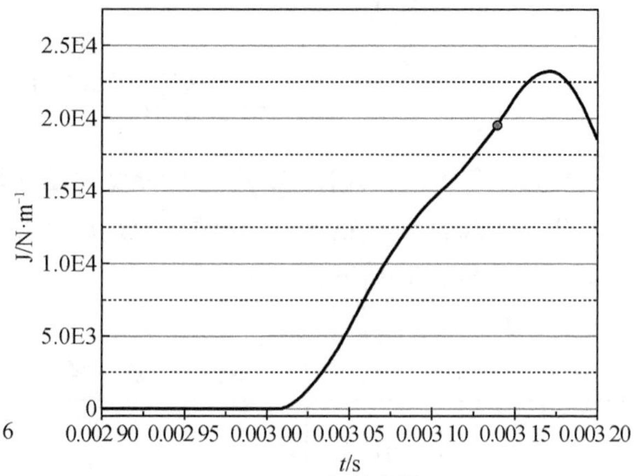

(b) J 积分曲线

图 7.43 动态断裂韧性的计算图

分析表 7.6,并对比静态断裂韧性可知,长方形缺口预制裂纹试样的动态断裂韧性略小于准静态断裂韧性,但差距不是十分明显,因此推断 2A12 - T4 铝合金材料属于率无关性材料。同时可以看出不能直接由应变片法测出惯性效应对断裂韧性的影响。为了测得惯性效应的影响,需要对 J 积分路径包围区域内部的 J 值分量进行计算,对此分量的计算将在应用数字图像相关法对动态断裂韧性值的计算中进一步说明。

(2)数字图像相关法计算动态断裂韧性

与应用数字图像相关法处理准静态断裂实验的方法相同,对动态加载过程的散斑图像进行处理,得到加载过程中试样表面的应变场、位移场及坐标信息,然后应用数字图像相关法计算动态 J 积分的数值计算公式,对 2A12 - T4 铝合金的动态断裂韧性 J_{ID} 值进行计算。

①动态图像处理

应用数字图像相关法对两种不同裂纹形式试样的图像处理方法是相同的,下面以长方形缺口预制裂纹试样一的图像处理过程为例进行说明。在动态拉伸实验过程中,高速摄影机将采集的数字图像以 cih 的数据格式进行保存。为了得到实验过程中的散斑图像,需要应用 PFV - Ver 软件对高速摄影采集的图像进行处理。在 PFV - Ver 软件中可以以帧播放的方式对加载过程进行回放,十分清晰地观察试样的破坏情况。由于实验过程中采集的图像数据量十分大,因此只需利用 PFV - Ver 软件截取所需时间段内的图像即可。

长方形缺口预制裂纹试样共截取 51 张图片,这些图片包含了加载过程中试样表面裂纹尖端附近区域的全部变形数据。将图片输入到 Vic - 2D 软件中,利用数字图像相关法得到试样表面的各个点的位移场、应变场等信息。观察图 7.44 可知,动态实验的加载试样的裂纹是竖直方向的,而 Vic - 2D 软件默认的竖直方向为 y 方向,因此在利用 Vic - 2D 软件对动态散斑图像进行处理时,裂纹方向为 y 轴,与裂纹垂直的方向为 x 轴,为了与公式推导使用的坐标系相同,同时为了方便后续应用散斑图像结果进行动态断裂韧性值的计算,需要进行坐标变换,坐标变换后以沿裂纹方向为 x 轴,垂直裂纹的方向为 y 轴。

通过对试样表面的散斑图形进行计算得到试样在不同加载时刻的位移、应变云图如图

7.44 所示。观察图 7.44(d)的不同加载时刻,垂直于裂纹方向的应变 ε_{yy}是关于裂纹面对称的,由此可知本实验利用 HTB 对 CT 试样的冲击拉伸过程中,试样在裂纹开裂之前就已经处于应力平衡状态,并且是在应力平衡状态下发生的开裂。

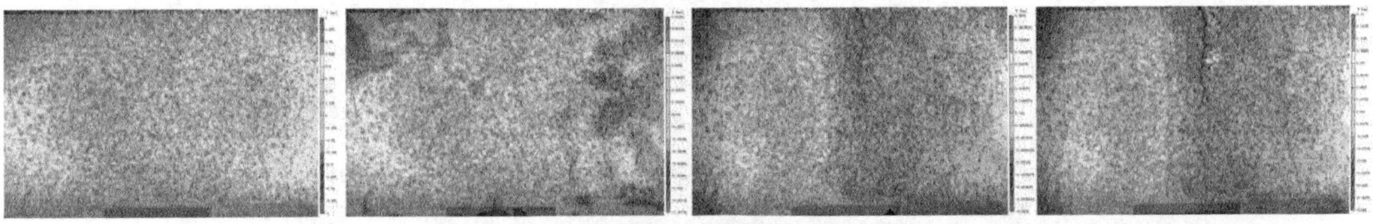

(a)沿着裂纹方向位移u

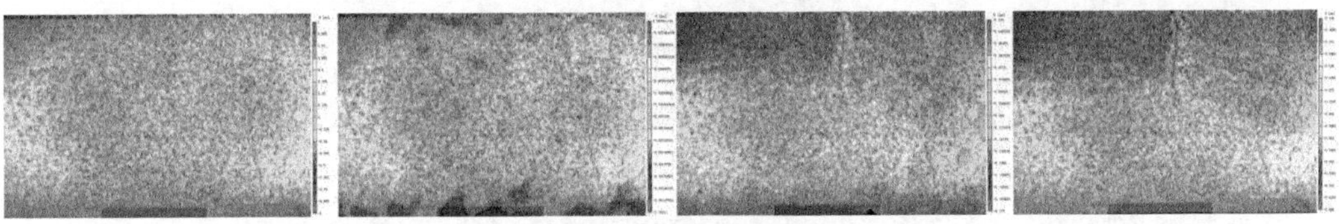

(b)垂直裂纹方向位移v

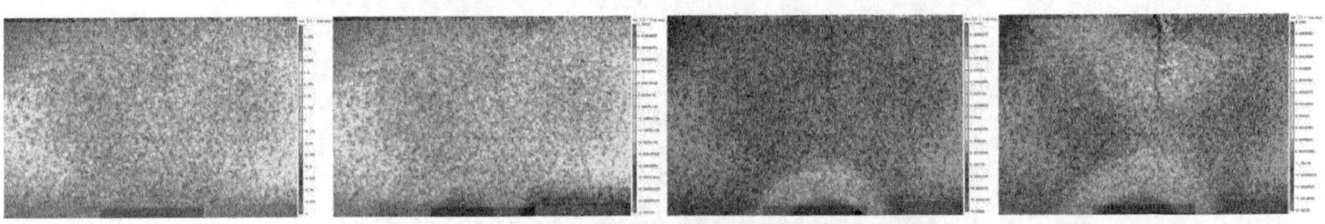

(c)沿着裂纹方向应变ε_{xx}

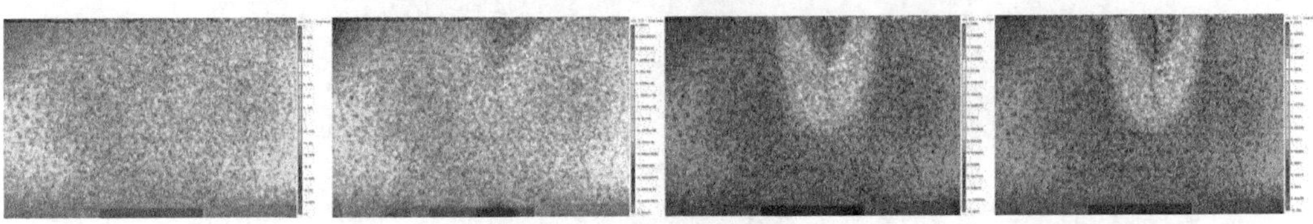

(d)垂直裂纹方向应变ε_{yy}

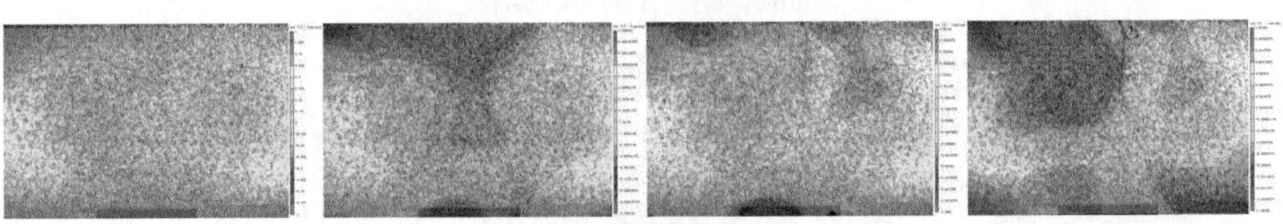

(e)剪应变ε_{xy}

图 7.44　不同加载时刻的位移、应变云图

②积分路径及区域的选择

对长方形缺口预制裂纹试样一的图像进行处理得到裂纹尖端附近区域位移、应变云图,并且通过应变可以计算得到应力云图。由数字图像相关法计算动态 J 积分的公式推导可知,计算材料动态断裂韧性的积分路径也应该选择在线弹性范围内。与准静态断裂韧性的计算过程不同,动态断裂韧性的计算需要同时考虑惯性项,即 J_{Ω}。选取长方形缺口预制裂纹试样一起裂时刻的散斑图像,选取积分路径,并且分别在不同的云图下画出的积分路径如图 7.45 所示。

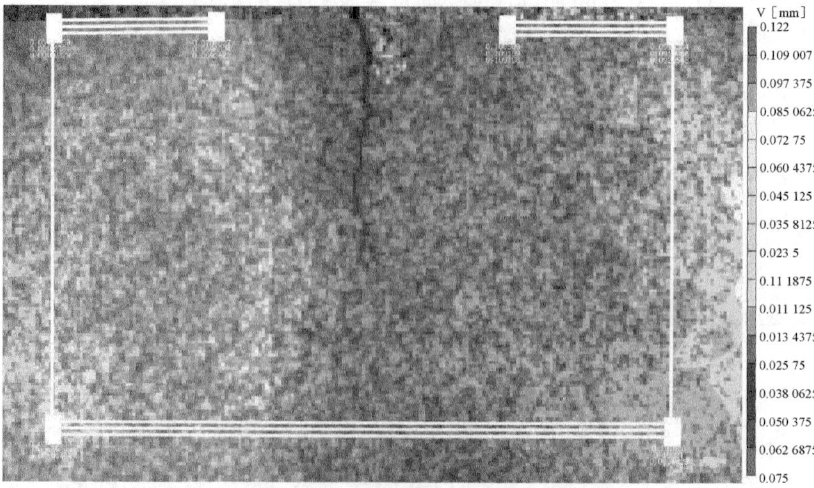

(a)以位移u为背景的积分路径

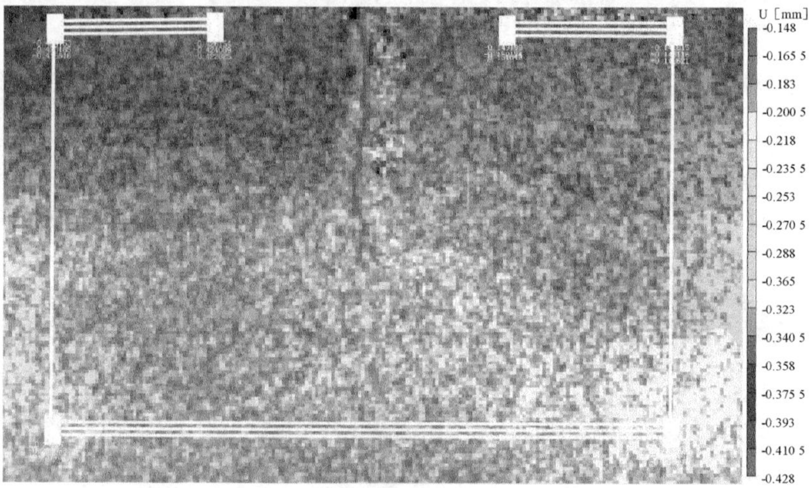

(b)以位移v为背景的积分路径

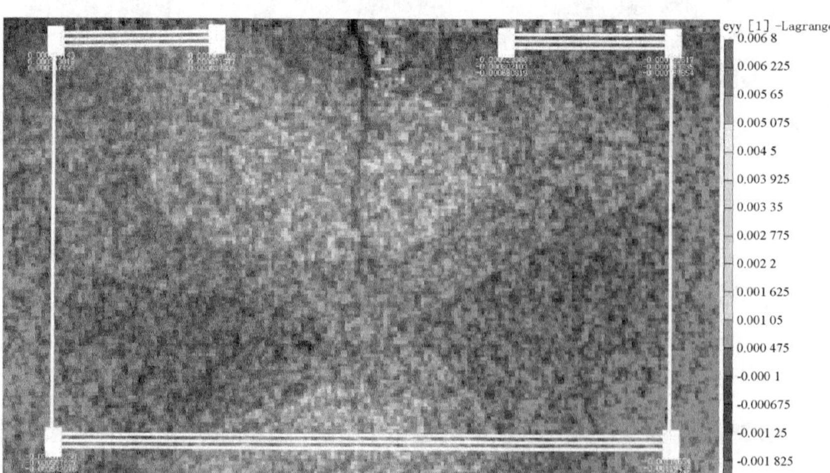

(c)以应变ε_{xx}为背景的积分路径

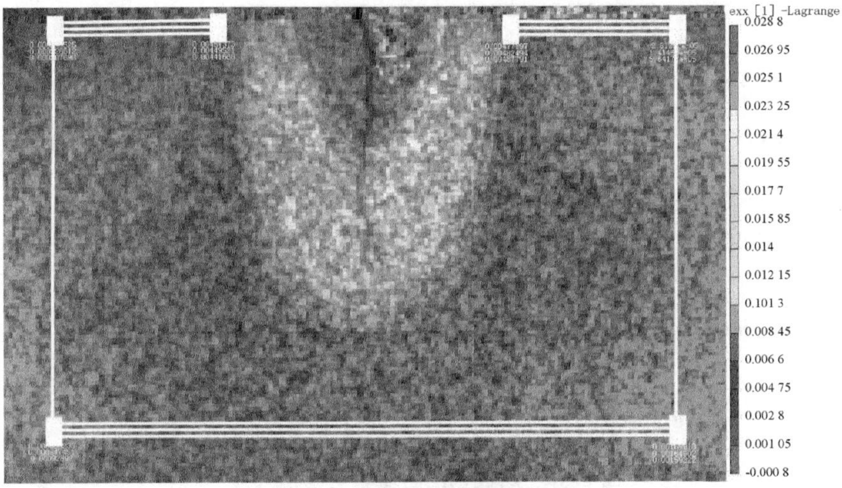

(d)以应变ε_{yy}为背景的积分路径

图 7.45　积分路径的选择

选择积分路径并且输出各个路径上所需的相应物理量，同时输出积分区域内用于计算 J_Ω 的相应物理量。各路径上输出的物理量如表 7.7 所示。

表 7.7　各路径上输出的物理量

路径	输出量
$\Gamma_1\Gamma_3\Gamma_5$	x^+,y^+,u^+,v^+ $x,y,u,v,\varepsilon_{11},\varepsilon_{12},\varepsilon_{22},\sigma_{11},\sigma_{12},\sigma_{22}$ x^-,y^-,u^-,v^-
$\Gamma_2\Gamma_4$	$y,u,v,\varepsilon_{11},\varepsilon_{12},\varepsilon_{22},\sigma_{11},\sigma_{12},\sigma_{22}$
J_Ω	$x,u,v,\sigma_{11},\sigma_{22}$

(3)动态断裂韧性值的计算

输出 $\Gamma_1 \sim \Gamma_5$ 五条积分路径上的物理量，并且应用 MATLAB 编写的动态断裂韧性数值计算程序即可计算出 $J_1 \sim J_5$ 的值。

相比于 $\Gamma_1 \sim \Gamma_5$ 五条路径上 J 积分各个分量的计算过程，J_Ω 的计算相对复杂。由于 Vic－2D 软件不能输出其计算范围内某个区域的各个物理量，而是将每个物理量在全部计算范围内的值都进行输出。前面已经指出 Ω 为积分路径所包围的面积，因此首先需要提取出积分局域 Ω 上的各个物理量。为了更加直观地进行说明，选择散斑图像角度及坐标系（如图 7.46 所示）进行说明。假设区域 $ABCD$ 为利用 Vic－2D 软件计算的散斑图像范围，$A'B'C'D'$为积分区域 Ω，由图 7.46 可以看出，$A'B'$边即路径 Γ_3，$D'A'$即路径 Γ_2，因此找出路径 Γ_3 对应的 y 的最大值和最小值及路径 Γ_2 对应的 x 的最大值和最小值，即可确定 Ω 的范围。

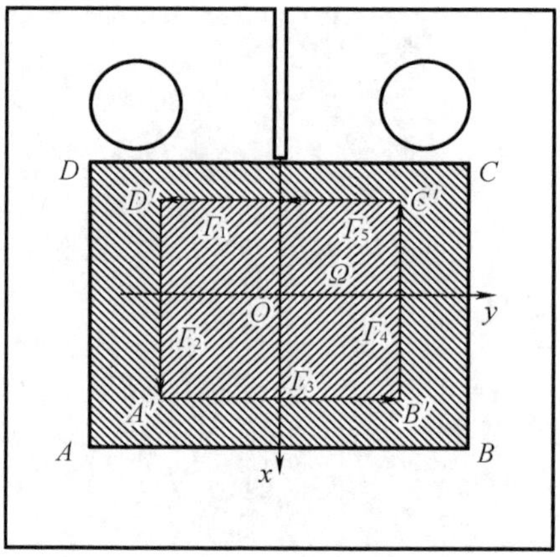

图 7.46 路径包围区域 Ω 示意图

J_Ω 的数值计算公式为

$$J_\Omega = \iint_\Omega \rho\, \ddot{u}_i u_{i,k} \mathrm{d}\Omega = \iint_\Omega \left(\sigma_x \frac{\partial u_x}{\partial x} + \sigma_y \frac{\partial u_y}{\partial x}\right)\mathrm{d}\Omega = \sum_{i=1}^{N_1}\left(\sigma_{xi}\frac{\partial u}{\partial x}\bigg|_i + \sigma_{yi}\frac{\partial v}{\partial x}\bigg|_i\right)|\Delta s_i| \quad (7.25)$$

利用 MATLAB 程序从区域 $ABCD$ 中的各个物理量的值中截取出所需的 Ω 区域内的值，并且分别求出各个点的位移 u、v 关于 x 的偏导数。Vic－2D 软件计算散斑图像的变形，是以图像的像素点为基本单位进行计算的，因此 Δs 是一个定值，其大小等于一个像素点的面积，在程序中可以利用两相邻点中心距离的平方进行计算。求出 Ω 区域内的各个物理量后，利用式(7.25)所对应的程序即可求出 J_Ω 的值。

利用数字图像相关法计算得到的长方形缺口预制裂纹试样一的 $J_1 \sim J_5$，J_Ω 及动态断裂韧性 J_{ID} 的值见表 7.8。

表 7.8 长方形缺口预制裂纹试样一的 $J_1 - J_5$ 及 J_Ω 的值 单位：$\mathrm{N \cdot m^{-1}}$

J_1	J_2	J_3	J_4	J_5	J_Ω	J_{ID}
-1 416	6 755	8 687	2 961	33	-57	16 963

由表 7.8 可知，长方形缺口预制裂纹试样一的动态断裂韧性 J_{ID} 的值为 16 963 $\mathrm{N \cdot m^{-1}}$。计算出长方形缺口预制裂纹试样二、三的动态断裂韧性 J_{ID} 的值，求平均值如表 7.9 所示。

表 7.9 长方形缺口预制裂纹试样动态断裂韧性 J_{ID} 的值 单位：$\mathrm{N \cdot m^{-1}}$

种类	编号	J_1	J_2	J_3	J_4	J_5	J_Ω	J_{ID}	J_{ID} 平均值
长方形缺口预制裂纹试样	试样一	-1 416	6 755	8 687	2 961	33	-57	16 963	19 703
	试样二	5 170	11 520	5 980	-1 655	-1 953	-65	18 997	
	试样三	4 505	755	12 615	281	-1 061	-39	20 056	

对比表 7.9 和表 7.6 可以得出，利用数字图像相关法和利用应变片法测得长方形缺口预制裂纹试样的动态断裂韧性值十分接近，数字图像相关法所得的结果与应变片法所得的结果相比相差 4.91%，说明了数字图像相关法计算动态断裂韧性的准确性。

(4)静动态断裂韧性值对比

准静态实验和动态断裂实验，都使用了应变片法和数字图像相关法对长方形缺口预制裂纹试样的断裂韧性进行了计算。将准静态和动态断裂韧性值进行对比见表 7.10。

表 7.10　长方形缺口预制裂纹试样准静态和动态断裂韧性值　　单位：$N \cdot m^{-1}$

准静态断裂韧性 J_{IC}		动态断裂韧性 J_{ID}	
国标方法	数字图像相关法	应变片法	数字图像相关法
20 301	20 605	18 781	19 703

将动态断裂韧性 J_{ID}的结果与准静态断裂韧性 J_{IC}相比，动态断裂韧性 J_{ID}的值略小于准静态断裂韧性 J_{ID}的值。同时由表 7.9 可以发现，J_{Ω} 的值都为负值，因此可知动态加载的惯性效应对断裂韧性值有一定影响，但是 J_{Ω} 的值相对于 J_{ID}都较小，用 $j = J_{\Omega}/J_{ID}$表示率相关系数，则长方形缺口预制裂纹试样 $j = -2.72\%$，说明了 2A12 - T4 是很典型的率无关材料。对表 7.10 的数值取整数值，测得的动态断裂韧性 $J_{ID} = 19\ 000$ N/m。

5. 不同裂纹形式动态断裂对比

线切割缺口代替预制裂纹试样积分路径选择采用相同的方法，对线切割缺口代替预制裂纹试样的散斑图像进行处理，并且选取合适的积分路径计算其动态断裂韧性 J_{ID}的值，分别以应变 ε_{xx}、应变 ε_{xy}，以及应变 ε_{xy}为背景绘制积分路径，如图 7.47 所示。由图 7.47 中的应变 ε_{xx}和应变 ε_{xy}可以发现在对线切割缺口代替预制裂纹试样进行动态加载的过程中，试样在裂纹开裂之前就已经处于应力平衡状态，并且是在应力平衡状态下发生开裂的。

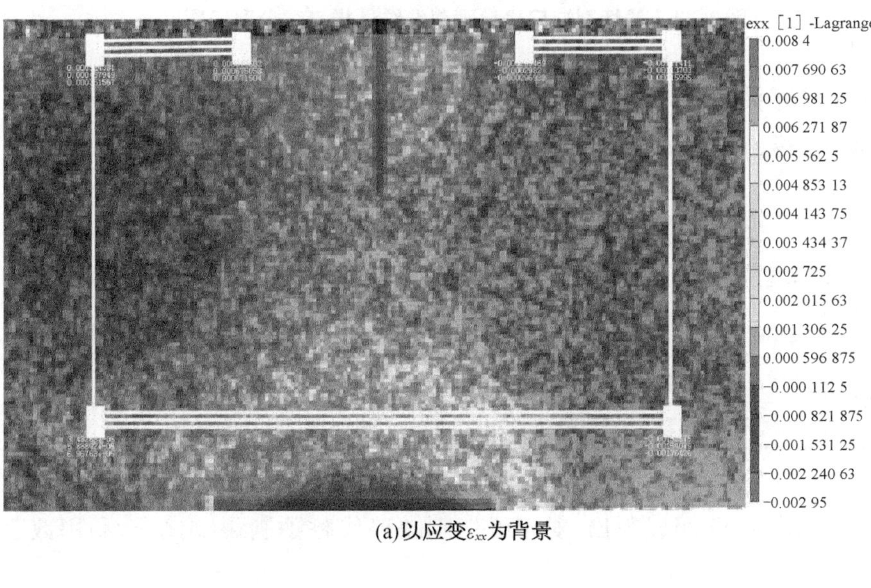

(a)以应变ε_{xx}为背景

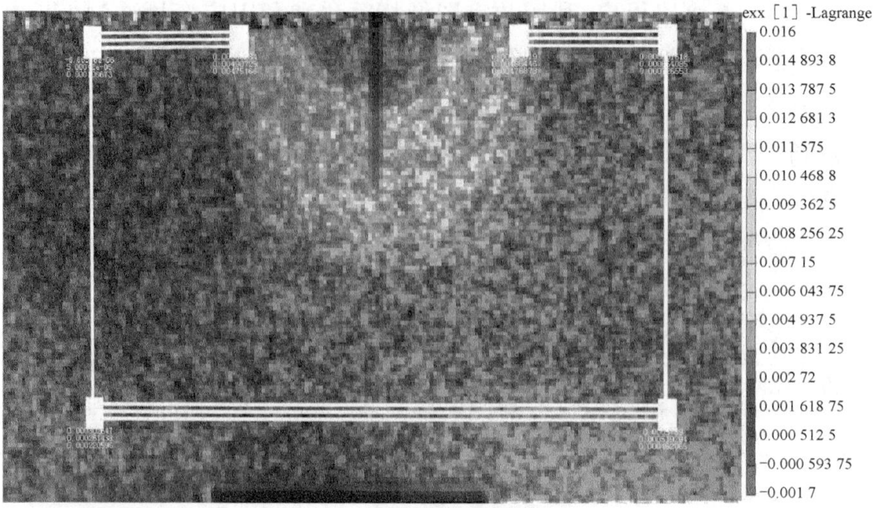

(b)以应变ε_{yy}为背景

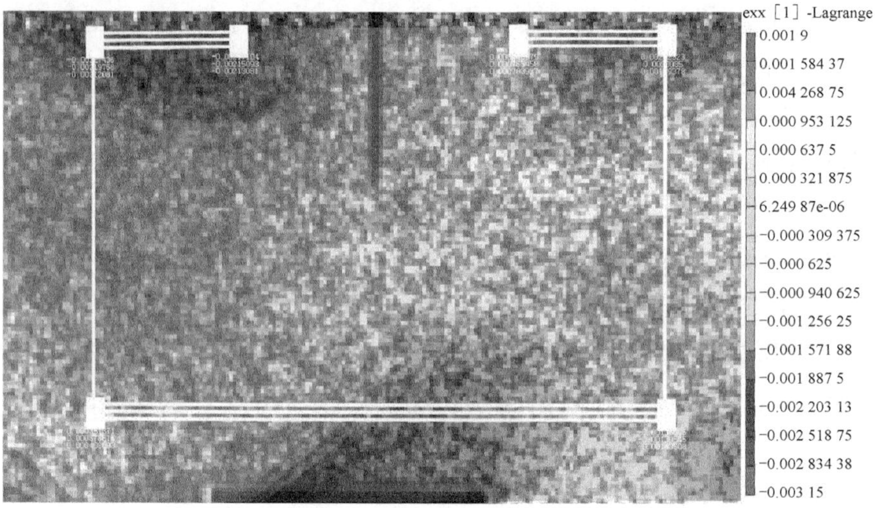

(c)以应变ε_{xy}为背景

图 7.47 线切割缺口代替预制裂纹试样二积分路径图

利用数字图像相关法计算各试样动态断裂韧性 J_{ID}的值,并且记录 J_1 ~ J_5、J_Ω 及动态断裂韧性 J_{ID}的值,所得的各个试样的计算结果及平均值见表 7.11。

表 7.11 线切割缺口代替预制裂纹试样动态断裂韧性值 单位:$\mathrm{N \cdot m^{-1}}$

种类	编号	J_1	J_2	J_3	J_4	J_5	J_Ω	J_{ID}	J_{ID}平均值
线切割缺口代替预制裂纹	试样一	10 316	17 460	19 026	3 627	2 764	−30	53 163	46 290
	试样二	8 297	6 566	28 670	−1 142	82	−104	42 369	
	试样三	7 823	5 850	29 967	−154	−99	−48	43 339	

对比表 7.6 和表 7.11 可以得出,对于线切割缺口代替预制裂纹试样,利用数字图像相

关法测得的动态断裂韧性值与应变片法相差 6.24%，因此计算结果是准确的。

对表 7.6、表 7.9 和表 7.11 中两种不同试样动态断裂韧性平均值的分析，可以发现线切割缺口代替预制裂纹的试样比长方形缺口预制裂纹试样的动态断裂韧性 J_{ID} 的值大。分析可知，由于长方形缺口预制裂纹试样的裂纹尖端十分尖锐，更容易发生脆断，因此在动态断裂韧性的测试实验中断裂韧性值较小。线切割缺口代替预制裂纹的试样在加载过程中由于在起裂前需要抵制试样的塑性变形，因此断裂形式为韧性断裂，所测得的断裂韧性值比较大。

本节应用 SHTB 实验系统对 2A12－T4 铝合金 CT 试样进行了动态断裂韧性实验。首先设计了实验方案，包括试样形式、杆系和夹具的设计及波形整形材料的选择。其次对实验步骤及注意事项进行了说明，包括试样的处理、装置的调试、试样的夹装及实验安全性等。最后对实验结果进行处理，对动态断裂韧性进行了研究，详述如下。

（1）应用应变片法对长方形缺口预制裂纹和线切割缺口代替预制裂纹两种试样的动态断裂韧性 J_{ID} 进行计算，计算结果分别为 18 781 $\mathrm{N \cdot m^{-1}}$ 和 49 369 $\mathrm{N \cdot m^{-1}}$，对比每组实验中各试样所得 J_{ID} 值证明了实验的稳定性。

（2）应用数字图像相关法对动态断裂实验结果进行处理，通过分析加载过程中试样表面的应变、位移变化可知试样在起裂前已经处于应力平衡状态。选择积分路径分别计算每个试样 $J_1 \sim J_5$ 及 J_Ω 的值，并且将其求和得到动态断裂韧性 J_{ID} 的值，所得到的长方形缺口预制裂纹试样动态断裂韧性 $J_{\mathrm{ID}} = 19\ 703\ \mathrm{N \cdot m^{-1}}$，与应变片法的计算结果对比相差 4.91%，证明了利用数字图像相关法计算动态断裂韧性具有较高的准确性。

（3）将三个长方形缺口预制裂纹试样的 J_Ω 与 $J_1 \sim J_5$ 进行对比，发现 J_Ω 的值很小甚至可以忽略，用 $j = J_\Omega / J_{\mathrm{ID}}$ 表示率相关系数，则对于长方形缺口预制裂纹试样 $j = -2.72\%$，说明了 2A12－T4 是很典型的率无关材料。同时说明使用数字图像相关法可以计算其他材料的率相关系数，研究其率相关性。

（4）线切割缺口代替预制裂纹试样动态断裂韧性 $J_{\mathrm{ID}} = 46\ 290\ \mathrm{N \cdot m^{-1}}$，比长方形缺口预制裂纹试样的动态断裂韧性值大，说明长方形缺口预制裂纹试样更容易发生脆性断裂。

第8章　波形整形技术

8.1　概　　述

在理想的SHPB实验中,试件应处于应力均匀状态,并在实验的大部分时间内以近似恒定的应变率变形。然而,在常规SHPB实验中,试件并不能自动达到这两项要求,因此必须合理地设计入射脉冲的加载速率以保证试件尽可能早地达到应力均匀状态。此外,还需要修正入射脉冲的形状以使试件能以近似恒定的应变率变形。这种目前已被用于修正常规SHPB以满足以上两点要求的技术,被称为脉冲整形技术。

传统的SHPB实验技术采用直接加载的方式,加载应力波波形近似为矩形,上升前沿约为10~20 μs,并且波头上叠加了由于直接碰撞而引起的高频分量。对于金属这类高阻抗材料,弹性波波速一般在5 000 $\mathrm{m\cdot s^{-1}}$左右,即使试样厚度超过10 mm,也能在加载波上升时间内达到应力平衡。而对于低阻抗材料,其波速可能低至1 000 $\mathrm{m\cdot s^{-1}}$,甚至更低,即使很薄的试样,达到应力平衡所需的时间也远大于20 μs。Ravichandran和Subbash的研究表明,加载波在试样中来回反射3~5次以上可以达到试样中应力平衡的要求。所以对于软材料,在加载开始的相当长时间内,试样仍可能处于应力不均匀状态,不满足SHPB实验技术试样受力变形均匀的基本假定。因此,对于低阻抗材料,完全采用传统的SHPB实验技术不能获得准确可信的实验数据。

为了解决试样难以达到应力平衡状态和变形均匀的问题,需要对入射波进行整形处理。入射波整形最初是用来过滤加载波中由于直接碰撞引起的高频分量,从而减小波传播过程中的弥散效应。在软材料的SHPB实验中,入射波整形技术还可以用来保证实验时试样中的应力平衡和变形均匀,以及实现常应变率加载。

8.1.1　波形整形器整形技术

波形整形器整形技术是在入射杆撞击端的中心位置处粘贴一个整形器,使撞机杆在碰撞加载过程中先撞击整形器,在整形器变形的同时,将加载应力波传入入射杆中。整形器的材料一般选取已知塑性较好的材料,通过其塑性变形来改变入射波形,有效地平缓加载波的上升前沿,从而实现试样在加载过程中的变形均匀和应力平衡。同时,合理的整形器材料和形状设计还便于获得常应变率加载。

应变率是考察材料动态性能的一个关键参量。Samanta的研究表明,常应变率状态是减小弥散效应的一个重要条件。关于实现常应变率加载,较早的方法是Ellwood等在1982年提出的三段压杆方法。他们在通常意义的 SHPB 装置的入射杆前放置一个预加载杆，预加载杆与入射杆之间放置一与待测试样相同的预加载试样，利用预加载试样的透射信号作为真正待测试样的入射加载波。通过简单分析可知，由于预加载试样与待测试样性质相同，采用这样的处理方式可有效实现对待测试样的常应变率加载。但这种方式也存在明显缺点：对于同一尺寸试样实现某一常应变率加载比较容易，而要实现其他应变率加载，则要变化预加载试样的尺寸；若需要测试的材料应变率效应明显，则需要不断地调整预加载试样的尺寸，才有可能得到对待测试样的一系列常应变率加载，这增加了实验难度和实验成本。但这种通过预加载试样改变入射波形，从而实现常应变率加载的方法是值得借鉴的。如 Parry 等将预加载杆换成低强度材料，得到了光滑的入射波形；Frew 等将预加载的试样换成了特定材料，如黄铜，最终形成了整形器技术。

8.1.2　异形子弹整形技术

关于入射波整形的思想，也可以通过异形子弹整形技术来实现。该技术是通过改善冲头形状对加载波形进行调整的，早在 1948 年，Davies 就比较了圆头子弹和锥形子弹撞击产生的杆中不同的应力波形。1972 年，Christensen 等在进行岩石材料围压试验时，采用了圆锥形子弹进行加载。1982 年，寇少全等利用阶梯圆柱形子弹进行了冲击试验；李夕兵等对异型冲头进行了大量系统深入的研究，利用多种子弹冲头对红砂岩、大理石和花岗岩等岩石类材料进行了不同入射加载波形下的冲击加载实验。

岩石类材料通常需要较大尺寸的试样，相应地需要增大实验杆的半径，而随着杆半径的增加，波形弥散问题逐渐凸显。周子龙对三种典型的应力波形（矩形波、三角波和半正弦波）在直径 50 mm 弹性长杆中传播的弥散情况进行了比较分析，结果如图 8.1 所示。从图中可以看出，对于频率成分丰富的矩形脉冲波，其波形弥散十分严重，并且随着传播距离的增加，弥散程度越大；而频率成分单一的半正弦波，且在传播过程中基本无弥散。另外不同频率成分还会引起弹性杆轴截面上应力分布不均匀，而频率成分单一的半正弦波在弹性杆轴截面上应力分布比较均匀。

图 8.2 是李夕兵等用于撞击入射杆的不同结构形式的子弹冲头及各子弹冲头相对应的入射波形。从实验结果看，等径冲头和单阶梯形冲头产生的入射应力波存在明显的振荡，而锥形冲头及多阶梯形冲头所对应的应力波加载段振荡明显减少。在此基础上，他们进一步提出了半正弦波是 SHPB 装置合理加载波形这一概念。

Lok T S 等在研究脆性材料的大尺寸 SHPB 实验时，尝试通过改变子弹的几何形状，得到一个半正弦波以减少波沿杆传播时的弥散和振荡，并保持试件中的应力均匀，通过数值模拟，得到能产生半正弦加载波形的子弹的形状如图 8.3 所示。但由于这种形状的子弹会带来加工和装配上的困难，最终他们还是将子弹的形状简化为线性形式，如图 8.4 所示。它是由一根与入射杆、透射杆相同材料的实心杆加工而成的，其所产生的应力脉冲除了在波形的尾部出现轻微振荡以外，与预期的应力脉冲基本一致。所测波形基本上消除了由弥散而带来的波形振荡，其上升时间大约在 100 μs 左右，值得注意的是，这个最大上升时间与子弹的撞击速度和波形的最大幅值无关。

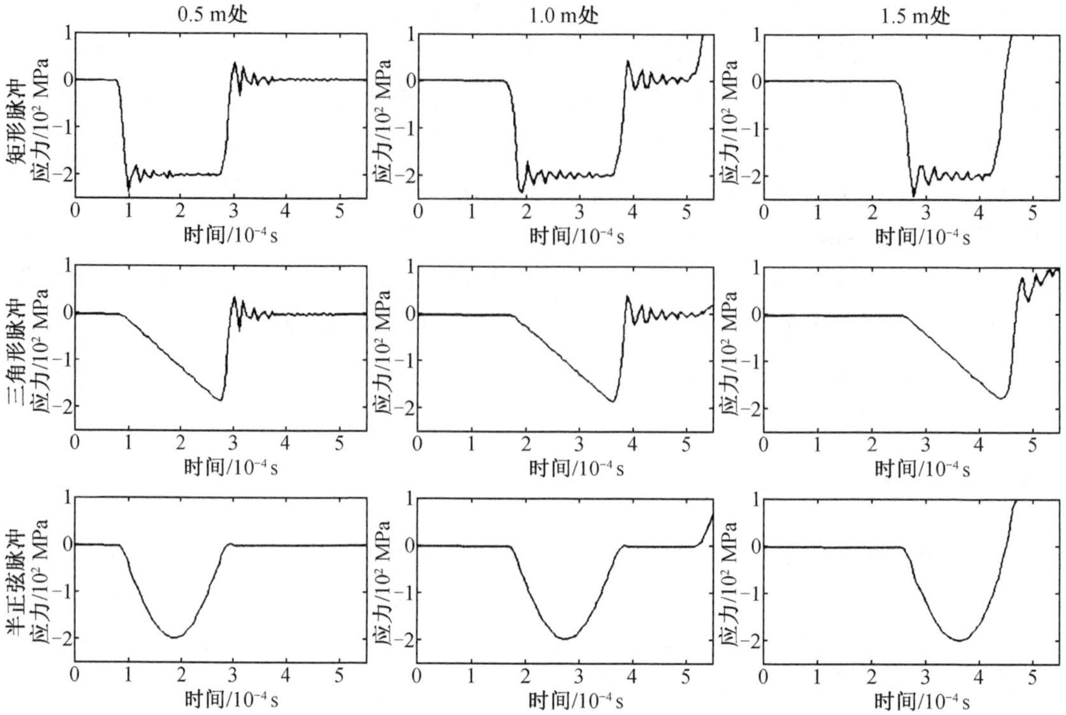

图 8.1　三种波形应力波在弹性长杆中传播时的弥散效应对比图

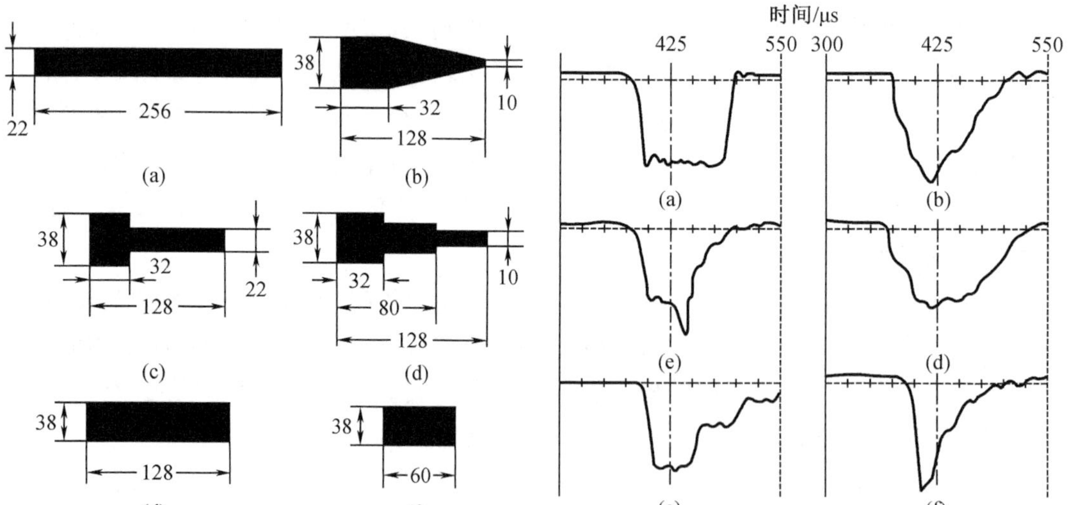

图 8.2　不同形式的子弹对脉冲形状的影响图

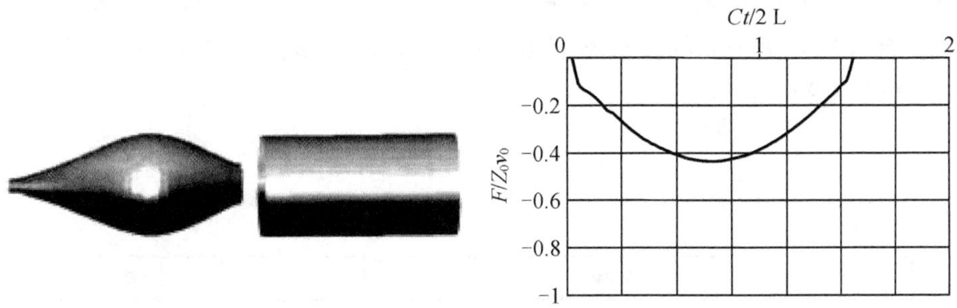

图 8.3　理想子弹所产生的应力脉冲的数值模拟结果图

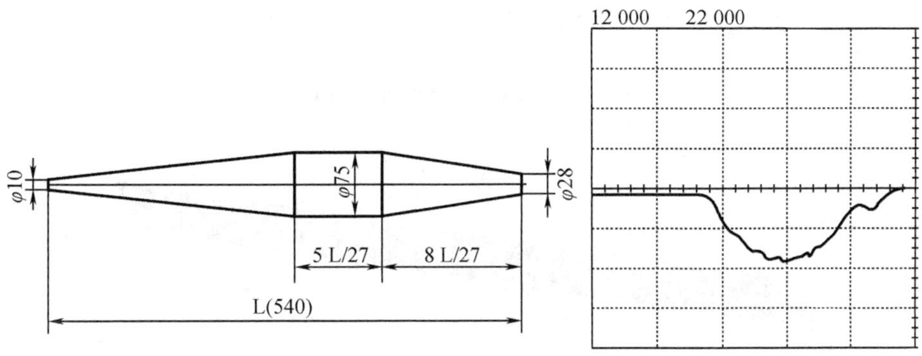

图 8.4　变截面子弹撞击所产生的应力脉冲实验结果图

8.2　SHPB 波形整形技术

本节针对 SHPB 实验技术，介绍两种常用的波形整形方法，一是在子弹和入射杆之间附加整形器，二是使用异形子弹。

8.2.1　几何弥散分析

1. 有限元模型参数

有限元模型包含子弹和入射杆。实验装置的尺寸如图 8.5 所示。模型采用 solid 164 六面体单元，使用扫掠方式对每一部分划分网格，如图 8.6 所示。材料模型选择线弹性模型，两杆材料参数分别为弹性模量 210 GPa，密度7 800 $kg \cdot m^{-3}$，泊松比 0.27，撞击速度 9.011 $m \cdot s^{-1}$，接触方式为自动。

2. 有限元分析结果与实验对比

为了衡量有限元分析结果的有效性，需要与实验结果进行对比。有限元分析得到的波形和实际测得入射波的波形如图 8.7 所示。由图可以看出，实测波形的上升时间(波形第一次达到最大值的时间)为 24.8 μs，相应地有限元分析的结果为 25 μs。入射波的持续时间均约为 140 μs。由此可见,有限元分析结果与实验结果十分吻合,证明了有限元方法的有效性。事实上,有限元方法得到的波形不仅幅值与实测十分接近,同时也很好地模拟出实测波形所具有的高频振荡的特性。

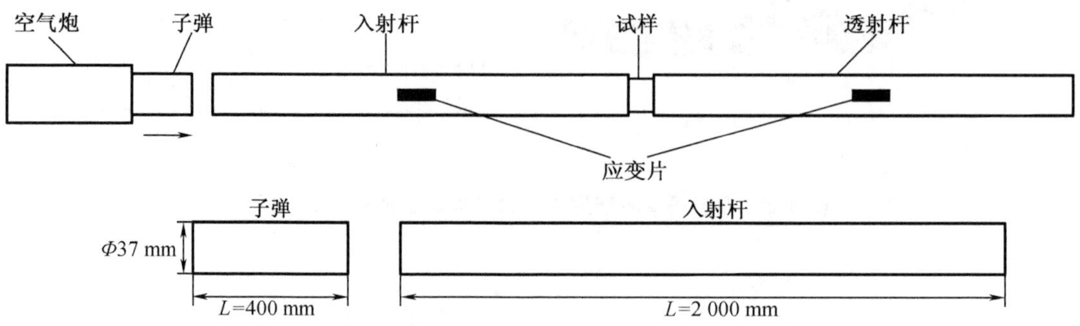

图 8.5 SHPB 实验装置示意图

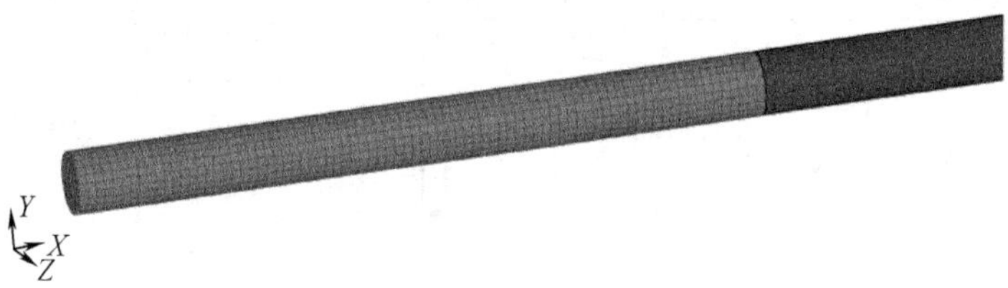

图 8.6 子弹与入射杆的网格划分模拟图

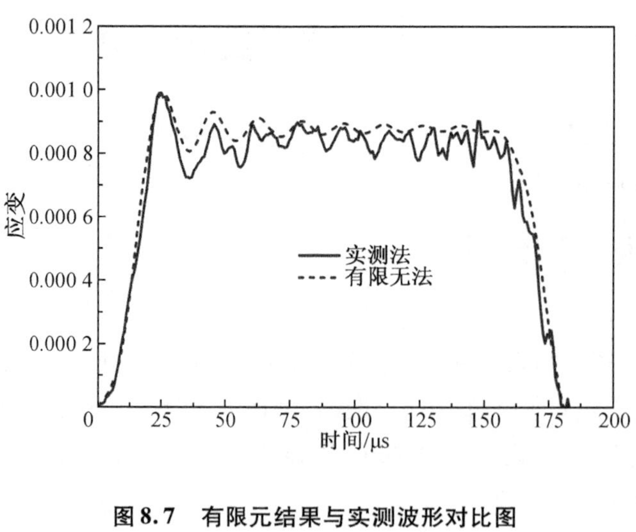

图 8.7 有限元结果与实测波形对比图

图 8.8 显示了沿着波传播方向单元应变的变化。这里的 Δx 是被测单元到入射杆端面的距离。初始高频振荡幅值的大小可以表征几何弥散的强弱,明显可以看出,沿着波传播的方向,几何弥散不断增强。入射波沿着入射杆的轴线方向的变化如图 8.9 所示,很显然,初

始振幅沿着入射杆的半径方向减小。在入射杆端面上,中心单元和边界单元的应变曲线如图 8.10 所示,并且中心单元的初始振幅较边界单元更大。可以看出,几何弥散最强的单元位于入射杆与子弹碰撞的断面中心。如果入射杆端面横向位移能够得到控制,那么就可以有效地抑制波形的几何弥散效应。

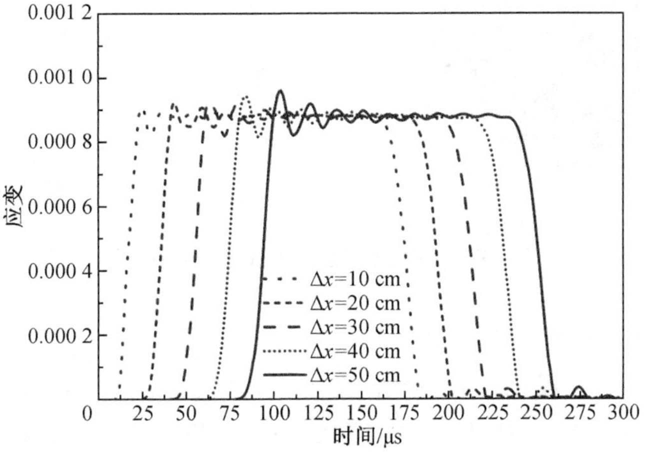

图 8.8　沿波传播方向的单元应变图

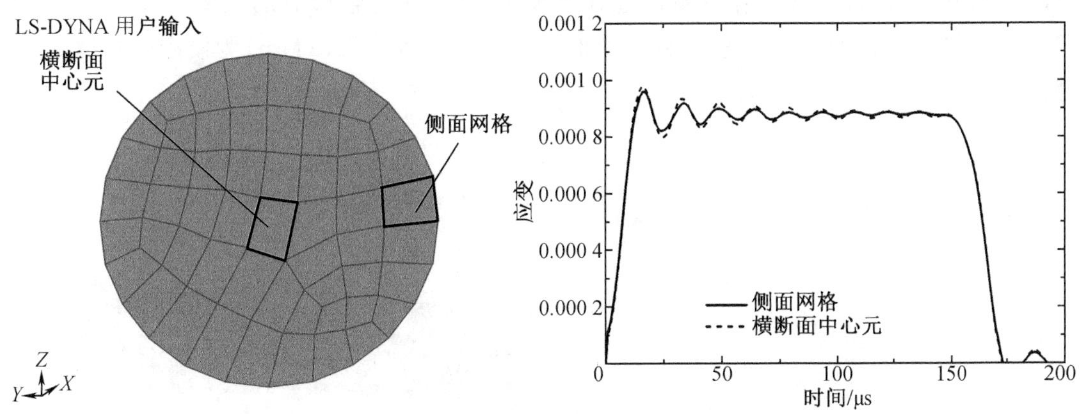

图 8.9　Δx = 100 cm 处截面上径向单元应变图

8.2.2　整形器整形方法

1. 三段压杆整形器

1982 年 Ellwood 等提出了使用三段压杆的方法来实现常应变率加载,这种方法是在入射杆前增加一根预加载杆,并在两杆之间增加一个预加载试件,预加载试件与待测试样的材料相同,利用预加载试样的透射波作为待测试样的入射波。由于待测试样与预加载试样材料相同,采用这种方法能够实现对试件进行恒应变率加载。

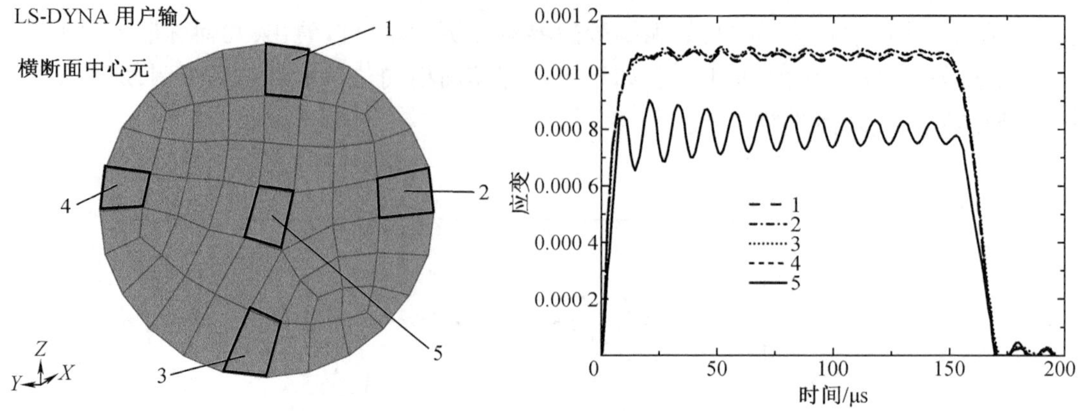

图 8.10 端面处径向单元应变图

(1)参数及有限元模型

利用 LS－DYNA 对三段压杆法整形技术进行数值模拟,几何模型如图 8.11 所示。子弹、预加载杆和入射杆材料为钢制,模拟试件的材料为铝制。子弹、预加载杆、入射杆直径均为 17.5 mm,长度分别为 300 mm,1 000 mm,2 000 mm;模拟试件直径为 10 mm,长度为 16 mm。子弹以 14.9 $m \cdot s^{-1}$的速度撞击预加载杆,产生压缩脉冲波形。该脉冲作用于模拟试件,一部分反射回预压杆,另一部分透射到入射杆中,成为整形后的入射脉冲并作用于待测试样。图 8.11(a)所示为三段压杆法整形装置几何模型,图 8.11(b)为模型中模拟试件局部放大图。

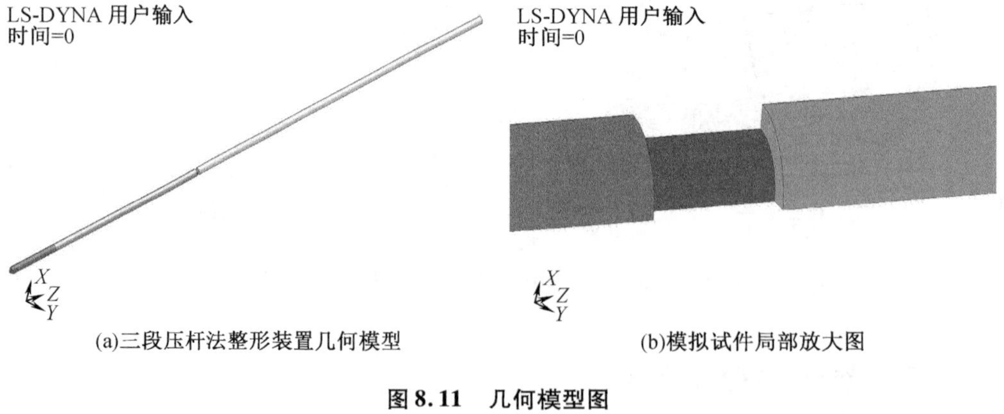

(a)三段压杆法整形装置几何模型　　(b)模拟试件局部放大图

图 8.11 几何模型图

(2)预加载波形整形效果分析

图 8.12 为实验过程应力波传播的应力云图。图 8.12(a)和图 8.12(b)中,子弹撞击预压杆产生的应力波在预加载杆中传播的弥散效应较为明显。产生这种现象的原因是由于子弹撞击预加载杆产生了应力脉冲高频振荡。图 8.12(c)所示为应力脉冲经过模拟试件,加载后的应力脉冲传播到入射杆中作为入射波对待测试样进行加载。图 8.12(d)所示为整形

后的入射脉冲应力云图。从图中可以看出，预加载杆中由于撞击产生的应力脉冲高频部分被过滤掉，应力云图显示应力连续变化，说明经过模拟试件的作用，入射波波形的弥散效应得到了有效抑制。

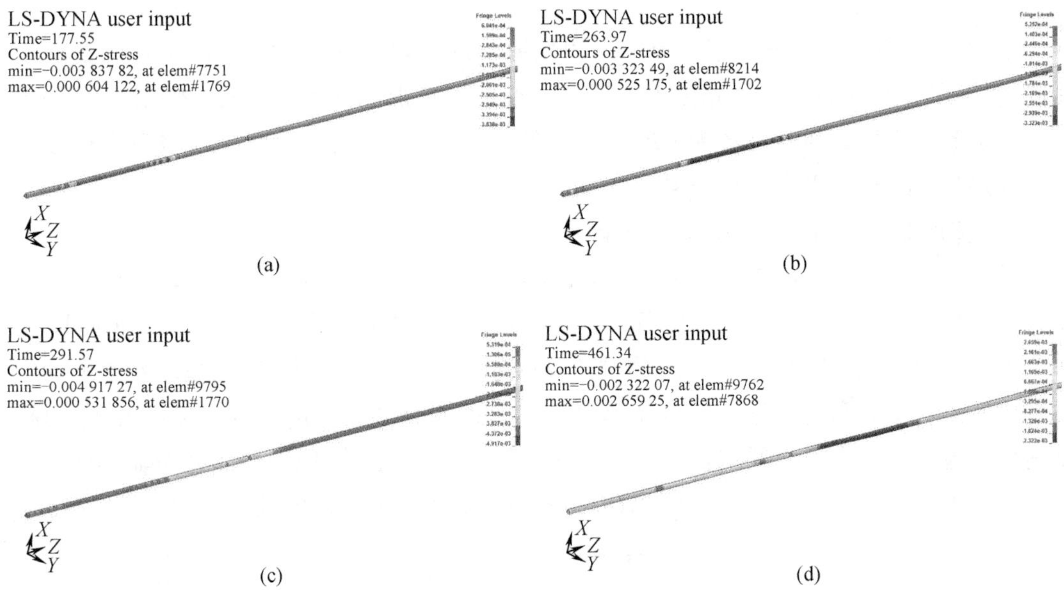

图 8.12　应力波传播的应力云图

选取入射杆中部的一个单元，对该单元应力进行数据处理，可得到应力随时间变化的曲线，将直接撞击产生的入射脉冲与之进行对比，如图 8.13 所示，整形后的入射波的前沿和波长均有所增加，而应力波的幅值减小。

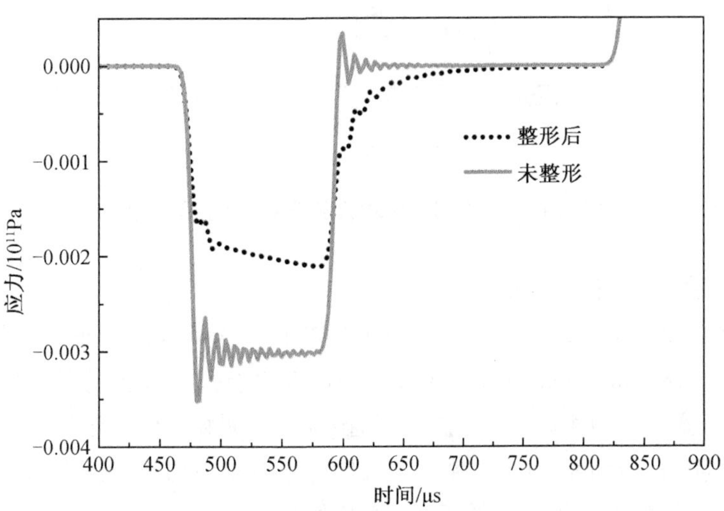

图 8.13　整形前后入射波对比图

虽然通过数值模拟验证了三段压杆实验技术对于延长入射波前沿及减少弥散效应的有效性，但是这种方法也存在着明显缺点：对于不同应变率加载，需要改变预加载试样的尺寸，如果待测试样的应变率效应较为明显，则需要不断调整预加载试样的尺寸，这将会增加实验难度和实验成本。

2. 圆柱形整形器

在 SHPB 实验中，目前应用最为广泛的波形整形技术是在入射杆的撞击端位置粘贴整形器，使得子弹在加载过程中先撞击整形器。整形器变形的同时，应力波传入到入射杆中。常用的波形整形器的材料有黄铜、紫铜、橡胶等，这里选取紫铜作为整形器材料进行数值模拟来研究紫铜波形整形器整形效果。

(1)整形器高度对波形整形效果的影响

子弹长度为 300 mm，直径为 14.5 mm；入射杆直径为 14.5 mm，长度为 2 000 mm。整形器的直径为 12 mm，改变整形器高度进行三组模拟实验，整形器厚度分别为 0.6 mm，1.2 mm 和 2.4 mm。经整形器整形后的波形如图 8.14 所示，从图中可以看到，经整形器整形的应力波平均最大峰值应力为未整形应力波的 91.89%，说明整形器对应力波强度削弱不明显，可以满足实验对峰值应力的要求。经过波形整形后，应力波上升沿延长，能够保证试件在加载过程中处于应力均匀状态，并且改变整形器的高度对于波形整形的效果影响不大。

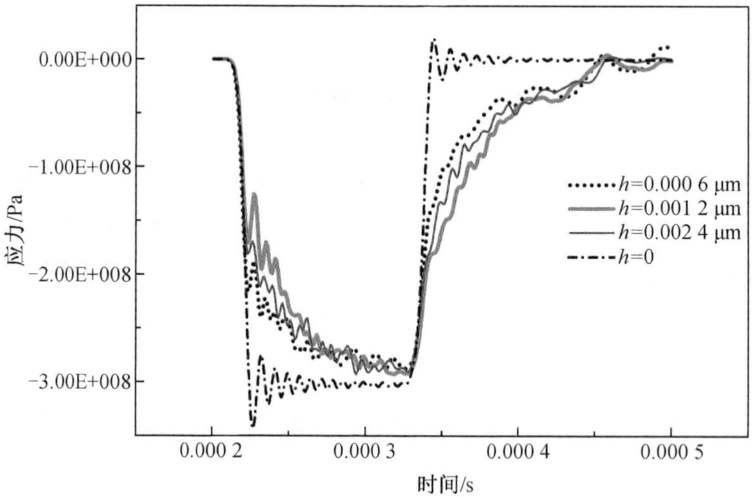

图 8.14　整形器高度对波形整形效果的影响图

(2)整形器直径对波形整形效果的影响

固定整形器高度为 1.2 mm，通过改变整形器的直径来研究波形整形效果。整形器直径取值分别为 12 mm，8 mm，6 mm，5 mm，4 mm，进行五组模拟实验，计算结果如图 8.15 所示，可以观察到，整形器直径为 4 mm 时，应力波的振荡较为明显，而直径为 12 mm 时，整形器的整形效果并不明显，直径为 8 mm 时，整形器虽然对于减小应力波的振荡起到了一定作用，但对于应力波上升沿的延长效果还不够理想，所以在这五组实验中，直径为 5 mm 和6 mm 的整形器的整形效果较好。

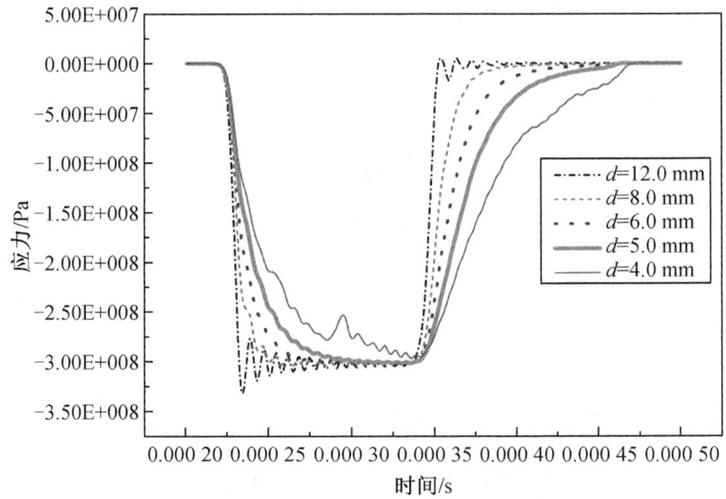

图 8.15　整形器直径对波形整形效果的影响

3. 球形整形器

在三段压杆技术中，每次实验都需要更换模拟试样，实验成本提高了，这是三段压杆技术的一个明显缺点。通过改进三段压杆技术，采用在预加载杆和入射杆中间加入一个直径大于杆直径的球形整形器来代替模拟试样，利用球形整形器实现弹性阶段的波形整形，球形整形器可以重复使用，从而克服了三段压杆技术的缺点，实验装置示意图如图 8.16 所示。

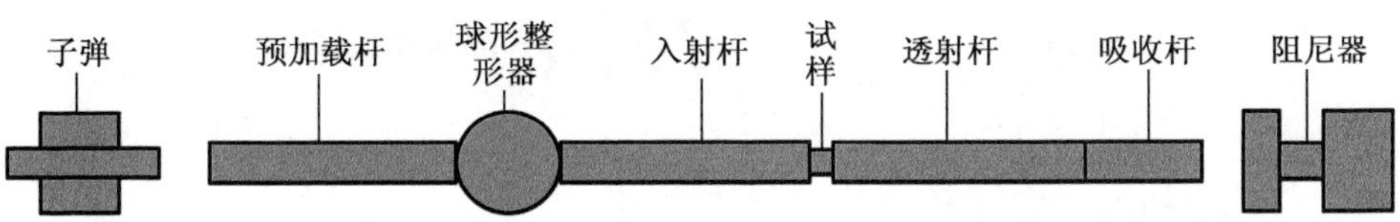

图 8.16　球形整形器 SHPB 实验装置示意图

(1)参数和有限元模型

利用 ANSYS/LS－DYNA 模拟入射杆与透射杆中间加入球形整形器对波形的整形效果，子弹、入射杆、透射杆都为圆柱形，直径为 14.4 mm，入射杆和透射杆长度均为 2 m，脉冲整形器为球形，实验模拟了长度分别为 150 mm，200 mm，250 mm，300 mm 的子弹，以 10 $m \cdot s^{-1}$ 的速度冲击入射杆，还模拟了直径为 15 mm，30 mm，40 mm，50 mm 的球形脉冲整形器对波形的影响。

子弹、入射杆、透射杆、球形脉冲整形器的材料均为钢，密度为 7 850 $kg \cdot m^{-3}$，弹性模量为210 GPa，泊松比为 0.3。由于有限元模型具有对称性，因此选择单元类型为 solid162 的轴对称单元，在轴线处设置对称约束，网格划分采取映射划分的方法，采用 Lagrange 算法，求解时间为 0.000 1 s，求解步长为 500 步，局部的单元网格划分如图 8.17 所示。

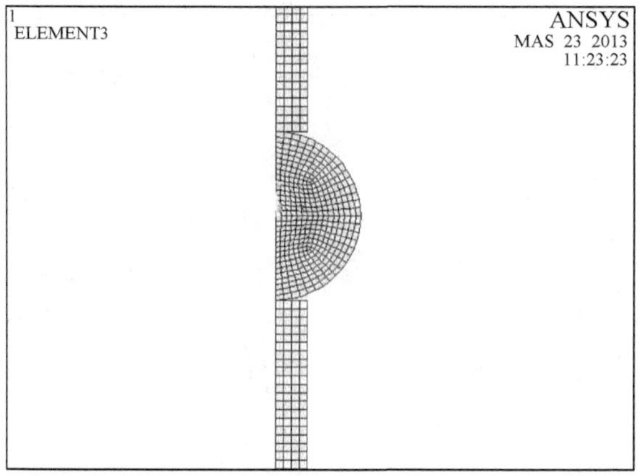

图 8.17　有限元网格划分图

(2)球形整形器对不同波长入射波的整形效果

子弹撞击入射杆产生的入射波形与子弹的长度和速度有关,实验模拟了长度为 150 mm,200 mm,250 mm,300 mm 的子弹以 10 m · s^{-1}的速度撞击入射杆,产生的入射波形如图 8.18 所示。研究表明,入射波的波长与子弹的长度有关,随着子弹长度的增长,入射波的波长也随之变大。

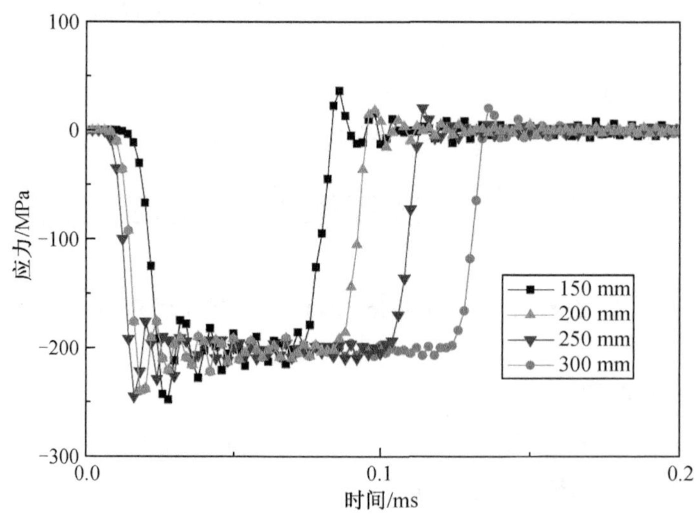

图 8.18　不同长度子弹撞击产生的入射波形图

入射波经球形整形器后,不同波长的入射波受到球形脉冲整形器的拉伸或汇聚作用,将产生波长相同的透射波,图 8.19 是直径为 50 mm 的球形整形器整形后的波形。

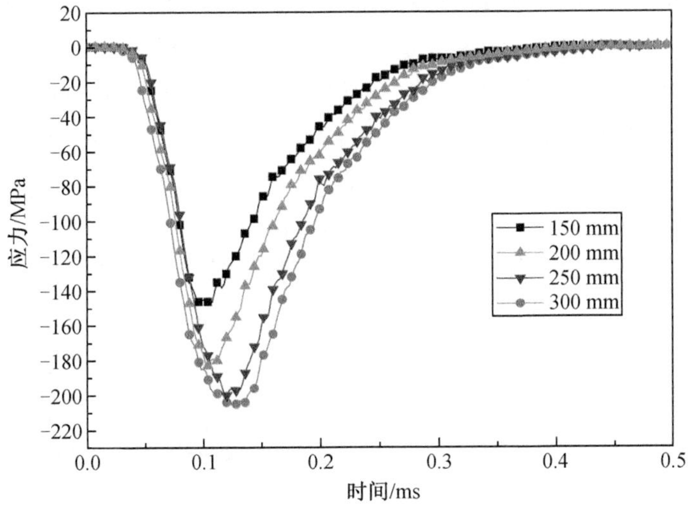

图 8.19　球形整形器整形后的波形图

(3)不同球形整形器直径对入射波的整形效果

长度为 200 mm 的子弹以 10 m · s^{-1}的速度入射,产生的入射波通过直径为 30 mm,40 mm,50 mm 等不同直径的球形脉冲整形器时,产生的透射波如图 8.20 所示。随着球直径的增大,整形器对入射波的拉长作用越明显,透射波的峰值应力也随之降低。

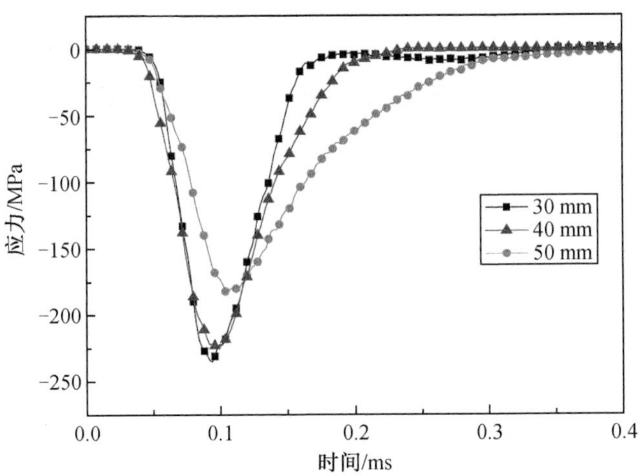

图 8.20　不同直径整形器产生的透射波图

研究发现,球形整形器的直径固定,对于不同波长的入射波,整形后的应力波波长为定值,而对于同一入射波,改变球形整形器的直径,整形后的波长会随着球直径的增加而变长。但以上的研究是以球形整形器直径及入射波波长被限定在特定范围内为前提,并不具备普适性,应继续改变球形整形器与入射子弹的尺寸,选取几种特殊情况继续进行研究。

长度分别为 150 mm,200 mm,250 mm,300 mm 的子弹以 10 m · s^{-1}的速度撞击入射杆,

经直径为 30 mm 的整形器整形后透射波波形如图 8.21 所示。可以观察到,长度为 250 mm 的子弹经直径为 30 mm 的整形器整形后应力波下降沿出现了一个应力平台。增加子弹长度,选取长度为 500 mm 的子弹进行模拟,子弹经直径为 30 mm,40 mm,50 mm,60 mm 的球形整形器整形,透射波形如图 8.22 所示。可以看出,经直径为 30 mm 和 40 mm 的整形器整形后的透射波在下降沿出现应力平台,而入射波通过直径为 50 mm 的整形器时波峰处出现一段应力平台。所以在选取球形整形器时应注意球径应在一定范围内选取,直径过小,会导致整形波的下降沿出现平台,球径过大,会致使透射波波长被拉伸过度。

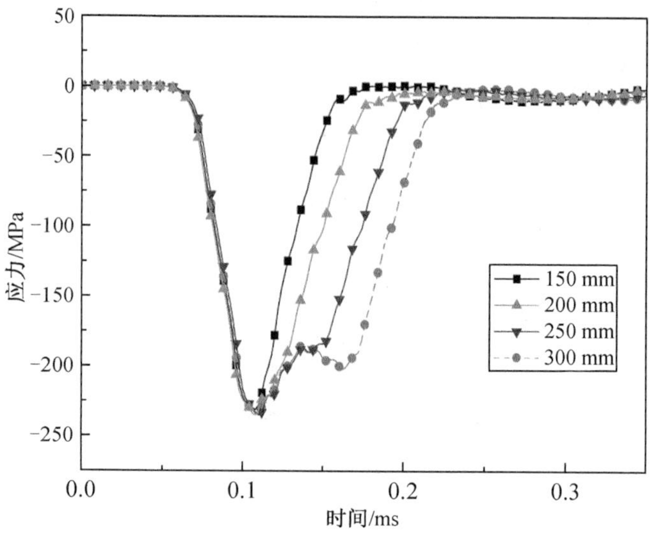

图 8.21 不同长度子弹入射引起的整形波图

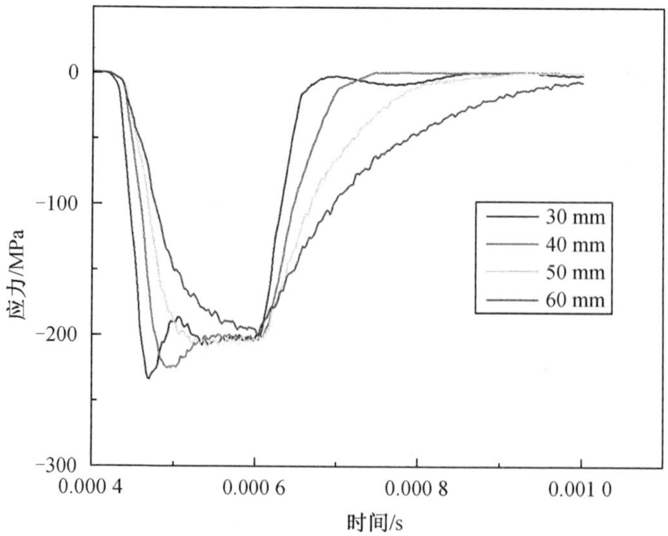

图 8.22 不同长度子弹入射引起的整形波图

4. 异形子弹整形方法

关于入射波整形的思想，也可以通过异形子弹整形技术来实现。该技术通过改善子弹形状对加载波形进行调整，Christensen 等人使用锥形子弹撞击入射杆，通过改变圆柱体和锥体的面积比来调整输入应力波的波形。李夕兵等采用不同形式的子弹得到不同形状的应力脉冲波形来研究岩石的动态力学响应，从实验结果看，等径冲头和单阶梯形冲头产生的入射应力波存在明显的振荡，而锥形冲头及多阶梯形冲头所对应的应力波加载段振荡明显减少。在此基础上，他们进一步提出了半正弦波是 SHPB 装置合理加载波形这一概念。

(1)圆头子弹

前一节研究的球形波形整形器整形技术虽然改进了三杆实验技术和紫铜整形器整形技术中模拟试样和紫铜整形器不可重复利用的缺点，但整个实验设备相较于普通的 SHPB 试验设备增加了预加载杆和球形整形器，这使得实验设备更加复杂，所以本节将研究圆头子弹对于波形整形的效果，从而达到简化实验装置的目的。

①参数和有限元模型

利用 ANSYS/LS－DYNA 计算圆头子弹入射后产生的入射波形，入射杆为圆柱形，直径为 37 mm，长度为 2 m，图 8.23 为圆头子弹的坐标示意图，实验模拟了长度分别为 100 mm，200 mm，300 mm，400 mm 的子弹以 10 $m \cdot s^{-1}$ 的速度冲击入射杆，还模拟了半径分别为 200 mm，150 mm，100 mm，50 mm，18.5 mm 的子弹圆头曲率对波形的影响。子弹、入射杆材料均为钢，密度为 7 850 $kg \cdot m^{-3}$，弹性模量为 210 GPa，泊松比为 0.3。由于有限元模型具有对称性，因此选择单元类型为 solid162 轴对称单元，在轴线处设置对称约束，网格划分采取映射划分的方法，采用 Lagrange 算法，求解时间为 0.001 s，求解步长为 1 000 步，局部的单元网格划分如图 8.24 所示。

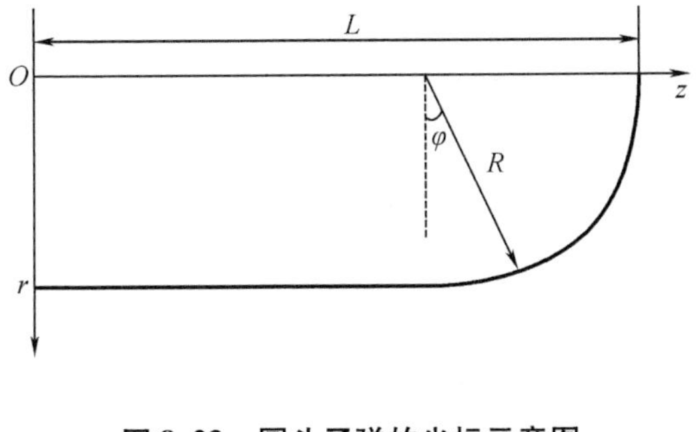

图 8.23　圆头子弹的坐标示意图

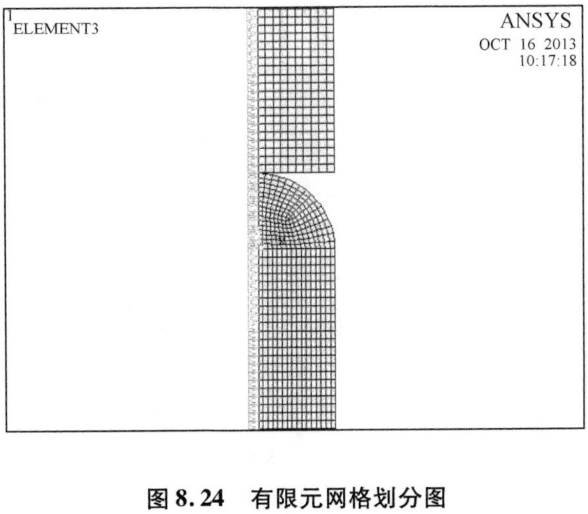

图 8.24　有限元网格划分图

②不同长度子弹对入射波的整形效果

在常规的 SHPB 实验中，子弹撞击入射杆产生的入射波形与子弹的长度和撞击速度有关，子弹长度影响入射波的波长，子弹速度影响入射波的峰值。利用 LS－DYNA 进行了四组数值模拟实验,实验模拟了长度为 100 mm,200 mm,300 mm,400 mm 的子弹均以 10 m · s^{-1}的速度撞击入射杆,产生的入射波形如图 8.25 所示。随着子弹长度的增加,入射波的波长也随之变长,入射波形近似为半正弦波,子弹长度小于 300 mm 的情况下,波的强度随子弹长度的增加而增大,子弹长度大于 300 mm 时,入射波的强度变化不大,但随着子弹长度增大应力波脉宽增加。

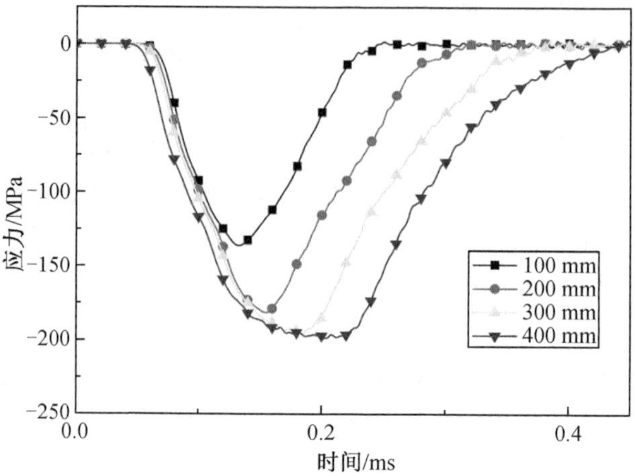

图 8.25 不同长度圆头子弹产生的入射波波形图

③圆头子弹撞击速度对入射波的影响

为研究圆头子弹撞击速度对入射波的影响,通过改变圆头子弹的入射速度进行了三组模拟实验,圆头子弹的入射速度分别为 5 m · s^{-1},10 m · s^{-1},15 m · s^{-1}。产生的入射波形如图 8.26 所示。随着子弹撞击速度的增加,子弹入射的能量增加。由于子弹长度相同,入射波的波长保持不变,因此入射波的应力峰值增大,入射波形仍近似为半正弦形。

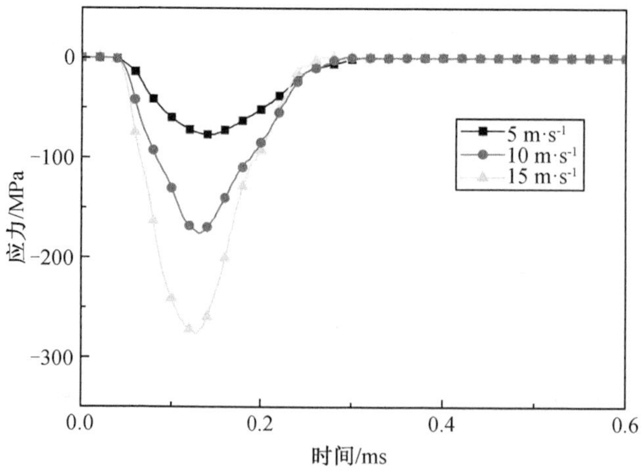

图 8.26 不同速度撞击产生的入射波形图

④子弹圆头部分不同曲率半径对入射波的整形效果

曲线上某点的曲率半径是该点的内切圆的半径，圆形越大，弯曲程度就越小，也就越近似一条直线，曲率半径也就越大。对于直线上任一点，和直线在该点相切的圆的半径可以任意大，所以直线的曲率半径为无穷大时，对应的曲率为零，而在圆上，每一点的内切圆就是其本身，故其曲率半径为其本身的半径。

应用数值模拟的方法模拟了长度为 200 mm 的子弹以 10 $m \cdot s^{-1}$的速度入射，对比圆头子弹和平头子弹产生的入射波波形，如图 8.27 所示。与平头子弹相比，圆头子弹撞击产生的入射波形为半正弦波，入射波的上升沿相比平头子弹加长，而且应力峰值降低，入射波波长约为平头子弹入射波波长的 2 倍。对于不同曲率半径的圆头子弹撞击入射杆的情况，随着曲率的增大，子弹的圆头部分变得越来越平，逐渐接近平头子弹，入射波的上升沿变得陡峭，波形近似于平头子弹产生的波形，但有效地抑制了波的弥散效应。不同曲率半径圆头子弹撞击入射杆产生的入射波波形如图 8.28 所示。

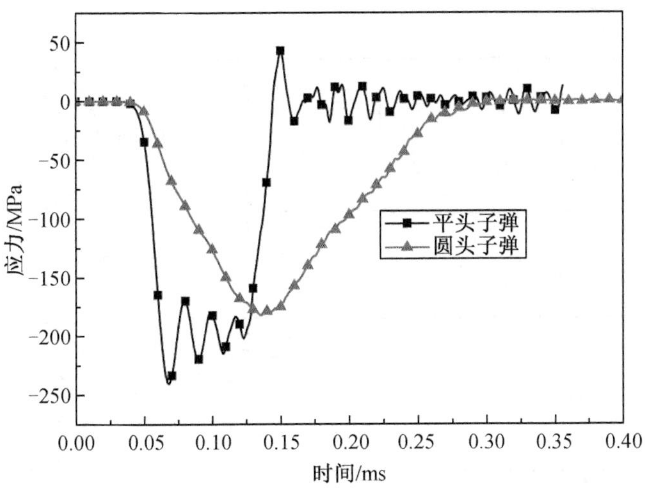

图 8.27 不同类型子弹产生的入射波波形图

5. 凹陷子弹

另一种对子弹形状的改进是将前端挖空一块，形成凹陷型子弹。本节给出了 6 种改进形式的子弹 Ⅰ ~ Ⅵ型，如图 8.29 所示。

Ⅰ型：受冲击端面有圆柱形孔洞，深度 L 分别为 300 mm，200 mm，100 mm，50 mm，25 mm，15 mm，10 mm 和 5 mm；直径分别为 10 mm，20 mm 和 30 mm。如图 8.29(a)所示。

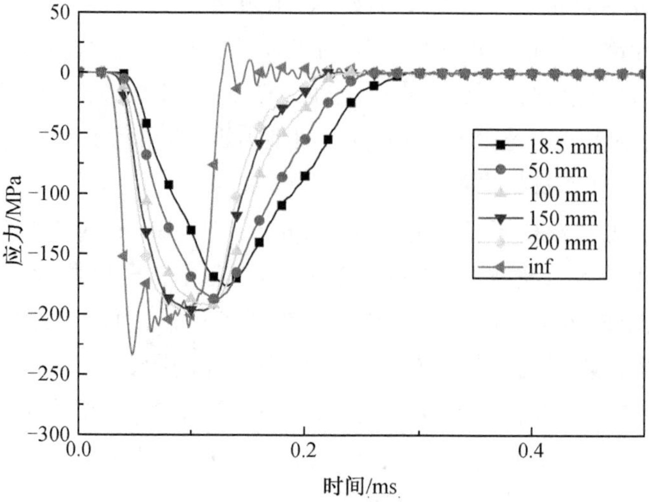

图 8.28 不同曲率半径圆头子弹产生的入射波波形图

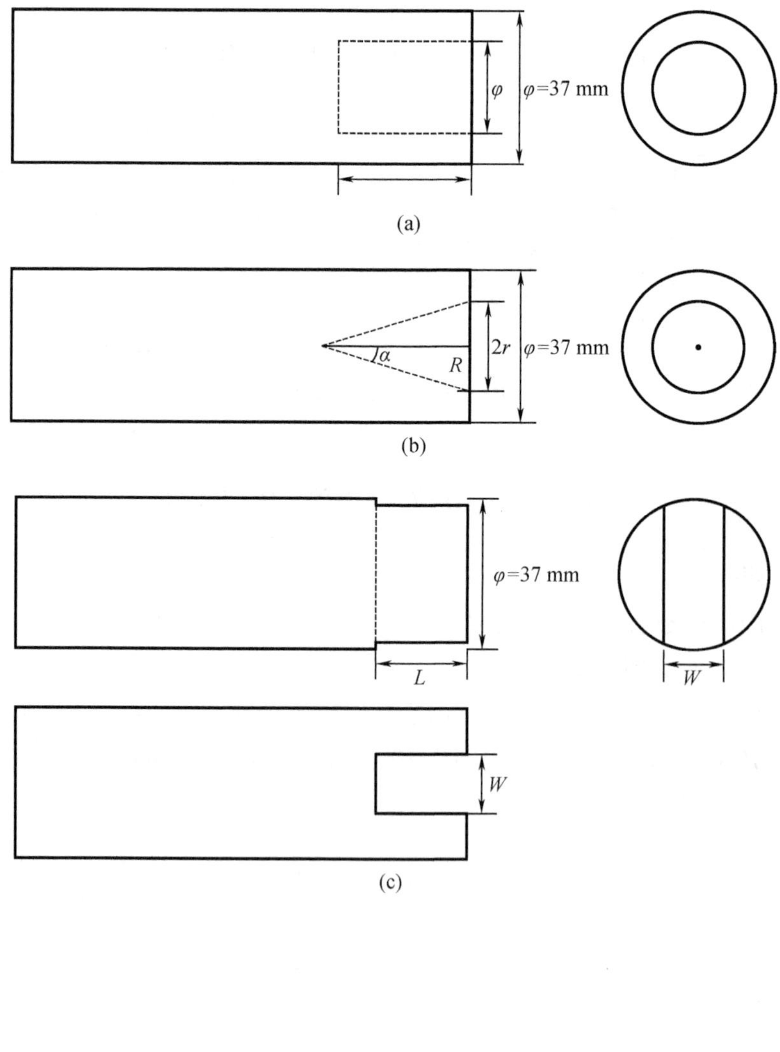

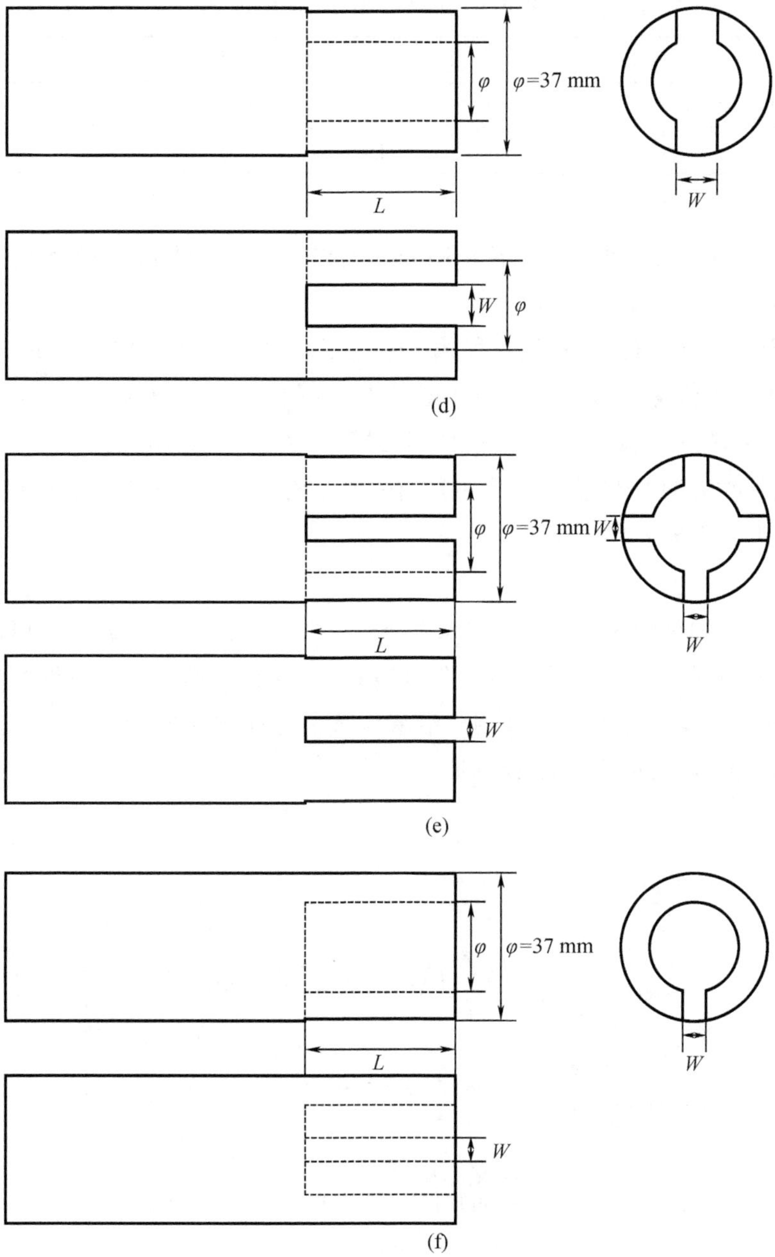

图 8.29　凹陷型子弹示意图

Ⅱ型:端面有圆锥形孔洞,如图 8.29(b)所示。其几何尺寸在表 8.1 中列出。这里 R 为子弹的半径。

表 8.1　Ⅱ型子弹的几何尺寸

锥角 α	孔洞半径 r		
$\alpha=15°$	$r=0.5R$	$r=0.7R$	$r=0.9R$
$\alpha=45°$	$r=0.5R$	$r=0.7R$	$r=0.9R$

Ⅲ型：端面开矩形槽，深度 L 恒定为 15 mm，宽度 W 分别为 5 mm，10 mm，15 mm，20 mm，25 mm，30 mm，如图 8.29(c)所示。

Ⅳ型：端面有圆柱形孔洞，并且对称地开两个矩形槽，如图 8.29(d)所示。

Ⅴ型：与Ⅳ型类似，但两个垂直的方向上开四个对称的矩形槽，如图 8.29(e)所示。

Ⅵ型：端面有圆形孔洞，并且只开一个矩形槽，如图 8.29(f)所示。

对以上六种改进型 HPB 实验装置进行有限元分析，子弹的撞击速度为 10 $m \cdot s^{-1}$，分别讨论六种情况下有限元分析的结果。

(1) Ⅰ型

Ⅰ型子弹示意图见图 8.29(a)。图 8.30 显示了在空心子弹和实心子弹撞击入射杆后，入射杆截面中心单元产生的波形。可以明显地看出，空心子弹产生的波形相比于实心子弹产生的波形，振荡现象得到了明显抑制。沿着波传播方向波形的变化如图 8.31 所示，可见沿着波的传播方向，波形的振荡逐渐减弱。

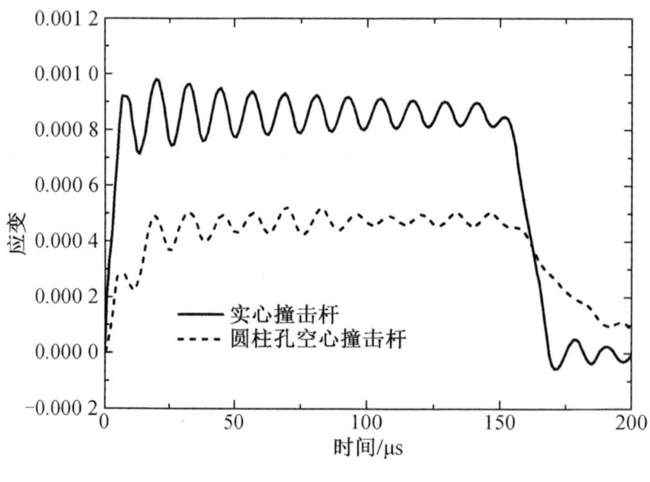

图 8.30　入射杆截面中中心单元产生的波形图

以下讨论孔洞深度恒定为 25 mm，直径分别为 10 mm，20 mm，30 mm 的情况下，子弹外径为 37 mm，撞击速度为 10 $m \cdot s^{-1}$。以上不同直径的子弹撞击入射波后得到的波形如图 8.32 所示。可见在不同孔洞直径的情况下，波形有明显的差异。与实心子弹相比，空心子弹的振荡现象减弱，并且随着孔洞直径的增加，波形的上升时间增加，初始振荡幅度减小。

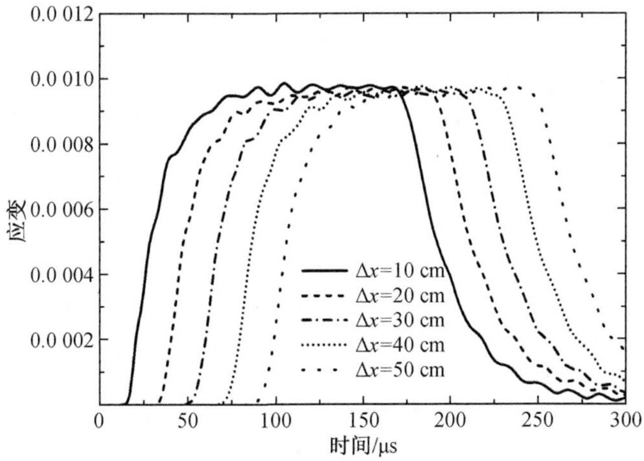

图 8.31　沿波传播方面波形的变化图

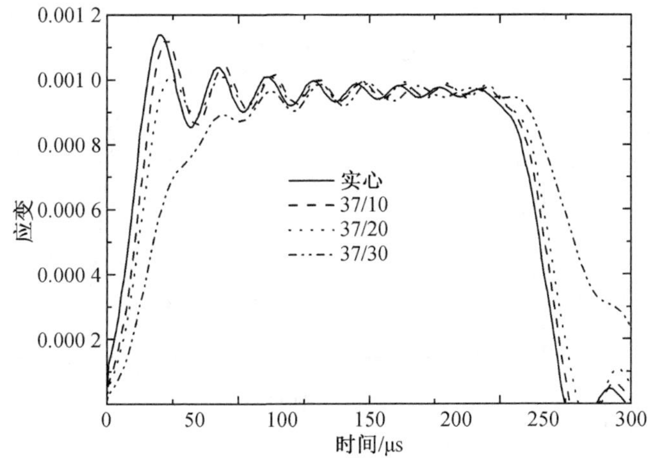

图 8.32　不同孔洞直径的子弹撞击入射波后得到的波形图

孔洞直径恒定为 30 mm,深度分别为 300 mm,200 mm,100 mm,50 mm,25 mm,15 mm,10 mm,5 mm 的情况下,这些波形均取自入射杆中点单元,并且在后面的分析中都取该点进行研究,如图 8.33(a)~(h)所示,作为对照,实心子弹的波形也绘入图中。

由图 8.33(a)~(d)可以看出,当孔洞深度在 50~300 mm 的情况下,波形会出现阶梯式跳跃现象;由图 8.33(e)~(h)可以看出,当孔洞深度小于 25 mm 时,波形的振荡明显减弱,几何弥散现象得到有效地抑制。此外,与实心子弹相比,空心子弹上升时间增加而波形的平均幅值并没有明显降低。对比孔洞深度分别为 5 mm,10 mm,15 mm 和 25 mm 的情况,可以发现随着孔洞深度增加,波形上升时间增加,但峰值持续时间减少。

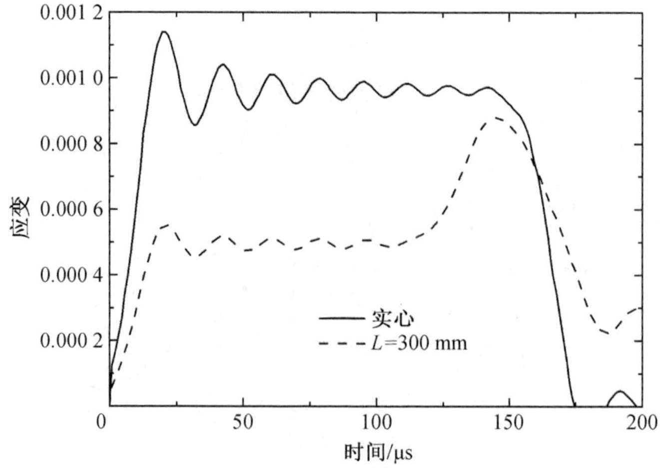
0.001 2
0.001 0
0.000 8
0.000 6
0.000 4
0.000 2
应变
实心
L=300 mm
0
50
100
150
200
时间/μs
(a)

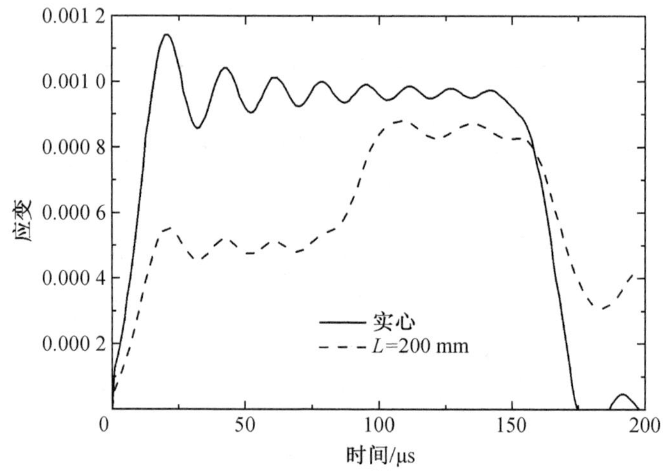
0.001 2
0.001 0
0.000 8
0.000 6
0.000 4
0.000 2
应变
实心
L=200 mm
0
50
100
150
200
时间/μs
(b)

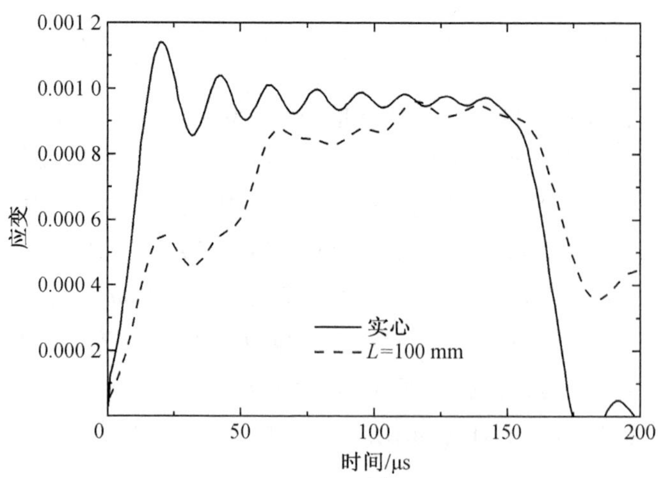
0.001 2
0.001 0
0.000 8
0.000 6
0.000 4
0.000 2
应变
实心
L=100 mm
0
50
100
150
200
时间/μs
(c)

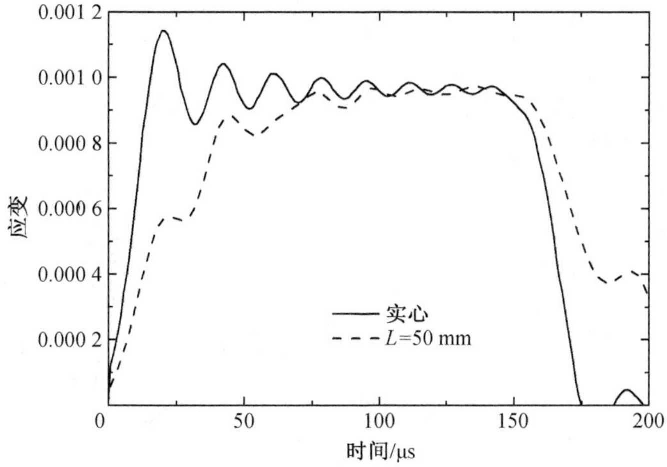
0.001 2
0.001 0
0.000 8
0.000 6
0.000 4
0.000 2
应变
0
50
100
150
200
时间/μs
实心
L=50 mm

(d)

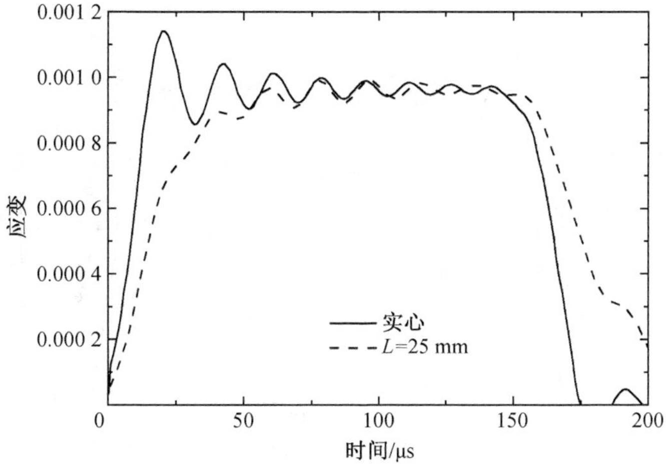
0.001 2
0.001 0
0.000 8
0.000 6
0.000 4
0.000 2
应变
0
50
100
150
200
时间/μs
实心
L=25 mm

(e)

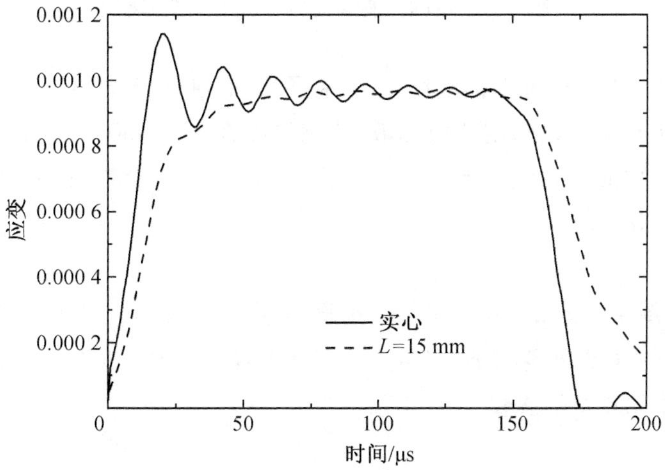
0.001 2
0.001 0
0.000 8
0.000 6
0.000 4
0.000 2
应变
0
50
100
150
200
时间/μs
实心
L=15 mm

(f)

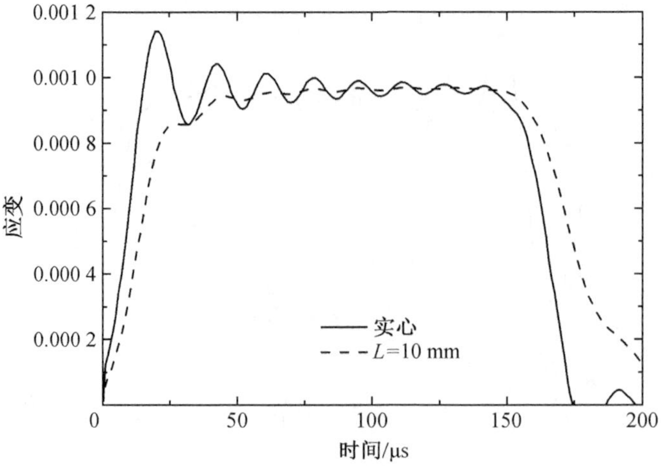

(g)

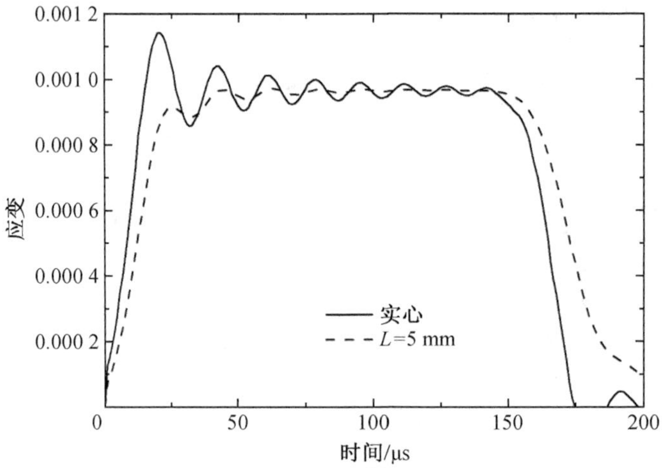

(h)

图 8.33 不同孔洞深度的 I 型子弹波形图

基于图 8.32 和图 8.33,可以得出结论:控制孔洞深度小于 25 mm 时,可以明显地减弱波形的振荡现象,从而有效地抑制几何弥散;孔洞深度在 50 ~ 300 mm 的情况下,波形出现阶跃现象;孔洞直径的增加可以使波形的上升时间增加,初始振幅减小;孔洞深度的增加使得波形峰值的持续时间减少。

(2) Ⅱ型

Ⅱ型子弹示意图见图 8.29(b)。图 8.34 显示了入射波形与孔洞半径 r 和锥角 α 的关系。可见波形的振荡现象明显减弱,特别地,当孔洞半径 $r=0.9R$ 时,无论锥角 $\alpha=15°$ 或 $\alpha=45°$,波形几乎不出现高频振荡。

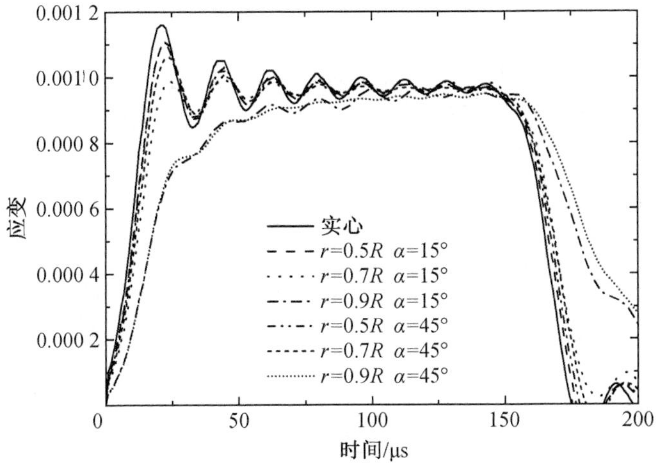

图 8.34　不同锥角和孔洞半径的Ⅱ型子弹波形图

表 8.2 列出了不同锥角和孔洞半径条件下，入射波形的初始振幅和初始振幅比。比较相同半径下不同锥角的情况，可见锥角越小，对几何弥散的抑制作用越强，相应地，在锥角相同的情况下，增大孔洞半径是有利的。

表 8.2　Ⅱ型子弹的初始振幅和初始振幅比

	$\alpha=15°$ $r=0.5R$	$\alpha=15°$ $r=0.7R$	$\alpha=15°$ $r=0.9R$	$\alpha=45°$ $r=0.5R$	$\alpha=45°$ $r=0.7R$	$\alpha=45°$ $r=0.9R$
应变初始幅值 ($\times10^{-4}$)	1.318	0.331		1.419	0.946	
平均应变 ($\times10^{-4}$)	9.682	9.608	高频振荡不明显	9.681	9.651	高频振荡不明显
初始振幅比 (%)	13.6	3.4		14.8	9.8	

注：初始振幅比 $=\left|\dfrac{\text{应变初始幅值}}{\text{平均应变}}\right|\times100\%$，$R=\Phi/2=18.5$ mm。

由图 8.34 和表 8.2 还可以看出，孔洞半径的改变比锥角的改变更具有显著的影响，锥角的减小，孔洞半径的增大，有利于抑制几何弥散现象。

(3) Ⅲ型

Ⅲ型子弹示意图见图 8.29(c)，与之前的分析类似，开槽深度为 15 mm，取开槽宽度分别为 5 mm，10 mm，15 mm，20 mm，25 mm 进行分析。计算结果如图 8.35 所示。

由图可以看出，随着开槽宽度 W 的增加，上升时间增加，并且振荡现象减弱。当宽度处于 15 ~ 25 mm 的范围时，波形整形效果较好；随着宽度增加，也就是碰撞端面积减小时，振荡现象减弱，峰值持续时间减少，上升时间增加。

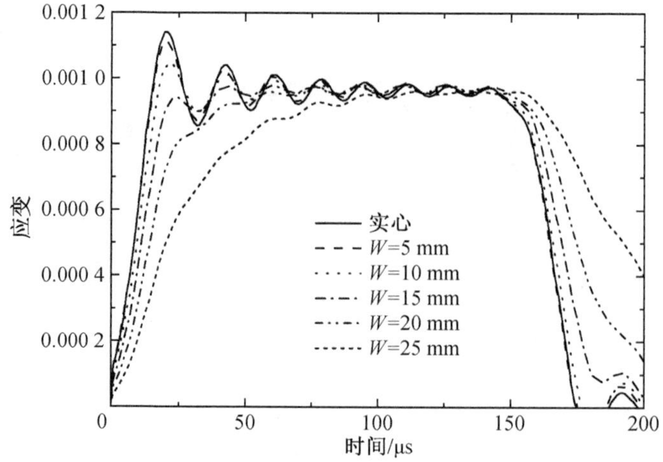

图 8.35　不同开槽宽度的Ⅲ型子弹波形图

(4) Ⅳ型

Ⅳ型子弹示意图见图 8.29(d),其中孔洞和开槽深度相同,均为 15 mm,孔洞直径为 30 mm,开槽宽度分别为 15 mm,20 mm,25 mm。计算结果如图 8.36 所示。显而易见,经过整形的波形更加光滑,几乎看不出几何弥散现象。随着开槽宽度的增加,上升时间增加而峰值持续时间减少。

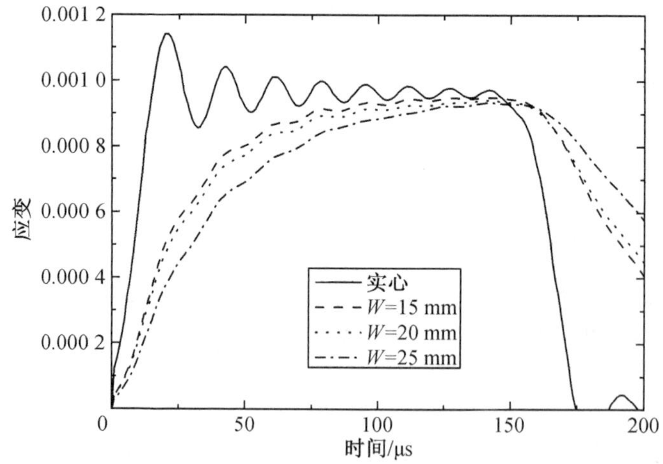

图 8.36　不同开槽宽度的Ⅳ型子弹波形图

(5) Ⅴ型

Ⅴ型子弹是在Ⅳ型的基础上在垂直方向上再开一个矩形槽而得到的,其示意图见图 8.29(e)。孔洞直径为 30 mm,孔洞和开槽深度分别为 5 mm,15 mm;开槽宽度分别为 5 mm,10 mm,15 mm。计算结果如图 8.37 所示。由图可见,当宽度保持不变时,深度越大波形越光滑,但波形峰值会降低。

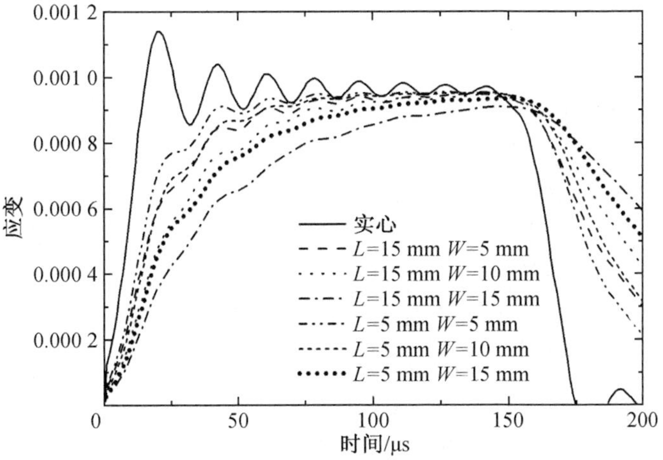

图 8.37　不同孔洞深度和开槽宽度的 V 型子弹波形图

(6) Ⅵ型

最后考虑仅开一条矩形槽的情况,如图 8.38 所示。得到的波形与子弹Ⅰ的波形相似。

图 8.39 显示了实心子弹与Ⅰ,Ⅳ,Ⅴ,Ⅵ型子弹波形的对比。子弹的尺寸和撞击速度均相同,孔洞深度为 15 mm,直径为 30 mm,开槽宽度为 5 mm。比较这四种情况可以得到以下结论。

a. Ⅴ型子弹的波形最为光滑,但应变峰值仅有 9.099×10^{-4},较Ⅳ型约偏小 4%,较Ⅰ和Ⅵ型约偏小 6%。

b. Ⅰ型与Ⅵ型子弹的波形基本相同,但Ⅰ型子弹加工起来更方便。

c. Ⅴ型子弹的波形比起方波,更接近于三角波。

d. 这四种形式的改进子弹均可以明显地减弱振荡现象,增加上升时间。

(7) 有限元结果的实验验证

上一节通过有限元方法探究了异形子弹对波形的影响,本节将通过实验对有限元结果进行验证。

在实验装置中,子弹和入射杆均用钢制成,外径为 37 mm,入射杆长为 2 000 mm,子弹长为 400 mm。根据上一节结果,制作了 7 个形状不同的子弹,实物图如图 8.40 所示。

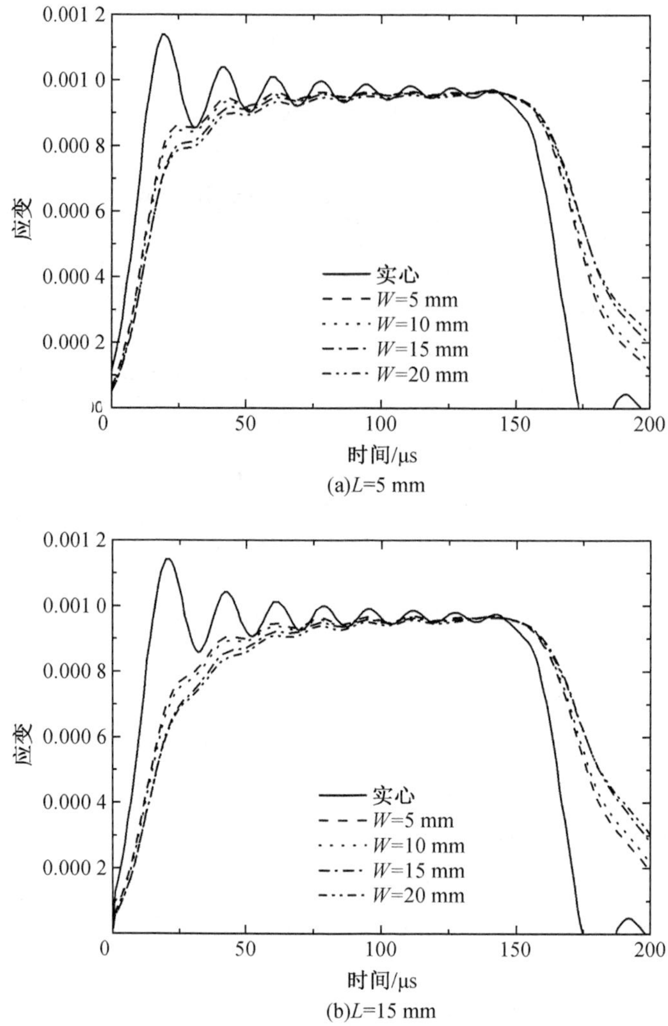

图 8.38 不同开槽宽度的Ⅵ型子弹波形图

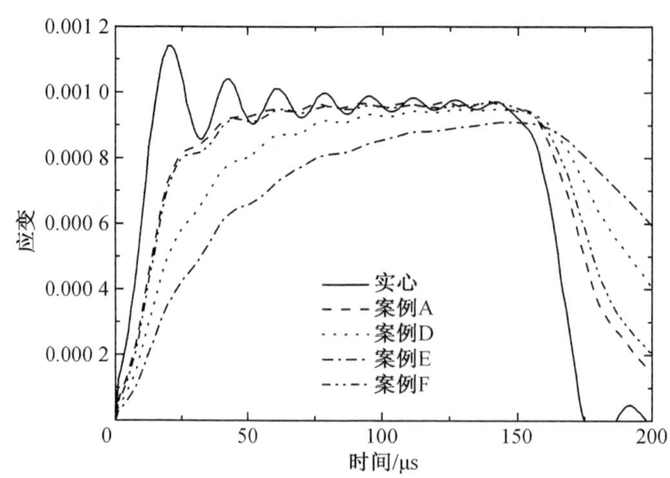

图 8.39 实心子弹与改进子弹波形的对比图

图 8.40　子弹实物图

实验测得的所有波形如图 8.41 所示,其中各个分图如下。

①实心子弹,$v=9.011\ \mathrm{m\cdot s^{-1}}$;

②I 型子弹,$v=10.150\ \mathrm{m\cdot s^{-1}}$,$L=25$ mm,$2r=10$ mm;

③I 型子弹,$v=10.156\ \mathrm{m\cdot s^{-1}}$,$L=25$ mm,$2r=20$ mm;

④I 型子弹,$v=10.115\ \mathrm{m\cdot s^{-1}}$,$L=25$ mm,$2r=30$ mm;

⑤I 型子弹,$v=9.934\ \mathrm{m\cdot s^{-1}}$,$L=10$ mm,$2r=30$ mm;

⑥I 型子弹,$v=9.938\ \mathrm{m\cdot s^{-1}}$,$L=15$ mm,$2r=30$ mm;

⑦Ⅳ型子弹,$v=10.280\ \mathrm{m\cdot s^{-1}}$,$L=25$ mm,$2r=30$ mm,$W=20$ mm。

实验结果显示,改进子弹与实心子弹的波形峰值相近,但振荡现象已经明显减弱,几何弥散现象已经被有效地抑制。实测波形和有限元分析得到的波形大致吻合,并且具有相同的变化趋势,因此有限元分析的有效性就得到了验证。

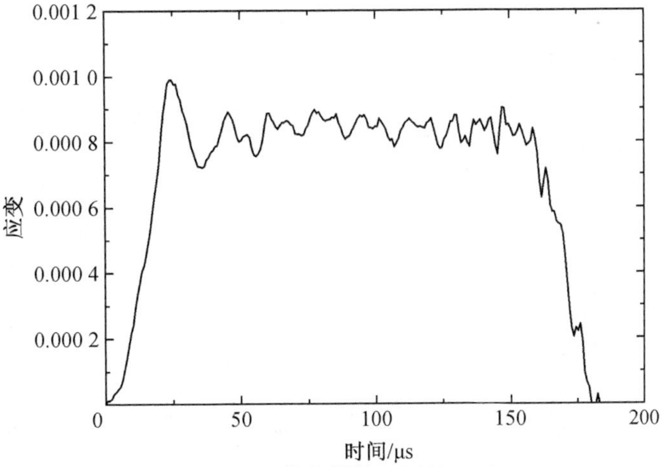

(a)实心子弹,$v=9.011\ \mathrm{m\cdot s^{-1}}$

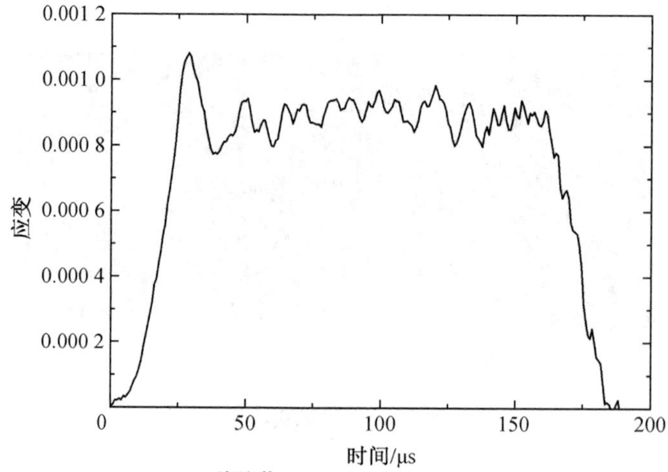

(b)I型子弹,v=10.150 m·s^{-1},L=25 mm,2r=10 mm

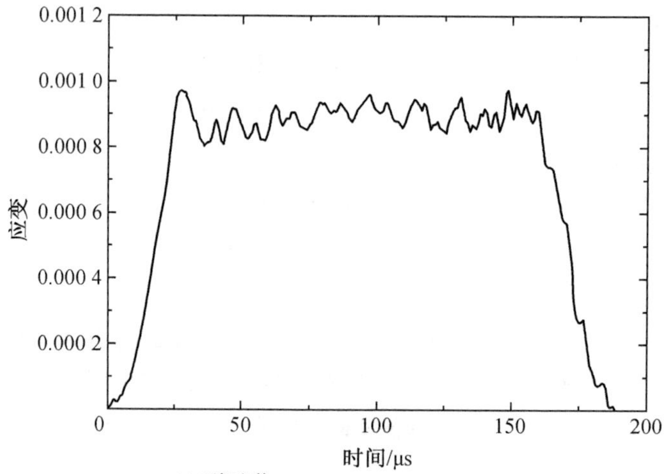

(c)I型子弹,v=10.156 m·s^{-1},L=25 mm,2r=20 mm

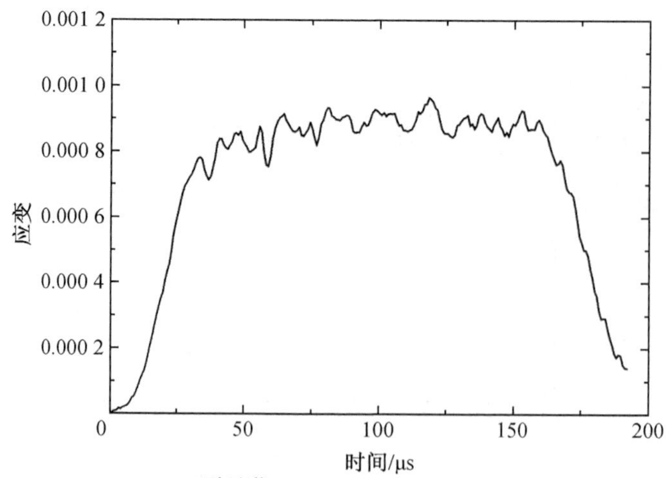

(d)I型子弹,v=10.115 m·s^{-1},L=25 mm,2r=30 mm

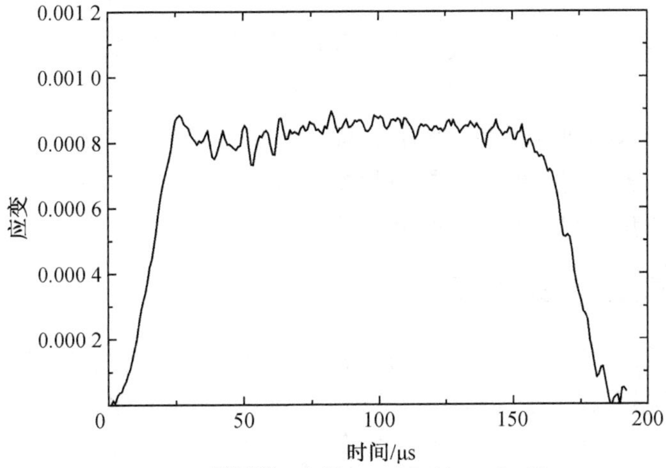

(e)Ⅰ型子弹,v=9.934 m·s^{-1},L=10 mm,$2r$=30 mm

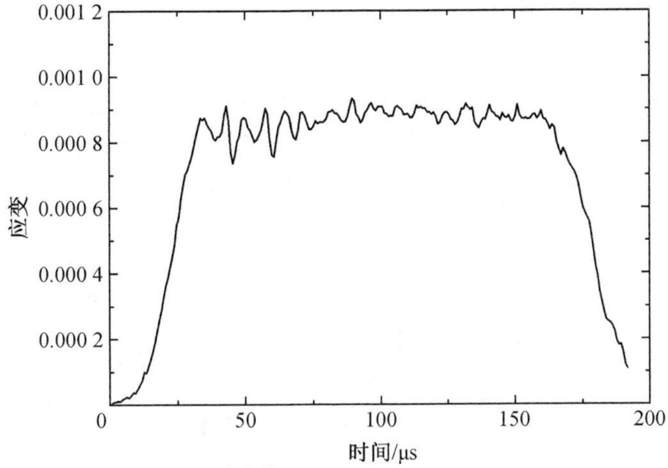

(f)Ⅰ型子弹,v=9.938 m·s^{-1},L=15 mm,$2r$=30 mm

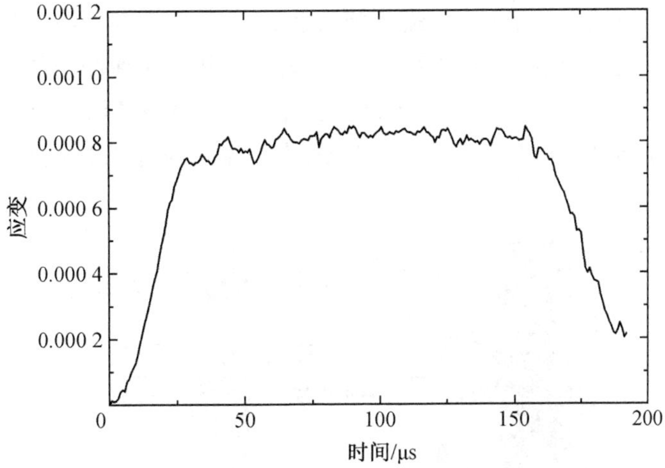

(g)Ⅳ型子弹,v=10.280 m·s^{-1},L=25 mm,$2r$=30 mm,W=20 mm

图 8.41　实验测得的入射波形

8.3 SHTB 波形整形技术

本节基于 SHTB 实验加载技术，利用金属短杆和不同材料的整形垫片对入射波波形进行研究，通过该种方法抑制入射波中的高频振荡，从而获得较平滑的入射应力波脉冲，实现恒定应变率加载。同时，利用波形整形结果对 2A12T4 铝合金进行了拉伸和断裂韧性测试。

8.3.1 SHTB 实验装置

SHPB 实验装置由入射杆、透射杆、金属短杆、子弹、法兰挡板、应变片、超动态电阻应变仪和瞬态波形存储器组成。子弹由高压气体推动，以一定速度撞击法兰挡板，从而拉断挡板与入射杆之间的金属短杆，产生入射波，实验设备如图 8.42 所示。

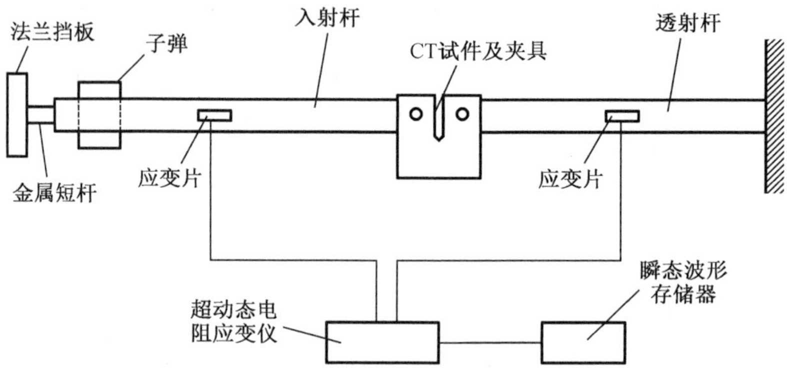

图 8.42 SHPB 实验装置示意图

应力脉冲发生装置示意图如图 8.43 所示。当环形撞块撞击整形垫片和法兰挡板时，金属短杆被迅速拉伸至断裂，环形撞块、法兰挡板及整形垫片飞入到吸收装置中，而它们撞击吸收装置的能量最后会被混凝土底座吸收。金属短杆由于受到冲击拉伸载荷作用被拉断，产生了一个拉伸应力脉冲，该拉伸应力脉冲将会沿着入射杆传播，且在传播到试件后，一部分反射回入射杆中形成反射波，另一部分拉断试件并传入透射杆中形成透射波。

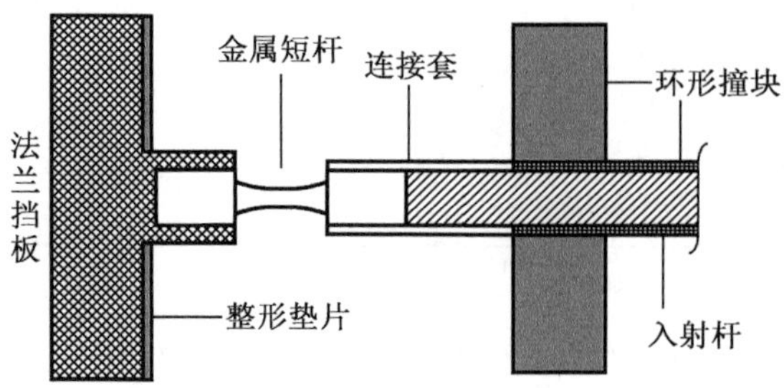

图 8.43 应力脉冲发生装置示意图

8.3.2　实验结果及讨论

实验中选用 2A12T4 铝合金材料作为金属短杆。入射杆和透射杆直径均为 16 mm、长度为 2 900 mm 的钢杆。金属短杆与入射杆的连接套和入射杆与透射杆材料相同。整形垫片材料分别为纸板、PVC 塑料及带有磁性的胶皮贴。

1. 不同直径金属短杆

首先针对标定长度为 20 mm，直径分别为 6 mm，8 mm 和 10 mm 的 2A12T4 铝合金短杆拉伸产生的入射波的波形进行研究，金属短杆实物如图 8.44 所示，测得的入射波如图 8.45 所示。从图 8.44 可以看出，金属短杆均在中间处拉断，在断口处出现颈缩现象。

(a)金属短杆实物l　(b)破坏的金属短杆　(c)断口

图 8.44　不同直径的 2A12T4 铝合金金属短杆实物图

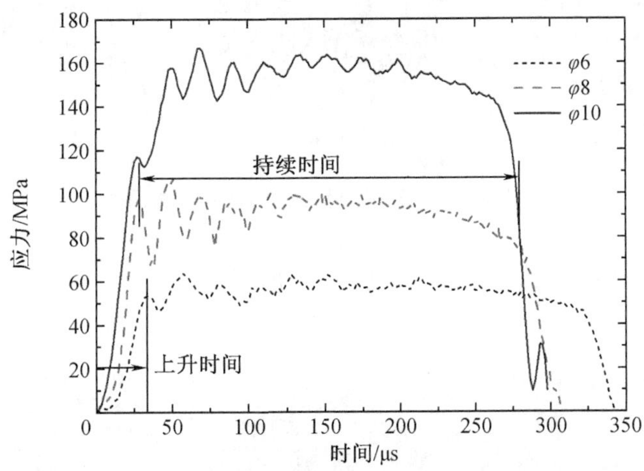

图 8.45　不同直径的金属短杆产生的入射波波形图

由图 8.45 可知，该种材料的金属短杆产生的入射应力脉冲应变率基本恒定，但是在入射波波头处仍存在高频振荡，即几何弥散效应。随着金属短杆直径的增加，入射波的上升时间缩短，脉冲幅值增加，具体数值见表 8.3。由于入射应力脉冲的产生是依靠拉断金属短杆所产生的拉伸应力波，当金属短杆直径增加，金属短杆的横截面积增大，拉断金属短杆时所需的能量增大，因而需要提高环形撞块的冲击速度，将金属短杆拉断。因此，增大直径的金属短杆拉断时能够获得更高幅值的拉伸应力脉冲。而入射脉冲幅值越高，振荡越明显。同时由于速度增大,拉断金属短杆的作用时间减少,使得应力脉冲持续时间减少。

表 8.3 入射应力脉冲结果比较

金属短杆直径(mm)	环形撞块撞击速度(m/s)	上升时间(μs)	持续时间(μs)	最大加载应力(MPa)	平均持续时间加载应力(MPa)
φ6	20.48	33.6	284.8	63.89	55.53
φ8	25.43	28.8	252	106.64	94.34
φ10	30.47	27.2	232	166.82	152.15

2. 不同材料整形垫片

实验选取了纸板、PVC 软塑料及带有磁性的胶皮贴三种材料对入射波进行波形整形研究。将其制作成等内外径、不同厚度的圆环形整形垫片,如图 8.46 所示。然后将整形垫片套在法兰挡板上,使整形垫片尽可能的平整。

(a)纸板　(b)磁性胶皮贴　(c)PVC软塑料

图 8.46 三种圆环形整形垫片实物图

经过撞击后整形垫片情况实物图,如图 8.47 所示。

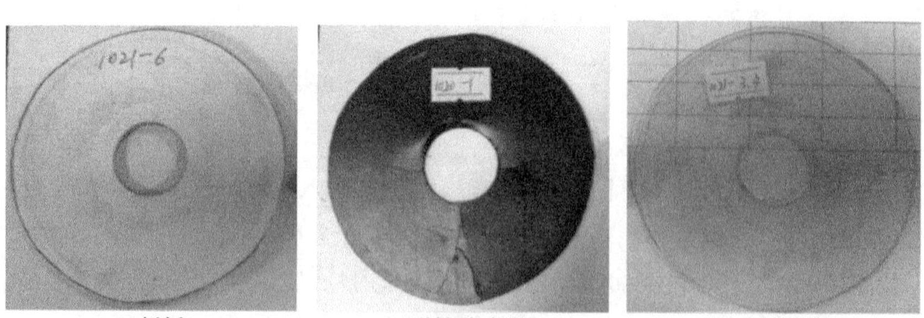

(a)纸板　(b)磁性胶皮贴　(c)PVC软塑料

图 8.47 撞击后整形垫片情况实物图

图 8.48 为使用纸板作为整形垫片获得的入射波结果,其中 T 为纸板的厚度,φ 为金属短杆直径,其单位均为 mm。由图 8.48(a)可以看出,在金属短杆直径 $\varphi=6$ mm 的情况下,随

着纸板厚度的增加，入射波几何弥散效应减弱，当纸板厚度达到 2.13 mm 时，入射波脉冲的振荡基本消除；另外，入射波上升时间增加。实验结果表明，纸板作为整形垫片有很好的波形整形效果，入射波幅值稳定。在图 8.48(b)中，整形纸板厚度均为 2 mm，从图中可以看出在此厚度下，金属杆直径分别为 $\varphi=6$ mm 和 $\varphi=8$ mm 的入射波比 $\varphi=10$ mm 的入射波更加平滑。对于 $\varphi=10$ mm 的金属短杆可以再适当增加整形垫片厚度。整形垫片在环形撞块撞击后迎撞面稍有破损，背面完好，如图 8.47(a)所示。

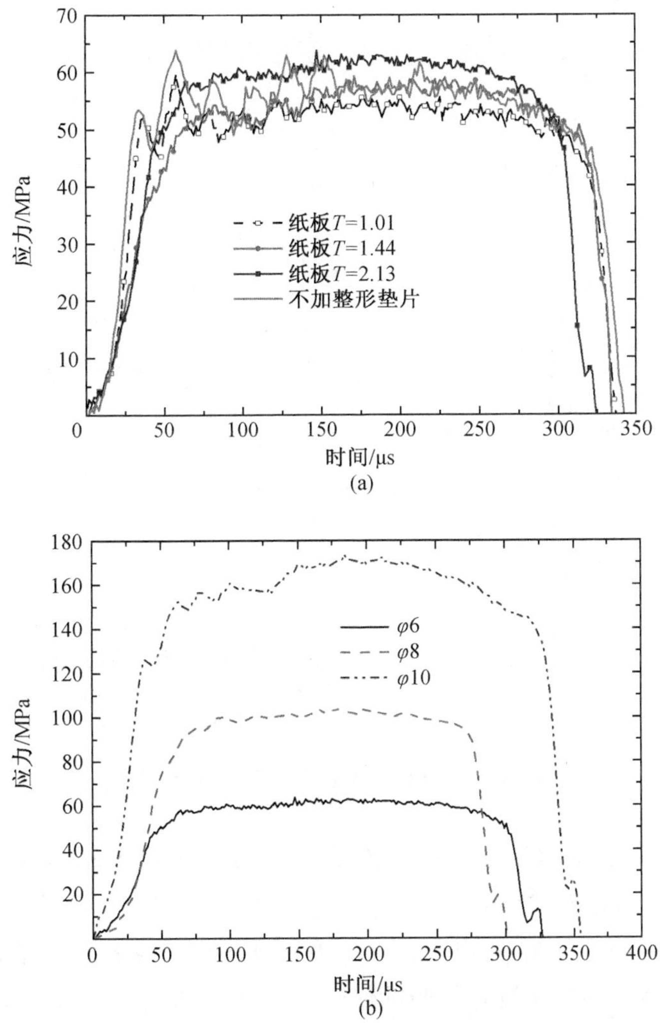

图 8.48　纸板入射波整形结果图

图 8.49 为 PVC 软塑料入射波整形结果。由图 8.49(a)可知，在使用相同直径金属短杆时，PVC 软塑料越厚，振荡降低效果越明显，曲线相对光滑。增加整形垫片厚度，能相对延长应力波脉冲的持续时间。由于在一次实验结束后，整形垫片并未损坏，两面均完好，如图 8.47(b)所示，故对其再次使用的效果进行研究，结果如图 8.49(b)所示。从图 8.49(c)可以看出，第二次使用后波头处出现轻微振荡，但上升时间和持续时间基本相同，入射波曲线

的应变率仍然恒定且相对平滑，撞击后整形垫片仍完好。

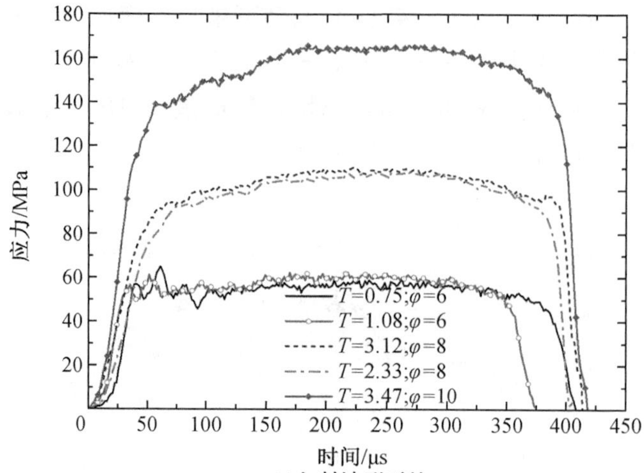

(a)入射波形对比

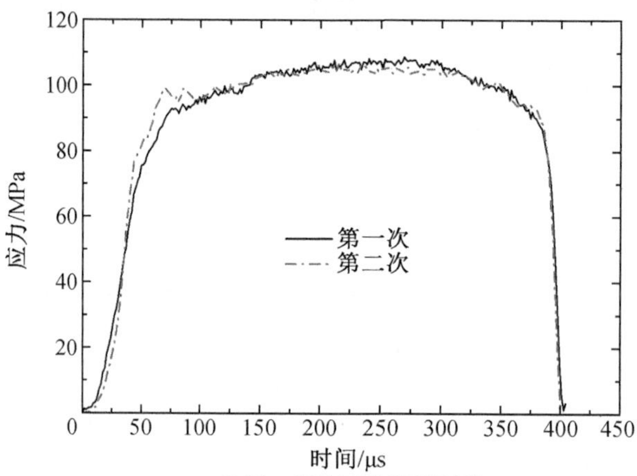

(b)同一垫片两次波形对比

图 8.49　PVC 软塑料入射波整形结果图

为了便于粘贴，实验选用了带有磁性的胶皮贴，使整形垫片能够平整的贴在法兰挡板上，实验结果如图 8.50 所示。由图 8.50 可以看出，使用该种材料作为整形垫片，产生的应力波脉冲在上升过程中均出现一定抖动，在应力波脉冲幅值较低的情况下能够获得相对较平滑的入射波。虽然该种材料较其他两种便于粘贴，但整形效果不如其他两种材料。同时该种材料的整形垫片在受到环形撞块撞击后完全损坏，如图 8.47(b)所示。

表 8.4 为三种材料整形测试结果。比较表 8.3 和表 8.4，结果表明，三种材料均有一定的整形效果，能够获得相对光滑的入射应力脉冲。整形垫片延长了入射应力波脉冲的上升时间，并且可以很好地抑制几何弥散效应，适当延长脉冲的持续时间。整形垫片未降低入射应力波脉冲幅值。使用相同直径的金属短杆和相同厚度的整形垫片，PVC 软塑料比纸板能更好的延长上升时间和持续时间。带有磁性的胶皮贴相对于另外两种材料，整形效果较差。

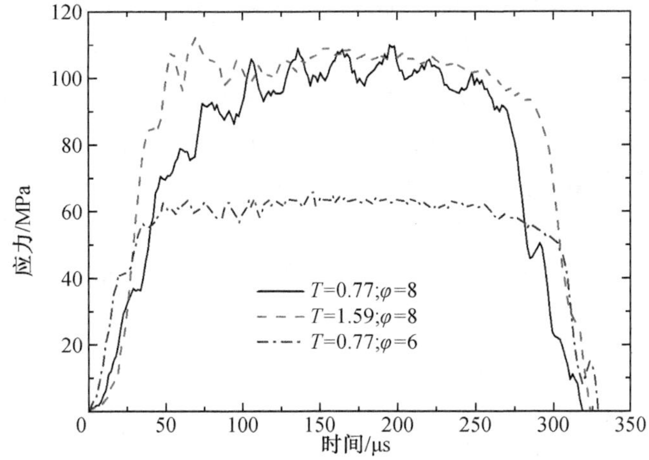

图 8.50　磁性胶皮贴入射波整形结果图

表 8.4　三种材料整形测试结果

整形垫片材料	厚度	金属短杆直径(mm)	环形撞块撞击速度	上升时间(μs)	持续时间(μs)	最大加载应力(MPa)	平均持续时间加载应力(MPa)
纸板	1.01	φ6	20.60	35.2	257.2	59.47	53.95
纸板	1.44	φ6	19.67	57.6	246.4	58.68	55.77
纸板	2.13	φ6	20.38	62.4	238.4	63.80	61.52
纸板	2.20	φ8	24.65	70.4	201.2	103.88	101.27
纸板	2.18	φ10	30.17	72.8	240.8	173.84	163.98
PVC	0.75	φ6	20.79	40.0	320.0	64.99	56.47
PVC	1.08	φ6	20.22	35.2	307.2	61.05	60.10
PVC	2.33	φ8	26.07	73.6	308.8	108.06	104.67
PVC	3.21	φ8	25.58	65.6	320.0	110.03	107.11
PVC	3.47	φ10	29.92	57.6	321.6	165.64	159.96
磁性胶皮	0.77	φ6	21.01	35.2	267.2	65.94	64.13
磁性胶皮	1.59	φ8	25.72	52.8	232.0	112.08	105.69
磁性胶皮	0.77	φ8	26.05	46.4	220.8	109.01	102.22

8.3.3　基于波形整形技术的 2A12T4 铝合金动态拉伸和动态断裂测试

分离式 Hopkinson 杆实验主要基于两个基本假设：

(1)一维弹性应力波原理；

(2)试样中应力/应变分布均匀假定。

利用波形整形技术可以有效地增大平缓加载波的上升前沿，确保实验过程中试样的应力平衡和均匀变形。而在 Hopkinson 杆加载的断裂试验技术中要得到可靠的动态断裂韧性，必须确保上述两种假设成立。在裂纹开始扩展时，试样应处于应力平衡状态。对于动态断裂试验，波形整形延长了入射脉冲的上升时间和持续时间，从而减少了试样达到应力平衡所需的时间，并且可以确保裂纹起裂之前试样达到的应力平衡状态。

根据上述波形整形结果，对厚度为 5 mm 的 2A12T4 铝合金试件（尺寸如图 8.51 所示）进行拉伸和断裂测试。实验均采用直径为 $\varphi10$ 的金属短杆，在拉伸测试中整形垫片是厚度为 2.18 mm 的纸板，CT 试样动态断裂测试选用了厚度为 3.47 mm 的 PVC 软塑料作为整形垫片。

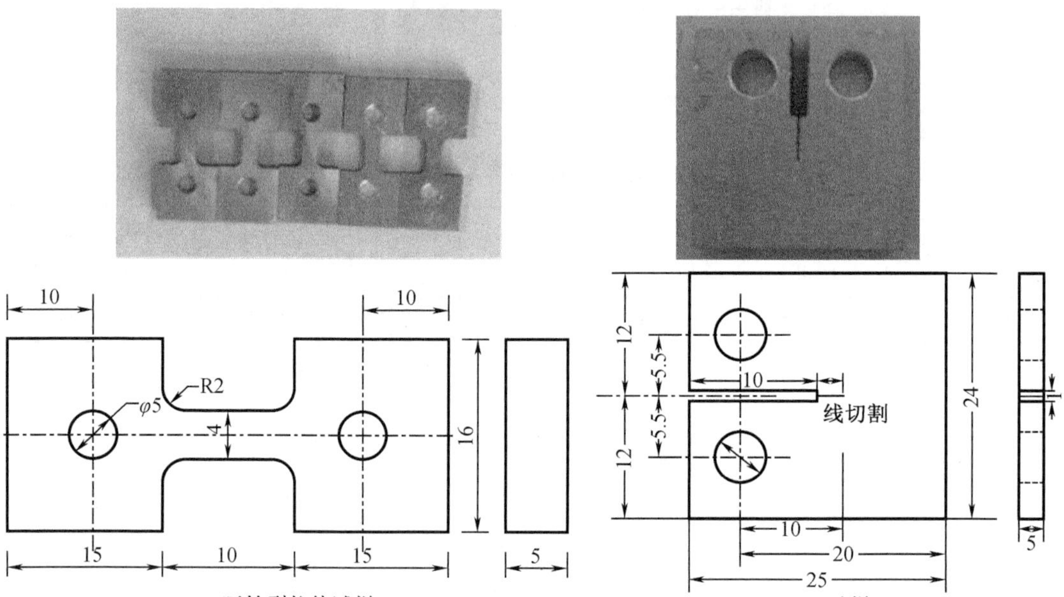

(a)哑铃型拉伸试样　　(b)CT试样

图 8.51　2A12T4 铝合金试样图

拉伸试验测得的结果如图 8.52 所示。图 8.52(a) 为实验测得应变率在 1 000 s^{-1} 下的入射波、反射波和透射波波形。从图中可以看出，实验过程中达到了应力平衡。图 8.52(b) 为由实验数据计算得出的两组应变率下试样的应变 - 应力曲线。试件在中间拉伸断裂，如图8.52(c) 所示。由图 8.52(b) 可以看出：在应变率为 1 000 s^{-1} 和 1 500 s^{-1} 时，试样的屈服应力为 520 MPa 左右。随着应变率的增加，屈服应力几乎不变。2A12T4 铝合金是一种典型的应变率无关材料，常用作测试系统标定，由结果可以看出，实验的重复性较好。

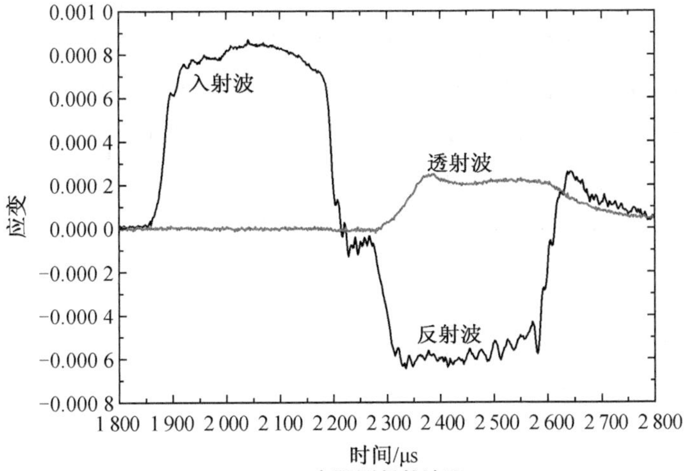

(a)实际测得的波形

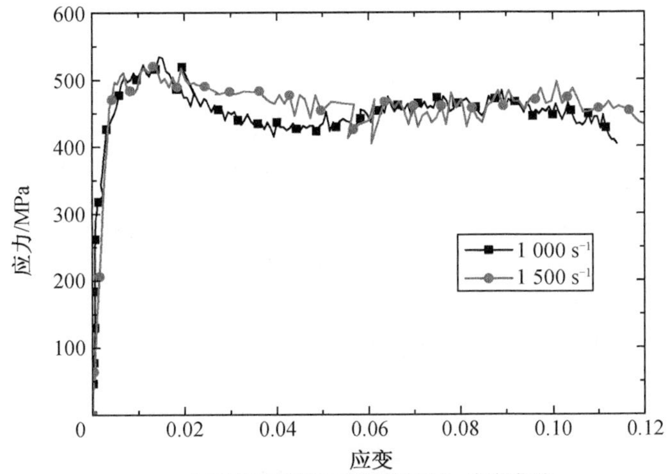

(b)不同应变率下测得的应力-应变曲线

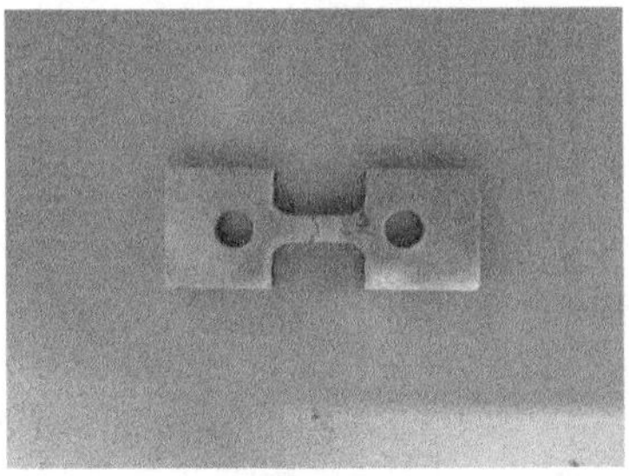

(c)断裂的试样

图 8.52　2A12T4 铝合金试样拉伸试验结果图

CT 试样宽度为 $W=40$ mm,裂纹长度和宽度比为 $a/W=0.5$。图 8.53(a)为实验测得的入射波、反射波和透射波波形。从图中可以看出,加载达到应力平衡。I 型裂纹开裂和扩展时会引起低应力区的卸载效应。在裂纹的两侧存在一低应力区,其范围大小与裂纹长度有关。加载时,随着裂纹开裂,低应力区的应力随载荷的增加而增加,一旦裂纹开裂扩展,低应力区将随之增大,并且不管载荷是否继续增加,该区域内某一局部区域的应力分量将不断减小。对应的应变与应力具有同样的趋势,在试样开裂前应变先增加,开裂后应变降低,这样在应变曲线上就会产生一个峰值点,此峰值点即裂纹起裂点。应变片贴于试样表面距离裂尖中心2 mm 处,应变片测得试件从开始受载到起裂经历的时间约为 120 μs,如图 8.53(b)所示。CT 试样动态应力强度因子如图 8.53(c)所示。去除应力波从裂纹中心点到应变片传播时间,可以求得 CT 试样的起裂时刻对应 $K=38.2\ \mathrm{MPam^{1/2}}$。观察 CT 试样断口,如图 8.53(d),试样沿着裂尖中心开裂。

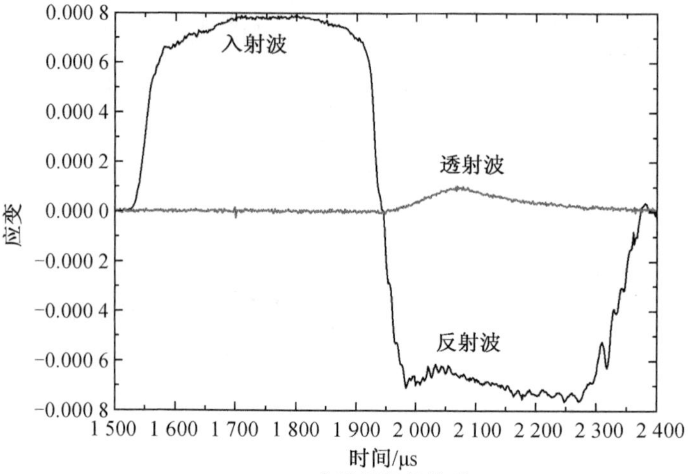

(a)实验测得的波形

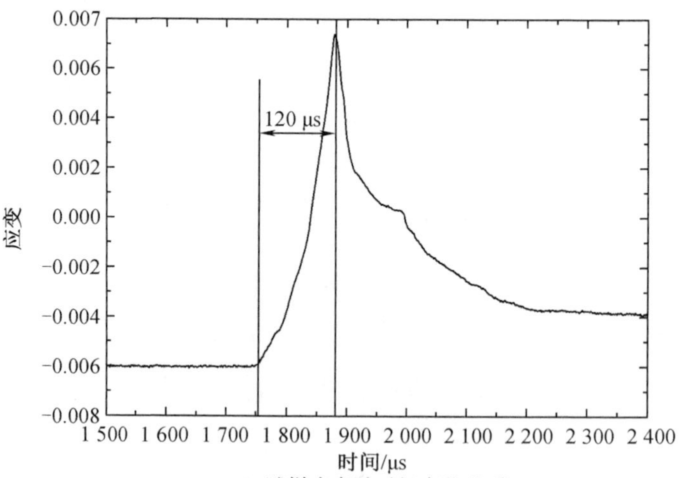

(b)试样应变随时间变化关系

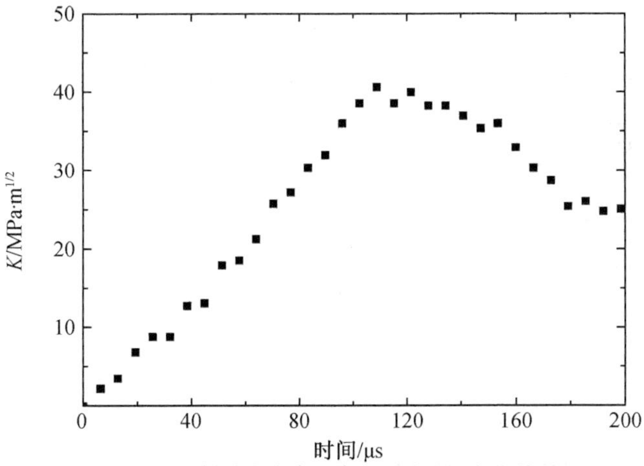

(c)试样动态应力强度因子随时间变化关系

(d)CT试样断口

图 8.53　2A12T4 铝合金 CT 试样断裂试验结果图

8.3.4　SHTB 实验装置改进

在上节中介绍了利用金属短杆进行波形整形,得到了较好的试验结果,但在拉伸试验中由于受到冲击载荷金属短杆会发生破坏,每次试验都需要更换新的金属短杆,加大了实验成本,也使得实验过程变得更为复杂,为了对试验设备进行改进,本节利用 LS - DYNA 对霍普金森拉伸装置进行数值模拟,采用直接撞击的方式进行加载,去掉了法兰挡板与入射杆之间利用螺纹连接的金属短杆,使得法兰挡板与入射杆直接连接,利用子弹撞击法兰挡板产生压缩波,该压缩加载波在自由端反射为拉伸波传入入射杆,实现动态拉伸加载。

实验设备中子弹为圆筒形,内径为 40 mm,外径为 90 mm,长度为 50 mm,子弹以 10 $m \cdot s^{-1}$的速度撞击入射杆,入射杆为圆柱形,直径为 16 mm,杆端固定法兰挡板,法兰厚度为20 mm,直径与子弹外径匹配。子弹、入射杆材料均为钢,密度为 7 850 $kg \cdot m^{-3}$,弹性模量为 210 GPa,泊松比为 0.3。由于有限元模型具有对称性,因此选择单元类型为 solid162 轴对称单元,在轴线处设置对称约束进行计算,得到的入射波形如图 8.54 所示。

由图 8.54 可以观察到,实验并没有得到理想的近似矩形波,原因可能是试验设备的尺寸匹配的问题,所以需要通过改变各个部件的参数尺寸来影响入射波形的因素。首先改变子弹长度进行多组数值模拟实验,研究子弹长度对于入射波形的影响。子弹长度分别为 50 mm,100 mm,150 mm 得到的入射波形如图 8.55 所示。

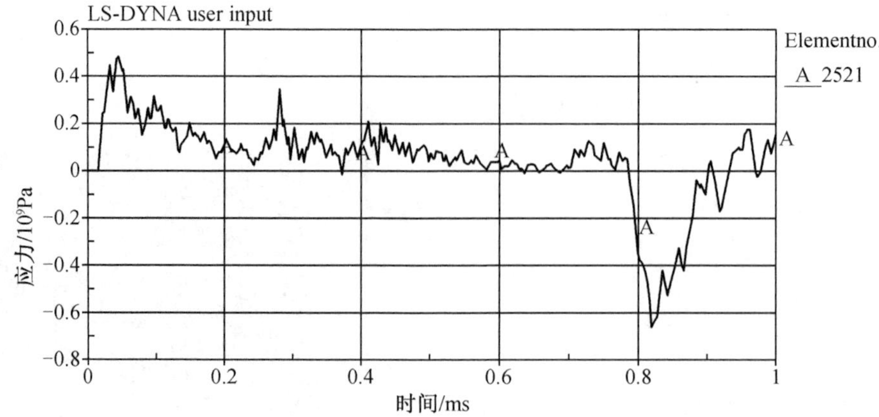

图 8.54 霍普金森拉伸装置入射波形图

由图 8.55 可以看出子弹长度的改变对于波形并没有起到改善作用,此方法对于改进实验,得到理想矩形波没有较好的效果。固定子弹的长度为 50 mm,改变法兰挡板的厚度,研究法兰挡板厚度对于波形的影响。法兰挡板厚度分别为 10 mm,20 mm,30 mm,40 mm,50 mm,60 mm 进行六组实验。得到的入射波形如图 8.56 所示。

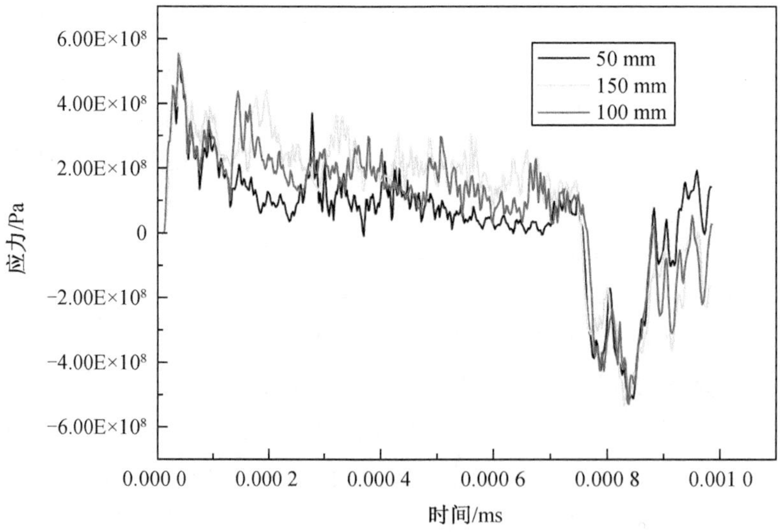

图 8.55 不同子弹长度入射波形图

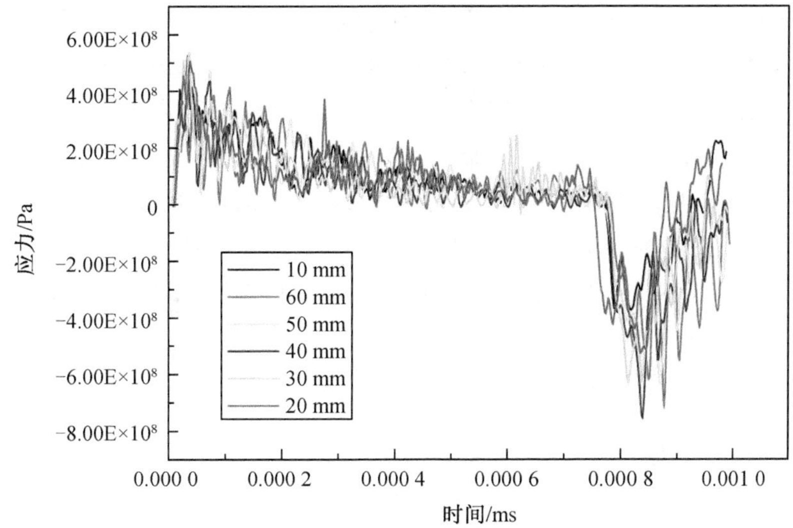

图 8.56　不同法兰挡板厚度入射波形图

由图 8.56 可以观察到，改变法兰挡板厚度也无法得到理想的波形，所以排除子弹长度以及法兰挡板厚度两个因素的影响，猜想法兰挡板直径与入射杆直径是改善波形的主要因素。由于弹性波在物质界面由于波阻抗的不同会发生反射和透射，HTB 装置也正是利用压缩波在法兰挡板的自由端面反射形成拉伸波传入入射杆，但由于在法兰挡板与入射杆的界面处，二者的直径相差过大(法兰挡板直径为 90 mm，入射杆直径为 16 mm)，这导致大部分的拉伸波在界面处反射回法兰挡板时只有小部分进入入射杆形成入射波，而法兰挡板内的弹性波则经由法兰挡板的自由端面反射而形成拉伸波，如此反复，导致入射波被拉伸得很长，无法得到理想的矩形波，所以改变杆径与法兰挡板的直径是解决问题的关键。

对霍普金森拉杆装置各个部件的尺寸进行调整，将杆的直径改为 30 mm，法兰挡板直径为 50 mm，厚度为 60 mm。在前面已经介绍过，子弹的长度会影响入射波的长度，而原有子弹内径为 40 mm，外径为 90 mm，子弹长度过长会导致质量过大，所以将子弹内径改为 40 mm，外径改为 50 mm，减小子弹内外径的差值，子弹长度增加到 300 mm，以便得到较长的波长便于观察。子弹以 10 $m \cdot s^{-1}$的速度撞击，得到的波形如图 8.57 所示。

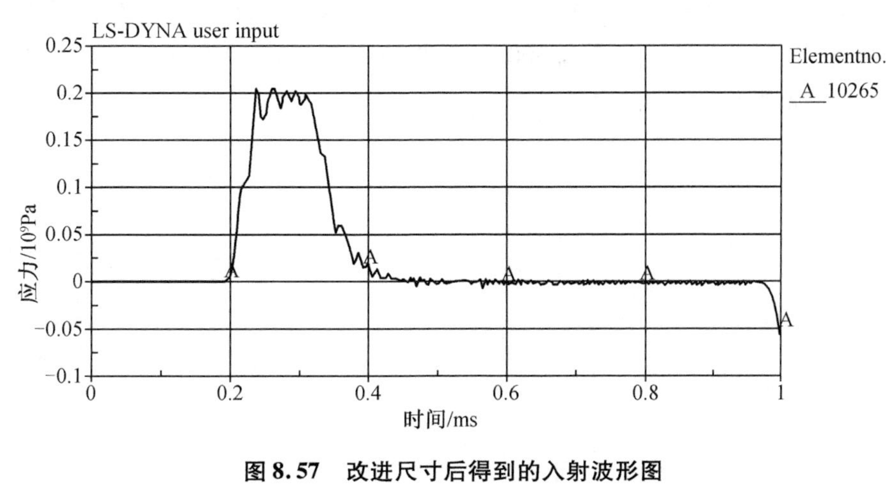

图 8.57　改进尺寸后得到的入射波形图

可以观察到,图 8.57 得到的入射波形是理想的近似矩形波。但由于在试验中入射杆和透射杆之间连接的试样尺寸需要按照一定的标准制作(如 CT 试样),因此入射杆和透射杆的直径不能随意改变,且还需对入射杆进行改进,将入射杆改为阶梯杆,使入射杆的前段与法兰挡板相连的直径变大,以保证在入射杆中形成矩形波,而后段可以适当减小尺寸使得入射杆直径与试样相匹配。将入射杆的前段直径设置成 30 mm,长度为 1 m,后段直径为 16 mm,长度为 2 m,子弹内径为 40 mm,外径为 50 mm,法兰挡板直径与子弹外径相匹配,厚度为 60 mm,子弹以 10 $m \cdot s^{-1}$ 的速度撞击入射杆,得到的波形如图 8.58 所示。

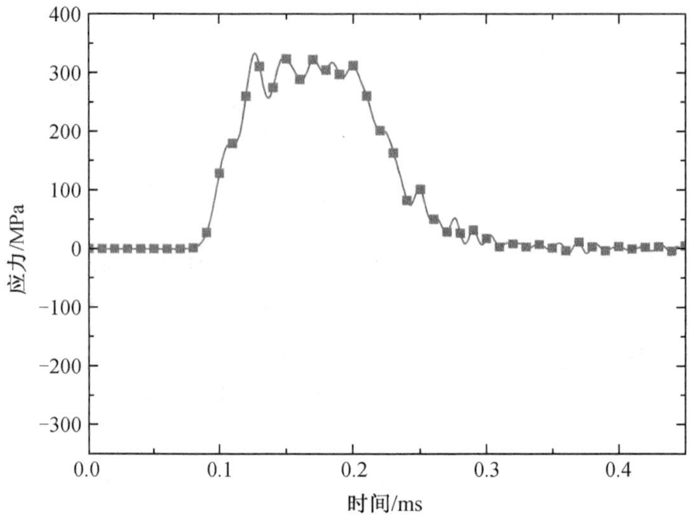

图 8.58 阶梯入射杆后段入射波形图

由图 8.58 可以看出使用阶梯入射杆可以得到预期的矩形波,同时由于阶梯杆的后段直径变小,对入射波起到了汇聚作用,所以导致阶梯杆中入射波的应力峰值比图 8.57 中改进试验尺寸得到的应力峰值有所增加,这使得应力波的强度得以保证。但将入射杆改进为阶梯形的目的是让入射波在阶梯杆的前段有一个过渡段,从而得到理想的矩形波,因此可以尝试缩短过渡段的长度,这样可以节省制作阶梯入射杆所需要的材料以达到降低试验成本的目的。改变阶梯入射杆前段的长度为 300 mm,600 mm,800 mm,1 000 mm 和 1 200 mm,计算得到的入射波形如图 8.59 所示。

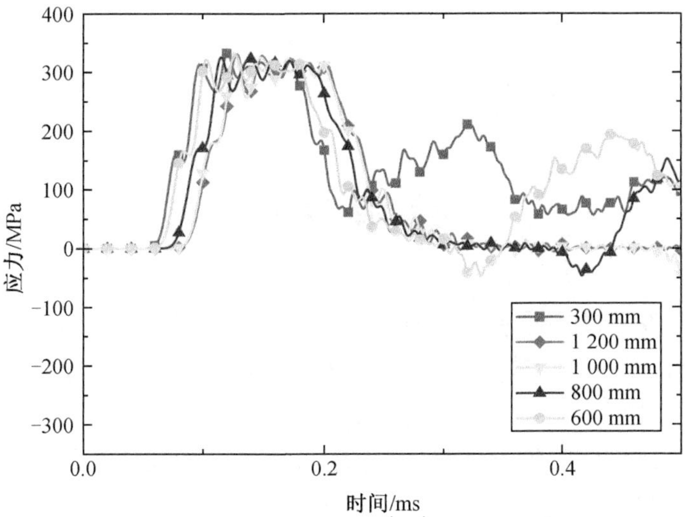

图 8.59　不同长度阶梯入射杆中入射波形图

由图 8.59 可以观察到,阶梯杆的前段长度为 800 mm,1 000 mm,1 200 mm 时,应力波在入射杆后段的波形保持为矩形,但随着入射杆前段长度的减小,入射波在前段杆中传播的时间也将缩短,这部分入射波会由于入射杆的各部分波阻比的不同而在法兰挡板与阶梯面之间来回反射,所以当入射杆前段的长度为 300 mm 和 600 mm 时,入射杆后段中的波形会受到一定程度的影响。

参考文献

[1] 朱石坚,楼京俊,何其伟,等. 振动理论与隔振技术[M]. 北京:国防工业出版社,2008.

[2] 邹广平,刘泽,唱忠良,等. 金属丝网橡胶的本构关系[J]. 航空动力学报,2016,31(10):2318-2324.

[3] 邹广平,刘泽,唱忠良,等. 金属丝网橡胶压缩力学性能研究[J]. 实验力学,2014,29(06):676-682.

[4] 邹广平,程贺章,唱忠良,等. 丝网编织金属橡胶的静态力学性能研究[J]. 哈尔滨工程大学学报,2015,36(03):332-336.

[5] 邹广平,刘泽,唱忠良,等. 金属丝网橡胶隔振器振动性能试验研究[J]. 兵器材料科学与工程,2015,38(05):4-8.

[6] 邹广平,刘泽,程贺章,等. 预紧量与振动量级对金属橡胶减振器振动特性影响研究[J]. 振动与冲击,2015,34(22):173-177+191.

[7] 邹广平,刘泽,刘松,等. 金属橡胶减振器随机振动有限元仿真[J]. 中国机械工程,2016,27(14):1960-1963+1981.

[8] 唱忠良,邹广平,刘泽,等. 金属丝网橡胶隔振系统冲击响应[J]. 哈尔滨工程大学学报,2017,38(01):80-85.

[9] 王礼立. 应力波基础[M]. 2 版. 北京:国防工业出版社,2005.

[10] 郭伟国,李玉龙,索涛. 应力波基础简明教程[M]. 西安:西北工业大学出版社,2007.

[11] 卢芳云. 霍普金森杆实验技术[M]. 北京:科学出版社,2013.

[12] 马晓青. 冲击动力学[M]. 北京:北京理工大学出版社,1992.

[13] 唱忠良. 双气室间接杆-杆型冲击拉伸试验装置的研制与试验研究[D]. 哈尔滨:哈尔滨工程大学,2007.

[14] 王丹丹. 镍钛形状记忆合金静动态力学性能的实验研究[D]. 哈尔滨:哈尔滨工程大学,2008.

[15] 曲嘉. 常温下混凝土材料表态及动态力学性能测试方法的研究[D]. 哈尔滨:哈尔滨工程大学,2007.

[16] 邹广平,唱忠良,陈思,等. 冲击载荷作用下 Mg-Li 合金的力学性能及显微组织[J]. 稀有金属材料与工程,2012,41(03):514-517.

[17] 邹广平,唱忠良,明如海,等. 泡沫铝夹心板的冲击性能研究[J]. 兵工学报,2009,30(S2):276-279.

[18] 王铎. 断裂力学[M]. 哈尔滨:哈尔滨工业大学出版社,1997.

[19] 高庆. 工程断裂力学[M]. 重庆:重庆大学出版社. 1986.

[20] 范天佑. 断裂动力学引论[M]. 北京:北京理工大学出版社,1990.

[21] 邹广平,汪艳伟,唱忠良,等. 基于数字散斑相关法的紧凑拉伸试样断裂韧性实验研究[J]. 实验力学,2015,30(03):275-281.

[22] 邹广平,唱忠良,曲嘉,等. 平面应变下紧凑拉伸试样的动态断裂韧性的实验研究[J]. 实验力学,2011,26(03):240-246.

[23] 沈昕慧. 应力波加载下材料动态断裂韧性相关实验技术研究[D]. 哈尔滨工程大学,2016.